그리스도교의 훈련

그리스도교의 훈련

Indøvelse i Christendom

쇠렌 키르케고르 지음

홍석진·이창우 옮김

카리스
아카데미

그리스도교의 훈련
2026년 4월 13일 초판 1쇄 발행

지은이 | 쇠렌 키르케고르
옮긴이 | 홍석진·이창우

발행인 | 이창우
기획편집 | 이창우
표지 디자인 | 이창우
본문 디자인 | 이창우
교정·교열 | 지혜령

펴낸곳 | 도서출판 카리스 아카데미
주소 | 세종시 시청대로 20 아마존타워 402호
전화 | 대표 (044)863-1404(한국 키르케고르 연구소)
편집부 | 010-4436-1404
팩스 | (044)863-1405
이메일 | truththeway@naver.com

출판등록 | 2019년 12월 31일 제 569-2019-000052호

책값은 뒤표지에 있습니다.
ISBN 979-11-92348-55-1(91460)
ISBN 979-11-92348-38-4(세트)

Procul o procul

este profani

물러가라, 물러가라,

너희 속된 자들아

역자 서문

본서 『그리스도교의 훈련』은 19세기 덴마크의 사상가 쇠렌 키르케고르의 후기 저작 가운데서도 가장 성숙한 신학적·실존적 통찰을 담고 있는 저작 중 하나로 평가된다. 특히 1848년을 전후한 시기는 그의 저술 활동이 절정에 이른 시기로서, 그는 이 시기에 『죽음에 이르는 병』, 『그리스도교의 훈련』, 『저자로서의 나의 관점』 등 일련의 작품들을 집필하며 자신의 사상적 방향을 결정적으로 심화시켰다.

키르케고르 자신이 회고하였듯이, 이 시기의 저작 활동은 단순한 지적 산출이 아니라 "개인적 양육과 겸비의 과정"이었다.[1] 즉 그는 그리스도교적 이상을 제시하는 동시에, 그 이상 앞에서 스스로 낮아지며 은혜에 의지하는 존재로서의 자기 이해를 심화시켰다. 이러한 긴장—이상과 현실, 요구와 은혜 사이의 변증법—은 『그리스도교의 훈련』 전체를 관통하는 핵심 구조를 이룬다.

본서는 『죽음에 이르는 병』과 긴밀한 연속선상에 위치한다. 전자가 절망의 구조와 죄의식을 분석하는 데 초점을 둔다면, 『그리스도교의 훈련』은 그 절망과 죄의식으로부터의 치유, 곧 그리스도 안에서의 회복과 실천적 신앙의 길을 제시한다. 다시 말해, 본서는 인간의 병리적 상태에 대한 진단을 넘어, 그리스도교적 실존의 회복과 "따름"(Nachfolge)의 문제를 정면으로 다루는 저작이다.

특히 키르케고르는 이 책을 통해 당대의 제도화된 그리스도교, 곧 '크리스텐덤(Christendom)'에 대한 근본적 문제 제기를 시도한다. 그는 그리스도교가 문화와 타협하고 은혜가 값싼 것으로 전락한 현실을 비판하면서, 참된 그리스도교는 본질적으로 "요구"이며 동시에 "은혜"이라는 역설적 구조 속에서 이해되어야 함을 강조한다. 이러한 점에서 본서는 단순한 경건서가 아니라, 교회와 신앙의 본질을 근본적으로 재고하게 하는 신학적 선언이라 할 수 있다.

본 한국어판은 『그리스도교의 훈련』 전체를 두 권으로 나누어 출간한다. 본 상권에는 전체 구성 가운데 제1부와 제2부를 수록하였다. 이 두 부분은 인간의 죄의식, 그리스도와의 관계, 그리고 믿음의 역설적 성격을 중심으로 논의가 전개되며, 독자를 그리스도교적 실존의 근본 문제로 이끈다. 이어서 하반기에는 제3부를 번역한 하권이 출간될 예정이며, 이를 통해 본서 전체의 신학적·실천적 구조가 완결될 것이다. 제3부는 앞선 논의를 토대로, 그리스도를 따르는 삶의 구체적 의미와 실존적 결단의 문제를 보다 직접적으로 다루게 된다.

번역에 있어서는 가능한 한 원문의 개념적 정밀성과 신학적 뉘앙스를 충실히 반영하고자 하였으며, 동시에 한국어 학문 담론에 적합한 표현을 사용하여 독자의 이해를 돕고자 하였다. 키르케고르 특유의 간접적 의사소통 방식(간접 전달)과 역설적 표현은 때로 난해하게 느껴질 수 있으나, 이는 독자로 하여금 단순한 이해를 넘어 실존적 응답에 이르도록 요구하는 그의 의도와 깊이 관련되어 있다.

본서가 오늘날 한국 교회와 신학, 그리고 신앙인의 자기 성찰에 유의미한 도전을 제공하기를 기대한다. 무엇보다도 이 책이 제기하는 물음—"나는 참으로 그리스도인인가"—은 시대를 초월하여 여전히 우리 각자에게 요청되는 근본적 질문이기 때문이다.

그리스도교의 훈련

Indøvelse i Christendom

제1부, 2부, 3부[2]

쇠렌 키르케고르 편집

안티 클리마쿠스(Anti-Climacus)[3] 지음

일러두기

- 번역대본으로는 덴마크어 원문과 주석(Kierkegaard, Søren. *Indøvelse i Christendom.*, Vol. 12. Edited by Niels Jørgen Cappelørn, Joakim Garff, Anne Mette Hansen, and Johnny Kondrup. København: Søren Kierkegaard Forskningscenteret, 2007.)을 활용하였고, 영역본 Søren Kierkegaard, *Practice In Christianity*, tr. Howard V. Hong and Edna H. Hong, Princeton: Princeton University Press, 1991을 참고하였다.

- 만연체의 문장을 단문으로 바꾸었고, 분명하지 않은 지시대명사를 구체적으로 표현했다. 독자들의 이해를 돕기 위해 덴마크어가 아닌 라틴어 및 외국어는 [ ]을 활용하여 문장을 병기하여 표현했다.

- 가능하면 쉬운 어휘를 선택했다는 점을 밝힌다. 중요 단어는 영어나 덴마크어를 병기하여 의미를 명확히 하고자 했다.

- 성경구절의 인용은 한글 개역개정판 성경을 사용하였고, 가능하면 성경의 어휘를 사용하여 원문을 번역하였다.

- 본문의 성경 구절은 키르케고르가 인용한 것이고, 미주의 성경 구절은 키르케고르의 인용은 아니지만 관련 구절을 소개한 것이다.

- 본문에는 의미를 보다 명확히 전달하기 위해 덴마크어 원문을 다수 병기하였다. 이로 인해 다소 가독성이 떨어질 수 있으나, 독자의 양해를 구한다.

- 또한 책의 여백에 표기된 쪽수는 온라인 키르케고르 원문에서 제공하는 쪽수를 따른 것이다.

목차

역자 서문 6

제1부　15

출판자 서문 19

기도문　21

초대(Indbydelsen)　23

I. 24

II. 수고하고 무거운 짐 진 자들아 다 내게로 오라,내가 너희를 쉬게 하리라. 32

III. 수고하고 무거운 짐 진 자들아 다 내게로 오라,내가 너희를 쉬게 하리라. 41

참고자료 46

정지　59

I. 60

참고자료 86

II. 초대자(Indbyderen) 97

A. 그분의 생애 제1기(Hans Livs første Afsnit) 104

B. 그분의 생애 제2기(Hans Livs andet Afsnit) 128

참고자료 135

III. 초대와 초대자 169

IV. 절대적인 것으로서의 기독교,그리스도와의 동시대성 179

교훈(The Moral) 185

참고자료 188

제2부　　　　　　　　　　　　　　　　　　　　199

출판자 서문 203

감정(Stemning)　　　　　　　　　　　　　　　205

이 주해 내용의 짧은 개요　　　　　　　　　　213

주해(Fremstillingen)　　　　　　　　　　　　218

A. 그리스도를 그리스도 자신으로서가 아니라, 기존의 질서와 충돌하는 단순한 개인으로만 관계할 때 발생하는 실족의 가능성 218

참고자료 235

B. 높여짐의 방향에서 나타나는 본질적 실족의 가능성, 곧 한 개별 인간이 마치 자신이 하나님인 것처럼 말하거나 행동하며, 스스로를 하나님이라고 선언하는 것, 다시 말해 하나님-인간이라는 결합 속에서 '하나님'이라는 규정의 방향에서 발생하는 실족의 가능성 253

부록(Tillæg) 268

C. 비천함의 방향에서의 본질적인 실족의 가능성, 곧 하나님이라고 자신을 드러내는 그분이, 실상은 보잘것없고, 가난하며, 고난받고, 마침내는 무력한 한 인간으로 드러난다는 데에 있는 실족의 가능성. 271

부록 1(Tillæg 1).. 278

부록 2(Tillæg 2).. 279

B와 C의 결론 305

참고자료 306

'실족', 즉 본질적 실족의 사상적 규정　　　　331

§ 1. 하나님-인간은 하나의 「표적(Tegn)」이다............................. 334

§ 2. 종의 형상은 익명성, 즉 잠행(Incognito)이다ﾠ...................... 340

§ 3. 직접 전달의 불가능성 350

§ 4. 그리스도 안에서 직접 전달의 불가능성이 고난의 비밀이다......357

§ 5. 실족의 가능성은 직접적 전달을 부정하는 것이다.................. 362

§ 6. 직접 전달을 부정한다는 것은 '믿음'을 요구하는 것이다......... 364

§ 7. 믿음의 대상은 하나님-인간이다. 바로 하나님-인간이 실족의 가능성이기 때문이다. 370

참고자료... 373

그리스도교의 훈련
Indøvelse i Christendom

제1부

안티 클리마쿠스(Anti-Climacus)[4] 지음

"수고하고 무거운 짐 진 자들아
다 내게로 오라 내가 너희를 쉬게 하리라"[5]

각성(일깨움)과 내면화(內面化)를 위하여[6]

(Til Opvækkelse og Inderliggjørelse)

Procul o procul

este profani

물러가라, 물러가라,

너희 속된 자들아[7]

이 글은 1848년에 집필된 것으로, 가명 저자가 기독교인(Christen)으로 산다는 요구(Fordringen)를 이상성(Idealitetens)의 최고 수준으로까지 밀어올려 제시하고 있습니다.

그러나 이 요구(Fordringen)는 반드시 말해져야 하고, 제시되어야 하며, 들려져야 합니다. 기독교적으로 말하자면, 그 요구를 깎아내리거나(slaaes af paa) 숨겨서는 안 됩니다. 자기 자신에 대해 양보하거나 변명하는 방식으로 대체해서도 안 됩니다.

이 요구(Fordringen)는 반드시 들려야 합니다. 그리고 저는 그 말씀이 오직 저 자신에게 주어진 것으로 이해합니다. 그것은 제가 단지 '**은혜**(Naaden)'에 **의지**하는 것만을 배워야 하는 것뿐만 아니라, '**은혜**(Naaden)'를 실제로 어떻게 사용하느냐에 대한 관계 속에서 의지하는 것을 배워야 함을 뜻합니다.

S. K.

기도문(Paakaldelse)[8]

예수 그리스도께서 이 땅에서 걸으신지 1800년이 지났습니다. 그러나 이것은 다른 사건들과 같지 않습니다. 다른 사건들은 지나가 버리고 역사가 되고 맙니다. 그때 먼 과거처럼 사라지고 잊혀지게 됩니다. 그러나 이 땅 위에서의 **그분의 현존**(presence)은 결코 **과거의 사건이 아닙니다.** 따라서 점점 더 멀어질 수가 없는 것입니다. 이 땅위에서 믿음이 발견되기만 한다면이야 그렇다는 말입니다.[9]

믿음을 발견하지 못한다면, 그분이 사셨다는 것은 오래 전의 사건이 되고 말 것입니다. 그러나 믿는 자가 존재하는 한, 바로 이 사람은 그렇기 되기 위하여, 그분과 동시대에 있었던 사람들처럼 그분의 현존과 동시대에 있었던 것이 틀림이 없고 믿는 자로 틀림없이 동시대에 있게 될 것입니다.[10] 이 **동시대성**(contemporaneity)이 **믿음의 조건**입니다. 더 날카롭게 정의하자면, 이것이 믿음입니다.

주 예수 그리스도시여,

우리 역시 이런 식으로 당신과 동시대에 살게 하소서. 주님이 이 땅위에 걸으신 것처럼 현실의 상황에서 당신의 진정한 모습으로 당신을 보게 하소서. 의미 없고 공허하거나, 지각이 없고 낭만적이거나, 역사적이고 수다스러운 기억이 당신을 왜곡시키는 모습이 아닌, 믿는 자들이 당신을 보았던 **낮아짐**(Fornedrelsens, 비하)[11]의 모습으로 보게 하소서.

아무도 아직 본 적이 없는 **영광**(Herlighedens) 속의 모습이 아니라, 당신이 다시 영광 중에 오실 때까지 당신이 누구이셨고, 누구이시며, 누구이실 것인지를 보게 하소서. 즉, 우리를 구원하시고 구속하시기 위해 이 땅에 오셔서 잃어버린 자들을 찾기 위해 고통당하시고 죽으신, 그 겸손한 인간이자, 그러나 또한 인류의 구세주로서의 당신을 보게 하소서.

당신께서 이 땅 위를 걸으실 때마다, 길을 잃은 자들을 부르실 때마다, 표적과 기사를 행하기 위해 손을 내미실 때마다, 그리고 손 하나 까딱하지 않고 무방비 상태로 인간의 저항을 견디실 때마다, 반복적으로 말씀하셨던 것, "나로 인하여 실족하지 아니하는 자는 복이 있도다."라는 말씀을 우리가 보게 하소서. 우리가 당신을 이렇게 보고, 당신에게 실족하지 않게 하소서![12]

초대(Indbydelsen)

"수고하고 무거운 짐 진 자들아 다 내게로 오라

내가 너희를 쉬게 하리라."(마태복음 11:28)

오, 놀랍습니다! 놀라운 것은, 바로 도움을 줄 수 있는 분께서 친히 말씀하시기를, "내게로 오라!" 하신다는 사실입니다. 얼마나 큰 사랑입니까! 누군가 도울 수 있을 때, 도움을 청하는 이에게 기꺼이 돕는 것만으로도 충분히 사랑스럽습니다. 그러나 여기서는 스스로 도움을 먼저 내어주십니다! 그것도 모든 사람에게 내어주십니다! 그렇습니다, 특히 전혀 보답할 수 없는 이들에게까지 내어주십니다!

그는 단순히 도움을 내어주시는 것만이 아니라, 마치 자신이야말로 도움을 필요로 하는 자인 것처럼, 큰 소리로 외치십니다(raabe det ud).[13] 그러나 실제로는 바로 그분이 모든 사람을 도우실 수 있고 또 도우시려는 분이십니다. 그럼에도 한 측면에서는 스스로도 '필요를 느끼시는 분'이십니다. 곧, 그는 돕고자 하는 내적 필요를 느끼시며, 고통당하는 자들을 도우심으로써 비로소 자신의 필요를 채우시는 분이십니다.[14]

"내게로 오라(Kommer hid)!" – 그렇습니다, 위험에 처하여 도움이 필요하고, 어쩌면 신속하고 즉각적인 도움이 필요한 이가 "내게로 오라!"고 외친다면, 그 안에는 전혀 놀라운 것이 없습니다. 또한 **돌팔이 의사**(Markskriger)[15]가 이렇게 외친다 해도 전혀 놀랍지 않습니다.

"내게로 오라, 나는 모든 병을 고쳐준다."

그러나 안타깝게도, 돌팔이 의사에게 있어서는 "**의사**(Lægen)가 오히려 병자(de Syge)를 필요로 한다"는 거짓된 말이 너무나도 진실처럼 들릴 뿐입니다.

"내게로 오라, 너희 모든 사람들아, 값비싼 진료비를 감당할 수 있는 자들, 아니면 적어도 약값은 지불할 수 있는 자들아. 여기에는 누구에게나 약이 있다. 단, 지불할 수 있는 자들에게만! 오라, 오라!"

그러나 일반적으로는, 도움을 줄 수 있는 이라면 우리가 그를 찾아가야 합니다. 그리고 그를 찾아낸다 하더라도, 아마도 그와 직접 대화하기는 쉽지 않을 것입니다. 또 그와 대화를 나누게 되더라도, 아마도 오랫동안 간청해야 할 것입니다. 그리고 오랫동안 간청한다 해도, 그는 겨우 마지못해 움직일지도 모릅니다. 곧, 자신을 값비싼 존재로 만드는 것입니다. 때때로, 바로 그가 대가를 받지 않으려 하거나, 고상하게 그것을 포기하는 경우조차도, 단지 자신을 얼마나 값비싼 존재로 여기고 있는지를 드러내는 표현일 뿐입니다.

그러나 자신을 내어주신 그분은, 여기서도 자신을 내어주십니다. 그분은 스스로, 도움이 필요한 자들을 찾아 나서십니다. 그분은 스스로 그들 가운데 다니시며, 부르시고, 거의 간청하듯 말씀하십니다. "내게로 오라."

바로 그분만이 도우실 수 있으며, 또 오직 **필요한 한 가지**(det ene Fornødne),[16] 곧 진리의 의미에서 생명을 위협하는 유일한 질병으로부터 구원하실 수 있습니다. 그는 아무도 자기에게 오기를 기다리지 않으십니다. 그분은 스스로 오십니다. 불려서가 아닙니다. 왜냐하면 바로 그분이 사람들을 부르시는 분이시기 때문입니다. 그분은 도움을 내어주십니다. 그리고 그 도움은 얼마나 크고 놀라운 것입니까!

실제로 옛 시대의 **그 단순한 현자**는,[17] 오늘날 많은 사람들이 그 반대로 행동하면서 잘못을 범하는 것과는 달리, 자신이나 자신의 가르침을 값비싼 것으로 만들지 않았습니다.[18] 다만 그는, 다른 의미에서, 고상한 자부심 속에서 가치의 차이를 표현했을 뿐입니다.

그러나 그는 사랑의 염려 속에서, 누군가에게 자기에게 오라고 청한 적은 없었습니다. 그리고이제 내가 "그럼에도 불구하고"라 말해야 할까요, 아니면 "바로 그렇기 때문에"라 말해야 할까요? 그는 자기의 도움의 의미에 대해 완전히 확신하지는 못했습니다. 왜냐하면, 어떤 이가 자기 도움만이 유일한 것임을 확신하면 할수록, 인간적인 관점에서 볼 때, 그것을 더욱 값비싼 것으로 만들 이유가 생기기 때문입니다. 반대로, 자기 도움에 대해 확신이 적을수록, 비록 그 도움이 불확실하더라도, 무엇인가를 하기 위해 더 쉽게, 더 기꺼이 그 도움을 내어주려 하기 마련입니다. 그러나 자신을 구세주라 부르시며 실제로도 그러하심을 아시는 그분은,[19] 사랑의 염려 속에서 이렇게 말씀하십니다. "내게로 오라."

*   *

*

"내게로 오라, **너희 모두**(Kommer hid alle I)!"

참으로 놀라운 말씀입니다! 왜냐하면, 어떤 이가 결국에는 단 한 사람도 도울 수 없을지도 모르면서도, 입만 크게 열어 모든 사람을 초대한다면, 그것은 인간이 원래 그러하니, 그리 놀라운 일은 아닐 것입니다. 그러나 만일 누군가가 확실히 도울 수 있고, 또 도우려는 의지가 있으며, 자신의 모든 시간을 그렇게 쏟아붓고, 어떠한 희생(Opoffrelse)도 기꺼이 감수하려 한다면, 보통은 단 한 가지는 남겨둡니다. 곧, 스스로 선택권(Udvalg)을 가진다는 것입니다. 아무리 기꺼운 마음으로 도우려 해도, 모든 사람을 돕겠다고는 하지 않습니다. 그렇게 자신을 완전히 내어주지는 않는 것입니다.

그러나 오직 그분, 곧 참으로 도우실 수 있으며, 참으로 모든 사람을 도우실 수 있는 유일한 분(den Eneste)만이, 참으로 모든 사람을 초대하실 수 있는 유일한 분입니다. 그분은 아무런 조건(Betingelse)도 달지 않으십니다. 태초부터 마치 그분을 위해 준비된 것 같은 이 말씀을, 그분은 친히 말씀하십니다. "내게로 오라, 너희 모두(Kommer hid alle I)!"

오, 인간적 자기 희생(Opoffrelse)이여, 그대가 가장 아름답고 고귀할 때, 우리가 그대를 가장 크게 찬미할 때조차, 여기에는 또 하나 더 큰 희생이 있습니다. 곧 도움을 주려는 의지 안에서조차 가장 작은 차별(Forkjerlighed)조차도 없도록[20] 자기의 모든 자격을 포기하는 것이지요.

오, 사랑(Kjerlighed)이여, 자기 자신에 어떤 값(Priis)도 매기지 않고, 자신을 완전히 잊어버리고, 내가 돕는 자라는 사실조차 망각하고, 내가 누구를 돕는지가 아니라 오직 고통받는 자라는 사실만을 무한히 명확하게 바라보는 것—그가 누구든 상관없이—그렇게 무조건적으로 모든 이를 돕고자 하는 것, 아, 그것은 모든 사람과 전혀 다른 모습입니다!

*　　*

*

"내게로 오라, 내게로(Kommer hid til mig)!"

참으로 놀라운 말씀입니다! 인간적인 동정(Deeltagelse)도 분명 수고하고 무거운 짐 진 자들을 위해 기꺼이 무언가를 하려 합니다. 굶주린 자들을 먹이고(bespiser de Hungrige), 헐벗은 자들을 입히며(klæder de Nøgne),[21] 자선을 베풀고(milde Gaver), 자선 기관을 세우고(Stiftelser), 더 나아가 동정이 깊으면 고통받는 자들을 직접 찾아가 방문하기도 합니다.

그러나 그들을 자기에게로 오라고 초대하는 일(indbyde)은 그렇게 쉽게 할 수 없습니다. 그것은 자기의 온 가정살림과 생활방식(Huusholdning og Levemaade)을 완전히 바꾸어야 하기 때문입니다. 풍족하게 살아갈 때,[22] 혹은 즐거움 속에서 살면서 동시에 가난하고 비참한 자들, 수고하고 무거운 짐 진 자들과 한 집에 살고, 매일을 함께하며 살아가는 것은 불가능합니다.

고통받는 자들을 자기에게 오라고 초대하려면, 반드시 자기 자신의 처지(Vilkaar)를 그들의 처지와 동일하게 바꾸어야 합니다. 가장 가난한 자처럼 가난해지고(fattig som den Fattigste), 민중 가운데 가장 천한 자처럼 보잘것없는 자가 되어야 합니다(ringe anseet som den ringe Mand). 인생의 슬픔과 고통(Livets Sorg og Qval)에 친숙해야 하고, 초대한 이들과 완전히 동일한 조건 속에 있어야 합니다.

만일 고통받는 자 한두 명만을 초대한다면, 그의 형편을 바꾸어줄 수도 있을 것입니다. 그러나 모든 고통받는 자들을 초대하려 한다면, 그것은 단 한 가지 길밖에 없습니다. 곧 자기 자신의 처지를 그들의 처지와 동일하게 만드는 것뿐입니다. 혹은 애초부터 그의 삶이 바로 그렇게 정해져 있어야 합니다. 바로 "수고하고 무거운 짐 진 자들아 다 내게로 오라"라고 말씀하신 그분의 경우가 그렇습니다.

그분은 그렇게 말씀하셨고, 그의 곁에서 살았던 이들은 그것을 보았습니다. 그의 삶 속에는 그 말씀을 부정하는 가장 작은 흔적조차 없었습니다. 그의 삶 전체는, 비록 그분이 그 말씀을 한 번도 하지 않으셨다 해도, 무언의 진실한 웅변(Gjerningens tause og sanddrue Veltalenhed)으로 이렇게 증언했습니다. "수고하고 무거운 짐 진 자들아 다 내게로 오라."

그분은 자신의 말씀을 지키시는 분일 뿐 아니라, 그 자체가 곧 말씀(Ordet)이십니다.[23] 그는 말씀하신 그대로 존재하시는 분이십니다.

*　　*
*

"너희 모든 수고하고 무거운 짐 진 자들."

참으로 놀라운 말씀입니다! 그분이 걱정하시는 단 하나는, 혹시라도 수고하고 무거운 짐 진 자들 가운데 단 한 사람이라도 이 초대(Indbydelse)를 듣지 못하는 일이 생길까 하는 것입니다. 그러나 너무 많은 사람들이 몰려올까 하는 염려는 전혀 하지 않으십니다.

오, 마음의 공간(Hjerterum)이 있는 곳에는 언제나 자리가 있습니다. 그렇다면 그분의 마음(Hjerte)보다 더 큰 공간이 어디에 있겠습니까!

이 초대를 단독자(den Enkelte)가 어떻게 이해할지는 그 단독자에게 달려 있습니다. 그러나 그분의 양심(Samvittighed)은 자유롭습니다. 왜냐하면 그분은 모든 수고하고 무거운 짐 진 자들을 초대하셨기 때문입니다.

그러면 "수고하고 무거운 짐을 진다(arbeide og være besværet)"는 것이 무엇입니까? 왜 그분은 그것을 더 자세히 설명하지 않으셔서, 우리가 분명히 누구를 말씀하시는지 알 수 없게 하셨을까요? 왜 그렇게도 간결하게(ordknap) 말씀하셨을까요?

오, 그대 속좁은 자(Smaalige)여, 그분이 간결하게 말씀하신 것은 바로 속좁지 않기 위해서입니다. 그대 편협한 마음(Sneverhjertede)[24]여, 그분이 간결하게 말씀하신 것은 바로 편협하지 않기 위해서입니다. 이것이 바로 사랑(Kjerlighed)입니다(이 "사랑"[25]은 모든 사람에게 속한 것이기 때문입니다). 사랑은 단 한 사람이라도 "나는 초대(Indbydelse)받은 자가 아닐지도 모른다"는 불안에 사로잡히지 않도록 막아줍니다.

그리고 더 구체적인 규정을 요구하는 자가 있다면, 그는 아마도 자기 사랑(Selvkjerlig)에 사로잡혀, 그 말씀이 특별히 자신에게 맞추어진 것이라고 기대하는 자일 것입니다. 그러나 생각해 보십시오. 만일 그 말씀에 더 많은 구체적 규정들이 덧붙여진다면, 결국에는 오히려 어떤 개별자들(Enkelte)에게는 자신이 초대받았는지 더욱 불분명해지고 모호해질 수밖에 없습니다.

오, 인간이여, 어찌하여 그대의 눈은 오직 자기 자신만 바라보는가? 어찌하여 그분이 선하시다는 이유로 그것을 악하게 여기느냐![26]

모두에게 열려 있는 초대는 곧 초대하시는 이의 품(Indbyderens Favn)을 활짝 열어놓습니다.[27] 이와 같이 그는 **영원한 형상**(et evigt Billede)[28]으로 서 계십니다. 그러나 만일 그 초대가 특정한 규정으로 좁혀져, 그것이 어떤 단독자에게 다른 종류의 확신을 가져다주려 한다면, 그 순간 초대하시는 분은 이미 다른 모습으로 보이게 됩니다. 그리고 그의 모습에는 변함의 그림자(Skygge af Forandring)[29]가 드리워지게 될 것입니다.

*　　*
*

"내가 너희를 쉬게 하리라."

참으로 놀라운 말씀입니다! 그러므로 앞선 말씀 "내게로 오라(Kommer hid til mig)"는 이렇게 이해되어야 할 것입니다. 곧, "내 곁에 머물러라(bliver hos mig), 내가 곧 쉼(Hvilen)이다. 내 곁에 머무는 것이 곧 쉼이다."

이는 보통의 경우와는 다릅니다. 보통 돕는 이(Hjælperen)는 "내게로 오라"라고 말한 후 다시 "이제 돌아가라" 하면서, 각 사람이 필요한 도움을 어디서 찾을 수 있는지, 치유할 수 있는 **진통제 풀**(smertestillende Urt)이 어디에 자라는지, 일을 내려놓고 쉴 수 있는 고요한 장소가 어디인지, 혹은 짐이 없는 더 행복한 세상이 어디 있는지를 설명해 주어야 합니다. 그러나 모든 사람에게 품을 열어(aabner sin Favn) 초대하는 그분은, 오, 만일 수고하고 무거운 짐 진 모든 이가 그분께 나온다면, 그는 자신의 품 안에 그들을 모두 품으시고 이렇게 말씀하실 것입니다. "이제 내 곁에 머물러라. 나와 함께 머무는 것이 곧 쉼이다.”

여기서 돕는 이(Hjælperen)는 곧 도움(Hjælpen) 그 자체이십니다. 오, 놀랍습니다! 모든 이를 초대하시고, 모든 이를 돕고자 하시는 그분의 방식은, 바로 각 병자를 대하시는 방식이 각 **개별자**(Enkelt)를 향한 것처럼, 마치 그분에게는 수많은 병자들 중에서도 단 한 명, 바로 이 한 사람만이 있는 것처럼 행하시는 것입니다. 보통 **의사**(Læge)는 여러 환자들을 나누어 돌보아야 하지만, 설령 그 환자가 아무리 많아도 결코 모든 사람을 포함할 수는 없습니다.

의사(Lægen)는 약(Lægemidlet)을 처방하고, 무엇을 해야 하는지, 어떻게 그것을 사용해야 하는지를 말해줍니다. 그리고는 다른 환자(Syg)에게로 가버리거나, 혹은 환자가 그를 찾아왔던 경우라면 그 환자를 그냥 돌려보냅니다. 의사는 하루 종일 단 한 사람의 환자 곁에 앉아 있을 수 없으며, 더욱이 자기 집에 모든 환자를 불러놓고도 하루 종일 단 한 환자 곁에만 앉아 있을 수는 없습니다. 그렇게 하면 다른 이들을 돌보는 일을 소홀히 하게 되기 때문입니다.

그래서 일반적으로는 돕는 이(Hjælperen)와 도움(Hjælpen)이 동일한 것이 아닙니다. 의사가 처방한 도움(Hjælpen)은 환자가 자기 곁에 늘 두고 계속 사용하지만, 의사(Lægen)는 가끔만 환자를 찾아오거나, 환자가 가끔만 의사를 찾아가게 됩니다. 그러나 만일 돕는 이(Hjælperen)가 곧 도움(Hjælpen) 그 자체라면, 그는 반드시 환자 곁에 하루 종일 머물러야 하고, 혹은 환자가 그의 곁에 머물러야 할 것입니다. 오, 놀랍습니다! 바로 이 돕는 이가, 모든 사람을 초대하시는 그분이십니다!

‖
수고하고 무거운 짐 진 자들아 다 내게로 오라,
내가 너희를 쉬게 하리라.

얼마나 엄청난 **다양성**(Mangfoldighed)입니까! 초대받은 자들의 차이는 거의 끝이 없습니다. 한 사람, **보잘것없는 사람**(et ringe Menneske)은 몇 가지 차이만을 따로 구분하여 드러낼 수 있을 뿐입니다. 그러나 **초대자**(Indbyderen)는 모두를 초대해야 합니다. 비록 각 사람을 따로따로, 혹은 **단독자**(Enkelt)로 부른다 할지라도 말입니다.

이 **초대**(Indbydelsen)는 널리 알려진 큰길(alfare Veie)로도, 외로운 길로도, 아니 가장 외로운 길로도 나아갑니다. 그 길은 오직 단 한 사람(Een, een Eneste)만이 아는 길일 수 있습니다. 그 불행한 자가 자기 비참을 안고 도망친 흔적만 남아 있는 길, 되돌아올 수 있다는 흔적은 전혀 없는 길일 수도 있습니다. 그러나 그곳에도 초대가 닿습니다. 초대는 스스로 그 길을 찾아내고, 확실하게 되돌아올 길을 알고 있습니다. 오히려 도망자를 초대자에게로 데려올 때, 그 길을 가장 쉽게 찾습니다.

"오라, 오라, 너희 모두 오라! 그리고 너도, 너도, 너도 함께 오라! 너, 모든 도망자 가운데 가장 외로운 자여, 너도 오라!"

이와 같이 초대는 나아갑니다. **갈림길**(Veiskjel)[30]이 있는 모든 곳에서 멈추어 서서, 거기서 부릅니다. 오, 마치 옛날 전쟁터에서 나팔 소리가 울려 퍼져 군사들을 향해 동서남북 네 모퉁이 모두에 호소하듯이, 초대의 소리도 갈림길이 있는 곳마다 울려 퍼집니다. 그것은 결코 막연한 소리(ubestemt Lyd)가 아닙니다.[31] 그렇다면 누가 오겠습니까! 오히려 그것은 **영원의 신뢰**(Evighedens Tilforladelighed) 속에서 울려 퍼집니다.

그 **초대**(Indbydelsen)는 갈림길(Veiskjel)—시간적이고 세속적 고통(timelig og jordisk Lidelse)이 자기 십자가를 세운 자리—거기서 서서 부릅니다.

"내게로 오라, 너희 모든 가난하고 비참한 자들(Fattige og Elendige)! 가난함(Armod) 속에서 고된 노동(trælle)을 하며, 미래를 '보장'하려 애쓰지만, 그것은 결코 근심 없는 미래가 아니라 노예 같은 미래임을 아는 자들아."

오, 얼마나 쓰라린 모순입니까! 스스로를 위해, 피하려는 것, 고통을 겪는 것(sukker under)[32]을 위해, 노예처럼 일해야 하다니! 천대받고 무시당하며, 그 존재(Tilværelse)를 아무도, 아무도(Ingen, Ingen) 돌보지 않는 자들아, 짐승 한 마리의 목숨만큼도 가치(Værd)가 없다고 여겨지는 자들아, 오라! 병든 자들(Syge), 절름발이(Halte), 귀머거리(Døve), 눈먼 자(Blinde), 불구자(Krøblinge)들아, 오라![33]

침상에 누워 있는 자들(Sengeliggende)도, 그렇습니다, 너희도 오라! 왜냐하면 이 초대(Indbydelsen)는 침상에 누워 있는 자들조차 '오라'고 초대하기를 감히 하니 말입니다. 나병 환자들(Spedalske)도 오라! 왜냐하면 이 초대는 모든 차이를 부수고 모두를 모으기 때문입니다.

이 초대는 인간의 차별이 만들어낸 불의를 되돌리려 합니다. 어떤 이는 모든 행복의 재산을 가진 수백만의 **지배자 자리**(Hersker over Millioner)에 앉히고, 또 어떤 이는 광야(Ørkenen)로 내몰려야 하는 현실—오, 얼마나 잔혹한 일입니까! 오, 얼마나 잔혹한 인간의 논리입니까!

그가 비참하기 때문에, 형언할 수 없을 정도로 비참하기 때문에, 곧 도움이나 동정이 필요하기 때문에 오히려 버려진다는 이 역설! **인간의 동정**(menneskelig Medlidenhed)은 가장 필요한 곳에서 잔인하며, 진정한 동정이 필요하지 않은 곳에서만 동정하는 초라한 발명품(ussel Opfindelse)에 불과합니다.

마음의 병(Hjertesyge)에 걸린 자들아, 짐승과 다른 의미에서 인간이 '마음을 가졌다'는 사실을, 그리고 거기서 고통당한다는 것이 무엇을 의미하는지, 또 의사(Lægen)가 "그는 심장(육체)은 건강하다"라고 말할 수 있을지라도 사실 그는 '마음의 병자(Hjertesyge)'[34]일 수 있음을, 고통을 통해서만 알게 된 자들아, 오라!

배신(Troløshed)에 속은 자들아, 인간의 동정―그것은 드물게만 지체될 뿐 늘 찾아오는―에 의해 오히려 조롱(Spotten)의 과녁이 된 자들아, 오라!

모든 차별받은 자들(Forfordeelte), 억울한 자들(Forurettede), 모욕당한 자들(Krænkede), 학대받은 자들(Mishandlede)아, 오라!

그리고 모든 고귀한 자들(Ædle)아, 사람들이 누구나 이렇게 말하듯 "당신들은 자업자득"이라며 **배은망덕**(Utaknemlighedens Løn)으로 되갚음을 받은 자들아. 왜 고귀하려고 어리석게도 그렇게 살았느냐고, 왜 사랑스럽고(elskellige) 사심 없고(uegennyttige) 충성스럽게(trofaste) 살려 했느냐고 조롱받은 자들아, 오라!

모든 교활함, 기만, 비방, 시기의 희생자들아. 비열함이 씨를 뿌리고, 비겁함(Feigheden)이 버려둔 그 자리에서, 홀로 외진 곳에서 희생되었거나, 혹은 군중 속에 짓밟혀 아무도 당신의 권리를 묻지 않고, 아무도 당신이 어떤 불의를 당했는지 묻지 않으며, 아무도 그것이 어디가 아픈지, 어떻게 아플 수 있는지를 묻지 않는, 짐승 같은 건강(dyrisk Sundhed)을 가진 군중이 당신을 먼지 속에 짓밟는 그곳에서, 오라!

그 초대(Indbydelsen)는 갈림길(Veiskjellet)에 서 있습니다. 곧 죽음(Døden)이 죽음과 생명(Livet)을 가르는 그 자리에서 말입니다.

"오라, 너희 모든 슬퍼하는 자들(Sørgende), 헛되이 수고하고 무거운 짐 진 자들아!"

무덤(Graven) 속에는 분명히 쉼(Hvile)이 있습니다. 그러나 무덤 곁에 앉아 있거나,[35] 무덤 곁에 서 있거나, 무덤을 찾아가는 것은 여전히 무덤 속에 눕는 것과는 다릅니다. 그리고 내적으로 반복하여 자기 글(Forfatterskab)을 읽는 것—곧 그 무덤의 비문(Indskriften)을 외우듯, 그것을 직접 새기고 가장 잘 이해하는 자신이 누구인지, 곧 여기에 누워 있는 이가 누구인지를 아는 것—그것은 여전히 스스로 무덤 속에 누워 있는 것은 아닙니다.

무덤(Graven) 속에는 쉼(Hvile)이 있습니다. 그러나 무덤 곁(ved Graven)에는 쉼이 없습니다. 거기서는 이렇게 말합니다.

"여기까지이고, 더 이상은 없다.[36] 이제 다시 집으로 돌아가라."

그러나 당신이 날마다, 생각으로든 발걸음으로든, 그 무덤(Grav)으로 되돌아온다 해도, 당신은 그 이상 나아갈 수 없습니다. 제자리에서 멈춘 채, 앞으로 나아가지 못합니다. 이것은 몹시 고된 일이며, 결코 쉼(Hvile)을 의미하지 않습니다.

그러므로 내게로 오십시오! 여기에 길(Veien)이 있습니다. 이 길을 따라 가면 앞으로 나아갈 수 있습니다. 여기에는 무덤 곁에서도 쉼이 있습니다.

상실(Savnet)의 고통(Smerte)으로부터의 쉼이 있으며, 혹은 상실의 고통 속에서의 쉼이 있습니다. 곧, **분리된 자들을 영원히 다시 하나로 묶으시는 그분**(ham, der evigt gjenforener de Adskilte)[37] 안에서입니다.

그분은 자연(Naturen)이 부모와 자녀, 자녀와 부모를 하나로 묶는 것보다 더 굳건히 묶으십니다—아, 그러나 그들은 결국 분리되었습니다. 그분은 목사(Præsten)가 남편과 아내를 묶는 것보다 더 친밀하게 묶으십니다—아, 그러나 이혼(Skilsmissen)이 일어났습니다.[38] 그분은 우정(Venskabets Baand)이 친구와 친구를 묶는 것보다도 더 끊어지지 않게 묶으십니다—아, 그러나 그 관계도 결국 풀려버렸습니다. 분리(Adskillelsen)는 어디서든 파고들어 고통과 불안을 가져옵니다. 그러나 여기에는 쉼(Hvile)이 있습니다!

오라, 또한 너희도 오라! 너희, 무덤 사이(mellem Gravene)에 거처를 배정받은 자들,[39] 인간 사회로부터는 죽은 자로 여겨졌으나, 그리워하지도 않고, 애도받지도 못한 자들, 무덤에 묻히지도 않았으나 이미 죽은 자들—곧 삶에도 속하지 않고, 죽음에도 속하지 않는 자들이여! 아, 인간 사회가 너희에게는 잔혹하게 닫혀버렸고, 그러나 아직 어떤 무덤조차 자비롭게 열리지 않은 너희여! 너희도 오라! 여기에는 쉼(Hvile)이 있습니다. 그리고 여기에는 생명(Livet)이 있습니다!

그 초대(Indbydelsen)는 갈림길(Veiskjellet)에 서 있습니다. 바로 죄(Synden)의 길(Veien)이 순진함(Uskyldigheden, 결백)의 울타리(Hegn)에서 갈라져 나오는 그 자리입니다.[40]

"오라, 그대는 지금 그분 곁에 너무나 가깝습니다. 단지 한 걸음만 다른 길로 들어서면, 그대는 그분에게서 무한히 멀어질 것입니다. 아마 지금은 아직 쉼(Hvile)을 필요로 하지 않을지도 모릅니다. 아직 그것이 무엇을 의미하는지 온전히 이해하지 못할 수도 있습니다. 그러나 그럼에도 초대를 따르십시오. 초대자(Indbyderen)께서 여러분을 구원하시기를 원하십니다. 그것은 너무나 무겁고 위험하여 반드시 구원받아야 하는 것이며, 그대가 구원자 곁에 머물러 있도록 하시려는 것입니다. 그분은 모든 이의 구원자(Alles Frelser)이시며, 순진함(Uskyldigheden, 무죄)의 구원자이시기도 합니다. 만일 세상 어딘가에 완전히 깨끗한 순진함(Uskyldigheden, 무죄)가 존재한다고 가정하더라도, 어찌 그 또한 악으로부터 지켜주실 구원자[41]를 필요로 하지 않겠습니까?"

그 초대(Indbydelsen)는 또한 갈림길(Veiskjellet)에 서 있습니다. 바로 죄(Synden)의 길이 더 깊이 죄 속으로 파고드는 그 자리입니다.

"오라, 모든 길을 잃은 자들(Vildfarende)과 미혹된 자들(Forvildede)이여! 그대의 미혹(Forvildelse)과 죄(Synd)가 무엇이든 간에, 사람들의 눈에는 덜 탓할 만해 보이지만 사실은 더 끔찍한 것이든, 혹은 사람들의 눈에는 더 끔찍해 보이지만 사실은 덜 탓할 만한 것이든, 이 땅에서 드러난 것이든, 감추어졌으나 하늘에서는 이미 알려진 것이든 상관없습니다. 설령 그대가 땅에서 용서(Tilgivelse)를 받았다 하더라도 내면(Indre)에 평안(Ro)을 찾지 못했을지라도, 혹은 아예 용서를 구하지 않았거나, 구했지만 헛되이 구했을지라도—오, 돌이키십시오! 그리고 오십시오! 여기에는 쉼(Hvile)이 있습니다."

그 초대(Indbydelsen)는 갈림길(Veiskjellet)에 서 있습니다. 바로 죄의 길(Syndens Vei)이 마지막으로 갈라져 나가 눈앞에서 사라져버리며, 멸망(Fortabelsen) 속으로 빠져드는 그 자리입니다.

오, 돌이키십시오(vender om), 돌이키십시오! 여기로 오십시오! 회개의 어려움(Tilbagetogets Vanskelighed)을 두려워하지 마십시오. 그것이 아무리 무겁다 해도 마찬가지입니다. 또한 회심(Omvendelsen)의 고된 길(besværlige Gang)을 두려워하지 마십시오. 그것이 아무리 힘겹게 구원(Frelsen)으로 이끈다 할지라도 말입니다. 왜냐하면 죄(Synden)는 날개 달린 듯한 속도로, 점점 더 빨라지는 가속도로 앞으로, 아니 아래로 끌고 가기 때문입니다. 그것은 너무나 쉽습니다, 말로 다 할 수 없을 만큼 쉽습니다. 마치 말(Hesten)이 전혀 짐을 끌지 않아도, 오히려 아무리 힘을 다해도 멈출 수 없는, 벼랑(Afgrunden)으로 내리달리는 수레(Vognen)와 같습니다.

그러나 어떤 재발(Tilbagefald, 도짐) 때문에 절망하지 마십시오. **인내의 하나님**(Taalmodighedens Gud)[42]은 그것을 용납하시며, 용서하시기에 충분히 인내하시기 때문입니다. 그렇다면 죄인(Synder)은 더욱더 마땅히 스스로를 낮추고 그 인내 아래 머물러야 하지 않겠습니까?

아니, 아무것도 두려워하지 말고, 절망하지 마십시오. "내게로 오라"고 말씀하시는 그분은, 그대와 함께 길을 걸으십니다. 그분에게서 도움(Hjælp)과 용서(Tilgivelse)가 주어집니다. 회심(Omvendelsen)의 길, 곧 그분께 이르는 길에서 말입니다. 그리고 그분 안에서 참된 쉼(Hvile)이 있습니다.

오라, 오라, 모두 오라! 그분 안에서 참된 쉼(Hvilen)이 있습니다. 그분은 어떤 어려움도 만들지 않으십니다. 다만 한 가지, 그분은 자신의 품(Favn)을 여실 뿐입니다. 그분은 결코 이렇게 먼저 묻지 않으십니다.

"너, 고통받는 자(Lidende)여, 혹시 네 불행(Ulykke)은 네 잘못 때문이 아니냐? 네게 책망받을 만한 것이 없느냐?"

아, 그러나 의로운 사람들(retfærdige Mennesker)은 심지어 돕고자 할 때에도 그렇게 묻곤 합니다. 외적인 것(Udvortes)이나 결과(Udfaldet)를 따라 판단하는 것은 얼마나 쉬운 일입니까! 어떤 이가 불구(Krøbling)거나 기형(Vanskabt)이거나 외모가 불리하다면, "그러므로[ergo][43] 그는 악한 사람이다"라고 단정합니다. 어떤 이가 세상에서 충분히 불행하여 몰락하거나(blev til Intet), 실패하여 낙오했다면(gik til Agters), "그러므로[ergo] 그는 나쁜 사람이다"라고 단정하는 것이지요.

오, 그것은 얼마나 교묘하게 발명된 잔인한 쾌락입니까! 고통받는 자를 돕기 전에, 그의 고통을 하나님의 심판(Guds Straf)이라 해석함으로써, 오히려 자기 의(egen Retfærdighed)를 드러내고 기뻐하는 것 말입니다. 혹은 돕기 전에 그런 정죄하는 질문을 던짐으로써, 스스로의 의로움을 과시하는 것 말입니다. 그러나 그분은 결코 그렇게 묻지 않으십니다. 결코 잔인한 방식으로 은혜를 베푸시는 분(Velgjører)이 아닙니다.

만약 당신이 스스로 죄인(Synder)임을 의식한다 해도, 그분은 그것을 추궁하지 않으십니다. 이미 상한 갈대(bøiede Rør)를 더욱 꺾어버리지 않으시고,[44] 오히려 그분께 의지하면 당신을 일으켜 세우십니다. 그분은 당신을 자신과 분리시켜 대조 속에 두어 당신의 죄를 더욱 무겁게 만들지 않으십니다. 오히려 그분은 당신을 자신의 품 안에 숨겨주시며, 그분 안에서 당신의 죄를 덮어 주십니다.[45] 왜냐하면 그분은 죄인들의 친구(Synderes Ven)[46]이시기 때문입니다.

죄인에 대한 이야기가 있을 때, 그분은 단순히 가만히 서서 품을 열고 '오라(kommer hid)'고 말씀하시는 데 그치지 않으십니다. 아니, 그분은 마치 탕자를 기다리던 아버지처럼 서서 기다리십니다.[47] 아니, 기다리시는 데 그치지 않고, 길을 나서십니다. 길 잃은 양을 찾는 목자처럼,[48] 잃어버린 드라크마를 찾는 여인처럼[49] 말입니다. 그러나 그분은 더 나아가셨습니다. 그 어떤 목자나 여인보다도 무한히 멀리 가셨습니다. 그분은 참 하나님이심에서 **사람이 되심**(at blive Menneske)까지, 그 무한히 먼 길을 걸어가셨습니다. 그것은 오직 죄인들을 찾으시기 위함이었습니다!

III
수고하고 무거운 짐 진 자들아 다 내게로 오라, 내가 너희를 쉬게 하리라.

"오라(Kommer hid)!"

그분은 수고하고 무거운 짐(Byrden)을 지는 사람들이 그 짐을 충분히 무겁게 느끼며, 노동(Arbeidet)을 고되게 느끼고, 이제는 방황하며(raadvilde) 신음(sukkende)하는 것을 알고 계십니다. 어떤 이는 눈길을 사방으로 두리번거리며, 혹시라도 도움(Hjælp)을 찾을 수 있을까 하고 찾습니다. 또 다른 이는 땅만 바라보며, 위로(Trøst)라고는 전혀 보이지 않기에 고개를 숙입니다. 세 번째 사람은 하늘을 올려다보며, '도움이 오려면 오직 하늘로부터 와야 한다'는 듯이 응시합니다. 그러나 모두가 찾고 있습니다. 그러므로 그분은 말씀하십니다. "오라." 그분은 찾기를 멈추고 슬퍼하기를 멈춘 자들을 초대하지 않으십니다.

"오라!"

왜냐하면 초대자(Indbyderen)는 바로 이것이 진정한 고통(sande Lidelse)에 속한다는 것을 아시기 때문입니다. 곧, 홀로 물러나서 조용히 위로 없는 상태(stille Trøstesløshed)에 잠겨, 누구에게도 자신의 고통을 털어놓을 용기(Mod)가 없고, 더욱이 감히 도움을 바랄 **담대함**(Frimodighed)도 내지 못하는 상태 말입니다.

아, 단지 그 한 귀신 들린 자(Dæmoniske)만이 벙어리 영(stum Aand)에게 사로잡힌 것이 아니었습니다.[50] 고통(Lidelse)은 언제나 먼저 그 고통받는 자를 침묵하게 만듭니다. 만일 고통이 그를 침묵하게 하지 않는다면, 그것은 큰 의미가 없습니다. 마치 사랑(Elskov)이 침묵하게 하지 않는다면 진정한 사랑이 아닌 것처럼 말입니다.

따라서 자기의 고통 이야기를 빠른 혀(hurtige Tunge)로 쉽게 떠벌리는 자들은, 사실 수고하거나 무거운 짐을 지고 있는 것이 아닙니다.

보십시오, 그래서 초대자(Indbyderen)는 수고하고 무거운 짐 진 자들이 스스로 오기를 기다리지 않으십니다. 그분은 친히 사랑으로 부르십니다. 그분의 모든 도우려는 의지(Villighed til at hjælpe)가, 만일 이 말씀을 먼저 건네지 않으셨다면—곧 첫 발걸음을 떼어 "내게로 오라(kommer hid til mig)"고 부르지 않으셨다면—아마도 아무런 도움이 되지 못했을 것입니다. 왜냐하면 바로 그 말씀 속의 부름(Kalden) 안에서, 그분이 먼저 그들에게 오시기 때문입니다.

오, **인간적 동정**(menneskelige Deeltagelse)이여! 때로는 그것이 존중할 만한 절제(agtværdig Selvbeherskelse)일 수도 있고, 혹은 진실하고 깊은 공감(inderlig Medfølelse)일 수도 있습니다. 그러나 얼마나 자주 그것은 단지 너무 많은 것을 알기를 원치 않는 세속적 '영리함'(Klogskab)일 뿐입니까!

오, 인간적 동정이여! 얼마나 자주 그것은 진정한 동정이 아니라 단순한 호기심(Nysgjerrigheden)이었습니까! 고통받는 이의 비밀속으로 감히 들어가면서도, 그가 초대에 응하여 당신에게 왔을 때, 당신은 그것을 짐(Byrde)으로, 거의 당신의 호기심에 대한 벌(Straf)처럼 느끼지 않았습니까! 그러나 "오라"는 이 해방의 말씀(løsende Ord)을 하시는 분은, 말씀하실 때 스스로 속는 분이 아니십니다. 또한 그분께 나아가 짐을 그분께 맡겨 쉼(Hvile)을 얻으려 할 때, 결코 당신을 속이지 않으실 것입니다.

그분은 마음(Hjerte)의 충동(Tilskyndelse)을 따라 이 말씀을 하십니다. 그분의 마음은 말씀(Ordet)을 따릅니다. 그러므로 당신이 그 말씀을 따른다면, 그 말씀은 다시 당신을 그분의 마음으로 이끌어 갈 것입니다. 이것은 자명한 이치(Selvfølge)이며, 하나는 다른 하나로 이어집니다. 오, 그대여, 단지 이 초대를 따르십시오!

"오라!"

그분은 수고하고 무거운 짐을 진 자들이 그렇게 지치고 피곤하여, 거의 기절할 정도로, 마치 마취 상태(Bedøvelse)처럼 위로(Trøst)가 있다는 사실조차 잊어버렸다는 것을 아십니다. 아, 아니, 그분은 너무도 잘 알고 계십니다. 그분 외에는 위로와 도움이 전혀 없다는 사실을 말입니다. 그러므로 그분은 반드시 이렇게 부르셔야 합니다. "오라!"

*　　*

*

[51]"오라(Kommer hid)!"

어떤 모임이든 그것이 자신에게 속해 있음을 알게 하는 표징(Symbolum)이나 표시(Skjelnetegnet)가 있습니다. 예를 들어, 젊은 여인이 일정한 방식으로 치장하고 있다면, 우리는 곧 그녀가 무도회(Dands)에 갈 것임을 알 수 있습니다. 그러나 예수의 초대는 이렇게 들려옵니다.

"오라, 수고하고 무거운 짐 진 모든 이여!"

"오라!"

[52]당신은 외적이고 눈에 보이는 표식(det Udvortes og Synlige)을 가지고 올 필요가 없습니다. 머리에 기름을 바르고(salvet Hoved), 얼굴을 씻고(toet Ansigt),[53] 단지 마음 깊이 진실하게(inderligt) 수고하며 무거운 짐을 지고 있다면, 그대로 오면 됩니다.

*　　*
*

"오라!"

오, 제발 가만히 서서 망설이지 마십시오. 아니, 생각하십시오, 생각하십시오(betænk, betænk): 초대를(Indbydelsen) 들은 뒤에도 매 순간 멈추어 서 있으면, 다음 순간에는 그 부름(Kald)이 더 약하게 들릴 것이며, 그리하여 당신은 여전히 그 자리에 머물러 있다 해도 점점 더 멀어질 것입니다.

"오라!"

오, 당신이 아무리 노동(Arbeidet) 때문에, 혹은 오랫동안, 아주 오랫동안 도움(Hjælp)과 구원(Frelse)을 찾아 헤매었으나 헛되이 걸어온 길(forgjeves Gang) 때문에 지치고 피곤하다(træt og mødig) 하더라도, 만약 당신이 이제는 더 이상 한 걸음도 내디딜 수 없고, 단 한순간도 쓰러지지 않고 버틸 수 없을 것처럼 느낀다 하더라도, 오, 단 한 걸음만 더 내디디십시오. 바로 여기, 쉼(Hvilen)이 있습니다!

"오라!"

그러나 만일 어떤 이가 너무 비참하여(elendig), 도저히 올 수 없다고 한다

면, 오, 한숨(Suk)이면 충분합니다. 당신이 그분을 향해 한숨을 내쉰다면, 그
것 또한 그분께로 오는 것입니다.

참고자료

1   다음 일기를 참고하라. NB 13:88, 1849년. https://karisacademy.kr/nb13-88/

2   제1부, 2부, 3부 :『그리스도교의 훈련』을 구성하는 세 부분은 원래는 각각 독립된 저술로 집필되었던 것이다. 이에 대해서는 본문 편집 주해(텍스트 해설) 66-93쪽을 참조하라.

    이는『그리스도교의 훈련』(Indøvelse i Christendom)의 각 부가 처음부터 하나의 통일된 책으로 계획된 것이 아니라, 키르케고르가 별개의 글들로 기획하거나 작성했음을 시사하며, 최종적으로 하나의 책으로 편집된 경위를 밝히는 중요한 정보이다.

3   안티-클리마쿠스(Anti-Climacus): 이 가명은『철학의 부스러기』(1844)과『결론의 비학문적 후서』(1846)의 저자로 등장하는 요하네스 클리마쿠스(Johannes Climacus)와 대조되는 인물로 형성된 것이다. 라틴어 이름 Climacus는 그리스어 klimaks에서 유래한 말로, 이는 '계단' 또는 '사다리'를 의미한다. 따라서 요하네스 클리마쿠스란, 문자 그대로 계단을 오르거나 사다리를 타고 올라가는 자를 뜻하며, 이는 그가 발전적 방식으로 개념을 전개하는 인물임을 시사한다. 예컨대, 그의 존재의 다양한 영역(실존의 양식)에 대한 이론은 보다 불완전한 단계에서 더 완전한 단계로 점진적으로 상승하는 개념 구성을 보여준다.

    그에 반해 접두어 'anti'는 '반대하는', 또는 '거스르는'의 의미를 가지므로, '안티-클리마쿠스'는 요하네스 클리마쿠스와 정반대에 있는 존재임을 나타낸다. 수사학적으로도, 클리막스(klimaks)는 단어나 문장, 사상이 점차 고조되도록 배열되어 점증적인 효과를 만들어내는 수사 기법을 뜻하지만, 안티-클리막스(anti-klimaks)는 그 반대 방식으로, 사다리 위로 올라갈수록 오히려 더 큰 불완전함에 도달하게 되는 구조를 나타낸다. 이러한 수사 개념에 대한 당시 사람들의 오해에 대해서는, 1849년 8월 4일자로 라스무스 닐센(Rasmus Nielsen)에게 보낸 키르케고르의 편지에서 확인할 수 있다(『Briefe und Aufzeichnungen』, 제219번, 제1권, 243쪽 이하 참조).

4　안티-클리마쿠스(Anti-Climacus): 이 필명은 키르케고르가 『죽음에 이르는 병』 (1849)에서도 사용한 바 있다. 이는 요하네스 클리마쿠스(Johannes Climacus)와 대조를 이루도록 만들어진 이름이다. 요하네스 클리마쿠스는 『철학의 부스러기』 (1844)과 『결론의 비학문적 후서』(1846)의 가상 저자이다.

　'클리마쿠스(Climacus)'라는 라틴어 이름은 그리스어 klimaks에서 유래하였으며, 이는 '계단' 또는 '사다리'를 뜻한다. 요하네스 클리마쿠스는 계단을 오르거나 사다리를 타고 올라가는 자, 곧 개념을 점차 발전시키며 보다 미완전한 상태에서 보다 완전한 단계로 상승하는 존재를 의미한다. 예컨대, 그의 존재 영역 이론은 점진적인 상승 구조를 전제로 한다.

　이에 반해, 안티(Anti)라는 접두사는 '대항하는', '반대하는'의 의미를 갖고 있으며, 따라서 안티-클리마쿠스는 요하네스 클리마쿠스와는 상반되는 입장에 있는 자를 가리킨다. '클라이맥스(climax)'가 수사학적으로 점차 상승하는 효과를 내는 어휘나 문장 배열을 의미하는 것처럼, '안티-클라이맥스(anti-climax)'는 그 반대의 효과, 즉 점점 더 퇴보하는 형식 또는 위로 올라갈수록 더 큰 불완전성에 도달하는 구조를 의미한다.

　이 수사학적 도식에 대한 동시대의 오해에 대해 키르케고르는 라스무스 닐센 (Rasmus Nielsen)에게 보낸 1849년 8월 4일자 편지에서 설명하고 있다(『편지 및 문서』, 문서번호 219; 제1권, 243쪽 이하 참조).

5　이 부분은 다음을 참고하라. https://truththeway.tistory.com/531

6　이 부분은 다음을 참고하라. https://truththeway.tistory.com/532

7　procul o procul este profani: 라틴어로 "물러가라, 물러가라, 너희 속된 자들아"라는 뜻이다. 이 말은 시빌라(Sibylla)-곧 쿠마에(Cumae)의 아폴론 신탁의 여사제-가 한 말로, 로마 시인 베르길리우스(Vergilius)의 『아이네이스(Aeneis)』 제6권 258행에 등장한다. 이 구절은 P. Virgilii Maronis opera, J. 바덴(J. Baden) 편집, 제1-2권, 코펜하겐, 1778-80년 중 제2권 75쪽에 수록되어 있다.

　덧붙여, 『아이네이스』의 덴마크어 번역본(요한 H. 션헤이더[J.H. Schønheyder] 역, 1812년 코펜하겐 출판)에서는 이 표현이 다음과 같이 번역되어 있다: "물러가라, 물러가라, 더럽혀진 자들이여!" (제1권, 263쪽 참조).

　이 표현은 거룩한 영역에서 속된 이들을 경계하고 차단하는 데 쓰이는 고전적인 선언으로, 키르케고르가 종종 인용하며 실존적 진리의 영역에 속하지 않은 자들에 대한 배제를 강조할 때 사용한다. 이는 종교적 진리의 내면성과 연결되어 '누구나 들어올 수 없는' 거룩함의 문턱을 시사한다.

8   Paakaldelse: 이는 주의를 환기시키는 의미에서 사용되기도 하고, 또한 아포스트로 페(apostrofe)로, 즉 한 인물이나 의인화된 존재에 대한 엄숙한 호칭으로 사용되기도 한다. 여기서는 예수 그리스도에 대한 호칭을 의미한다. 초고에서 키르케고르는 '기도'라고 썼는데, 이는 이 항목이 일반적인 기도의 서두와도 일치하기 때문이다. 다음을 참고하라. JP II 1482 (Pap. X3 A 784).

9   [눅18:8] 내가 너희에게 이르노니 속히 그 원한을 풀어 주시리라 그러나 인자가 올 때에 세상에서 믿음을 보겠느냐 하시니라

10   On contemporaneity and the contemporary, see, for example, Philosophical Fragments, or a Fragment of Philosophy, pp. 55- 71, 90-91, KW VII (SV IV 221-34, 253-54).

11   이 구절은 기독교 신학에서 중요한 교리인 '그리스도의 두 상태'에 대한 언급이다. 이 교리는 예수 그리스도의 인간적 상태와 신적 상태를 설명한다.
1. Fornedrelsens stand: 이는 '그리스도의 낮아지심의 상태'를 의미하며, 라틴어로는 status exinanitionis라고 한다. 이는 예수 그리스도가 이 땅에서 인간으로서의 삶을 사시며 겪으신 고난과 죽음을 포함한다. 빌립보서 2장 7절에서 바울은 예수님이 "자기를 비워 종의 형체를 가지사 사람들과 같이 되셨다"라고 표현하는데, 여기서 '비우다'에 해당하는 라틴어가 exinanivit이다. 이 상태는 예수님의 인간적인 고통과 겸손을 강조한다.
2. Herlighedens stand: 이는 '그리스도의 영광의 상태'를 의미하며, 라틴어로는 status exaltationis라고 한다. 이는 예수 그리스도가 부활하신 후 승천하여 하나님의 오른편에 앉으신 상태를 나타낸다. 요한복음 12장 32절에서는 "내가 땅에서 들리면 모든 사람을 내게로 이끌겠노라"고 말씀하시는데, 여기서 '들리다'는 라틴어로 exaltatus로 번역된다. 이 상태는 예수님의 신성한 권위와 영광을 강조한다.
이러한 두 상태는 기독교 신학에서 예수님의 본성을 이해하는 데 핵심적인 요소이다. 예수님은 인간으로서의 고난과 죽음을 통해 인류를 구원하셨고, 부활과 승천을 통해 영광스럽게 높임을 받으셨다는 것이 이 교리의 요지이다.

12   해설: 이 기도문은 키르케고르가 예수 그리스도와의 동시대성(동시성)을 통해 그리스도교 신앙의 본질을 강조하는 부분이다. 그는 예수님의 지상에서의 삶이 단순히 역사 속의 사건으로 끝나는 것이 아니라, 모든 신앙인이 그분과 동시대성을 가지며, 그분의 임재를 경험해야 하는 것임을 강조한다.
키르케고르의 기도문은 그리스도의 참된 모습과 신앙의 의미를 되새기게 한다. 이는 단순한 역사적 기억이 아니라, 신앙 속에서 현재적으로 경험되고 이해되어야 하는 것

이다. 그는 그리스도를 왜곡되거나 왜소화된 이미지로 보는 것이 아닌, 그분의 본래 모습으로 보고자 하는 소망을 표현한다. 특히 "나로 인하여 실족하지 아니하는 자는 복이 있도다"라는 예수님의 말씀을 통해, 신앙인이 그분의 진정한 모습을 보고, 그분의 삶과 고난 속에서 실족하지 않기를 기도한다.

13   raabe det ud : 곧 큰 소리로 그것을 알리다, 선포하다(proklamere).

여기서 raabe det ud는 단순히 "조용히 말하다"가 아니라, 큰 소리로 외치며 공적으로 선포하는 행위를 가리킨다. 키르케고르가 인용한 마태복음 11장 28절의 예수님의 초대는 은밀한 속삭임이 아니라, 온 세상에 들려야 하는 외침이라는 점을 강조한다.

"큰 소리로 외친다"는 말은, 예수님이 마치 도움을 필요로 하는 사람처럼 간절히 부르짖는 어투로 자신을 낮추셨음을 드러낸다. 그러나 실제로는 바로 그분이 참된 도움을 주시는 분이다. 따라서 이 표현은 예수님의 겸비와 사랑을 동시에 나타내며, 복음의 선포적 성격을 드러내는 중요한 신학적 강조라고 볼 수 있다. 다음을 참고하라.
https://praus.tistory.com/723

14   최종본에서는 삭제된 것; Pap. IX B 45:2, n.d., 1848년.

"그러므로 여기서는 실제로 참된 것이 되었으니, 놀랍게도 완전히 그 반대가 되었다. 곧, 보통은 거짓과 속임수를 가리키는 것이, 여기서는 가장 순수하고 가장 거룩한 것을 가리키게 된 것이다[삭제된 구절: '그리되어서는 안 된다']. 보통 참된 것은, 의사가 병자를 필요로 하는 것이 아니라 병자가 의사를 필요로 한다는 것이다."

이 문맥은 예수님의 말씀(마태복음 11:28, 혹은 누가복음 5:31-32 "건강한 자에게는 의원이 쓸데 없고 병든 자에게라야 쓸데 있나니")과 연결된다. 보통은 병자가 의사를 필요로 하지만, 여기서는 역설적으로 의사가 병자를 필요로 한다고 표현된다. 키르케고르가 보기에, 이는 예수 그리스도의 사랑의 역설을 드러낸다. 즉, 주님은 병자들을 통해 자신이 도우실 수 있는 사랑의 필요를 채우신다.

15   Markskriger: 원래는 시장 광대(markedsgøgler) 혹은 행상인(handlende)으로, 자기 기예를 떠벌리거나 물건을 떠들썩하게 외쳐 팔아 고객을 끌어들이는 사람을 의미한다. 더 나아가 떠돌아다니며 약을 파는 돌팔이 의사(omrejsende kvaksalver)를 가리키기도 한다.

16   det ene Fornødne: 누가복음 10장 38-42절의 이야기(예수께서 마르다와 마리아의 집을 방문하신 사건)에 대한 암시한다. 예수께서는 분주히 일하는 마르다에게 이렇게 말씀하셨다.

"마르다야, 마르다야, 네가 많은 일로 염려하고 근심하나, 몇 가지만 하든지 혹은 한 가지만이라도 족하니라. 마리아는 좋은 편을 택하였으니 빼앗기지 아니하리라."

해설:det ene Fornødne(오직 하나 필요한 것)은 마르다-마리아 이야기에서 유래한 성경적 표현이다. 키르케고르는 이 표현을 통해, 인간이 진정으로 필요로 하는 것은 여러 가지 세상적 도움이나 조건이 아니라, 단 하나—곧 그리스도의 구원임을 강조한다. 즉, 마르다가 많은 일로 분주히 움직이는 것은 인생의 다양한 필요와 염려를 상징하지만, 예수께서는 오직 하나 필요한 것(det ene Fornødne)만이 참된 생명과 진리를 가져다 준다고 말씀하신다. 키르케고르에게 있어서 이 "오직 필요한 한 가지"는 바로 구세주이신 예수 그리스도 자신이다.

17   hiin eenfoldige Vise i Oldtiden : 고대의 단순한 지혜자를 가리키는데, 이는 그리스 철학자 소크라테스(Sokrates, 기원전 약 470-399)를 뜻한다. 그는 동시대인들과의 대화를 통해 철학을 전개했으며, 자신은 어떤 저술도 남기지 않았다. 그러나 그의 인격과 가르침은 세 명의 동시대 저자—아리스토파네스(Aristofanes), 크세노폰(Xenofon), 플라톤(Platon)—에 의해 전해졌다. 소크라테스는 아테네 민중 재판정에서 국가가 인정한 신 이외의 다른 신들을 믿고, 청년들을 현혹하고 타락시켰다는 죄목으로 사형을 선고받았다. 그는 차분히 독배를 마심으로써 처형당했다.

18   이는 소크라테스가 자신의 가르침에 대해 대가를 받지 않았다는 사실을 가리킨다. 이에 대해서는 플라톤의 『소크라테스의 변명』(Apologia) 19d-e와 31b-c를 참조할 수 있다(Platon, Skrifter, 편집 C. Høeg & H. Ræder, 1-10권, 코펜하겐 1992 [1932-41]; 제1권, 268쪽, 281f.). 또한 디오게네스 라에르티오스의 『철학사의 개요, 혹은 유명한 철학자들의 생애, 사상, 기발한 어록』 제2권 27에서도 확인할 수 있다(B. Riisbrigh 번역, B. Thorlacius 편집, 1-2권, 코펜하겐 1812, Ktl. 1110-1111; 제1권, 68쪽).

19   예수가 자신을 하나님이라고 주장하는 것을 가리킨다. 예를 들어, 마태복음 11장 2-6절에서 예수께서는 세례 요한으로 하여금 자신이 곧 하나님임을 알도록 하신다. "나로 말미암아 실족하지 아니하는 자는 복이 있도다"(마태복음 11:6). 성경적 서술과 기독교적 개념 규정](『그리스도교의 훈련』 제2편)에서는, 예수가 자신을 하나님으로 이해하는 것에 대한 실족(Forargelse)이 중심 주제로 다루어지며, 바로 이 성경 본문이 출발점으로 제시된다(특히 B장 서두, SKS 12, 103 참조).
또한 마태복음 26장 63-64절에서 대제사장이 예수께 심문하는 장면도 같은 맥락이다.
"예수는 잠잠하시거늘 대제사장이 이르되 내가 살아 계신 하나님께 너로 맹세하게 하노니 네가 하나님의 아들 그리스도인지 우리에게 말하라 하거늘, 예수께서 이르시되 네가 말하였느니라. 그러나 내가 너희에게 이르노니 이후에 인자가 권능의 우편에 앉아 있는 것과 하늘 구름을 타고 오는 것을 너희가 보리라 하시니"

20 "가장 작은 차별(Forkjerlighed)조차 없는." 이 표현은 키르케고르의『사랑의 실천 (Kjerlighedens Gjerninger)』(1847)과 직접 연결된다. 거기서 그는 참된 이웃 사랑 (næstekærlighed)을 편애(Forkjerlighed)와 (거짓된) 자기 사랑(selvkærlighed)과 의 대조 속에서 규정한다. 관련 내용은『사랑의 실천』제1부(den første Følge) II.B, SKS 9, 51-67을 참조하라.

21 이 표현은 마태복음 25장 35-36절의 최후 심판 설교(so-called dommedagstalen)를 본뜬 것이다. "내가 주릴 때에 너희가 먹을 것을 주었고 … 내가 헐벗었을 때에 너희가 옷을 입혔느니라." 또한 첫 번째 표현(bespiser de Hungrige)은 사회적 맥락을 가질 수 있는데, 1829년부터 코펜하겐에서 가장 궁핍한 사람들에게 무료로 음식을 제공하던 '급식소'(bespisningsanstalt)를 가리킬 수도 있다. 이어서 1846년에는 C. H. 비스비(C.H. Visby) 목사가 회장으로 있는 그리스티 안스하운(Christianshavn) 지역에서도 비슷한 무료 급식 단체가 설립되었다.

22 이는 예수의 비유, 부자와 나사로 이야기(눅 16,19-31)를 상기시킨다. 거기서 이렇 게 말한다. "한 부자가 있어 자색 옷과 고운 베옷을 입고 날마다 호화로이 즐기더라."

23 요한복음 1장 1-2절을 암시한다. "태초에 말씀이 계시니라 이 말씀이 하나님과 함께 계셨으니 이 말씀은 곧 하나님이시니라. 그가 태초에 하나님과 함께 계셨고"

24 Sneverhjertede는 직역하면 "좁은 마음을 가진 자"라는 뜻이다. 키르케고르는 여 기서 예수의 말씀을 지나치게 제한적으로 해석하거나, 자기 이해관계에 따라 분류하 려는 자들을 비판한다. 즉, 편협한 마음(Sneverhjertede)은 사랑(Kjerlighed)의 보 편성과 무조건성을 받아들이지 못한다. 그들은 "과연 내가 포함되는가?"라는 의심이 나 "이 초대는 특별히 나를 위한 것이어야 한다"라는 자기중심적 사고에 사로잡혀, 오히려 예수의 초대(Indbydelse)를 왜곡한다. 따라서 이 표현은 단순한 성격 묘사가 아니라, 사랑의 보편성을 거부하는 인간 실존의 한 상태를 가리킨다.

25 그리스도를 뜻한다.

26 이는 예수의 포도원 일꾼 비유(마태복음 20:1-16)를 암시한다. 거기서 포도원 주인 은 불평하는 일꾼에게 이렇게 말한다. "내 것을 가지고 내 뜻대로 할 것이 아니냐? 내 가 선하므로 네가 악하게 보느냐?"

27 이는 아마도 코펜하겐 보르 프루에 교회(Vor Frue Kirke)에 있는 그리스도상 (Thorvaldsen의 Kristusstatuen)을 암시한다. 비슷한 구절은『금요일 성찬식에서 한 강화 - 기독교 강화들』(『기독교 강화』제4부, 1848) 제2편에서도 찾아볼 수 있다

(SKS 10, 282,28-30). 조각가 베르텔 토르발센(Bertel Thorvaldsen)이 그리스도 상을 제작하며 표현하려 했던 바를 A. Kestner의 『Römische Studien』(베를린, 1850, 78쪽)에서 이렇게 기록한다.

"이런 조각상은 단순해야 한다('Simpel muß so eine Figur sein')"라고 토르발센은 말했다. "그리스도는 수천 년 위에 서 계시기 때문이다. 이것이 바로 완전히 똑바로 서 있는 인간의 형상이다." 그는 곧 곧게 서서 팔을 아래로 내리고, 아무런 움직임이나 표정 없이 서 보였다. 이어서 그는 부드러운 움직임으로 팔을 벌려, 팔꿈치를 살짝 굽히고 두 손바닥을 몸에서 멀리 열어 보였다. 그는 멈추어 서서 말했다. "내 지금의 자세보다 더 단순한 움직임이 있을 수 있는가? 그러나 동시에 그것은 그리스도의 사랑과 인간을 향한 포옹을 표현한다. 이것이 내가 생각하기에 그리스도의 가장 두드러진 특징이다."

28   et evigt Billede: "영원한 형상." 키르케고르가 자주 사용하는 고정된 표현이다. 예를 들어, 일기 노트 NB4:135(1848년 4월 혹은 5월)에서 그는 이렇게 적고 있다.

"언젠가 예들을 통해, 미적이면서 예술적으로 '영원한 형상(evige Billeder)'이라고 이해되는 것이 무엇인지, 곧 한 그림의 개별적 요소들 사이에 어떤 근본적인 정서적 관계가 있어야 그것이 영원한 형상으로 속할 수 있는지를 설명해 보는 것도 흥미로울 것이다."

또한 NB12:167 (1849년 9월, SKS 22, 244)에도 동일한 개념이 등장하며, 『대제사장 - 세리 - 죄 지은 여인』(1849, SKS 11, 279,12)에서도 사용된다.

29   이는 야고보서 1장 17절을 암시한다. "온갖 좋은 은사와 온전한 선물이 다 위로부터 빛들의 아버지께로 내려오나니 그는 변함도 없으시고 회전하는 그림자도 없으시니라." 키르케고르는 이 표현을 사용해 인간적 초대와 그리스도의 초대를 대조한다. 인간이 초대를 특정한 조건에 따라 제한하면, 초대자의 모습 위로 "변화의 그림자"가 드리워진다. 즉, 초대가 절대적이지 않고 상대적인 것으로 보이게 된다. 그러나 하나님, 곧 "빛들의 아버지" 안에는 변함이 없다. 하나님의 선물은 언제나 완전하며, 거기에는 회전하는 그림자(Skygge af Omskiftelse)조차 없다. 따라서 예수의 초대 "수고하고 무거운 짐 진 자들아 다 내게로 오라"는 변화나 조건에 따라 달라지지 않는 절대적 초대라는 것이 강조된다. 이는 야고보서 1장 17절의 말씀과 연결되어, 하나님의 은혜(Naade)가 변함없음을 보여준다.

30   Veiskjel: "길이 갈라지는 곳, 갈림길(스킬레베이, skillevej)." 이는 예수의 비유—임금의 아들의 혼인 잔치(마태복음 22:1-14)—를 연상시킨다. 거기서 예수께서는 종들에게 이렇게 말씀하신다.

"그러므로 너희는 길거리에 나가 만나는 자를 모두 혼인 잔치에 청하여 오라." (마 22:9, 개역개정)

해설: Veiskjel은 문자 그대로 길이 갈라지는 분기점을 의미한다. 키르케고르는 이 이미지를 통해, 예수의 초대(Indbydelse)가 사람이 누구나 마주하는 선택의 자리에서 들려온다고 묘사한다. 갈림길은 단순한 지리적 장소가 아니라, 실존적 결단의 순간을 상징한다. 모든 이가 반드시 서게 되는 그 지점에서, 초대의 음성이 울려 퍼진다는 것이다. 마태복음 22장의 혼인 잔치 비유는 이 상징을 잘 보여준다. 주인은 종들을 갈림길로 보내어, 누구든 만나는 사람을 잔치에 부르게 한다. 이는 하나님의 부름이 제한적이거나 선택적인 것이 아니라, 열린 초대라는 점을 강조한다.

31　ikke med ubestemt Lyd: "불명확한 소리로가 아니다." - 이는 아마도 고린도전서 14장 8절을 암시한다. "또 나팔이 분명하지 못한 소리를 내면 누가 전투를 준비하리요?"

해설: 이 표현은 바울의 비유를 차용한 것이다. ubestemt Lyd(불명확한 소리)는 듣는 사람을 혼란스럽게 하고, 행동할 수 없게 만든다. 전쟁의 나팔이 모호하다면 아무도 싸움에 나설 준비를 할 수 없듯, 초대(Indbydelse)가 모호하다면 아무도 응답하지 못한다. 키르케고르는 이를 통해 예수의 초대가 결코 모호하지 않으며, 오히려 영원의 확실성(Evighedens Tilforladelighed) 속에서 울려 퍼지는 분명한 소리임을 강조한다. 초대는 막연한 권유가 아니라, 결단을 요구하는 분명한 부름이다. 즉, 예수의 "내게로 오라"는 단순한 위로가 아니라, 실존을 흔드는 확실한 외침이다.

32　sukker under: "~아래에서 신음하다, 고통을 겪다." sukker under는 직역하면 "한숨 쉬며 눌려 있다"는 뜻으로, 단순한 육체적 고통이 아니라 내적 신음과 억압을 강조한다. 키르케고르가 사용하는 맥락에서는, 인간이 자기 존재(Tilværelse)의 조건 속에서 불가피하게 겪는 고통을 지칭한다.

33　이는 예수의 비유, 곧 잔치 자리에 앉을 사람들에 대한 말씀(눅 14:7-14)을 암시한다. 거기서 예수께서는 이렇게 말씀하신다. "잔치를 베풀거든 가난한 자들과 몸 불편한 자들과 저는 자들과 맹인들을 청하라." (눅 14:13, 개역개정)

34　Hjertesyge: 마음의 병자를 뜻한다. 심장병자가 아니라, 슬픔, 근심, 그리움 따위로 눌리거나 괴로워하는 상태를 의미한다.

35　초고에서 삭제된 것; Pap. IX B 34, 1848년.

목표에 도달한다는 것, 곧 "여기까지이고, 그 이상은 아니다"라고 말해지는 그 목표에 이르는 것이다. 그러나 날마다 이런 방식으로 목표에 도달하고, 또 주일마다, 또 한 달마다, 아마도 1년에 한 번씩만 도달한다 할지라도, 그러나 해마다, 수많은 해 동안 끊임없이 그렇게 목표에 도달하지만 그 이상은 결코 나아가지 못한다면, 결국 한 걸음도 진전하지 못한다는 뜻이 된다. 바로 이것이 수고하고 무거운 짐을 지는 것이다.

해설: 이 일기는 키르케고르가 "노동과 짐"을 단순한 사회적 현실이 아니라, 반복되는 무의미 속에 갇힌 실존의 상태로 파악했음을 보여준다. 목표에 도달하지만 그 이상은 결코 나아가지 못하는 상태다. 따라서 "도달함"이 곧 정체를 뜻하고, 시간이 쌓여도 본질적 진보가 일어나지 않는 역설적 상황이다. 이 일기를 『그리스도교의 훈련』의 구절("수고하고 무거운 짐 진 자들아 다 내게로 오라")과 연결하면, 예수의 초대는 바로 이러한 실존적 정체 상태 속에 갇힌 자들을 향한 부름이라고 해석할 수 있다.

36 hertil og ikke videre: "여기까지이고, 그 이상은 아니다." 흔히 쓰이는 관용구로, 더 이상 나아갈 수 없는 한계를 뜻한다. 아마도 욥기 38장 11절을 배경으로 한 표현으로 보인다. 라틴어 non plus ultra(여기까지, 더는 아니다)와도 같은 의미이다. 욥기 38장 11절에서 하나님은 바다의 경계를 말씀하시며 이렇게 선언하신다. "내가 말하기를 네가 여기까지 오고 더 넘어가지 못하리니 네 교만한 물결이 여기서 그칠지니라 하였노라."

키르케고르는 이 표현을 사용해 인간이 무덤(Graven) 곁에서 느끼는 실존적 한계를 강조한다. 무덤은 "더 이상은 없다"는 한계의 표지이며, 인간적 차원에서는 단절과 종말을 의미한다. 그러나 예수의 초대(Indbydelsen)는 바로 그 한계 자리에서 새로운 길(Veien)을 열어 주며, 죽음(Døden)을 넘어 생명(Livet)으로 나아가게 한다.

37 이는 부활 후 영원 속에서 친척과 친구들이 서로 다시 만나고 재결합한다는 믿음을 가리킨다. 이러한 사상은 단순히 민중 신앙에서 널리 퍼져 있었을 뿐 아니라, 설교와 (특히 고대의) 기독교 교리 속에서도 표현되곤 했다. 키르케고르는 "분리된 자들을 영원히 다시 묶으시는 그분"이라는 표현을 통해, 그리스도의 초대(Indbydelsen)가 단순히 상징적 위로가 아니라, 실제로 죽음과 단절(Adskillelse)을 극복하는 영원한 재결합의 희망임을 드러낸다.

38 여기서 말하는 분리는 실제 혼인 파탄이 아니라, 한 배우자의 죽음을 통한 단절을 뜻한다. 키르케고르는 "이혼(Skilsmissen)"이라는 단어를 사용하면서도, 실제 사회적 의미의 이혼이 아니라, 죽음을 통한 불가피한 단절을 지칭한다. 목사(Præsten)가 부부를 하나로 묶지만, 결국 죽음이 찾아오면 그 결합은 깨진다. 이는 인간적 결합이 본질적으로 한계를 지니며, 영원하지 않음을 보여준다. 따라서 참된 결합은 인간 제도 속의 혼인이 아니라, 그리스도 안에서의 영원한 재결합 속에서만 가능하다는 것이 강

조된다.

39 이는 마가복음 5장 2-3절을 암시한다. 거기서 예수께서는 무덤 사이에 거하는 더러운 귀신 들린 사람을 만나신다. "예수께서 배에서 나오시매 곧 더러운 귀신 들린 사람이 무덤 사이에서 나와 예수를 만나니라. 그 사람은 무덤 사이에 거처하는데 이제는 아무도 쇠사슬로도 묶을 수 없게 되었으니."

40 초고에서; Pap. IX B 33:3, 1848년.
…순진함(innocence, 결백)로부터―오, 이리로 오라, 그 길을 결코 밟지 말라.
여백에서: 여기에서 나의 가장 오래된 일기들 가운데 한 구절(Pap. II A 420, 1839년 5월 12일, 내가 하만(Hamann)을 읽던 시기의 것)을 사용할 수 있을 것이다. "젊은 이여, 너는 아직 길의 시작에 서 있구나. 오, 제때에 돌아서라."

41 이는 주기도문의 마지막 간구, 곧 "다만 악에서 구하옵소서"를 암시한다. 이 표현은 당시 덴마크 교회의 『예정 성례전서(Forordnet Alter-Bog)』속 세례 예식, 혼인 예식, 그리고 교리문답(katekismus)에도 동일하게 나타난다. 이는 단순히 외적 위험이나 불행으로부터 벗어난다는 뜻이 아니라, 근원적 악(Det Onde)으로부터 구원받는 것을 가리킨다. 키르케고르는 이 표현을 통해 인간의 존재(Tilværelse)가 단순히 도덕적 보존이 아니라, 악으로부터의 철저한 구원 없이는 보존될 수 없음을 강조한다. 즉, 무죄(Uskyldighed)나 순수함조차도 "악으로부터 보존되어야 하는 상태"라는 점을 드러내는 것이다. 이는 주기도문의 맥락처럼, 매일의 삶과 공동체적 예식(세례ㅇ혼인) 모두에서 반복적으로 고백되는 기독교적 근본 요청이다.

42 이는 로마서 15장 5절을 암시한다. 거기서 바울은 "인내와 위로의 하나님(Taalmodighedens og Trøstens Gud)"에 대해 말한다. 또한 로마서 2장 4절과도 연결된다. "이제 인내와 위로의 하나님이 너희로 그리스도 예수를 본받아 서로 뜻이 같게 하여 주시기를 원하노라." (롬 15:5, 개역개정)

43 ergo: 라틴어, "그러므로, 따라서"(altså). 삼단논법(syllogisme)에서 사용되는 용어로, 두 개의 전제에서 결론을 도출할 때 그 논리적 결론으로의 전환을 표시한다.

44 이는 마태복음 12장 20절(이사야 42장 3절을 인용한 구절)을 연상시킨다. "상한 갈대를 꺾지 아니하며 꺼져가는 심지를 끄지 아니하시기를 심판하여 이길 때까지 하시리니"

45 이는 베드로전서 4장 8절을 암시한다. "무엇보다도 열심으로 서로 사랑할지니 사랑은 허다한 죄를 덮느니라."
또한 야고보서 5장 20절과도 연결된다. "너희가 알 것은 죄인을 미혹된 길에서 돌아서게 하는 자가 그의 영혼을 사망에서 구원할 것이며 허다한 죄를 덮을 것이니라."

46   이는 덴마크 주교이자 찬송가 시인 H.A. 브로르손(H.A. Brorson)이 1735년에 독일 경건주의 시인 J.H. 슈라더(J.H. Schrader, 1731)의 찬송가『Jesus nimmt die Sünder an!』을 번안한 찬송가『Jesus han er Synd'res Ven』을 암시한다. 이 찬송가는 총 23연으로 되어 있으며, 모든 연은 "예수는 죄인들의 친구"(Jesus han er Synd'res Ven)라는 후렴으로 시작하고 끝난다. 예를 들어:
제10연: 예수는 죄인들의 친구, 이제 능력으로 긍휼을 베푸시며, 죄인에게 두 팔 벌리시네. 속히 달려오라! 예수는 죄인들의 친구.
제18연: 예수는 죄인들의 친구, 죄인 누구도 낙심하지 않으리. 회심을 시도해 보라, 예수는 분명히 고통을 덜어주신다. 속히 달려오라! 예수는 죄인들의 친구.
제22연: 예수는 죄인들의 친구, 죄에 더 이상 머무르지 말라. 보라, 구원자가 외치신다: '내게로 오라, 너희 고통스러운 영혼들아!' 속히 달려오라! 예수는 죄인들의 친구."
이 찬송가는 브로르손의『Psalmer og aandelige Sange』(2판, 코펜하겐 1838 [초판 1830], J.A.L. Holm 편집, nr. 117, s. 358-364)에 실려 있으며, 현대 찬송가집(DDS-2002)에서는 511장에 수록되어 있다. 또한 성경에서도 같은 주제를 찾아볼 수 있다. 예수는 "인자가 와서 먹고 마시매 사람들이 보라, 먹기를 탐하고 포도주를 즐기는 사람이요 세리와 죄인의 친구로다"(마 11:19)라고 불리셨다.

47   누가복음 15장 11-32절을 참고하라.

48   이는 예수의 비유, 곧 누가복음 15장 4-6절의 잃은 양의 비유를 가리킨다. "너희 중에 어떤 사람이 양 백 마리가 있는데 그 중에 하나를 잃으면 아흔 아홉 마리를 들에 두고 그 잃은 것을 찾아내기까지 가서 찾지 아니하겠느냐? 또 찾아내었으면 즐거워 어깨에 메고 집에 와서 그 벗과 이웃을 불러 모으고 말하되, 나와 함께 즐기자 나의 잃은 양을 찾아내었노라 하리라"
또한 마태복음 18장 12-14절에서도 같은 비유가 전해진다.

49   이는 예수의 비유, 곧 누가복음 15장 8-10절의 말씀을 가리킨다. "어느 여자가 열 드라크마가 있는데 하나를 잃으면 등불을 켜고 집을 쓸며 찾아내기까지 부지런히 찾지 아니하겠느냐? 또 찾아낸즉 벗과 이웃을 불러 모으고 말하되, 나와 함께 즐기자 잃은 드라크마를 찾아내었노라 하리라. 내가 너희에게 이르노니 이와 같이 죄인 한 사람이 회개하면 하나님의 사자들 앞에 기쁨이 되느니라."

50   이는 누가복음 11장 14-23절, 예수께서 벨세불의 권세로 귀신을 쫓아낸다는 비난을 받으신 장면을 가리킨다. "예수께서 한 벙어리 귀신을 쫓아내시니 귀신이 나가매 벙어리가 말하는지라 무리들이 놀랍게 여겼으나" (눅 11:14)

키르케고르는 이 구절을 인용하여, 단지 성경 속 특정 사건만이 아니라 모든 실존적 고통(Lidelse)이 우리를 침묵하게 만든다는 점을 강조한다. 복음서의 사건에서 벙어리 귀신은 육체적 말 못함을 상징한다. 그러나 키르케고르는 이를 확대하여, 고통이 깊어질수록 사람은 더 이상 말할 수 없게 되고, 홀로 침묵 속에 갇히게 된다고 본다. 즉, "벙어리 영(stum Aand)"은 단순한 질병이 아니라, 존재(Tilværelse)의 절망이 낳는 침묵의 상징으로 이해된다.

51   이후의 단락은 다음을 참고하라. Pap. VIII1 A 637의 여백에서;
오라(Come here)! 모든 모임(society)에는 그것에 속한다는 것을 보여주는 상징(symbol)이나 어떤 표지가 있다. 예를 들어, 한 소녀가 무도회(ball)에 가기 위해 단장하고 있다면, 우리는 그녀의 옷차림을 보고 그녀가 무도회에 갈 것임을 알 수 있다. 마찬가지로, 수고하고 무거운 짐을 지고 있음이 곧 소속됨을 드러내는 구별 짓는 표지다. —Pap. VIII1 A 638, 1848년.

52   이후의 단락은 다음을 참고하라. Pap. VIII1 A 637의 여백에서;
오라(Come here)! 설사 당신이 그 구별되는 표징을 외적으로 지니고 있지 않더라도, 만약 그것을 내밀하게 간직하고 있다면 충분하다. —Pap. VIII1 A 639, 1848년.
머리에 기름을 바르고(anointed head), 얼굴을 씻고(washed face) 오십시오.
오직 내면에서 참으로 수고하고 무거운 짐을 지고 있다면(inwardly labor and are burdened), 당신은 이미 초대받은 것입니다(you are invited)."

53   이는 예수의 산상수훈, 즉 금식에 관한 말씀(마태복음 6:17-18)을 가리킨다. "너는 금식할 때 머리에 기름을 바르고 얼굴을 씻으라. 이는 금식하는 자로 사람에게 보이지 않고 오직 은밀한 중에 계신 네 아버지께 보이게 하려 함이라. 은밀한 중에 보시는 네 아버지께서 갚으시리라."

정지

> "수고하고 무거운 짐 진 자들아
> 다 내게로 오라 내가 너희를 쉬게 하리라"

멈추십시오! 그러나 무엇 앞에서 멈추어야 한단 말입니까? 바로 그 순간, 모든 것을 무한히 변화시키는 그 일 앞에서 멈추어야 합니다. 그래서 실제로는, 우리가 기대하듯 "수고하고 무거운 짐 진 자들이 주님의 초대에 응하여 몰려드는 광경"을 보게 되는 것이 아니라, 오히려 그와 정반대의 광경을 보게 됩니다. 즉, 사람들은 몰려들기보다 오히려 도망치고, 두려움에 떨며, 마침내는 몰려가 짓밟는 자들이 되어버립니다.

그래서 만약 그 결과만 보고 그분이 무슨 말씀을 하셨는지 추측한다면, "이리 가까이 오라(kom her)"라고 하신 것이 아니라, 오히려 "멀리 물러가라, 불경한 자들아[procul o procul este profani]"[1]라고 하신 것이라고 여길 정도입니다. 이 모든 일에서 정말로, 무한히 더 중요하고 결정적인 것은 바로 그분, 초대하시는 분 자신(Indbyderen)입니다. 그분이 사람으로서 자신이 말씀하신 것을 행하지 못한다거나, 하나님으로서 자신이 약속하신 것을 지키지 못한다는 뜻이 결코 아닙니다. 그것은 전혀 다른 의미에서입니다.

초대하시는 분(Indbyderen)께서는, 그리고 지금도 원하시는 것은, 그분이 1,800년 전에 실제로 존재하셨던 그 **특정한 역사적 인물**(den bestemte historiske Person)'로서 계시기를 원하신다는 것입니다. 그분은 바로 그때의 정확한 조건(Vilkaar) 아래서 살아계셨던 그 구체적 인물로서, 그때 그분의 입으로 초대의 말씀(Indbydelsens Ord)을 하신 분이십니다.

그분은, 단순히 세상 역사(verdenshistorien)나 일반적인 역사(historien, 즉 거룩한 역사[2]와 구별되는 의미의 역사)를 통해서 약간의 사실만 알 수 있는 그런 존재가 아니십니다. 왜냐하면, 역사로부터는 그분에 대해 아무것도 '알 수 (vides)' 없기 때문입니다. 그분은 전혀 다른 방식으로 자신을 알리십니다. 그분은 인간적인 기준으로, 곧 그분의 **생애의 결과**(Følgerne af sit Liv)에 따라 판단받기를 원치 않으십니다. 그분은 지금도, 그리고 언제나 '실족의 표적(Forargelsens Tegn)'이며 동시에 '믿음의 대상(Troens Gjenstand)'으로 계십니다. 그분을 그의 생애의 결과로 판단한다는 것은 곧 하나님을 모독하는 일(Gudsbespottelse)입니다. 왜냐하면, 그분은 하나님(Gud)이시기 때문입니다. 그분의 '살아계심(levede)'과 '살아오심(har levet)' 그 자체가, 그 후에 역사 속에서 생겨난 모든 결과보다도 **무한히 더 결정적인**(uendelig mere afgjørende) 의미를 가지기 때문입니다.

누가 그 초대의 말씀(Indbydelsens Ord)을 하셨습니까?

초대하시는 분(Indbyderen)이십니다. 그렇다면, 그 초대하시는 분은 누구십니까? **예수 그리스도**이십니다. 그런데 어떤 예수 그리스도이십니까? 하늘의 **영광**(Herlighed)의 보좌에서 아버지의 오른편(Faderens Høire)에 앉아 계신 그분입니까?[3] 아닙니다. 영광(Herligheden)의 자리에서 그분은 아무 말씀도 하신 적이 없습니다. 그러므로 그 초대의 말씀은, 예수 그리스도께서 '자기를 낮추신 상태(i sin Fornedrelse)', 곧 **그분의 낮아지심의 조건**(Fornedrelsens Vilkaar) 가운데 계실 때 하신 말씀입니다.

그렇다면 예수 그리스도는 동일한 분이 아니십니까? 그렇습니다. 그분은 오늘도, 어제도 동일하신 분이시며,[4] 1,800년 전에도 동일하신 그 예수 그리스도, 곧 스스로를 낮추시고(fornedrede sig selv) 종의 형체를 취하신(tog en Tjeners Skikkelse paa) 그분이십니다.[5] 그리고 바로 그분이, **초대의 말씀**을 하신 분이십니다. 또한 **그분은 다시 영광 가운데 오실 것**(i Herlighed vil komme igjen)[6]이라고 말씀하셨습니다. 그 재림(Gjenkomst) 가운데서도 그분은 여전히 **동일한 예수 그리스도**이십니다. 그러나 그것은 아직 이루어지지 않았습니다.

그렇다면 지금 그분은 영광 가운데(Herligheden) 계시지 않습니까? 그렇습니다. 그리스도인(den Christne)은 그렇게 믿습니다. 하지만 그 초대의 말씀은 '낮아지심의 상태(Fornedrelsens Vilkaar)'에서 하신 것입니다. **영광의 자리**(Herligheden)에서 그분은 그 말씀을 하신 적이 없습니다. 그리고 그분의 영광의 재림(Gjenkomst i Herligheden)에 관해서는 아무것도 '알 수(vides)' 없습니다. 그것은 오직 가장 엄밀한 의미에서만 믿을 수(troes) 있을 뿐입니다. 그러나 사람이 믿는 자(Troende)가 될 수 있는 것은, 먼저 그분의 낮아지심의 상태(Fornedrelses Stand)[7] 가운데 계신 그분께 나아감으로써만 가능합니다. 곧 **실족의 표적**(Forargelsens Tegn)이요, **믿음의 대상**(Troens Gjenstand)이신 그분께 말입니다. 그 외의 다른 방식으로 그분이 **실존한다고**(existerer) 할 수 없습니다. 왜냐하면 그분은 오직 그 방식으로만 존재하셨기 때문입니다. 그분이 영광 중에 오실 것은 기대되는 일(forventes)입니다. 그러나 그 기대와 믿음은, 오직 그분이 실제로 존재하셨던 그대로의 그분(ham som han har existeret)을 붙들고 또 지금도 붙드는 자에게만 가능한 것입니다.

예수 그리스도는 분명 동일하신 분이십니다. 그러나 그분은 1,800년 전 **자기 비하의 상태**(i sin Fornedrelse) 속에서 살아계셨으며, 그분의 변화는 오직 **재림**(Gjenkomst) 때에만 일어납니다. 그분은 아직 다시 오시지 않으셨습니다. 그러므로 지금도 여전히 그분은, 영광 중에 다시 오실 분으로 믿어지는 그 **비하**(den Fornedrede, 낮아짐)의 그리스도이십니다. 그분이 말씀하신 것, 가르치신 것, 그분의 입에서 나온 모든 말씀(hvert Ord)은, 만일 우리가 그것을 마치 영광의 그리스도(Christus i Herligheden)가 말씀하신 것처럼 꾸민다면, 그 즉시 (eo ipso) 진리가 아니라 거짓이 되어버립니다.

아닙니다. 영광의 그리스도는 침묵하시며, 비하의 그리스도만이 말씀하십니다. **이 비하와 영광의 재림 사이의 중간기**(Mellemrummet)—즉 지금으로부터 약 1,800년의 시간이며, 어쩌면 앞으로도 그 몇 배나 이어질지도 모르는 이 '중간기'—이 '중간기'야말로 세상이 그리스도를 무엇으로 만들고 있는가를 보여줍니다. 세계사(Verdenshistorien) 혹은 교회사(Kirkehistorien)가 그리스도에 관해, 혹은 "그분이 누구셨는지"에 대해 말해주는 모든 세속적 정보는, **본질적으로 무관한 것**(Uvedkommende)입니다. 그것은 완전하지도, 부분적 진리도 아니며(hverken Heelt eller Halvt), 단지 그리스도를 왜곡(forvansker)하여, 결국 그분의 초대의 말씀(hine Indbydelsens Ord)을 거짓되게(usande) 만들어버릴 뿐입니다.[8]

거짓된 일입니다. 사람이 결코 말한 적 없는 말을 내가 꾸며서 "그가 그렇게 말했다"고 하는 것은 분명히 거짓입니다. 하지만 그뿐 아니라, 그가 실제로 하신 말씀이라 하더라도, 그 말씀을 하신 분을 그때 그가 계셨던 모습과 본질적으로 다르게(Væsentlig anderledes) 꾸며낸다면, 그것 역시 거짓입니다. 그 경우, 그분이 말씀하신 내용 자체가 거짓이 되거나, 혹은 "그분이 그것을 말씀하셨다"는 사실 자체가 거짓이 되어버립니다. 물론 단순히 사소한 우연한 **차이**(Tilfældighed)에 관한 작은 왜곡이라면, 그것이 "그분이 말씀하셨다"는 진실 자체를 무너뜨리지는 못합니다. 그러나 **본질적 차이**(Væsentlig Anderledeshed)가 개입될 때, 그 진리는 더 이상 참이 아니게 됩니다.

그런데 만약 하나님께서 전능하신 분답게, 오직 전능자만이 입을 수 있는 **가장 철저한 잠행**[Incognito][9]—즉, 어떤 인간적 지식(medviden)으로도 꿰뚫을 수 없는 은폐된 모습으로 이 땅을 거닐기로 작정하셨다면,[10] 그리고 그분께서 왜 그렇게 하셨는지, 어떤 목적이 있는지는 오직 그분 자신만이 가장 잘 아신다면, 그 **잠행**[Incognito]에는 필연적으로 중대한 의미가 담겨 있는 것입니다.

하나님께서 비천한 **종의 형체**(i en ringe Tjeners Skikkelse)로 오셔서, 겉모습으로 보아서는 다른 사람들과 전혀 다를 바 없는 인간으로 나타나셨을 때,

그분께서 이 모습으로 사람들에게 가르치셨다면, 그 후에 누군가가 그분이 말씀하신 그대로의 말을 완벽하게 반복한다 하더라도, 만약 그것을 "그것은 '하나님'이 직접 말씀하신 것이다"라고 꾸며 말한다면, 그 말은 거짓이 됩니다. 왜냐하면 그것은 "그분이 그 말씀을 하셨다"는 사실 자체가 거짓이 되기 때문입니다.[11]

b

그리스도에 대해 역사(Historien)로부터 무언가를 알 수 있습니까?*

아닙니다. 왜 그렇습니까? 그 이유는, 그리스도에 대하여는 본질적으로 아무것도 '알 수(vides)' 없기 때문입니다. 그분은 **역설**(Paradoxet)이며, 믿음의 대상(Troens Gjenstand)으로서만 존재하시며, 오직 믿음(tro) 안에서만 계십니다. 그러나 모든 **역사적 전달**(historisk Meddelelse)은 **지식의 전달**(Videns Meddelelse)이므로, 그리스도에 관해 역사로부터 무언가를 안다는 것은 불가능합니다.

만약 그분에 관해 조금이라도(Lidt), 혹은 많이(Meget), 혹은 무엇인가(Noget)를 '안다'고 한다면, 그 순간 그는 진리 안에서 실제로 **존재하시는 그분**(den han i Sandhed er)이 아닙니다. 즉, 그렇게 알게 되는 것은 그분이 아닌 어떤 다른 것(noget Andet)에 대한 지식일 뿐이며, 그 결과 그분에 대해 아무것도 모르는 것(Intet at vide om ham)과 같습니다. 아니면 오히려 잘못된 것(Urigtigt)을 아는 것이며, 그렇게 되는 한, 속임을 당하는 것(bedrages)입니다.

역사는 그리스도를 그가 진리 안에서 계신 분과는 다른 존재로 만들어

버립니다. 그래서 역사로부터 우리가 많이 알게 되는 것은—정말 **그리스도에 관하여**(om Christus)' 일까요? 아닙니다. 그럴 수 없습니다. 왜냐하면 그분에 관하여는 아무것도 '알 수(vides)' 없기 때문입니다. 그분은 오직 믿음(tro)으로만 믿어질 수(troes) 있는 분입니다.

* 이 책 전체에서 "역사(history)"라는 말은 세속사(profane history), 곧 세계사(world history)를 의미하는 것으로 이해되어야 한다. 즉, 이는 거룩한 역사(sacred history)와 대조되는 의미에서 직접적으로 이해된 역사이다.

C

역사로부터 그리스도가 하나님이심을 증명할 수 있습니까?

먼저 다른 질문을 하나 던져봅시다. 도대체 한 인간(et enkelt Menneske)이 하나님이라는 것을 증명하려 한다는 것보다 더 어리석은 모순이 있을 수 있을까요? (그것이 역사로부터이든, 혹은 세상에 있는 다른 어떤 근거로부터이든 상관없이 말입니다.)

"한 인간이 하나님이다", 혹은 "그가 자신을 하나님이라고 말한다(siger sig at være Gud)."—이것이 바로 **실족의 본질적 형태**(Forargelsen $\kappa\alpha\tau'$ $\dot{\varepsilon}\xi o\chi\dot{\eta}\nu$[12])입니다.[13] 그렇다면 '실족(Forargelse)', 혹은 '실족하는 것(Det Forargelige)'이란 무엇입니까? 그것은 모든 인간적 이성(menneskelig Fornuft)에 정면으로 배치되는 것입니다.

그런데 그것을 증명하겠다고요? 그러나 **증명한다**(bevise)는 것은, 어떤 것을 이성적으로 **타당한 현실**(Fornuftig-Virkelige)로 만드는 행위입니다. 그렇다면, 모든 이성에 거스르는 것(strider mod al Fornuft)을 어떻게 이성적으로 참된 현실로 만들 수 있겠습니까? 그렇게 하려면, 결국 자기모순에 빠질 수밖에 없습니다.

따라서 우리가 할 수 있는 것은 오직 이것뿐입니다—그것이 이성에 배치됨(strider mod Fornuften)을 증명하는 것. 성경(Skriften)이 제시하는 그리스도의 신성(Christi Guddom)에 대한 "증거들"—곧 그분의 이적(Undergjerninger), 죽은 자 가운데서의 부활(Opstandelse fra de Døde), 그리고 승천(Himmelfart)—이것들 역시 **오직 믿음**(troen)을 위한 것입니다. 즉, 그것들은 진정한 의미에서 '**증명**(beviser)'이 아닙니다. 왜냐하면 그들은 이성이 납득할 만한 것을 보여주려는 것이 아니라, 오히려 그 반대로—그것들이 이성에 배치되는 것임(strider mod Fornuften)을 드러내어, 그것이 바로 **믿음의 대상**(Gjenstand for Troen)임을 보여주기 때문입니다.

이제 역사의 증명(Historiens Bevisen)에 대해 이야기해 봅시다.

"자, 이제 이미 그리스도께서 살아가신 지 1,800년이 지나지 않았습니까? 그분의 이름은 온 세상에 전파되어(prekyndt), 전 세계가 그분을 믿어왔으며(troet), 그분의 가르침(기독교)은 세상의 형상을 바꾸어 놓지 않았습니까? 모든 제도와 관계를 관통하며 승리하지 않았습니까? 그렇다면, 역사는 이미 충분히—아니, 그 이상으로 충분히—그분이 누구셨는지를 증명하지 않았습니까? 곧 그분이 하나님이심을."

아닙니다. 역사는 그것을 충분히도, 또 그 이상으로도 결코 증명하지 못했습니다, 그리고 영원히 그럴 수도 없습니다(i al Evighed ikke godtgjøre). 물론 첫 번째 명제들—즉, 그분의 이름이 온 세상에 전파되었다는 사실은—틀림 없습니다. 그러나 그분의 이름이 **믿어졌는가** 하는 문제에 대해서는 제가 단정할 수 없습니다. 기독교가 세상의 형상을 바꾸고, 모든 관계를 뚫고 들어가 승리했다는 것도 사실입니다. 너무나 승리하여, 이제는 모든 사람들이 <u>스스로를 그리스도인이라고 부르기까지 했습니다.</u>

그러나, 그렇다면 그것이 무엇을 증명합니까? 그것이 기껏해야 증명하는 것은 이 정도입니다—예수 그리스도가 위대한 인간, 어쩌면 가장 위대한 인간이었다는 것. 하지만 그분이 **하나님**(Gud)이었다는 것은? 아니요, 잠깐 멈추십시오. 그 결론은 하나님의 도움으로 반드시 실패하도록 되어 있습니다.

만약 누군가 이 논증을 이렇게 시작한다면, 즉 "예수 그리스도는 인간이었다"고 전제하고 그 후의 1,800년의 역사를, 곧 그분의 생애의 결과(Følgerne af hans Liv)를 살펴본다면, 그는 점점 더 상승하는 **최상급**(superlativ)으로 결론지을 수 있을 것입니다: "위대하다, 더 위대하다, 가장 위대하다, 지극히 놀라운 존재, 인류 역사상 가장 위대한 인물."

그러나 반대로, "그분은 하나님이셨다"는 **믿음의 전제**(Troens Antagelse)로부터 출발한다면, 그 순간(즉시, eo ipso) 그 1,800년의 세월 전체에 줄을 그어 버린 셈이 됩니다. 왜냐하면 그 시간은 믿음에 아무런 찬성도, 반대도[pro eller contra][14] 하지 못하기 때문입니다. 그것은 **믿음의 확신**(Troens Vished)이 그 어떤 역사적 증거보다 무한히 높은 것(uendelig høiere)이기 때문입니다. 결국, 이 둘 중 하나의 방식으로만 시작할 수 있습니다. 그리고 만약 후자의 방식—곧 믿음의 방식—으로 시작한다면, 그 모든 것은 비로소 올바른 자리에 있게 됩니다.

42   만약 누군가 첫 번째 방식(Begynder man paa den første Maade)—즉, 예수 그리스도를 단지 인간("et Menneske")으로 전제하고 그의 생애의 결과(Følgerne af hans Liv)를 근거로 그가 하나님임을 증명하려 한다면—그는 피할 수 없이 어느 지점에서 '다른 종(種, genus)으로의 **도약**[μεταβασις εις ἄλλο γένος[15]]', 즉 범주의 도약을 저지르게 됩니다. 그는 결론(Slutning)에 이르러 새로운 질(Qvalitet), 즉 '하나님'이라는 전혀 다른 본질적 범주를 갑자기 도출하려 하기 때문입니다. 곧, 한 인간의 삶의 결과나 영향으로부터 "그 인간이 하나님이었다"고 입증하는 것은 논리적으로 불가능한 일입니다. 만약 그것이 가능하다면, 다음과 같은 질문에도 대답할 수 있어야 할 것입니다. 그렇다면 그 결과들(Følgerne)은 어느 정도여야 합니까? 그 영향력은 얼마나 커야 하고, 얼마나 많은 세기가 지나야 "한 인간의 삶의 결과"로부터 그가 하나님이심을 입증할 수 있단 말입니까?

예를 들어, 혹시 서기 300년 무렵이 되어서야 그리스도가 완전히 '하나님으로 증명'된 것입니까? 그때쯤이면, 그는 여전히 "지극히 놀랍고 위대한 인간"보다는 약간 더한 존재였으나, 아직 완전히 '하나님'이라고는 할 수 없었던 것입니까? 그렇다면 아마도 몇 세기가 더 필요했겠지요. 그렇게 된다면, 논리적으로 이런 결론이 따라야 합니다. 즉, 서기 300년에 살던 사람들은 그리스도를 하나님으로 여기지 않았을 것이고, 더구나 1세기에 살던 사람들은 그 확신을 더욱 덜 가졌을 것입니다.

반면, 시간이 흐를수록—매 세기가 지날수록—그리스도가 하나님이라는 확신(Vished)이 점점 더 강해져, 이제 우리 시대(19세기)에 이르러서는 그 확신이 지금까지 중 가장 크고 견고한 상태에 이르렀다고 해야겠지요. 즉, 우리 시대의 확신이야말로 초대 교회의 신앙보다 훨씬 더 확실하다는 결론

이 됩니다. 그러나 이 물음에 대답하든, 혹은 하지 않든, 사실 그것은 근본적
으로 아무 의미가 없습니다.

도대체 이것이 무엇을 의미하겠습니까? 설령 그것이 가능하다고 하더
라도, 무언가의 점점 더 드러나는 **결과들**(Følgerne af Noget)을 관찰함으로써,
단순한 **추론**(Slutning)에 의해 그 출발의 전제(Antagelsen)와는 전혀 다른 질
(Qvalitet)을 그 결과들로부터 이끌어낼 수 있다는 것이 과연 말이 됩니까? 만
약 인간이 제정신이라면, 이것이야말로 **광기**(Afsindighed)가 아니겠습니까?
즉, 처음의 판단(Skjøn), 곧 출발점에서 세운 가정(Antagelse)이 그것이 무엇인
지에 대해 완전히 잘못 판단하여, 결국 질(Qvalitet) 자체를 잘못 짚는다면, 그
것이 이미 진리에서 벗어난 상태가 아니겠습니까? 그와 같은 잘못된 가정
에서 출발한다면, 그 이후의 어느 지점에서도, 그 결과들(Følgerne)을 통해
"아, 이건 전혀 다른, 무한히 다른 질(uendelig forskjellig Qvalitet)을 다루고 있구
나"라고 깨닫는 일은 결코 일어날 수 없을 것입니다.

길 위의 한 발자국(Fodspor på en Vei)은 누군가 그 길을 걸었다는 결과
(Følge)입니다. 이제 나는 그것을 보고 이렇게 가정할 수도 있습니다. 예를 들
어, "이건 새(Fugl)의 발자국이다." 그러나 더 가까이 살펴보며 그 자취를 더
따라가 보면, 그것은 다른 동물의 것이었음을 확인할 수 있습니다. 좋습니
다. 하지만 여기에는 '**무한한 질의 차이**(uendelig Qvalitets Forandring)'[16]가 없습
니다. 그러나 이렇게 묻는다면 어떻겠습니까? 이 자취를 더 자세히 관찰하
고, 더 멀리 따라가다 보면, 결국 다음과 같은 결론에 이를 수 있을까요?

"따라서(ergo) 이것은 '영(Aand)'이 지나간 흔적이다. 흔적을 남기지 않는
어떤 영(Spiritus)이 지나간 것이다."

그럴 수 있겠습니까? 그럴 수 없습니다. 바로 이와 같습니다. "한 인간의 실존(antaget menneskelig Existens)의 결과들(Følgerne)"을 따라가며 결국 이렇게 결론내리는 것은—"따라서(ergo) 그는 하나님이었다."—이와 같은 논리적 어리석음과 동일한 일입니다.

43   그렇다면, 하나님(Gud)과 인간(Menneske)이 서로 그토록 비슷합니까? 그 사이의 차이가 그렇게 미미합니까? 그래서 내가, 만약 제정신이라면, "그분은 단지 한 인간이었다"라는 가정(Antagelse)으로 출발할 수 있을 만큼 두 존재가 유사하단 말입니까? 그런데 한편, 그리스도 자신은 스스로를 하나님이라고 말씀하지 않으셨습니까?[17] 즉, 그분이 자신을 하나님이라 하셨다(sagde sig at være Gud)고 말하지 않았습니까?

그렇다면, 만일 하나님과 인간이 그토록 비슷하고, 그렇게 긴밀히 혈연적(beslægtede) 관계 속에 있으며, 결국 같은 질(Qvalitet) 안에 속해 있다면, 그렇다면 "따라서 그는 하나님이었다(ergo var det Gud)"라는 결론은 결국 단순한 말장난(Spilfægteri)에 불과합니다. 왜냐하면, 만일 하나님이란 존재가 단지 그런 정도의 것이라면, 그건 하나님이 전혀 존재하지(er til) 않는다는 말과 같습니다.

그러나 만약 하나님이 참으로 존재하신다면, 그렇기 때문에 하나님은 "인간으로 존재하는 것"과는 무한히 다른 질(uendelig Qvalitets Forskjel)[18]로 구별된다면, 그렇다면 내가, 혹은 어떤 다른 사람이 "그분은 인간이었다"라는 가정으로부터 출발한다면, 그는 영원히(i al Evighed) 그 결론에 도달할 수 없을 것입니다. 즉, "따라서 그분은 하나님이었다"고 말할 수 없다는 뜻입니다.

　　어느 정도만이라도 변증적으로 사고할 수 있는 사람이라면, 이 문제 전체가 명백히 보일 것입니다. 즉, "그분의 생애의 결과(Følgerne)"라는 것은 그분이 하나님이셨는지를 결정할 수 있는 척도(incommensurabelt)[19]가 될 수 없습니다. 그 문제의 해결은 전혀 다른 방식으로 인간에게 주어집니다. 그것은 단지 이 질문으로 귀결됩니다.[20]

　　"그분이 스스로 말씀하신 그대로, 곧 자신이 하나님이라고 하신 말씀을 내가 믿을 것인가(troe), 아니면 믿지 않을 것인가?"

　　이것은—다시 말해, 시간을 가지고 **변증법적으로**(dialektisk forstaaet) 이해한다면—그리스도의 생애의 결과들(Følgerne af Christi Liv)로부터 "따라서 그분은 하나님이었다(ergo var han Gud)"라고 결론내리는 모든 논증에 결정적인 제동을 거는 데에 충분합니다. 그러나 믿음(Troen)은, 하나의 더 높은 권위(Instants)로서, 이러한 모든 시도에 대해 한층 더 근본적인 반박을 제기합니다. 즉, 역사(Historien)—곧 그리스도의 생애의 결과를 보존해온 기록들—에 근거하여 예수 그리스도께 가까이 다가가려는 그 어떤 시도도 **믿음의 관점**(Troens Paastand)에 따르면 신성모독(Gudsbespottelse)이라는 것입니다.

　　믿음은 이렇게 주장합니다. 모든 다른 기독교의 진리 증거들이 이미 불신앙(Vantroen)에 의해 소멸된 뒤에도, 그 불신앙이 마지막으로 남겨 둔 단 하나의 증거—참으로 역설적이지만—불신앙이 스스로 발명한 증거, 그리고 그것을 발명한 목적이 기독교의 진리를 "변증하기 위해서"였던 바로 그 증거, 그리하여 오늘날 크리스텐덤 안에서 그토록 화려하게 떠받들어지고 자랑되는 그 증거, 그것이 바로 "1800년의 역사적 증거(Beviset af 1800 Aar)"입니다. 그러나 믿음은 단호히 말합니다. 이것이야말로 신성모독

(Gudsbespottelse)입니다.

인간에 대해서라면, 그의 삶보다 그 삶의 결과(Følgerne af hans Liv)가 더 중요하다고 말할 수도 있겠지요. 그러나 만약 누군가 그리스도가 누구이신지를 알아내기 위해 그분의 생애의 결과들을 검토하며 그로부터 어떤 결론(Slutning)을 도출하려 한다면, 그는 그 순간 이미(eo ipso) 그리스도를 단지 한 인간(et Menneske) 으로 만들어 버린 것입니다. 즉, 그리스도를 다른 인간들처럼 역사 속에서 시험(examen)을 치러야 하는 피조물로 격하시킨 것입니다. 하지만, 더군다나 이런 시험의 심사관이라면, 그것은 라틴어 시험을 보는 신학교 학생(Seminarist i Latin)만큼이나 보잘것없는 심사관(maadelig Examinator)일 뿐입니다.

44　　참으로 기이하지 않습니까! 사람들은 역사(Historien)의 도움으로, 즉 그분의 생애의 결과들(Følgerne af hans Liv)을 살펴봄으로써 결국 이런 결론(Ergo)에 이르려 합니다.

　　"따라서 그는 하나님이었다(ergo er han Gud)."

하지만 믿음(Troen)은 바로 그 반대의 주장을 내세웁니다. 즉, 그와 같은 삼단논법(Syllogisme)을 시작하는 자는 그 순간 이미 신성모독(Blasphemi)으로 출발했다는 것입니다. 그 신성모독은 단지, "그가 인간이었다(han var et Menneske)"라는 가정(hypothetisk Antagelse) 그 자체가 아닙니다. 아니요, 신성모독(Blasphemien)은 그 모든 시도의 근본 전제(Grund for det hele Foretagende)에 있습니다. 그것은 이 생각, 곧 그 사람이 결코 부정하지 않고 단단히 확신하고 있는 생각입니다. "그리스도에 대해서도 이 생각은 유효하다"고 믿는 바로 그 생각, 즉 "한 사람의 삶의 결과(Følgen af hans Liv)가 그 사람의 삶(Livet)보다 더 중요하다"는 생각입니다. 이것이 바로 신성모독입니다. 가정적으로는 이렇게 말할 수 있겠지요.

"그리스도가 인간이었다고 가정해 봅시다."

그러나 이 가정 자체는 아직 신성모독(Blasphemi)이 아닙니다. 그 가정의 밑바닥에는 이미 하나의 명제(Assertum), 즉 "삶의 결과가 삶 자체보다 더 중요하다"는 사고방식이 깔려 있으며,

이 명제가 바로 그리스도에게도 적용될 수 있다고 전제하고 있습니다.

만약 그 명제를 받아들이지 않는다면, 그 사람은 스스로 인정하게 됩니다. "그의 시도 전체가 무의미하다"는 것을—즉, 그가 시작하기도 전에 이미 그 시도가 성립 불가능함을 인정하는 셈이 됩니다. 그렇다면 왜 애초에 시작하려 한단 말입니까? 하지만 그 명제를 인정하고서 시작한다면, 그 순간 신성모독(Blasphemien)은 이미 작동을 시작합니다. 그리고 사람이 그리스도의 생애의 결과들(Følgerne)을 더 깊이 탐구하면 탐구할수록, 그 탐구의 목적이 "그분이 하나님이신가 아닌가를 판단하기 위함"이라면, 그 사람의 태도는 그만큼 더 신성모독적(blasphemisk)이 됩니다. 그것은 이 관찰이 지속되는 동안, 매 순간마다 똑같이 신성모독적인 행위로 남습니다.

참으로 놀라운 만남(Forunderlige Møde)입니다. 사람들은 이렇게 보이게 합니다. 마치 "그리스도의 생애의 결과들(Følgerne af Christi Liv)"을 충분히, 그리고 올바르게 고찰하기만 하면, 결국 그 결론(Ergo), "따라서 그는 하나님이었다(ergo var han Gud)"에 도달할 수 있을 것처럼 말입니다. 그러나 믿음(Troen)은 바로 이 시도의 처음 시작(Begyndelse) 자체를 이미 신성모독

(Gudsbespottelse)으로 판단합니다. 따라서 그 시도가 계속될수록, 그것은 점점 더 **심화되는 신성모독**(stigende Gudsbespottelse) 이 되는 것입니다.

"역사(Historien)"에 대해 믿음(Troen)은 이렇게 말합니다.

"역사는 예수 그리스도와 아무런 관계가 없습니다. 그분과 관계된 것은 오직 **거룩한 역사**(den hellige Historie)[21]뿐입니다. 이 거룩한 역사는 일반적인 역사(Historie i Almindelighed)와는 질적으로 다릅니다. 그것은 단지, 그분이 비하의 상태(Fornedrelsens Stand)에서 어떻게 사셨는지, 그리고 그분 스스로를 하나님이라 말씀하셨다는 사실만을 전할 뿐입니다.

그리스도는 역설(Paradoxet)이십니다. 역사는 결코 이 역설을 소화하거나(fordøie) 일반적인 삼단논법(Syllogisme)으로 환원할 수 없습니다. 그리스도는 **비하의 상태**(Fornedrelse, 낮아짐)에 계셨을 때나 **승귀의 상태**(Ophøielse, 높아짐)에 계실 때나 **언제나 동일한 분**(den Samme)입니다. 그러나 1800년, 아니 18,000년이 지나간다 해도, 그 사실과는 아무 상관이 없습니다. 세상 역사(Verdenhistorien) 안에서 나타나는 그 눈부신 결과들(brillante Følger)—그것이 거의 대부분 역사학 교수(Professor i Historien)마저 '그분은 하나님이시다'라고 확신하게 만드는 것이긴 하지만—그렇다고 해서 그것이 **그리스도의 영광의 재림**(Gjenkomst i Herlighed)[22]일 수는 없습니다!

그러나 사람들은 은근히 그렇게 생각하고 있는 것 같습니다. 그들은 결국 그리스도를 다시 단순한 인간(et Menneske)으로 만들어 버립니다. 그리고 그의 '영광의 재림'이란 그의 생애가 역사 속에서 낳은 결과들(Følgerne af hans Liv) 그 이상도 이하도 아니라고 여깁니다. 하지만 그리스도의 영광의 재림은 이와는 전혀 다른 것, 즉 오직 믿음으로만 믿어지는 것(Noget der troes)입니다.

그분은 자신을 낮추셔서 비천하게 되셨고, 누더기 옷(Pjalter)에 싸이셨습니다.[23] 그분은 다시 오시되 영광 중에(kommer igjen i Herlighed) 오실 것입니다. 그러나 그분의 역사적 결과들, 그 '눈부신(brillante)' 것들은, 자세히 들여다보면 오히려 초라한(lurvet) 영광일 뿐입니다. 어떤 경우에도, 이 영광은 그분의 영광(Herlighed)과는 전혀 동질적이지 않은(aldeles ueensartede) 것이며, 그래서 믿음은 그분의 참된 영광을 말할 때 그런 것들을 결코 언급하지 않습니다.

따라서 그리스도께서는 지금도 여전히 **비하의 상태**(Fornedrelse) 속에 계십니다. 그분이 오실 것―즉 영광 중에 재림하실 것(Gjenkomst i Herlighed)―은 오직 믿음으로만 믿어지는 것입니다. 역사(Historien)는 매우 훌륭한 학문일 수 있습니다. 그러나 그 학문이 너무 자만(indbildsk)하여 성부(Faderen)가 하실 일을 자신이 대신하려 들지 말아야 합니다. 즉, 그리스도에게 영광(Herligheden)의 옷을 입히고, 그분을 역사적 결과들의 **'화려한 의상**(brillante Omhæng)'으로 치장하며, 그것을 마치 재림(Gjenkomsten)인 것처럼 꾸미려 들어서는 안 됩니다.

그리스도께서 비하 가운데 계실 때 이미 하나님이셨고 그분께서 장차 영광 중에 재림하실 것입니다. 이 두 가지는 모두 역사의 이해력(Fornuft)을 초월하는 일입니다.[24] 그것을 역사 속에서 찾아내려 한다면, 그것은 단지 변증법의 비할 데 없는 부족(mangel på Dialektik)을 드러낼 뿐입니다. 그가 아무리 열심히 역사(Historien)를 고찰한다 해도 그로부터 이런 결론을 얻을 수는 없습니다."

참으로 놀라운 일입니다! 바로 이런 역사(Historien)를 가지고 사람들은

'그리스도는 하나님이셨다'는 것을 증명하려 했습니다.

d

그리스도의 생애의 결과(Følgen af Christi Liv)**가**

그분의 생애 자체(Liv)**보다 더 중요합니까?**

아니요, 결코 그렇지 않습니다. 정반대입니다. 만일 그 결과가 그분의 생애보다 중요하다면, 그리스도는 단지 **한 인간**(et Menneske)에 불과했을 것입니다.

사실, 한 인간이 살아 있었다는 사실 자체는 전혀 놀라운 일이 아닙니다. 그런 인간은 세상에 이미 수백만, 수천만 명이 존재했으니까요. 만약 어떤 인간의 삶이 '**놀라움**(Mærkelighed)'[25]의 대상이 되려면, 그의 삶 자체가 특이한 무엇이어야 합니다. 즉, 그가 살아 있었다는 단순한 사실이 아니라, 그의 삶이 가진 **놀라움**(Mærkelighed) 때문에 의미가 생기는 것입니다. 이 놀라움(Mærkelighed)은 그가 무엇을 이루었는지, 즉 그의 삶의 결과들(Følgerne af hans Liv)과 관련될 수도 있습니다.

그러나 하나님께서 이 땅 위에서 한 인간(et enkelt Menneske)으로 사셨다는 사실은 **무한히 놀라운 일**(uendelig Mærkeligt)입니다. 만약 그것이 아무런 결과(Følger)도 낳지 않았다고 하더라도, 그 사실 자체는 여전히 동일하게 놀랍고, 모든 결과보다 무한히 더 놀랍고, 무한히 더 놀라워야 합니다. 만약 누군가 이 놀라움(Mærkelighed)을 그 외의 다른 곳에 두려 한다면, 그것이 얼마나 어리석은 일인지 금세 드러날 것입니다. "하나님의 삶(Guds Liv)이 놀라운 결과를 낳았다"는 말이 무엇이 그리 대단하단 말입니까? 그런 식으로 말하는 것은 단지 농담(pjatte)에 불과합니다.

아닙니다. 하나님께서 사셨다는 그 사실 자체, 그것이 바로 무한히 놀라운 일(det uendelig Mærkelige)입니다. 만약 그리스도의 생애(Christi Liv)가 아무런 결과를 남기지 않았다면, 그리하여 그의 삶이 놀랍지 않다고 말하는 것은 신성모독(Gudsbespottelse)입니다. 왜냐하면 그것은 여전히 동일하게 놀라운 것이기 때문입니다. 그리고 만약 '다른 곳에서의 놀라움'이 가능하다면, 그것은 단 하나뿐입니다.

"그의 삶이 아무런 결과를 낳지 않았다는 **그 사실 자체가 놀라운 일이다.**"

반면, 누군가 "그리스도의 삶이 놀라운 것은 그 결과들(Følgerne) 때문"이라고 말한다면, 그것 또한 신성모독입니다. 왜냐하면 그분의 생애는 그 자체로(in og for sig selv) 놀라운 것이기 때문입니다.

요점은 이것입니다. 문제의 초점(Eftertrykket)은 "한 인간이 살았다"는 데 있지 않고, "하나님이 살았다"는 데 있습니다. 오직 하나님만이 자기 자신에게 그토록 큰 무게를 부여하실 수 있으십니다. 따라서 하나님께서 이 땅 위에서 살아계셨다는 그 사실 자체는, 그로부터 역사가 기록한 모든 결과보다 무한히 더 중대한 일입니다.[26]

e

그리스도와, 그분이 당시 동시대 사람들에게서 겪으신 것과 같은 부당한 대우를 살아 있는 동안에 겪은 한 인간(et Menneske)을 비교해 봅시다.

한번 이렇게 생각해 봅시다. 한 인간—즉, 영광스러운 사람들 중 한 명 (En af hine Herlige)[27]—이 자신의 시대(Samtiden)로부터 부당한 대우(Uret)를 받았다고 합시다. 그러나 후대의 역사(Historien)는 그의 삶의 결과들(Følgerne af hans Liv)을 통해 그가 누구였는지를 명백히 드러내며 그의 정당한 위치를 회복시켜 주었습니다.

물론 저는, 이런 식의 "**결과를 통한 입증**(Bevisen af Følgerne)"이라는 것이 결국은 "*mundus, qui vult decipi*[속기를 원하는 세상]"[28]—즉, 속고 싶어 하는 세상을 위한 계산된 방식—이라는 점을 부정하지는 않습니다. 왜냐하면, 그 영광스러운 사람을 동시대적으로(samtidig) 보지 못한 사람은, 결국 나중에 그의 생애의 결과를 통해서 그가 누구였는지를 '알게 되었다'고 말하더라도, 사실은 그것을 상상(bilde sig ind)할 뿐이기 때문입니다. 그럼에도 불구하고, 이 점을 지금 여기서 더 논하려는 것은 아닙니다. 왜냐하면 한 인간의 경우에는, 그가 "살았다는 사실"보다 그의 "삶의 결과(Følgen af hans Liv)"가 더 중요하다고 말할 수 있기 때문입니다.

자, 이제 그 **영광스러운 자들**(hine Herlige) 중 한 사람을 생각해 봅시다. 그는 자신의 동시대 사람들(Samtidige)과 함께 살았지만, 자신이 누구인지를 이해받지(forstaaet) 못하고, 그의 참된 가치를 인정받지 못하며(erkjendt for hvad han er), 오히려 오해받고(misforstaaet), 모욕과 조롱(bespottet), 박해(forfulgt)를 당하다가 마침내 범죄자(Forbryder)로 처형당합니다.[29] 그러나 그의 삶의 결과들(Følgerne af hans Liv)이 그가 누구였는지를 드러내 주게 됩니다. 그의 시대는 그를 죽였지만, 역사(Historien)는 그가 남긴 결과를 보존하여 그에게 마땅한 정의(Ret)를 돌려줍니다. 그는 이제 세대를 거듭하며 "위대한 자, 고결한 자(den Store og Ædle)"로 불리게 됩니다. 그가 겪었던 비하(Fornedrelse)는 이제 거의 완전히 잊혀졌습니다.

그의 동시대가 그를 알아보지 못했던 것은 **눈멀음**(Forblindethed)이었고, 그를 조롱하고 모욕하며 마침내 죽인 것은 **불경**(Ugudelighed)이었습니다. 그러나 이제 그러한 일들은 모두 잊혔습니다. 결국 그는 죽은 뒤에야 비로소 자신이 누구였는지가 드러난 사람이 되었습니다. 왜냐하면 그의 생애의 결과들(Følgerne af hans Liv)—즉, 그가 남긴 영향과 유산—이야말로 그의 삶 자체보다 훨씬 더 중요하다고 여겨지기 때문입니다.

그렇다면, 지금 우리가 말하는 그 동일한 일이 그리스도에 대해서도 해당된다고 할 수 있을까요? 그렇다면 그분의 **동시대 세대**(hiin Slægt)가 그분을 알아보지 못한 것은 단지 눈멀음(Forblindethed)이었고, 그분을 조롱하고 죽인 것은 불경(Ugudelighed)이었을 것입니다. 하지만 이제 그런 일들은 다 잊어버립시다. 이제는 역사가 그분의 권리를 회복시켜 드렸으니까요. 우리는 이제 역사로부터(af Historien) 예수 그리스도가 누구이셨는지를 알게 되었고, 그분께 마땅한 정의(Ret)를 돌려드렸습니다.

오, 불경하고 사려 없는 생각(Ugudelige Tankeløshed)이여! 그렇게 해서 당신은 **거룩한 역사**(den hellige Historie)를 **세속의 역사**(profan Historie)로 바꾸어 버리고, 그리스도를 단지 한 인간(et Menneske)으로 만들어 버리는구나! 그렇다면 과연 역사로부터 예수 그리스도에 대해 무엇인가를 알 수 있을까요? (b. 참조) 결코 그렇지 않습니다!

예수 그리스도는 **믿음의 대상**(Troens Gjenstand)입니다. 그분에 대해서는 믿거나, 아니면 실족(forarges)하는 수밖에 없습니다. 왜냐하면 "안다(vide)"는 것은 곧 "그분에 대해 믿는 것이 아니다"는 뜻이기 때문입니다. 따라서 역사는 물론 풍부한 지식(Viden)을 전할 수 있습니다. 그러나 그 지식은 결국 예수 **그리스도를 소멸시키는 것**(tilintetgjør)입니다.

다시 말하건대, 만일 누군가가 감히 그리스도의 비하(Christi Fornedrelse, 낮아짐)에 대해 "이제 그분의 비하에 대해서는 잊자"고 말한다면, 그것이야말로 얼마나 하나님을 모독하는 일(Gudsbespottelse)입니까! 그리스도의 비하(Fornedrelse, 낮아짐)는 그분께 일어난 어떤 사건(hændte ham)이 아닙니다. 물론 그분을 십자가에 못 박은 것은 그 세대(hiin Slægt)의 죄이지만, 비하 자체는 "그분께 일어난 우연한 일"이 아니며, "더 나은 시대에 태어나셨다면 피할 수도 있었던 불운"이 아닙니다.

그리스도께서는 스스로 비하된 분(den Fornedrede)이 되기를 원하셨습니다. 그분은 하나님이시지만, "비천한 인간(ringe Menneske)"이 되기를 친히 선택하셨습니다. 따라서 비하(Fornedrelse)란 그분이 **스스로 만들어 세우신 것**(Noget han selv har føiet sammen)이며, 그분이 의도적으로 그렇게 되기를 바라신 것입니다. 그것은 그분께서 친히 매어 놓으신 변증법적 매듭(en dialektisk Knude)으로, 아무도 감히 그것을 풀 수 없습니다. 그리고 아무도 그 매듭을 풀 수 없으며, 오직 그분께서 **영광 중에**(i Herlighed) 다시 오실 때 직접 그것을 풀어 주실 때에만 그 매듭은 풀릴 것입니다.

그러므로 그리스도는, "동시대의 불의(Uretfærdighed)"로 인해 자기 자신이 되지 못했던 한 인간처럼 여겨져서는 안 됩니다. 즉, 역사가 나중에 그의 진가를 드러내야 하는 그런 존재가 아닙니다. 왜냐하면 그리스도께서는 스스로 비하된 분이 되기를 원하셨고, 그것이야말로 그분이 자신의 참된 모습으로 드러나길 원하셨던 것이기 때문입니다.

따라서 역사(Historien)는 그분의 "정당함을 회복시켜 주겠다"고 스스로 나서서는 안 됩니다. 우리가 또한 불경하고 사려 없는 마음(Ugudelig Tankeløshed)으로 "그분이 누구이신지를 이미 알고 있다"라고 감히 생각해서도 안 됩니다. 그것을 아는 사람은 아무도 없습니다. 오직 그분을 믿는 자(Troende)만이 그분의 비하의 상태(Fornedrelse) 안에서 그분과 동시대적(samtidig)이 되어야 합니다.

하나님께서 스스로 **비천함**(Ringhed) 가운데 태어나시기를 선택하셨을 때, **모든 가능성을 손에 쥐신 분으로서**[30] "**낮은 종의 형상**(Tjeners Skikkelse)"을 입으셨을 때, 방어할 수 없는 존재처럼 세상 가운데 다니시며, 인간들이 자신을 마음대로 대하게 내버려 두셨을 때, 그러나 그럼에도 불구하고, 그분은 스스로가 무엇을 하고 계시는지, 왜 그렇게 하시기를 원하셨는지를 완전히 알고 계셨습니다. 즉, 여전히 그분이 인간을 다스리시는 분이며, 인간이 그분을 지배한 것이 아닙니다. 그러므로 역사(Historien)는 그분이 누구이신지를 "드러내 보이겠다"라고 나서는 그런 건방진(næsviis) 짓을 해서는 안 됩니다.

마지막으로, 만일 누군가가 감히 "그리스도가 당하신 박해(Forfølgelse)는 단지 **우연한 일**(Tilfældigt)에 불과하다"[31]고 말한다면, 그것이야말로 참으로 하나님을 모독하는 일(Gudsbespottelse)입니다. 어떤 사람이 자기 시대(Samtid)에 의해 박해를 받았다고 해서, 그가 "나는 어느 시대에 태어났더라도 마찬가지로 박해받았을 것이다"라고 말할 권리는 없습니다. 그런 의미에서라면, 후대가 이렇게 말할 수도 있을 것입니다.

"그가 살아 있을 때 겪은 부당함(Uret)에 대해서는 이제 잊자."

그러나 예수 그리스도의 경우는 완전히 다릅니다! 그분은 유대(Judæa)에 태어나고 그 시대에 등장하심으로써 **역사의 시험**(Examen)에 응시한 것이 아닙니다. 오히려 그분 자신이 시험관(Examinator)이십니다. 그분의 삶(Liv)이 바로 시험(Examination)이며, 그 시험은 단지 그 시대의 세대(hiin Slægt)만이 아니라, 모든 세대(Slægten)에 대한 것입니다.

그러므로 "그분이 당하신 부당함은 이제 잊자, 이제 역사가 그분의 권리를 회복시켜 드렸다"라고 말하는 그 세대야말로 불경한 세대에게 화가 있을지라! 그 말은 스스로 심판을 불러오는 것입니다.

만약 누군가 역사(Historien)가 그 일을 할 수 있다고 생각한다면, 그는 그리스도의 비하(Fornedrelse)를 단지 우연한 관계(Tilfældigt Forhold)로 만들어 버리는 셈입니다. 즉, 그분을 한 인간, "탁월한 인간(et udmærket Menneske)"으로 격하시키는 것입니다. 그는 그렇게 말하겠지요. "그분은 시대의 불경(Ugudelighed) 때문에 그런 일을 당하셨지만, 본래는 세상에서 위대한 인물이 되고자 하셨다"라고. 그러나 이것이야말로 인간적인 생각(det Menneskelige)입니다.

반대로 그리스도는 스스로 **"비천한 자**(den Ringe)"가 되기를 자유롭게 원하셨습니다. 그분의 목적이 비록 인간을 구원하는 것이었다 하더라도, 그분은 동시에 **진리**(Sandheden)[32]가 어느 세대에서나 반드시 겪어야 하는 고난을 친히 몸소 드러내고자 하셨습니다. 그리고 만일 이것이 그분의 가장 높은 뜻(allerhøieste Villie)이라면, 그분은 아직까지 재림(Gjenkomst)을 통해 영광(Herlighed) 중에 나타나시지 않았으므로, 아무 세대(Slægt)도 그 일에 대해 결백(angerløs)하다고 말할 수 없습니다. 오히려 모든 세대는, 그 당시 세대가 그분께 행한 일에 대해 **공범**(Medskyldighed)임을 인정해야 합니다.

그러므로 그분의 비천함(Ringhed)을 빼앗거나, 그분이 겪으신 부당함(Uret)을 잊어버리려 하거나, 혹은 역사적 결과(Følger)라는 이름의 인간적 영광(menneskelige Herlighed)으로 그분을 꾸며 내려는 자에게는 화가 있을지라! 그런 영광은 진정한 영광도 아니고, 참된 인성도 아니기 때문입니다.

f

크리스텐덤의 불행(Christenhedens Ulykke)

그러나 이것이야말로 바로 **크리스텐덤**(Christenheden)의 불행이며, 아주 오랫동안 계속되어 온 불행입니다. 그 불행은 곧 그리스도가 "둘 중 어느 쪽도 아닌 존재"가 되어버린 데 있습니다. 즉, 그분은 더 이상 지상에서 살아 계셨을 때의 그분 자신도 아니고, 또한 (신앙이 가르치듯이) 재림 때 나타나실 그분 자신도 아닙니다.

그 대신 그리스도는 이제 역사(Historien)를 통해—그것도 부적절하고 불법적인 방식으로—"무언가 위대한 인물, **대단한 존재**(saadant noget stort Noget)"로만 알려진 자가 되어버렸습니다. 사람들은 "그리스도를 안다(vidende om Christus)"고 말하지만, 그것은 허락되지 않은(utilladelig) 지식입니다. 왜냐하면 인간에게 허락된 유일한 길(Tilladelige)은 **그분을 믿는 것**(blive troende)이기 때문입니다. 사람들은 서로를 위로하며 이렇게 말합니다.

"그분의 생애의 결과(Følgerne af Christi Liv)와 지난 1800년의 역사(Udfaldet, de 1800 Aar)를 통해 우리는 이제 그분의 진짜 결론(Facit)을 알게 되었다."

그러나 바로 그 순간, 이 말이 지혜(Viisdom)로 여겨질수록 그리스도교의 모든 생명력(Saft og Kraft)은 증발해 버렸습니다. 역설(Paradoxet)은 느슨해지고, 사람들은 자신도 모르게 기독교인이 되어 버렸습니다. 그러나 실족의 가능성(Forargelsens Mulighed)도 그리스도 앞에서의 두려움(Tilbedelse)도 단 한 번도 느껴본 적이 없습니다.

그들은 그리스도의 가르침을 취해 다듬고,[33] 자기들이 이해하기 쉽게 축소시켜 놓고는 그것이 곧 진리(Sandheden)라고 안심해 버립니다. 그 이유는 단 하나, "그분의 생애가 역사 속에서 그렇게 위대한 결과를 낳았기 때문"입니다. 모든 것이 이제 너무나 자연스럽고, 아무 저항 없는 일상(Fod i Hose)[34] 이 되었습니다. 그 결과, 기독교는 그저 이교(Hedenskab)처럼 되어버렸습니다.

크리스텐덤은 끊임없이 주일마다 기독교의 위대한 진리들과 값으로 따질 수 없는 위로에 대해 떠듭니다. 그러나 분명 느껴집니다. 그리스도께서 이 땅에서 사셨던 때로부터 이미 1800년이 지났다는 사실이 말입니다. 그분은 더 이상 **실족의 표적**(Forargelsens Tegn)도 아니며, **믿음의 대상**(Troens Gjenstand)도 아닙니다. 그분은 이제 가장 환상적인 이야기 중 하나의 주인공, **"신적인 선한 사람**(en guddommelig Godmand)"[35]으로 변해버렸습니다.

사람들은 "실족(forarges)"이 무엇인지 알지 못하고, 더더욱 "예배(tilbede)"가 무엇인지 알지 못합니다. 오늘날 사람들이 특히 그리스도에게서 칭송하는 것은, 만약 그 시대에 그와 동시대적(samtidig)으로 살았다면 그들이 가장 격렬히 분노했을 바로 그 점입니다. 그러나 이제는 그들은 너무나 안심합니다. "역사가 이미 그분이 위대한 분이었다는 사실을 보증했기 때문"입니다. 그래서 그들은 이렇게 결론짓습니다.

"그분이 그렇게 하셨다면, 그것이 곧 옳은 일이다(ergo er det det Rigtige)."

즉, "그분이 하셨으니 그것이 선하고(Det Ædle), 고상하고(Det Ophøiede), 진리(Det Sande)이다." 그러나 정작 그들이 그분이 실제로 무엇을 행하셨는가를 깊이 알려고 하거나, 혹은 자신의 능력 안에서라도 그분을 따르려(efterligne) 하지는 않습니다. 그들은 단지 감탄하고 찬양하는 것으로 만족합니다. 그리하여 그들의 태도는 마치 어떤 번역자가 원문에 충실하려고 한 글자 한 글자 옮기지만, 그 때문에 의미는 완전히 사라져버리는 경우와 같습니다. "너무 양심적이어서(for samvittighedsfuld)", 사실상 비겁하고(feig), 무기력하게(blødagtig) 저자의 뜻을 이해하려 하지 않는번역자 말입니다.

크리스텐덤(Christenheden)은 자신도 모르는 사이에 기독교를 폐지해 버렸습니다. 그 결과, 이제 무언가를 해야 한다면, 다시 처음부터 시작해야 합니다. 기독교를 크리스텐덤 안으로 다시 들여와야 합니다.

참고자료

1   procul o procul este profani: 라틴어로 "물러가라, 물러가라, 너희 불경한 자들아 (bort, bort I uindviede)"라는 뜻이다. 이 말은 시빌라(Sibylla)-즉 쿠마이(Cumae)의 아폴론 신전의 여예언자(oracle-priestess)-가 한 말로, 로마 시인 베르길리우스(Vergilius)의 서사시 『아이네이스(Æneis)』 제6권, 258행에 나오는 구절이다. 이 구절은 다음 판에서 확인된다: P. Virgilii Maronis Opera, 편집 J. Baden, 제1-2권, 코펜하겐, 1778-80; 제2권, p. 75. 또한 J. H. Schønheyder의 덴마크어 번역 『Æneiden』(코펜하겐, 1812, 제1권, p. 263)에서는 이 표현이 "물러가라, 물러가라, 너희 불경한 자들아!(Bort, bort Vanhellige!)"로 옮겨져 있다.

키르케고르는 이 라틴어 표현을 역설적으로 사용한다. 예수께서 "수고하고 무거운 짐 진 자들아 다 내게로 오라"(마 11:28)라고 부르실 때, 인간은 그분의 거룩함(hellighed) 앞에서 오히려 도망치며 "불경한 자들아 물러가라!"는 외침을 들은 듯한 두려움을 느낀다는 것이다. 즉, 복음의 초대는 인간의 기대와 달리 거룩함의 심판과 실족(forargelse)의 순간으로 다가온다.

2   den hellige Historie: 예수의 삶, 수난, 죽음, 그리고 부활에 대한 서술을 가리키며, 특히 네 복음서에 기록된 이야기를 의미한다.

3   하나님(Gud)의 오른편(høire Haand)-곧 전능하신 아버지(den almægtige Fader)의 보좌 옆-에 앉아 계신 영광의 예수 그리스도(Jesus Christus i Herlighed)를 뜻한다. 이는 다음과 같은 성경 구절들을 참조한다: 마태복음 26장 64절, 마가복음 16장 19절, 사도행전 7장 55-56절. 또한 사도신경의 "예수 그리스도는 전능하신 하나님 아버지의 오른편에 앉아 계시다"라는 고백에서도 확인할 수 있다.

4   히브리서 13장 8절을 암시한다. "예수 그리스도는 어제나 오늘이나 영원토록 동일하시니라."

해설: 이 구절은 키르케고르가 그리스도의 불변성(den Samme)을 강조하기 위해 인용한 성경적 근거이다. 그러나 여기에서 '동일성'은 추상적인 본질적 동일성이 아니라, 역사적이고 실존적인 동일성-즉, 비하의 상태(Fornedrelsens Stand)에서 인간과 함께 계셨던 바로 그 예수 그리스도가 지금도 동일하게 존재한다는 의미이다. 키르케고르에게 이 동일성은 형이상학적 존재론이 아니라 실존적 관계성이다. 즉, "영광의 그리스도"와 "비하의 그리스도"는 본질적으로 한 분이시지만, 신앙의 길은 오직 그분의 낮아지심 속에서 그분을 만나는 것을 통해서만 열린다. 이것이 바로 히브리서의 선언-"그는 어제나 오늘이나 동일하시다"-를 실존적 신앙의 차원에서 재해석한 키르케고르의 방식이다.

5   이는 바울이 예수 그리스도에 관해 노래한 그리스도 찬가, 곧 빌립보서 2장 6-11절을 암시한다. 거기에서 바울은 이렇게 쓴다: "그는 자기를 낮추사, 종의 형체를 취하시고, 사람들과 같이 되셨으며, 사람의 모양으로 나타나사 자기를 낮추시고…"

6   이는 예수께서 제자들에게 하신 말씀들을 가리킨다. 예를 들어, 마태복음 16장 27절에서는 이렇게 말한다. "인자가 아버지의 영광으로 그 천사들과 함께 오리니" 또한 다음의 구절들도 같은 의미를 담고 있다: 마태복음 24장 30절; 25장 31절(17,19); 마가복음 13장 26절; 누가복음 21장 27절.

해설: 이는 예수의 영광의 재림(Gjenkomst i Herlighed)에 대한 복음서의 여러 언급을 지시한다. 그러나 키르케고르에게서 이 재림은 단순히 미래적 사건이 아니라, 신앙의 역설적 지평 속에서만 이해될 수 있는 것이다. 즉, "그분이 영광 가운데 오신다"는 것은 인간의 역사적 지식(viden)으로 알 수 없는 것(kan ikke vides)이며, 오직 믿음(tro)으로만 기대(forventes) 될 수 있다. 그 때문에 키르케고르는 "영광의 그리스도(Christus i Herlighed)"를 기다리는 신앙이란 먼저 "비하의 그리스도(Christus i Fornedrelse)"에게로 나아가는 실존적 결단에서 시작된다고 말한다. 요컨대, 재림의 신앙은 단순한 종말론적 예언의 대기가 아니라, 지금 여기에서 실족의 표적(Forargelsens Tegn)으로 오신 그리스도를 믿음으로 따르는 현재적 실존이다.

7   이는 그리스도의 두 가지 신인(神人)의 상태(lære om Kristi to gudmenneskelige tilstande)에 관한 교리적(도그마적) 가르침을 가리킨다. 라틴어로는 각각 status exinanitionis("비하의 상태")와 status exaltationis("승귀의 상태")라 부른다.

비하의 상태(status exinanitionis) 는 빌립보서 2장 7절의 표현에 근거한다. 라틴어 불가타(Vulgata) 성경에서는 "exinanivit"라 하여, "스스로를 비우셨다(혹은 낮추셨다, fornedrede)"라고 번역되어 있다. 이는 그리스도께서 인간으로서 세상에 사시며 고난과 죽음을 당하신 삶을 의미한다.

승귀의 상태(status exaltationis) 는 요한복음 12장 32절에 근거한다. 불가타에서는 "exaltatus" 즉 "높임을 받았다(ophøjet)"라는 표현을 사용하며, 이는 그리스도께서 부활과 승천을 통해 하나님의 오른편에 앉아 계신 삶을 의미한다.

참고로, 이러한 구분은 루터파 정통 신학의 교과서적 저작인 K. Hase, Hutterus redivivus oder Dogmatik der evangelisch-lutherischen Kirche, 제4판 (라이프치히, 1839 [초판 1829])의 §103-105(256-264쪽)에 자세히 서술되어 있다. 덴마크어 번역본 Hutterus redivivus eller den Evangelisk-Lutherske Kirkes Dogmatik (역자 A.L.C. Listow, 코펜하겐, 1841)에서는 같은 내용이 265-273쪽에 수록되어 있다.

8 해설: 키르케고르에 따르면, 세계사(Verdenshistorien) 혹은 교회사(Kirkehistorien)가 다루어온 그리스도는 신앙의 실존적 진리와 무관한 허구적 그리스도(den fiktive Christus)에 불과하다. 그리스도를 역사적 지식(viden)의 대상으로 파악하는 순간, 그는 이미 더 이상 "살아 있는 진리(den levende Sandhed)"가 아니라 단순한 관념으로 환원된다. 그리스도는 아직 영광의 재림(Gjenkomst i Herlighed)을 이루지 않았으며, 인간에게는 여전히 비하의 상태(Fornedrelsens Stand) 가운데 계신다. 따라서 지금 우리에게 말씀하시는 분은 "영광의 그리스도(Christus i Herlighed)"가 아니라 "비하의 그리스도(den Fornedrede)"이며, 이분을 신앙으로 만나는 자만이 참된 동시대성(Samtidighed) 안에서 그리스도를 '현재적으로' 인식한다. 결국 키르케고르에게서 세계사적 예수는 허구이며, 오직 비하의 그리스도만이 진리의 실존적 현존으로 남는다.

9 et Incognito: 본래 의미는 "알려지지 않은 상태(uden at være kendt)" 또는 "가면, 변장(en forklædning)"이다. 이 표현은 주로 신분의 은폐를 뜻하며, 특히 왕이나 귀족 같은 신분 높은 인물들이 여행할 때 자신의 정체를 숨기기 위해 사용하는 변장을 가리킨다.

키르케고르는 이 세속적 의미를 신학적으로 전복시켜 사용한다. 즉, Incognito는 단순한 신분의 감춤이 아니라, 하나님이 스스로를 인간의 형태 속에 감추신 신비한 은폐를 뜻한다. 그리스도는 세상에 오실 때 자신의 신적 정체성을 숨기시고, 겉으로는 "비천한 종의 형체(Tjeners Skikkelse)"로 나타나셨다. 따라서 Incognito는 단순한 외적 disguise가 아니라, 하나님의 계시가 '숨김의 형태'로 주어지는 역설을 표현하는 핵심 개념이다.

10 아마도 시편 115편 3절을 암시한다. "오직 우리 하나님은 하늘에 계셔서 원하시는 모든 것을 행하셨나이다."

11   해설: 키르케고르에게서 비하의 그리스도(den Fornedrede Christus)는 참으로 하나님이시지만, 그분은 철저한 잠행(Incognito) 속에서, 곧 전능자만이 입을 수 있는 완전한 은폐의 형태로 세상에 오셨다. 이로 인해 그분은 인간의 인식(viden)으로는 결코 파악될 수 없는 분이 된다. 따라서 비하의 그리스도를 "하나님(Gud)"이라 지식의 방식으로 단정하는 것은, 그분의 존재 방식(Tilværelsesform)을 본질적으로 다른 것으로 바꾸는 행위(Væsentlig anderledes)이며, 그 의미에서 키르케고르가 말한 바와 같이 거짓(usandhed)이다. 오직 신앙(tro)만이 이러한 인식의 불가능성 가운데서 실족의 가능성(Forargelsens Mulighed)을 통과하며, 비하 속에 계신 하나님을 역설적으로 믿는 길을 연다.

12   *κατ' ἐξοχην*(kat' exochēn): 그리스어로, "탁월하게", "가장 본질적인 의미에서", 혹은 라틴어 표현 par excellence ("그 자체로, 본질적으로")에 해당한다.

13   예를 들어 마태복음 11장 2-6절을 보라. 거기에서 예수께서는 세례 요한에게 자신이 하나님이심을 알게 하신다. "나로 말미암아 실족하지 아니하는 자는 복이 있도다"라는 본문은 『그리스도교의 훈련(Indøvelse i Christendom)』 제2논문 「나로 말미암아 실족하지 아니하는 자」(En bibelsk Fremstilling og christelig Begrebsbestemmelse)의 중심 주제로, 예수께서 자신을 하나님으로 이해하셨다는 사실에 대한 실족(Forargelse) 의 문제를 일관되게 다루고 있다. 그 논문은 바로 이 성경 구절에서 출발하며(예: 제B장 도입부, SKS 12, 103), 또한 마태복음 26장 63-64절의 대제사장의 신문 장면(ypperstepræstens forhør) 과도 관련된다. 그곳에서 대제사장이 "내가 살아 계신 하나님으로 맹세하노니, 네가 그리스도요, 하나님의 아들인지 우리에게 말하라"고 묻자, 예수께서 "네가 말하였느니라"(du haver sagt det, NT-1819)라고 대답하신다.

14   라틴어로 "찬성 혹은 반대(for or against)"를 뜻한다. 즉, 어떤 주장이나 판단에 대해 긍정(pro)이냐 부정(contra)이냐를 가리키는 표현이다. 키르케고르는 이 표현을 통해, 역사(Historien)는 그리스도에 관하여 찬성(pro) 도 반대(contra) 도 할 수 없다고 말한다. 왜냐하면 신앙(tro)의 확신은 그러한 논증적 입증이나 반박의 차원을 초월하기 때문이다. 따라서 신앙은 "찬반의 문제(pro eller contra)"가 아니라, 역설(paradoks) 속에서 이루어지는 존재적 결단(existentiel Beslutning)이다.

15   *μετάβασις εἰς ἄλλο γένος*(metábasis eis állo génos): 그리스어로, "다른 종류(art) 혹은 개념 영역(begrebs-sfære)으로의 전환"을 뜻한다. 논증이나 추론 과정에서 갑작스럽게 주제와 무관한 다른 차원으로 넘어가 논의의 본질을 벗어나는 오류를 가리킨다. 이 표현은 일반적으로 철학에서 자주 사용되며, 고대 그리스 철학자 아리

스토텔레스(Aristoteles)도 유사한 형태로 사용했다. 그는 『후분석론(Analytica posteriora)』 제1권 제7장(75a 38)에서 "한 학문에서의 증명은 다른 학문으로 직접 옮겨질 수 없다"라고 말한다. 예를 들어, 기하학적 진리(geometriske sandheder)는 산술적 방식(aritmetrisk)으로 증명될 수 없다는 것이다.

16　키르케고르가 사용하는 Qvalitet은 영어의 essence와 동일하지 않다. Essence가 존재의 "무엇임(whatness)"을 의미한다면, Qvalitet은 존재의 "어떠함(howness)"을 지시한다. 그에게 Qvalitet은 형이상학적 실체가 아니라 존재의 방식(mode of existence) 또는 범주적 차이(categorical difference)를 가리키며, 따라서 "uendelig forskjellig Kvalitet(무한히 다른 질)"이란 본질의 변형이 아니라 존재 양식의 도약(den kvalitative Spring)을 뜻한다.

17　예를 들어 마태복음 11장 2-6절을 보라. 거기서 예수께서는 세례 요한(Johannes Døber)에게 자신이 하나님이심을 깨닫게 하신다. 또한 마태복음 26장 63-64절의 대제사장의 신문 장면(ypperstepræstens forhør) 도 보라. 대제사장이 "내가 살아 계신 하나님으로 맹세하노니, 네가 그리스도요 하나님의 아들인지 우리에게 말하라"고 묻자, 예수께서 "네가 말하였느니라라고 대답하신다.

18　예를 들어, 이 주제에 대하여는 다음을 참고하라. The Sickness unto Death, pp. 99, 117, 121, 126, 127, 175, KW XIX (SV XI 210, 227, 231, 235, 237).

19　원래 이 단어는 "동질적이지 않은(uensartet)" 혹은 "양립할 수 없는(uforeneligt med)"이라는 뜻이다.

20　키르케고르는 하나님(Gud)과 인간(Menneske)의 관계를 정도의 차이(grad)로 보지 않고, 질적 차이(kvalitativ Forskjel) 로 본다. 따라서 "한 인간이 하나님이었다"는 명제를 이성적으로 증명하는 것은 불가능하며, 그 시도는 곧 "말장난(Spilfægteri)"에 불과하다. 만일 두 존재가 같은 질(Qvalitet)에 속한다면 하나님은 존재하지 않게 되고, 만약 무한히 다른 질로 구별된다면, 그 차이는 영원히 비교 불가능(incommensurabel)하다. 결국 이 문제는 역사적 증명이나 논증의 차원이 아니라, "그분이 스스로 말씀하신 그대로 자신이 하나님이심을 믿을 것인가(troe) 혹은 믿지 않을 것인가"라는 실존적 결단의 문제로 귀결된다.

21　키르케고르의 den hellige Historie(거룩한 역사) 개념은 19세기 자유주의 신학과 역사주의에 대한 실존적 반비판으로 이해되어야 한다. 당시 슐라이어마허, 슈트라우스, 포이어바흐 등으로 대표되는 자유주의 신학은 예수를 도덕적이고 역사적 범주로 환원했으나, 키르케고르는 이를 "신성모독(Gudsbespottelse)"으로 규정하고 그리스도의 비하 속에서 체험되는 내면적 신앙의 사건만을 참된 역사, 곧 den hellige

Historie로 보았다. 이는 역사적 진보의 신학에 대한 영원-시간의 변증법적 저항이며, 자유주의적 역사주의를 실존적으로 전복하는 신학적 반혁명이다.

22   제자들에게 하신 예수의 말씀을 가리킨다. 예를 들어 마태복음 16장 27절이다. "인자가 아버지의 영광으로 그 천사들과 함께 오리라." 또한 마태복음 24장 30절, 25장 31절, 마가복음 13장 26절, 누가복음 21장 27절에서도 같은 맥락의 말씀을 찾아볼 수 있다.

23   누가복음 2장 1-7절의 예수의 탄생 이야기를 암시한다. 그곳에는 동정녀 마리아가 예수를 마굿간에서 낳아 아기로서 "그를 천으로 싸서 구유에 눕혔다"라고 기록되어 있다. 여기서 "누더기나 헝겊(pjalter, klude)"으로 싸였다는 표현은 신약성경 본문 자체보다는 후대의 시적 재구성(gendigtning) 에서 유래한 것이다. 예를 들어 18세기 덴마크의 시인 H. A. Brorson 의 성탄 찬송가 〈Frisk op! endnu en Gang〉(1732) 6절에서는 이렇게 노래한다. "나는 마굿간에서 내 보화를 찾았네, 누더기에 싸인 그 보화를."

이 표현은 Brorson의 시집 『Troens rare Klenodie, i nogle aandelige Sange』(코펜하겐, 1834, 편집자 L.C. Hagen, p.19)에 수록되어 있으며, 덴마크 찬송가집 DDS-2002 제103번(4절)에도 포함되어 있다.

24   다음을 참고하라. https://karisacademy.kr/immanuel-fornedrelse/

25   "주목할 만함(bemærkelsesværdighed)", "특징(særkende)", "고유한 특이성(ejendommelighed)"을 뜻한다. 즉, 어떤 사물이나 인물 안에 있는 눈에 띄는 고유한 특질을 가리킨다.

해설: 키르케고르가 이 단어를 사용할 때, 그는 단순히 "흥미롭다"는 의미로 쓰는 것이 아니라, '존재의 독특성'(existentiell ejendommelighed)을 지시한다. 따라서 Mærkelighed은 그리스도의 생애가 가진 고유한 실존적 성격, 즉 "하나님이 인간으로 존재하신 사건"이라는 유일무이한 존재의 독특성을 뜻한다. 이는 곧 "결과(Følge)"로 평가할 수 없는, 그분의 삶 자체(Liv) 안에 내재한 절대적 특이성이며, 그리스도를 다른 인간들과 구별짓는 거룩한 역사(den hellige Historie)의 본질이다.

26   해설: 이 대목은 키르케고르의 『그리스도교의 훈련』 전체를 관통하는 핵심적 역설(paradoks)—"하나님이 인간으로 살았다(Gud har levet)"—의 절정에 해당한다. 역사의 결과(Følge)는 객관적 증거의 차원이며, 인간적 평가의 범주다. 역사주의자(예: 슈트라우스, 헤겔파)는 여기에 진리의 근거를 둔다. 그러나 키르케고르는 진리의 자리를 "역사적 결과"가 아닌 "하나님의 현존(Liv)" 그 자체에 둔다. 그리스도의 생애 그 자체가 진리이며 계시(Aabenbarelse)다. 그러므로 그리스도의 생애는 "비하

(Fornedrelse)"라는 형태로 드러난 거룩한 역사(den hellige Historie)의 중심이다. 결과가 아니라, 존재 자체가 "무한히 놀라운 일(uendelig Mærkeligt)"이다.

철학적 요약: Mærkelighed는 존재의 경이, 계시의 사건성이다. 그리스도의 생애는 결과로 평가될 수 없는 순수한 사건(Begivenhed)이다. "하나님이 사셨다(Gud har levet)"는 진술은 세계사적 진보의 판단이 아니라, 신앙의 내면에서 발생하는 영원의 돌입(Indbrud af Evigheden)이다.

27   hine Herlige: 초기 기독교의 순교자들(martyrer) 을 가리키는 상투적 표현이다. 그들은 기독교 신앙과 고백 때문에 1세기~3세기 사이 로마 제국에서 처형된 자들을 말한다. 키르케고르는 "그 영광스러운 자들"이라는 표현을 단순히 과거의 신앙 영웅들을 찬양하기 위해 사용하지 않는다. 그는 이들을 "그리스도와 유사한 운명을 산 인간들"로 제시함으로써, 그리스도의 비하와 인간적 고난을 비교하는 철학적 대비의 장치를 마련한다. 즉, 순교자들은 "그리스도를 따르는 자로서 고난을 받은 인간들"이지만, 그들의 생애는 결국 역사 속에서 '인정받을 수 있는 인간적 위대함'으로 복원될 수 있다. 그러나 그리스도(Christus)는 달리, 그의 비하는 결코 역사에 의해 복권될 수 없는 영원의 사건이다. 따라서 키르케고르는 hine Herlige를 언급함으로써, "역사가 위대한 인간을 정당화할 수는 있어도, 역사는 결코 하나님을 증명할 수 없다"는 핵심 논지를 변증법적으로 대비시키고 있다.

28   mundus, qvi vult decipi: 라틴어로 "속기를 원하는 세상(the world that wishes to be deceived)"을 뜻한다. 이는 고대의 라틴 격언 "mundus vult decipi, ergo decipiatur" -즉 "세상은 속이기를 원하니, 그렇다면 속게 하라" - 를 인용한 표현이다. 이 격언은 종종 비판적 풍자로 사용되었으며, 루터(Martin Luther)와 18세기 덴마크 작가 루드비히 홀베르(Ludvig Holberg)도 인용하였다. 홀베르의 『Heltehistorier』(1739)에서, 추기경 G.P. 카라파(훗날 교황 바오로 4세로 즉위함)는 행렬에서 손으로 축복을 베풀며, 입으로는 계속 이렇게 중얼거린다.

"Mundus vult decipi, decipiatur! -세상은 속기를 원하니, 속게 하라."

(Adskillige store Heltes sammenlignede Historier og Bedrifter, bd. 9, 1806, s. 86)

이 표현은 원래 로마 제정기의 문인 페트로니우스(Petronius, 1세기) 혹은 세바스티안 브란트(Sebastian Brant, 1457/58-1521) 의 풍자시 『Narrenschiff』(〈어리석은 자들의 배〉)에 기원을 두고 있다. 또한, 다음 일기를 참고하라. JP V 5937, 5938; VI 6680 (Pap. VII1 A 147, 148; X3 A 450).

키르케고르는 이 표현을 아이러니하게 차용하여, "역사의 증거로 진리를 입증하려는 사람들"을 "속기를 원하는 세상(mundus, qui vult decipi)"이라 비꼰다. 즉, 역사적 증거를 통해 그리스도의 신성을 '확인'하려는 모든 시도는 결국 스스로 속고자 하는 세속적 태도라는 것이다. 이 격언은 따라서 기독교의 진리(Paradoxet)가 세속적 역사 속에서 소비되는 방식에 대한 키르케고르의 신랄한 풍자로 작용한다. 그는 말한다. "세상은 속기를 원한다. 그래서 그리스도를 위대한 인간으로 만들어 놓고 안심한다." 그러나 그 순간, "하나님이 인간으로 오셨다(Gud har levet)"는 거룩한 역설은 사라진다.

29   예수께서 두 명의 범죄자와 함께 십자가에 못 박히신 사건을 암시한다. 이는 예를 들어 마태복음 27장의 기록을 떠올리게 한다. 키르케고르는 이 표현을 통해, 순교자(혹은 '그 영광스러운 자들')의 죽음이 그리스도의 죽음과 외형적으로 유사하지만 본질적으로 다름을 암시한다. 그리스도의 경우 "범죄자처럼 죽임을 당했다(ihjelslagen som en Forbryder)"는 사실은 단순히 억울한 처형이 아니라, 하나님이 인간의 죄를 지신 채 세상으로부터 철저히 버려진 상태—즉, 비하(Fornedrelse) 의 절정—을 의미한다.

반면, 순교자의 죽음은 불의한 세상에 의해 처형된 사건일 뿐, 그의 인격과 신앙은 후대의 역사 속에서 복권(Rehabilitering)된다. 그러나 그리스도의 경우, 그의 죽음은 결코 역사에 의해 복권될 수 없는 영원의 구속 사건(Frelsesbegivenhed)이다. 따라서 이 구절은 "그리스도의 죽음은 역사적 불의가 아니라, 영원한 구속의 신비"임을 암시하는 신학적 장치로 쓰인 표현이다.

30   han, der holder alle Muligheder i sin Haand: "모든 가능성을 손에 쥔 분"이라는 뜻으로, 마태복음 19장 26절의 말씀을 암시한다. "사람으로는 할 수 없으나 하나님으로서는 다 하실 수 있느니라."

해설: 이 표현은 키르케고르의 신적 전능(Guds Almagt) 과 자기비움(Fornedrelse)의 역설적 결합을 드러내는 상징적 문장이다. 그리스도는 "모든 가능성을 손에 쥔 분", 즉 무한한 전능의 하나님이시지만, 그 전능의 능력으로 스스로 가장 낮은 존재(ringe Menneske)가 되셨다. 이 역설은 키르케고르 기독론의 핵심이다: "전능하신 하나님이, 스스로 아무것도 할 수 없는 자가 되셨다."

따라서 han, der holder alle Muligheder i sin Haand은 "전능의 하나님이 스스로 무력함의 형태를 선택하신 사건"을 가리키며, 이는 단순한 신학적 교리가 아니라 실존적 계시(Aabenbarelse)의 역설적 표현이다. 즉, 하나님은 자신의 능력을 행사함으로가 아니라, 그 능력을 자기비움으로써 드러내신다. 그분은 모든 가능성을 가지신 분이지만, 그 가능성의 절정을 "비하(Fornedrelse)"라는 불가능 속에서 실현하신다.

31 이 구절은 키르케고르의 일기 NB2:37(1847년 5~6월경 작성)과 밀접하게 관련되어 있다. 그는 그곳에서 다음과 같이 썼다: "그리스도의 죽음(Xsti Død)은 두 가지 요인의 결과이다. 그것은 유대인들의 죄(Jødernes Skyld)이자, 동시에 세상의 악함(verdens Ondskab)의 확증이다. 그리스도(Xstus)가 하나님-인간(Gud-Msket)이셨으므로, 그분이 십자가에 못 박히셨다는 것은 단순히 그 시대의 유대인들이 도덕적으로 타락해 있었거나, 그리스도께서 불운하게도 그때 세상에 오셨다는 것을 의미하지 않는다. 아니다. 그리스도의 운명(Xsti Skjebne)은 영원한 것(Evigt)이며, 그것은 인류(Mske-Slægtens)의 본질적 무게(Vægtfylde)를 드러낸다. 그리스도께서 언제 오시든, 세상은 항상 그분을 그렇게 대할 것이다. 그리스도는 결코 우연적인 사건(Tilfældigt)을 나타내지 않는다."

32 요한복음 14장 6절을 암시한다. "내가 곧 길이요 진리요 생명이라."

33 vendte og skrabte: "뒤집고 긁어댄다"라는 뜻의 고정된 표현으로, 덴마크 시인 스테엔 스테엔센 블리케르(St. St. Blicher)의 시 〈Avertissement〉에서 유래한다. 그 시에는 다음과 같은 구절이 있다.

> "Ved gamle Tanker at vende og skrabe paany -
> Skal ingen poetisk Skrædder skabe sig Ry."
> (옛 생각들을 다시 뒤집고 긁어댄다고 해서,
> 어떤 시적 재단사도 명성을 얻지는 못하리라.)
> (재수록: Nye Digte, 제1-2권, P.L. 뮐러 편, 코펜하겐 1847, 제2권, 206쪽)

해설: 이 표현 "vende og skrabe"는 "이미 있는 것을 새롭게 꾸며내려는 헛된 시도"를 비꼬는 풍자적 표현이다. 키르케고르는 이 구절을 사용하여 그리스도의 가르침을 마치 "철학적, 도덕적 사상"처럼 다시 다듬고, 재해석하고, 합리화하려는 크리스텐덤(Christenheden)의 태도를 조롱한다. 크리스텐덤은 "기존의 교리를 다시 긁어내어(vende og skrabe) 자기 입맛에 맞게 다듬는 일"에 몰두하지만, 그것은 진리를 새롭게 하는 것이 아니라 진리를 소멸시키는 일이다. 결국 키르케고르에게 이 표현은 "진리를 편하게 만들려는 신학적 왜곡"을 풍자하는 말로, 그리스도의 말씀을 '다시 다듬는 자들'에게 던지는 아이러니한 비판의 칼날이다.

34 som Fod i Hose: 직역하면 "양말(혹은 바지) 속의 발처럼"이라는 뜻으로, 모든 것이 딱 들어맞는다, 아주 자연스럽다는 의미의 덴마크 관용구이다. 이 표현은 E. Mau의 『Dansk Ordsprogs-Skat』(덴마크 속담집, 제1권, 233쪽)에 수록되어 있다. 키르케고르는 이 표현으로 기독교가 더 이상 "역설(paradoks)"이나 "실족

(forargelse)"을 유발하지 않는, 즉 너무나 편안하고 자연스러운 종교가 되어버렸음을 비판한다. 크리스텐덤에서는 그리스도의 말씀도, 신앙의 역설도, 실존적 결단도 모두 자연스럽게 "발이 양말 속에 들어가듯" 매끄럽게 정리되어 버렸다. 그러나 바로 그 "자연스러움"이야말로 키르케고르가 경고하는 기독교의 세속화(Hedenskab)의 표지이다.

그리스도의 복음은 원래 인간의 이성, 감정, 도덕을 불편하게 만드는 역설과 충돌의 사건인데, 그것이 이제 세속적 상식 안에 안착해 버렸다는 것이다. 따라서 "som Fod i Hose"는 오늘날의 "편안한 기독교", "익숙한 신앙"을 향한 키르케고르 특유의 아이러니한 조롱의 표현이다.

35   원래는 K.T. 티메(K. T. Thieme) 의 아동서 『Godmand eller den danske Børneven』(독일어 초판 1789년, 덴마크어판 1798년 및 이후 여러 판본)의 주인공 이름에서 비롯된 표현이다. 그는 지나치게 착하고(brav), 감상적(hjertelig), 그러나 어리석은(tåbelig) 인물로 묘사된다.

II

초대자(Indbyderen)

따라서 초대자(Indbyderen)는 낮아진 예수 그리스도(den fornedrede Jesus Christus)이십니다. 그분이 바로 "오라(kommer hid)"고 말씀하신 분이십니다. 그 말씀은 영광(Herlighed) 가운데서 하신 말씀이 아닙니다.[1] 만일 그분이 영광의 자리에서 이 말씀을 하셨다면, 그때의 기독교(Christendommen)는 이미 이교(Hedenskab)가 되었을 것이며, 그리스도 자신도 **헛된 존재**(taget forfængelig)[2]가 되었을 것입니다. 그러므로 그것은 결코 사실이 아닙니다.

만약 영광 가운데 앉아 계신 그분이 "오라(kommer hid)"고 말씀하셨다면, 마치 그 영광의 품에 곧장 달려가 안기기만 하면 되는 것처럼 여겨졌을 것입니다. 그렇다면 수많은 사람들이 그 말씀을 듣고 그분께 달려갔을지도 모릅니다.[3] 그러나 그렇게 달려가는 자들은 마치 풀 먹인 막대기(liimstangen)에 붙잡힌 사람들처럼[4] 자신이 그리스도가 누구이신지 안다(veed, hvo Christus er)고 착각하는 자들입니다. 하지만 그것을 아는 사람은 아무도 없습니다. 그분을 믿으려면, 반드시 **비하**(Fornedrelse)에서부터 시작해야 합니다.

초대자, 이 말씀을 하신 분, 다시 말해, 그분의 말씀이기 때문에 참된 이 말씀은 다름 아닌 낮아진 예수 그리스도(den fornedrede Jesus Christus)―가난하고 비천한 사람(det ringe Menneske)이십니다. 그분은 멸시받는 처녀(foragtet Jomfru)의 몸에서 나셨으며,[5] 그의 아버지는 목수(Tømmermand)였고,[6] 가문은 가장 낮은 계층(laveste Classe)의 평범한 사람들과 다름없었습니다. 그분은 바로 그런 비천한 사람(det ringe Menneske)이셨으며, 그럼에도 불구하고―바로 그 때문에 세상의 분노를 더 불태우셨던—그분은 "자신이 하나님(Gud)이다"
라고 말씀하셨습니다. (이것은 문자 그대로 불에 기름을 붓는 것과 같았습니다.)

이 말씀들은 바로 낮아진 예수 그리스도(den fornedrede Jesus Christus)께서
하신 것입니다. 그리고 그리스도의 말씀 가운데 단 한 마디(ikke eet eneste)도
당신이 자기 것으로 삼을 권리(Lov)가 없습니다. 당신은 그분과 조금의 참여
(Deel)도, 조금의 교제(Samfund)도 가질 수 없습니다. 그분의 말씀을 당신의
것으로 하려면, **당신은 반드시 그분의 비하**(Fornedrelse) **속에서 그분과 동시
대적**(samtidig)**이 되어야 합니다.** 즉, 그분의 동시대 사람들이 그랬던 것처럼,
당신 역시 그분의 경고(Formaning)—"나로 말미암아 실족하지 아니하는 자는
복이 있도다(마태복음 11:6)!"—에 귀를 기울이고 그것을 감당해야 합니다.

당신은 그리스도의 말씀을 함부로 취하여 그분의 진리를 지워버릴(løve
ham bort) 권리가 없습니다. 또한 당신은 그분의 말씀을 취해 **역사의 수다**
(Historiens Snaksomhed)를 통해 그분을 환상적으로(phatastisk) 꾸며내거나 새로
운 무엇으로 만들어낼 권리도 없습니다. 왜냐하면, 역사가 그리스도에 대해
말할 때, 그것은 말 그대로 전혀 그가 무엇을 말하는지 모르는 상태로 떠드
는 것에 불과하기 때문입니다.

이 말씀을 하신 분은 바로 낮아진 예수 그리스도(den fornedrede Jesus
Christus)이십니다. 그분이 이 말씀을 하셨다는 것은 역사적으로 참된 일
(historisk sandt)입니다. 그러나 그분의 역사적 현실(den historiske Virkelighed)을
바꾸어 놓는 순간, 이 말씀은 곧 거짓(Usandhed)이 됩니다. 즉, 이 말씀은 다
음과 같은 분께서 하신 것입니다. 세상적으로 보기에 가난하고 비천한 사람
(det ringe, fattige Menneske), 단지 열두 명의 제자(tolv stakkels Disciple)를 두셨는
데, 그들 또한 백성 중 가장 단순하고 낮은 계층(simpleste Classe i Folket)의 사

람들이었습니다.[7] 그분은 꽤 오랫동안 사람들의 호기심(Nysgjerrighed)의 대상이었지만, 곧 죄인(Syndere), 세리(Toldere), 나병환자(Spedalske), 광인(Afsindige) 등 세상에서 버림받은 자들과 함께 어울리는 분으로만 알려졌습니다.[8]

그분과 관계를 맺는 것은 생명을 걸어야 하는 일이었습니다. 왜냐하면 그 당시에는 그분에게서 도움을 받기만 해도 회당(Synagogen)에서 추방(Udelukkelse)당하는 벌이 있었기 때문입니다.[9] 그것은 명예(Ære), 재산(Gods), 심지어 목숨(Liv)까지 잃을 수도 있는 일이었습니다.[10] 그럼에도 불구하고, 그분이 이렇게 말씀하셨습니다.

"수고하고 무거운 짐 진 자들아, 다 내게로 오라!"

오, 나의 벗이여, 만일 당신이 귀먹고, 눈멀고, 절뚝이고, 나병에 걸렸으며 그 외에도 모든 가능한 불행을 하나로 합쳐 가진 존재라고 해 봅시다.[11] 여태껏 들은 적도, 본 적도 없는 그런 비참한 존재이지요. 그리고 만약 그분이 **기적**(Mirakel)로 당신을 고쳐 주시겠다고 하신다면, 그때에도 당신은 다른 모든 고통보다 더 두려워할지도 모릅니다. (이것이 인간적으로 당연할 것입니다.) 그것은 바로 그분에게서 도움을 받는 자는 사회로부터 추방당한다는 형벌, 즉 다른 사람들과의 관계 속에서 고립(Udstødt) 되고, 날마다 조롱과 멸시(forhaanes, bespottes)를 받으며, 심지어 목숨을 잃을 수도 있다(miste Livet)는 공포입니다. 그렇기에 이렇게 생각하는 것은 인간적으로 당연할 것입니다.

"아니요, 감사합니다. 차라리 귀머거리로, 눈먼 자로, 절름발이로, 나병환자로 그대로 살겠습니다. 그렇게까지 하면서 도움을 받고 싶지는 않습니다."

"오라, 오라, 수고하고 무거운 짐 진 너희 모든 사람들아, 오라, 보라, 그분이 너희를 초대하시며 그 팔을 활짝 여신다!" 아, 만일 비단옷을 입은 단정한 신사[12]가 그런 말을 부드럽고 아름다운 음성으로, 그 울림이 장엄한 궁정의 아치 속에 은은히 메아리치도록 말한다면, 즉, 듣는 이에게 품위와 영광이 흘러넘치는 그 비단의 사람(Silke-Mand)이 "그리스도의 초대"를 전한다면, 혹은 왕이 자줏빛 옷과 벨벳을 입고, 그 뒤에는 크리스마스 나무가 서 있고, 그 위에는 그가 나누어 줄 온갖 화려한 선물들이 걸려 있다면, 그때 그가 "와서 받으라!"라고 말한다면, 그 말은 그럴듯하게 들릴 것입니다. 그렇지 않습니까? 그러나 당신이 그 말에 어떤 의미를 부여하든, 한 가지는 분명합니다. 그것은 기독교가 아닙니다. 오히려 그것은 기독교의 정반대입니다. 초대하시는 분(Indbyderen)을 기억해 보십시오!

52 　　　**그러니 이제 당신이 스스로 판단하십시오.** 판단하실 권리(Lov)는 당신께 있습니다. 그러나 사람들이 자주 하는 일, 곧 스스로를 속이는 일(bedrage sig selv)은 사실 인간에게 허락된 것이 아닙니다.

한 사람(et Menneske)을 보십시오. 그렇게 초라한 외모를 하고, 이마에 조금이라도 지혜(Klogskab)가 있거나 세상에서 잃을 것이 있는 사람이라면 누구나 그와 어울리기를 피할 만한 그런 사람입니다. 그런데 바로 그가—아니, 이것은 모든 일 중 가장 불합리하고(Urimeligste), 가장 광기 어린(Afsindigste) 일이라서, 웃어야 할지 울어야 할지 알 수 없습니다--그에게서, 그렇습니다, 바로 그에게서 전혀 들을 것이라고는 기대할 수 없는 말을 합니다.

만약 그가 이렇게 말했다면 이해할 수도 있었을 것입니다. "이리 와서 나를 도와주십시오" 혹은 "나를 내버려 두십시오" 또는 "나를 불쌍히 여겨 주십시오" 혹은 "나는 당신들을 모두 경멸합니다"라고 했다면, 그건 이해할 만했을 것입니다. 그런데 그는 이렇게 말합니다. "내게로 오라(kommer hid til mig)!"—정말로 초대하는 말처럼 들리지 않습니까! 그리고 이렇게 덧붙입니다. "수고하고 무거운 짐 진 자들아." 마치 그런 사람들에게 이미 불행이 충분하지 않기라도 한 듯이, 이제 그들은 그와 관계를 맺음으로써 또 다른 고통을 겪게 될 것 같습니다.

그리고 마침내 그는 이렇게 말합니다. "내가 너희를 쉬게 하리라(jeg vil give Eder Hvile)."—이게 웬 말입니까, 그가 그들을 도와주겠다고요! 오, 제가 감히 말하건대, 그의 시대에 함께 살았던 가장 선량한 **조롱꾼**(Spotter)이라도 이렇게 말했을 것입니다.

"그가 감히 남을 돕겠다고? 그것은 그가 마지막으로 해야 할 일일 텐데! 자신이 그런 처지에 있으면서 남을 돕겠다고 하다니."

그것은 마치 한 거지(en Tigger)가 경찰(Politiet)에게 "내가 도둑맞았습니다"라고 신고하는 것과 같습니다. 아무것도 가진 적도, 지금도 아무것도 없는 사람이 도둑맞았다고 말하는 것은 **모순**(Modsigelse)이듯이, 자신이 누구보다 도움이 필요한 처지에 있으면서 다른 사람을 돕겠다고 하는 것도 똑같은 모순입니다.

인간적으로 말하자면, 그것은 가장 미친 모순입니다. 머리를 기댈 곳조차 없는(ikke har Det, hvortil han kan helde sit Hoved) 사람이[13]—인간적으로 볼 때 "보라, 이 사람이로다(see hvilket Menneske)"[14]라고 불린 바로 그분이—이렇게 말씀하십니다.

"내게로 오라, 모든 고통받는 자들아, 내가 너희를 도우리라!"

이제 당신 자신을 시험하십시오(Prøv Dig nu selv). 왜냐하면 이것은 **당신이 해야 할 권리**(Lov)이기 때문입니다. 당신은 스스로를 시험할 권리가 있습니다. 그러나 **자기 시험**(Selvprøvelse) 없이, 다른 사람들(de Andre)이 당신에게 "당신은 그리스도인이다"라고 믿게 하거나, 당신 스스로 그렇게 착각하게 만드는 것은 허락된 일이 아닙니다. 그러니 이제 스스로를 시험해 보십시오. 만약 당신이 그분과 동시대에 살고 있었다면 어떻게 했겠습니까?

그렇습니다, 그는—아, 그는!—스스로를 하나님(Gud)이라 말씀하셨습니다! 하지만 그런 말을 한 미친 사람은 세상에 많았습니다. 당시 모든 사람들은 "그는 하나님을 모독한다(han bespotter Gud)"라고 판단했습니다. 그렇기에 그에게 도움을 받으려 하는 자를 벌하는 일이 제도권(det Bestaaende)과 공적 여론(den offentlige Mening)이 영혼을 위해 행한 신앙적 배려(gudfrygtige Omsorg for Sjelene)였습니다. 사람들을 잘못된 길로 빠지지 않게 하려는 조치였습니다. 다시 말해, 그를 그렇게 박해하는 것이 하나님을 두려워하는 행위(Gudsfrygt)로 여겨졌던 것입니다.

그러므로 누군가 그분께 도움을 받기로 결단하기 전에(at lade sig hjælpe), 이것을 깊이 생각해야 합니다. 단순히 사람들의 반대(Menneskenes Modstand)를 견디는 것만이 아니라—잘 생각하십시오(betænk det vel)—설령 그 모든 결과를 견딜 수 있다 하더라도, 사람들의 벌(Menneskenes Straf)이 곧 하나님께서 그 신성모독자(Gudsbespotter), 곧 그 초대자(Indbyderen) 위에 내리신 하나님의 벌(Guds Straf)이라는 사실을 깊이 생각해야 합니다. 그리고 그분은 이렇게 말씀하셨습니다.

"수고하고 무거운 짐 진 자들아, 다 내게로 오라!"

그렇지 않습니까? 서두를 필요는 없습니다. 잠시 **정지**(Standsning)가 있을 뿐입니다. 그 잠시의 정지는 다른 길로 돌아갈 수 있는 기회로 적절히 이용될 수 있겠지요. 만약 당신이 그분과 동시대에 살았다면, 아마 그분을 피하기 위해 다른 골목으로 돌아갔을 것이고, 오늘날 크리스텐덤 안에서도 역시 그와 같은 방식으로 '**그리스도인인 체하는**'(skulke Dig til at være saadan Christen) 일이 일어나는 것입니다. 그러나 만일 당신이 그렇게 피하지 않는다면, 엄청난 **정지**(uhyre Standsning)가 생깁니다. 그리고 바로 그 멈춤이야말로 믿음(Troen)이 생겨날 수 있는 조건(Betingelsen)입니다. 당신은 **실족의 가능성**(Forargelsens Mulighed) 위에서 멈추어 서게 됩니다.

그런데 이 정지(Standsning)가 단지 외적인 상황에서 오는 것이 아니라, 초대하시는 분(Indbyderen) 자신 안에 있다는 것을, 그리고 바로 그분이 멈추게 하시며, 그분의 초대(Indbydelsen)를 따르는 일이 결코 단순하거나 곧은 일이 아니라 아주 독특하고 특별한 일이라는 점을 명확히 하기 위해—즉, 우리는 초대 자체만을 받아들일 수 없고 반드시 초대하시는 분을 함께 받아들여야 하기 때문에—이제 그분의 생애를 두 부분으로 간략히 살펴보려 합니다.

그 두 부분은 서로 구별되지만, 모두 본질적으로 하나의 규정 속에 있습니다. 그것은 곧 '**비하**(卑下, Fornedrelsen, 낮아짐)'입니다. 왜냐하면 하나님께서 인간이 되신다는 것은 언제나 '비하'이기 때문입니다. 설령 그분이 모든 왕들 위의 황제라 할지라도, 하나님께서 인간이 되셨다는 그 사실 자체가 이미 비하입니다. 따라서 그분이 가난하고, 보잘것없으며, 조롱받고(bespottet), 성경이 덧붙이듯 침뱉음을 당하셨다고(bespyttet) 해서 더 낮아진 것은 아닙니다.

A
그분의 생애 제1기

(Hans Livs første Afsnit)

이제 그분에 대해 아무런 거리낌 없이 이야기해 봅시다. 바로 그분의 동시대인들이 그분에 관해 이야기했던 것처럼,[15] 그리고 우리가 어떤 동시대인에 대해 말하듯이 말입니다. 그분은 우리처럼 한 사람(et Menneske som vi andre)이었고, 길을 가다 마주칠 수 있는 사람입니다. 우리는 그가 어디에 사는지, 몇 층에 사는지, 무슨 일을 하는지, 어떻게 생겼는지, 어떤 옷을 입고 다니는지, 그의 부모와 집안이 누구인지까지 다 알고 있습니다. 사람들은 이렇게 말합니다.

"특별한 점은 전혀 없어, 다른 사람들과 똑같이 생겼어."

요컨대 그분은 특별히 주목받을 이유가 없는, 평범한 한 동시대인에 불과했습니다. 왜냐하면 수천 명의 실제 사람들이 함께 살아가는 그 '**동시대성의 상황**(Samtidighedens Situation)' 속에서는, 세대에 걸쳐 기억될 만한 사람과 현직(virkelig)[16]의 장사꾼(Kræmmersvend)[17] 사이에 그렇게 큰 차이를 둘 여유가 없기 때문입니다.

54 그러므로 우리도 그분에 대해 그 시대 사람들처럼, 한 동시대인이 또 다른 동시대인에 대해 말하듯이 이야기해 봅시다. 나는 지금 내가 무엇을 하는지 잘 알고 있습니다. 그리고 부디 믿어 주십시오. 오늘날 사람들이 세계사(Verdenshistorie)에서 배운 습관대로, 늘 어떤 '경건한 존경심(Ærbødighed)'을 가지고 예수 그리스도(Christus)에 관해 말하는 그 태도는, 전혀 가치 있는 일

이 아닙니다(ikke en suur Sild værd). 그것은 생각 없는 형식주의일 뿐이며, 외식(Skinhellighed)이고, 더 나아가 하나님을 모독하는 일(Gudsbespottelse, 신성모독)입니다. 왜냐하면 그분에 대해 생각 없는 존경심(tankeløs Ærbødighed)을 갖는다는 것은, 결국 그분을 믿지도 않고 실족(Forargelse)하지도 않는 태도이기 때문입니다. 그런데 그분은 인간으로서 그렇게 막연한 존경의 대상이 될 수 있는 분이 아니십니다. 그분은 오직 믿음(Tro) 혹은 실족(Forargelse)의 대상으로만 존재하십니다.

그는 낮아진 예수 그리스도(den fornedrede Jesus Christus), 곧 비천한 인간(et ringe Menneske)이십니다.[18] 멸시받는 한 처녀(foragtet Jomfru)에게서 태어나셨고,[19] 그의 아버지는 목수(Tømmermand)였습니다. 그러나 그분이 등장하신 정황은 매우 특별하여 사람들의 주의를 끌지 않을 수 없었습니다. 그분이 나타나신 곳은 작은 민족, 곧 **스스로를 하나님의 선택된 백성**(Guds udvalgte Folk)이라고 부르는 이스라엘이었습니다. 그들은 한 '오실 자(Forventet)'를 기다리고 있었고, 그가 나라와 백성에게 **황금시대**(en gylden Tid)를 가져올 것이라 믿고 있었습니다.[20] 하지만 그분이 나타나신 모습은 대부분의 사람들이 기대한 것과는 완전히 달랐습니다. 반대로, 그것은 오히려 **오래된 예언**(gamle Spaadomme)들과 더 잘 맞아 떨어졌습니다.[21] 그리고 백성은 그 예언들을 이미 알고 있었다고 보아야 할 것입니다.

이렇게 그분은 등장하셨습니다. 한 선구자(Forgænger, 곧 세례 요한)가 이미 그의 등장에 사람들의 주의를 환기시켰고,[22] 그분 자신도 표적과 기적(Under og Tegn)을 통해 사람들의 관심을 확실히 자신에게로 모으셨습니다.[23] 그 소문은 온 나라에 퍼졌고, 그는 가는 곳마다 수많은 무리(en talløs Menneske-Vrimmel)에 둘러싸인 그 **순간의 영웅**(Øieblikkets Helt)이 되셨습니다.

그가 불러일으킨 감정적 파문(Sensationen)은 엄청났습니다. 모든 사람의 시선이 그분에게 향했고, 움직일 수 있는 자는 물론, 기어서라도 갈 수 있는 자라면 누구나 이 놀라운 존재를 보아야 했습니다. 그리고 모든 사람은 각자 그분에 대해 판단(Dom)과 의견(Mening)을 내놓지 않을 수 없었습니다. 그 결과, 이 세상의 '**의견 공급자들**(Leverandeurer af Meninger og Domme)'은 수요가 너무 급증하고 서로의 판단이 엇갈릴 정도로 바빠졌습니다. 그러나 그럼에도 불구하고, 그 기적 행위자(Undergjøreren)는 여전히 **비천한 인간**(ringe Menneske)으로 남아 있었습니다. 그는 머리를 기댈 곳조차 없으셨습니다.[24]

그리고 잊지 말아야 합니다. '표적과 기적(Tegn og Under)'이 동시대성의 상황(Samtidighedens Situation) 속에서 일어날 때는, 1800년이 지난 오늘날 목사들이 설교에서 온화하게 이야기하는 그 표적과 기적보다 훨씬 더 '탄력적(elastisk)'인 영향을 가집니다. 그것은 사람을 강하게 밀어내기도 하고, 또 강하게 끌어당기기도 합니다. 동시대성의 상황에서 나타나는 그 표적과 기적은 지금 이 순간(Øieblikket)에 함께 있는 사람들에게는 매우 불편하고, 거의 강제로 어떤 '입장'을 취하게 만드는 것입니다. 믿을 준비가 되어 있지 않은 사람에게 그것은 큰 분노와 불안을 불러일으킵니다. 특히 더 지적이고(forstandig), 발전되고(udviklet), 교양 있는(dannet) 사람일수록, 그와 같은 **동시대성 속의 존재**(Tilværelsen i Samtidighed)는 견디기 어려운 부담이 됩니다.

그렇습니다. 눈앞에 있는 한 동시대인(en Samtidig)이 실제로 표적과 기적을 행한다고 받아들이는 것은 매우 특별한 일입니다. 그러나 그가 이미 먼 과거의 인물이 되었을 때, 그의 생애의 결말(Udfaldet af hans Liv)이 우리의 상상력을 도와줄 때는, 사람들은 쉽게 자신이 믿는다고 '착각(indbilde sig)'할 수 있습니다.

그러므로 군중은 그분에게 열광하여(henreven af ham) 그를 따라다니며 환호합니다. 그분이 행하신 표적과 기적(Tegn og Under), 나아가 그분이 행하지 않은 일들까지도 모두 보며, 그가 왕이 되면 곧 황금시대(den gyldne Tid)가 시작될 것이라는 희망 속에서 기뻐합니다.[25] 그러나 군중(Mængden)은 자기 판단(Dom)에 대해 거의 자각이 없습니다. 오늘은 이렇게 판단하고(dømmer idag Eet), 내일은 저렇게(imorgen et Andet), 쉽게 변합니다. 그렇기에 지혜로운(den Kloge) 사람이나 이성적인(Forstandige) 사람은 아무 생각 없이 그런 열광에 동참하지 않습니다. 이제 살펴봅시다. 처음의 놀라움(Overraskelsens Indtryk)과 경이로움(Forbauselsens Indtryk)이 사라진 뒤, 지혜롭고 사려 깊은 사람은 그분에 대해 어떤 판단을 내리게 될까요?

[26]지혜롭고(den Kloge) 사려 깊은(Forstandige) 사람은 이렇게 말할 것입니다.

"가정해 봅시다. 이 사람이 자신이 주장하는 그대로 **비범한 존재**(det Overordentlige)라고 합시다. (그가 자신을 하나님이라 한다는 것은 과장[Overdrivelse] 이상으로는 볼 수 없습니다. 그러나 그가 정말 비범한 존재라면, 나는 그 과장도 너그러이 이해하고 용서할 수 있을 것입니다. 말의 표현에 나는 매달리지 않습니다.) 또 그가 **기적**(Mirakler)을 행한다는 것도, 여러 의심이 들긴 하지만 일단 인정해 봅시다.

그렇다면 참으로 설명할 수 없는 **수수께끼**(uforklarlig Gaade)가 남습니다. 어떻게 이 사람이 이렇게 어리석고(taabelig), 세상물정에 어둡고(blottet for Menneskekundskab), 나약하며(svag), 혹은 너무 선량하고 허영적인(godmodig-forfængelig) 태도를 보일 수 있단 말입니까? 왜 그는 사람들에게 자신의 은혜를 거의 강요하듯 베푸는 걸까요?

비범한 자라면, 오히려 교만하고 권위 있게(stolt og herskende) 사람들을 멀리 두고, 그들이 그를 경외하도록 만들어야 하지 않겠습니까? 그가 아주 드물게 모습을 드러낼 때마다 사람들의 숭배를 받으며, 깊은 거리감 속에서 군림해야 하지 않겠습니까?

그런데 그는 정반대로 행동합니다. 누구에게나 접근할 수 있게 하거나, 아니면 더 나아가 직접 사람들에게 다가갑니다. 모든 사람과 함께 지내며(omgaaes Alle), 마치 '비범한 존재'라는 것이 '모든 사람의 종(Alles Tjener)'[27]이 되는 것인 양 행동합니다. 마치 '비범한 존재'라는 것이, 그가 스스로 말한 대로, 사람들에게 유익이 될까 걱정하는 자가 되는 일인 것처럼 보입니다. 요컨대, 그는 마치 '비범함'이란 모든 사람 중 가장 근심 많은 존재가 되는 것이라고 여기는 듯합니다.

이 모든 것이 나로서는 도무지 이해할 수 없습니다. 그는 도대체 무엇을 원하고, 그의 의도(Hensigt)는 무엇이며, 그의 노력(Stræben)이 향하는 바가 무엇인지, 그가 이루고자 하는 목적이 무엇인지, 그 의미(Meningen)가 무엇인지, 전혀 알 수 없습니다.

그는 여러 말씀(mangt et enkelt Udsagn)에서―이 점은 부정할 수 없습니다―인간의 마음(det menneskelige Hjerte)에 대한 놀라울 만큼 깊은 통찰을 드러냅니다. 그렇다면 그는 분명 알고 있을 것입니다. 내가 그보다 절반 정도의 지혜(Klogskab)만 가지고도 미리 말할 수 있는 사실을, 곧 그런 방식으로는 세상에서 아무 성과도 얻을 수 없다는 것을 말입니다.

물론, 만약 그가 세상의 지혜를 경멸하면서도(foragtende Klogskab) 진실하게(redeligt) 어리석은 자가 되기를 원하거나, 더 나아가 너무나 정직한 나머지 죽임을 당하길 택할 만큼 극단적으로 정직하다면, 그 또한 미친 일입니다. 그렇게 살기를 원한다면, 그는 분명 제정신이 아닙니다.

56

말했듯이, 인간의 마음을 잘 아는 사람(Menneskekjender)이라면 누구나 알고 있을 겁니다.[28] 세상에서 해야 할 일은 사람들을 속이는 것입니다(bedrage Menneskene). 그리고 그 속임수를 마치 온 인류에게 베푸는 선행(Velgjerninger)처럼 보이게 하는 것이지요. 그렇게 하면 모든 이익을 얻습니다. 그중에서도 가장 값진 즐거움은, 바로 동시대 사람들(de Samtidige)에게 '인류의 은인(Menneskeslægtens Velgjører)'이라 불리는 것이지요. 그리고 일단 무덤에 들어가고 나면, 후세 사람들이 자신에 대해 뭐라 하든 상관없습니다.

하지만 그는 그렇게 하지 않습니다. 오히려 자신을 완전히 내어주며, 자신을 전혀 지키려 하지 않고, 거의 사람들에게 애걸하듯이 자신의 은혜를 받아들이라고 합니다. 아니요, 그런 사람에게 동조하거나 따르는 일은 결코 내게 일어날 수 없는 일입니다. 물론 그도 나를 초대하지는 않습니다. 왜냐하면 그는 오직 수고하고 무거운 짐 진 자들만을 초대하기 때문입니다."

혹은 이렇게 말할 수도 있을 것입니다.

"그의 삶은 전적으로 **공상**(Phantasteri)에 불과하다. 사실 이것은 그에 대해 쓸 수 있는 가장 온건한 표현이다. 이렇게 판단하는 사람은 그가 자신을 하나님이라고 여기는 그 **완전한 광기**(rene Galskab)[29]를 아예 잊어버릴 만큼 선량한(godmodig) 셈이다.

이건 전형적인 공상이다. 이런 식으로 사는 것은 아무리 길어도 젊은 시절의 몇 해 정도에 불과하다. 그러나 그는 이미 서른이 넘었다.[30] 게다가 그는 문자 그대로 아무것도 아니다(bogstaveligen Ingenting). 그리고 아주 머지않아, 지금껏 그가 유일하게 얻을 수 있었다고 할 만한 민중의 존경(Agtelse og

Anseelse blandt Folket) 마저 완전히 잃게 될 것이다.

만약 누군가 오래도록 대중의 호감을 유지하고자 한다면(물론 그것이 세상에서 가장 불확실한 길임은 인정하지만), 이렇게 행동해서는 안 된다. 지금처럼 남을 위해 자신을 내어주는 태도라면, 몇 달도 지나지 않아 무리는 그에게 싫증을 낼 것이다. 그는 결국 '잃어버린 자(fortabt Person)' 혹은 **일종의 불량한 인간**[mauvais sujet][31]으로 여겨질 것이고, 세상 한 구석에 숨어들어 잊히며, 세상도 그를 잊어버리는 것을 기뻐할지도 모른다.

혹은, 만약 그가 그 자리에 머물러 계속 지금의 행동을 이어 간다면, 그는 마침내 '죽임을 당하기를 스스로 자초할 만큼(phantastisk nok til at ville slaaes ihjel)' 공상적인 인물이 될 것이다. 그것은 그의 삶이 불러올 불가피한 결과(den uundgaaelige Følge)일 뿐이다.

그렇다면 그는 자신의 미래(Fremtid)를 위해 무엇을 했는가? 아무것도 없다(Intet). 그에게 안정된 지위(fast Stilling)가 있는가? 전혀 없다(Nei). 그에게 어떤 전망(Udsigter)이 있는가? 아무것도 없다(Ingen). 이 단순한 문제만 생각해 보라. 나이가 들어서, 긴 겨울밤을 어떻게 보낼 것인가? 그 시간을 무엇으로 채울 것인가? 그는 카드놀이조차 할 줄 모른다.

지금 그에게 남은 것이라고는 약간의 민중의 호감(Folkegunst) 뿐이다. 그러나 그것은 모든 가변적인 재산(rørlig Eiendom)[32] 중에서도 가장 불안정한 것이다. 그 호감은 한순간에 민중의 적대(Folke-Ugunst)로 바뀔 수 있다. 따라서, 내가 그를 따를 일은 결코 없을 것이다(at slutte mig til ham, nei). 감사하게도, 하나님께서 도와주신 덕분에, 나는 아직 미치지는 않았다(Gud skee Lov endnu ikke blevet gal)."[33]

57

혹은 이렇게 말할 수도 있을 것입니다.

"(물론, 그가 자신을 하나님이라고 주장한다는 점에 대해서는, 나는 건강한 인간 이성[sunde Menneske-Forstand]의 권리를 보존하기 위해 어떤 판단도 유보하겠다.) 하지만, 그 사람 안에 어떤 비범한 것(noget Overordentligt)이 있다는 사실만큼은 의심의 여지가 없다. 오히려 나는 거의 분노를 느낄 정도다. 어찌하여 섭리(Styrelsen)[34]는 그런 사람에게 그런 사명을 맡겼단 말인가? 그는 정작 자신이 한 말을 정반대로 행하는 자 아닌가!

그는 '거룩한 것을 개에게 주지 말고, 진주를 돼지 앞에 던지지 말라'[35]라고 했지만, 결국 그 진주를 던진 바로 그 돼지들이(Sviin) 돌아서서 그를 짓밟게 될 것이다. 그런 일이 돼지에게서 일어나는 건 당연하다. 하지만 자신이 그것을 알고 있으면서도, 그가 스스로 말한 대로 하지 않는다는 건 정말 이해할 수 없는 일이다.

아, 만약 그에게서 그 지혜(Viisdom)만 교묘하게 훔쳐올 수 있다면 좋으련만! 그가 그토록 중요하게 여기는 그 생각—'자신이 하나님이다'(han er Gud)—그건 그가 혼자 간직하도록 기꺼이 내버려 두겠다. 그건 오롯이 그의 전유물(udelukkende Eiendom)[36]로 남겨 두자. 하지만 그 외의 지혜만이라도, 그에게 제자가 되지 않고 손에 넣을 수 있다면! 밤에 몰래 그에게 다가가(liste sig til ham om Natten),[37] 그의 말에서 그것을 배낼 수 있다면 좋으련만!

그렇다면 나는 그것을 정리하고 출판할(redigere og udgive) 능력이 있다네. 분명히 말해[und zwar],[38] 그와는 완전히 다른 방식으로 말이지. 온 세상을 놀라게 할 무언가 전혀 다른 것이 나올 것이다. 그 점은 내가 보장하네. 그가 하는 말 속에는 뭔가 매우 깊은(saare dybt) 것이 담겨 있다는 건 나도 안다. 불행히도 문제는, 그가 바로 '그 사람'이라는 데 있다. 하지만 누가 알겠는

가? 혹시 끝내[am Ende]³⁹ 그로부터 그것을 속여 빼앗을 수도 있지 않겠는
가? 그는 아마도 이 점에서 다시금 선량하고 어리석은(godmodig tosset) 자로
서, 자기 생각을 아주 솔직하게 털어놓을지도 모른다.

그럴 수도 있다. 내 생각에는, 그가 분명히 지니고 있는 지혜(Viisdommen)
는—그에게 맡겨진 그 순간부터—어리석은 자(Nar)에게 맡겨진 것 같다. 그
의 존재(Tilværelse) 자체가 바로 그런 모순(Modsigelse)이다. 하지만 그를 따르
고(at slutte mig til ham), 그의 제자(Discipel)가 된다는 것은—아니, 그건 스스로
를 바보로 만드는 일(at gjøre sig selv til Nar)이다."⁴⁰

58   혹은 이렇게 말할 수도 있을 것입니다.

"물론 나는 그 여부를 단정하지는 않겠지만, 이 사람이 정말로 선(Det
Gode)과 진리(Det Sande)를 추구하는 것이라면, 최소한 한 가지 점에서는 유
익한 일을 하고 있다고 말할 수 있습니다. 특히 젊은이들(Ynglinge)과 아직 세
상 경험이 부족한 청년들에게는 말이지요. 그들에게는 인생의 진지함(Livets
Alvor)을 위해서라도, 가능한 한 일찍, 그리고 뼈저리게 깨닫는 것이 필요합
니다. 그가 바로 그 사실을 눈에 띄게 보여주고 있습니다. 가장 눈이 먼 사
람에게조차도, '선과 진리를 위해 산다'는 그 고상한 말 속에는 결코 적지 않
은 우스꽝스러움(latterlige) 이 섞여 있다는 것을.

그는 또한 우리 시대의 시인들이 얼마나 정확히 세상을 표현했는지를
증명합니다. 그 시인들은 언제나 '선과 진리'를 추구하는 사람을 반쯤 미친
(halvfjantet) 인물로, 혹은 너무 어리석어서 문에 머리를 들이박고 다닐 것 같
은 사람으로 묘사하곤 했습니다.⁴¹

이 사람(dette Menneske)이 하는 일을 보십시오. 그토록 애를 쓰며(anstrenge

sig), 모든 것을 포기하면서도, 오직 고생과 수고만은 피하지 않고, 하루 종일 분주하게(paa Pinde)[42] 뛰어다니며, 가장 바쁜 의사(praktiserende Læge)보다도 더 열심히 일합니다.

그런데, 왜 그렇게 하는 걸까요? 그의 생계(Levebrød) 때문입니까? 아닙니다(Nei), 결코 그렇지 않습니다. 그에게 그런 생각은 단 한 번도 들어본 적이 없을 겁니다. 그럼 돈(Penge)을 벌기 위해서입니까? 아니요, 단 4실링(4ß)[43]도 없습니다. 그리고 만약 그가 그만큼의 돈을 갖게 된다 해도, 즉시 남에게 주어 버릴 사람입니다. 그렇다면 명예(Ære) 나 지위(Anseelse) 를 얻기 위해서입니까? 정반대입니다. 그는 모든 세속적 명예를 경멸합니다.

그런데 보십시오 그는 세속적 명예를 멸시하고, 아무것도 없이 사는 법(leve af Ingenting)을 아는 사람입니다. 그러니 그야말로, 만약 누군가 인생을 가장 한가롭게(det behageligste Farniente)[44] 보내도록 되어 있었다면 바로 그였을 겁니다. 하지만 그는 오히려 누구보다도 더 힘들게 살아갑니다. 명예와 지위로 보상받는 관료보다도(Statstjener), 풀처럼 돈을 버는 사업가보다도(Forretningsmand)[45] 더 열심히, 더 분투합니다.

그렇다면 왜 그렇게 자신을 혹사하는 걸까요? 오히려 이렇게 묻는 게 맞겠군요. 그럴 이유가 전혀 없음이 너무나 분명하니까요. 그는 그토록 애써서 조롱당하고(udleet), 모욕당하며(bespottet), 그 외 여러 고난을 겪는 '성공(행복)'을 얻기 위해 그렇게 살아갑니다.[46] 정말이지, 그것은 아주 독특한 종류의 즐거움입니다. 사람이 명예나 재물, 영예를 얻기 위해 무리(Mængden)를 헤치고 나아가는 것은 이해할 수 있습니다. 하지만 조롱과 채찍질(kagstrøgen)[47]을 받기 위해 그렇게 나아간다는 것은, 얼마나 숭고하고(ophøiet), 얼마나 기독교적(christeligt)이며, 얼마나 어리석은(dumt) 일입니까!"[48]

혹은 이렇게 말할 수도 있을 것입니다.

"이 사람에 대해서는 너무 성급한 판단(overilede Domme)이 많이 들려옵니다. 그를 전혀 이해하지 못하면서도 신격화하는 사람들도 있고(forgude ham), 또는 아마 그를 오해하고서 가혹한 판단을 내리는 사람들도 있지요. 그러나 나는 그런 부당한 비난을 받을 일은 없을 것입니다. 나는 그에 대해 아주 냉정하고(kold), 침착하며(rolig), 무엇보다도 가능한 한 유연하고(føielig), 온건하게(moderat) 대하고 있습니다.

그렇습니다. 나는 어느 정도 인정합니다. 이 사람은 분명 이성(Forstanden)조차 압도하는 무언가를 가지고 있습니다. 그렇다면, 그에 대해 어떻게 판단해야 할까요? 나의 결론은 이렇습니다. 나는 그에 대해 아무런 의견도 가질 수 없습니다. 그가 자신을 하나님이라 주장한다는 점(siger sig at være Gud)에 대해서가 아니라, 그를 단순히 한 인간(Menneske)으로서 본다면 말입니다. [49]그의 인생의 결말(Udfaldet af hans Liv)을 보기 전에는 판단할 수 없습니다. 그가 정말 비범한 존재(det Overordentlige)였는지, 아니면 자신의 상상력(Indbildningskraft)에 속아, 자기 자신뿐 아니라 '인간이 된다'는 일 전체에 대해 너무 큰 기준(altfor stor Maalestok)을 세워버린 사람인지, 그건 아직 알 수 없습니다.

내가 할 수 있는 최선의 태도는 여기까지입니다. 그가 내 가장 친한 친구이거나, 내 자식이라 하더라도 나는 이보다 더 관대하게(skaansommere) 판단할 수도, 달리 판단할 수도 없습니다. 그러므로 결국 이렇게 결론이 날 것입니다. 나는 충분한 이유로 그에 대해 어떠한 의견도 가질 수 없다는 것입니다. 왜냐하면 판단을 하려면 먼저 그의 생애의 결말을 봐야 하기 때문입니다. 그것이란 곧 그가 죽어야 한다는 뜻이지요. 그 후에야 비로소, 어쩌면 (maaskee) 나는 그에 대해 의견을 가질 수 있을지도 모릅니다. 그러나 그것조차도 '진정한 의미'가 아닙니다. 왜냐하면 그때 그는 이미 더 이상 살아 있지 않기 때문입니다.

이로부터 당연히 따라오는 결론은 이것입니다. 그가 살아 있는 동안에는, 나는 결코 그에게 동참할 수 없습니다. 그가 가르친다고 하는 그 권위 (Myndighed)[50]도 나에게는 결정적인 의미를 가질 수 없습니다. 그는 명백히 순환 논리(en Cirkel) 속에서 움직이고 있습니다. 그는 자신이 증명해야 할 것을 스스로 전제하고, 그 전제는 오직 그의 생애의 결과(Udfaldet)로만 입증될 수 있습니다. 물론 그것이 그의 강박적 관념(fixe Idee), 곧 '그가 하나님이라는 생각'과 연결되지 않는 한에서 말입니다. 만약 그가 '자신이 하나님이기 때문에 권위를 가진다'라고 주장한다면, 그에 대한 대답은 단지 이렇게 될 것입니다. '그렇다—만약 그렇다면(ja—dersom).'

그러나 나는 이 점만큼은 인정하겠습니다. 만약 내가 후대의 세대(en senere Slægt)에 살고 있었다면, 그리고 그때 **그의 생애의 결말**(Udfaldet af hans Liv)과 그로부터 비롯된 **역사적 결과**(dets Følger i Historien)가 그가 참으로 비범한 존재(det Overordentlige)였음을 명백히 보여주었다면—그렇다면 나는, 그분의 제자(Discipel)가 되는 일에 거의 이르렀을지도 모릅니다, 아주 조금만 더 나아갔더라면 말입니다."[51]

성직자(den Geistlige)는 이렇게 말할 것입니다.

"그는 분명 사기꾼이자 민중을 미혹하는 자(Bedrager og Folkeforfører)이지만, 그 안에는 어떤 이례적으로 정직한 면(ualmindelig Ærligt)이 있습니다. 그렇기에 그가 아무리 위험해 보일지라도, 실제로는 그렇게 절대적으로 위험한 인물이 될 수는 없습니다. 물론 지금은 열광이 한창이라(Ilingen[52] staaer paa), 그의 엄청난 인기(uhyre Popularitet) 때문에 매우 위험해 보이겠지만, 그 열광이 끝나면(Ilingen er forbi), 결국 그를 무너뜨릴 자는 바로 그 민중 자신(Folket - just Folket)일 것입니다.

그의 정직함(det Ærlige)은, 자신을 오실 자(den Forventede)라고 주장하면서도 정작 그 오실 자와 전혀 닮지 않았다는 데 있습니다. 이것은 마치 가짜 지폐를 만들면서도 너무 서투르게 만들어서 조금만 식견이 있는 사람이라면 즉시 그것이 위조임을 알아볼 수 있도록 하는 것과 같습니다. 물론, 우리 모두는 오실 자(den Forventede)를 기다립니다. 하지만 '하나님이 직접 사람 안에 오신다(Gud i egen Person)'는 것은 이성적인 사람이라면 감히 기대할 수 없는 일입니다. 모든 종교적인 사람이라면, 이런 신성모독(Gudsbespottelsen)이야말로 그가 마땅히 벌받아야 할 일이라고 생각할 것입니다. 그럼에도 불구하고, 오실 자를 기다린다는 점에서는 우리 모두가 동의합니다.

하지만 **세상의 통치**(Verdens-Regjeringen)[53]는 무질서하게(tumultuarisk) 도약하는 식으로 진행되지 않습니다. **세상의 발전**(Verdens-Udviklingen)은, 그 이름이 이미 말해주듯이, **혁명적**(revolutionair)이 아니라 **점진적**(evolutionair)입니다.[54] 따라서 진정한 **오실 자**(den sande Forventede)는 전혀 다른 모습으로 나타날 것입니다. 그는 **기존 질서**(the Bestaaende)의 가장 아름다운 꽃, 그 최고이자 완전한 전개로 등장할 것입니다.

이렇듯 참된 오실 자는 이렇게 올 것입니다. 그리고 그는 행동도 전혀 다르게 할 것입니다. 그는 기존 질서(det Bestaaende)를 공인된 권위(Instants)

로 인정하고, 온 성직자단(hele Geistligheden)을 소집하여 회의를 열 것이며
(Convent), 그 자리에서 자신의 성취(Resultat)와 신임장(Creditiv)을 제시할 것입
니다. 그리하여, 그가 투표(Ballotationen)[55]를 통해 다수의 지지를 얻는다면
(faae Majoritet), 그때 비로소 그는 환영받고, 비범한 자(det Overordentlige), 곧 오
실 자(den Forventede)로 인정을 받을 것입니다."[56]

"그러나 이 사람의 행적(Optræden)에는 이중성(Dupplicitet)이 있습니다. 그
는 지나치게 '심판자(Dommer)'의 역할을 합니다. 마치 그는 한편으로는 기
존 질서(the Bestaaende)를 심판하는 재판관이 되려 하고, 동시에 자신을 '오
실 자(den Forventede)', 곧 메시아로 나타내려 하는 것 같습니다. 만약 그가 전
자를 원하지 않는다면, 즉 심판자가 되려 하지 않는다면, 그의 절대적인 고
립(absoute Isolation)과 모든 기존 질서와의 거리두기(Fjernhed fra Alt, hvad der
hedder det Bestaaende)는 도대체 무엇을 의미합니까?
　반대로, 그가 정말 심판자가 되고자 한다면, 왜 그는 현실로부터 도피
(phantastiske Flygten udenfor Virkeligheden)하여 무지한 대중(den uvidende Almue)과
함께 어울리는가? 왜 그는 혁명적 오만(revolutionaire Hovmod)으로 모든 기존
질서의 지성과 능력을(Intelligents og Dygtighed) 경멸하며, '처음부터 다시 시작
하자'고 하는가? 그것도 어부들과 장인들(Fiskere og Professionister)[57]의 도움으
로 말이지요. 그의 전체 실존(Existents)을 규정하는 모토는 기존 질서와의 관
계에서 이 한 문장으로 요약될 것입니다.
　'그는 서자(une ægte Barn, 불법적인 자)다!'[58]
　만약 그가 단지 '오실 자(den Forventede)'이기를 원한다면, 그가 한 말, 즉
'낡은 옷에 새 헝겊을 붙이지 말라'[59]는 무엇을 의미합니까? 그것은 모든 혁

명(revolution)의 전형적인 구호(Feltraab)입니다. 왜냐하면 그 말 속에는 기존 질서를 인정하지 않고, 그것을 완전히 없애려는 의도가 들어 있기 때문입니다.

만약 그가 개혁자(Reformator)라면 기존 질서를 개선해야 하고, 만약 그가 '오실 자'(den Forventede)라면 그것을 최고의 단계로 발전시켜야 합니다. 그런데 그는 그 어느 것도 하지 않습니다. 이것이 바로 이중성(Dupplicitet)입니다. '심판자'이면서 동시에 '오실 자'이려는 이 모순은 불가능합니다. 결국 이 이중성이 그 자신의 파멸(Undergang)이 될 것입니다. 그것은 이미 예견된 일입니다.

심판자의 비극(Dommerens Katastrophe)[60]은 언제나 폭력적 죽음으로 끝나게 마련이지만, '오실 자'의 경우에 그렇게 될 수는 없습니다. 만약 그가 죽음으로 끝난다면, 그는 eo ipso(그 자체로서) 이미 '오실 자'가 아닙니다. 그것은 곧 기존 질서(the Bestaaende)가 기다리고 신격화하려는 인물(Den, hvem det Bestaaende venter paa at forgude)이 아니라는 뜻입니다.

대중(Folket)은 아직 이 이중성(Dupplicitet)을 보지 못하고 있습니다. 그들은 그 안에서 '오실 자'를 봅니다. 그러나 그것은 기존 질서가 절대 볼 수 없는 것이고, 오직 '고정되지 않은 무리', 즉 어떠한 질서에도 속하지 않은 대중만이 그렇게 볼 수 있는 것입니다. 그러나 일단 이 이중성이 드러나는 순간, 그것이 곧 그의 파멸이 될 것입니다. 아니, 그의 선구자(Forgænger)는 훨씬 더 명확한 인물이었습니다. 그는 오직 한 가지였지요—심판자(Dommer).[61]

하지만 지금의 그는 혼란스럽기 짝이 없습니다. 두 가지를 동시에 하려는 혼란(confusion), 더 나아가, 자신의 선구자를 심판을 행하는 자로 인정하면서도, 동시에 자신이 그 뒤를 잇는 '오실 자'(den Forventede)가 되려 하는—

그런데도 여전히 기존 질서(the Bestaaende)와 하나 되기를 거부하는—그야말로 모순되고 뒤죽박죽인 혼란(Forvirrethed)입니다."[62]

철학자(Philosophen)[63]는 이렇게 말할 것입니다.

[64]"한 개인이 자신을 하나님이라 주장한다니 그처럼 무시무시하거나, 아니 광기 어린 허영(Afsindig Forfængelighed)은 지금껏 세상에서 들어본 적이 없습니다. 이것은 순수한 주관성(den rene Subjektivitet)과 단순한 부정(den blotte Negation)이 극단에까지 이른, 그야말로 전례 없는 형태입니다. 그는 어떠한 교리(Lære)도, 체계(System)도 가지고 있지 않습니다. 본질적으로 그는 아무것도 모릅니다.

그가 하는 일이라곤 몇몇 단편적인 경구(aphoristiske Yttringer), 몇 구절의 잠언(Sententser), 그리고 몇 개의 비유(Parabler)를 계속 되풀이하거나 조금씩 바꾸어 말하는 것입니다. 그는 이런 방식으로 대중(Massen)을 현혹시키며, 그들에게 표적과 기적(Tegn og Under)을 행합니다. 그 결과, 사람들은 아무런 앎(Noget at vide)이나 진정한 가르침(sand Belærelse)[65]을 얻지 못한 채, 단지 그를 믿게 됩니다. 그는 가능한 모든 방식으로 자신의 주관성(Subjektivitet)을 강요하는 자입니다. 그와 그의 말 속에는 객관적(Objectivt)인 것도, 긍정적인 (Det Positive) 것도 전혀 없습니다.

따라서 그는 무너질 필요가 없습니다. 철학적으로 말하자면, 그는 이미 '멸망한 자'(gaaet under)입니다. 왜냐하면 순수한 주관성의 본질은 바로 스스로 붕괴하는 것이기 때문입니다.[66] 물론 인정할 수 있는 한 가지는 있습니다. 그는 정말 특이한 형태의 주관성(mærkelig Subjektivitet)을 지녔다는 것입니다. 그의 기적과 표적이 어떻든 간에, 그는 교사(Lærer)로서 일종의 '오병이어의 기적'을 반복합니다.[67] 즉, 약간의 서정(Lyrik)과 몇 개의 아포리즘(Aphorismer)으로 온 나라를 들썩이게 만드는 것입니다.

그러나 설령 그가 자신을 하나님이라 생각하는 광기(Galskab)를 간과한다 하더라도, 여전히 그것은 철학적으로 이해할 수 없는 오류(Feiltagelse)입니다. 이는 그가 얼마나 철학적 교양(philosophisk Dannelse)이 부족한지를 보여줍니다. 어떻게 하나님이 한 개인의 모습으로 자신을 계시할 수 있단 말입니까? 인류(Slægten), 보편자(Det Universelle), 전체(Totale)—이것이 곧 하나님입니다.[68] 그런데 인류는 결코 한 개인(enkelt Individ)이 아닙니다.[69]

주관성(Subjektiviteten)의 오만(Anmasselsen)은 단독자가 자신을 '무엇인가 특별한 존재'로 만들려는 데 있습니다. 그러나 그 중에서도 가장 광기 어린 일은, 그 단독자가 자신을 하나님이 되고 싶은 것입니다. 만일 이 광기가 가능하다고 가정한다면—즉, 한 개인이 정말로 하나님이라면—그 결과는 자명합니다. 사람들은 그 개인을 예배해야 할 것입니다. 하지만 그것은 철학적으로 상상할 수 있는 최악의 야만(philosophisk Bestialitet)이 될 것입니다."

62 영리한 국정가(den kloge Statsmand)는 이렇게 말할 것입니다.

"이 사람이 지금 이 순간(Øieblikket)에 일종의 권력(Magt)으로 나타나고 있다는 사실은 부인할 수 없습니다. 다만 여기서 말한 표현(fraseet)은 당연히 그가 스스로를 하나님이라 착각하는 망상(den Indbildning)을 가리키는 것입니다. 그런 측면에서 보면, 그것은 사적인 취미로 여겨 한쪽으로 넘어가 버릴 일이 아니며, 적어도 국가를 책임지는 자에게는 결코 무관한 문제가 아닙니다. 한 국정가는 다만 어떤 사람이 어떤 권력(Magt)을 보유하고 있는지를 살필 뿐인데, 이 순간 그가 권력이라는 사실은, 앞서 말한 바와 같이, 부정하기 어렵습니다.

그러나 그가 무엇을 뜻하는지, 그가 어떤 방향으로 사태를 이끌려 하는지는 판단하기 어렵습니다. 만약 이것을 '지혜(혹은 현명함)'라고 부른다면, 그것은 전혀 새로운 종류의 지혜여야 하고, 통상 우리가 '광기(Galskab)'라 부르는 것과는 상당히 다른 무언가여야 합니다. 그는 상당한 역량(Forcer)을 지녔으나, 그 역량을 이용하기는커녕 오히려 소멸시키고 있는 것처럼 보입니다. 즉, 역량을 드러내기는 하나 그 대가를 전혀 얻지 못합니다. 나는 그를 하나의 현상(Phænomen)으로 봅니다. 그런데 현상과 씨름하는 것은 현명하지 못한 일입니다. 그를 정확히 예측하거나, 그의 삶이 어떻게 결말을 맞이할지(Katastrophen)를 계산하는 것은 전혀 불가능합니다.

그가 왕이 될 수도 있고, 반대로 처형대(skafottet)에 오를 수도 있습니다. 그의 모든 행보에서 진지함(Alvor)이 결여되어 있습니다. 그는 거대한 날개를 펴고 날고는 있으나 정작 나아갈 결단을 맺지 못하고, 방향을 잡지 못한 채 '떠 있는' 상태에 머뭅니다. 그가 국가(국민성, Nationaliteten)를 위해 싸우려 하는지, 공산주의적 전복(communistisk Omvæltning)을 목표로 하는지, 공화국(Republik)을 원하는지 왕정(Kongerige)을 원하는지, 어느 당(Parti)에 붙을지 아니면 모든 당과 잘 지내려 하는지, 또는 모든 당과 싸우려 하는지 전혀 알 수 없습니다.[70]

그와 관여하는 일―아니, 그것은 내가 가장 하지 않으려 하는 일입니다. 나는 그를 마주함에 있어 가능한 모든 예방 조치를 취합니다. 나는 조용히 있습니다. 아무 행동도 하지 않으며, 마치 존재하지 않는 사람인 양 처신합니다. 왜냐하면 내가 조금이라도 움직이기만 해도 그가 어떻게 방해하며 개입할지, 또는 어떻게 사태가 그의 쪽으로 휘말려 들어갈지 전혀 예측할 수 없기 때문입니다. 어떤 의미에서는 이 사람은 매우 위험합니다.

내 계산은, 아무것도 하지 않음으로써 그를 붙잡는 것입니다. 반드시 그가 몰락할 것이며, 가장 확실한 방식은 그 스스로에 의해—자기 자신에게 걸려 넘어지는 것입니다. 지금 이 순간 내게는, 적어도 지금은, 그를 몰아낼 힘이 없습니다. 그리고 그를 몰아낼 만한 사람도 내가 아는 한 아무도 없습니다. 지금 그에게 소소한 행동을 취하는 것은 곧 나 자신이 깔려 부서지는 일이 될 것입니다. 따라서 항상 부정적 대응, 즉 아무것도 하지 않는 것이 최선입니다. 그러면 그는 아마도 자신이 초래한 엄청난 귀결들에 얽혀 스스로 휩쓸리게 되고, 결국 뒤따라오다 스스로 떨어질 것입니다."

안정된 시민, 즉 점잖은 부르주아(Borgermand)는 이렇게 말할 것입니다.

"아니, 우리야말로 절제 있게 사는 사람들이어야 하네.[71] 모든 일은 적당함(til Maade)이 좋은 법이지.[72] 너무 적거나 많으면 다 해롭게 마련이야.[73] 내가 한 무역상으로부터 들은 프랑스 속담이 있는데 말이지. '어떤 권력(Kraft)도 과하면 전복된다.'[74] 그 말 그대로라네. 이 사람(예수)도 마찬가지야. 그의 몰락(Undergang)은 정말 확실한 일이지.

나는 내 아들에게도 심각하게 충고했네. '괜히 잘못된 길로 빠지지 말고, 저 사람에게 끌려가지 말라'고 말이야. 그 이유가 뭐겠나? 모두가 그를 쫓아가니까? 그래, 모두라지만, 그 '모두'란 누구인가? 떠돌이(løse og ledige), 거리의 부랑자(Gadestrygere), 방랑자(Landløbere), 그런 사람들뿐이지. 그들은 원래 잘 뛰어다니는 사람들이니까 말이야. 하지만 정착한 사람(Bosiddende)이나 부유한 사람(Velhavende)들 중에는 거의 없네. 게다가 내가 언제나 시계를 맞추듯 따르는 그 현명하고 존경받는 사람들(kloge og anseete Folk) 중에는 단 한 명도 없어. 국가고문 예페센(Etatsraad Jeppesen),[75] 회의고문 마르쿠스(Conferentsraad Marcus),[76] 부자 대리인 크리스토페르센(agent Christophersen)[77]—이 사람들은 다 잘 아는 사람들이야, 누가 진짜인지, 누가 아닌지 말이야. 그리고 이제 성직자들(Geistlige)을 봐야겠지. 그들이야말로 이런 일에 제일 밝을 테니까. 그런데 그들 역시 모두 손사래를 치네(de betakker dem). 어제 저녁 그룬발드 목사(Pastor Grønvald)[78]가 클럽에서 그러더군.

'그 사람의 인생은 공포와 함께 끝날 것이다.'

그 사람은 설교뿐 아니라 세상도 잘 알아. 그는 일요일 강단보다 월요일 클럽에서 더 빛나는 사람이야. 내가 세상을 그만큼만이라도 알 수 있다면 좋겠네. 그가 한 말은 참 옳았어. 내 마음속 말을 그대로 꺼낸 것 같았다네.

'그 사람을 쫓는 건 결국 떠돌이들(løse og ledige Mennesker)뿐이다.'

그런데 그들이 왜 그를 따르는가? 그가 기적(Under)을 행할 수 있기 때문이지. 하지만 누가 그것이 진짜 기적이라고 말하는가? 혹은 그가 제자들에게도 같은 능력을 준다고 누가 보증하는가? 결국 기적이란 매우 불확실한 것(høist Uvist)일 뿐이고, 확실한 것(det Visse)만이 확실하지.

모든 진지한 아버지(alvorlig Fader)들은 걱정해야 한다네. 자식들이 혹시라도 유혹되어 그를 따르거나, 그와 함께 다니는 절망한 자들(fortvivlede Mennesker)과 어울리지 않을까 하는 걱정 말일세. 그런 사람들은 잃을 게 없는 이들, 이미 모든 것을 잃은 사람들이야.

그런데, 그가 정말 그들을 돕는가? 이건 미친 짓이지. 그런 식으로 도움을 받겠다는 건 말이 안 되네. 가장 가난한 거지(Stodder)에 대해서조차 진실은 이것이야. 그가 그를 돕는 방식은, 죽 쒀서 개 주는 방식이야. '짚더미 속에서 그를 끌어내어 새로운 비참함(Elendighed) 속으로 밀어 넣는 것'뿐이지.[79]

차라리 그가 그냥 그대로 거지(Stodder)로 남아 있었다면 그 새 고난은 피할
수 있었을 것이야.”

64 그리고 조롱하는 자(Spotteren)—모든 사람에게 그 사악함으로 멸시받는
그런 조롱자가 아니라, 오히려 그의 재치(vittighed)로 모든 사람에게 존경받
고, 또한 그의 선량함(godmodighed)으로 사랑받는 사람—는 이렇게 말할 것
입니다.

“이건 참으로 값으로도 매길 수 없는(unbetalelig) 발상이야! 우리 모두에
게 이렇게 공평하게 유익을 주는 사상이 또 어디 있겠는가! 하나의 단 한 사
람(et enkelt Menneske), 우리와 똑같이 생긴 사람이, ‘나는 하나님(Gud)이다’라
고 말하는 것 말이야. 만약 하나님이 되는 표지(Kjendetegnet)가—예, 세상에
누가 이런 생각을 했겠는가! ‘이런 일은 인간의 마음속에서는 도저히 떠오
를 수 없다’[80]는 말이 정말이야!— 바로 우리와 똑같이 생기는 것(se ud ganske
som alle Andre), 결코 더 낫지도, 더 못하지도 않은 외모라면, 그렇다면 우리
는 모두 신이야!

Qvod erat demonstrandum[이로써 증명되었도다!][81]

인류를 위해 이렇게 놀라운 발견을 해낸 발명가에게 축배를!

내일 나는 신문에 이렇게 공고를 낼 걸세. ‘본인은 하나님이다.’ 그리고
그 발명가 자신은 이 말을 부정할 수 없을 걸세. 그렇지 않으면 자기 자신을
부정하는 셈이 되니까! ‘어둠 속에서는 모든 고양이가 회색이듯’,[82] 만약 하
나님이 된다는 것이 모든 사람처럼, 완전히 모든 사람처럼 보이는 일이라
면, 그렇다면 지금은 어둡고, 우리는 모두… 뭐였더라, 내가 하려던 말이, 아
무튼 우리는 모두, 각자, 하나님(Gud)이라네. 그 누구도 다른 이에게 감히 이

의를 제기하지 못할 것이야! 이건 인간이 상상할 수 있는 가장 우스꽝스러운(Latterligste) 일이지!

그 안에는 모순(Modsigelsen), 즉 언제나 희극적 요소(Det Komiske)가 깃들어 있네.[83] 하지만 그 공로는 내 것이 아니야. 그것은 오로지, 완전히, 그리고 전적으로 그 발명자(Opfinderen)의 것이지. 우리와 똑같이 생긴 한 사람, 다만 평균적인 사람보다 조금 덜 잘 차려입은(daarligt paaklædt) 사람, 그러니까 거의 구빈원(Fattigvæsenet)에서 돌보아야 할 사람쯤 되는 그가 하나님이라니! 정말로 안됐지만, 이건 결국 가난한 자들의 복지 담당관(Fattig-Directeur)에게 제일 곤란한 일일세. 인류 전체가 이렇게 '일괄 승진(General-Avancement)'을 하게 되면 그도 직분을 잃게 되지 않겠는가."

오, 나의 친구여, 나는 내가 하고 있는 일을 잘 알고 있습니다. 나는 내 책임을 알고 있으며, 나의 영혼은 내가 하고 있는 일이 옳다는 것에 대해 영원히 확신(evig forvisset)하고 있습니다.

그러니 이제 자네가 그 초청자(Indbyderen)와 동시대인(samtidig)이라고 생각해 보게. 자네가 어떤 고통받는 자(Lidende)라고 가정해 보게. 하지만 동시에 생각해야 하네. 자네가 그분의 제자가 되어 그를 따를 때, 자네가 무엇을 감수해야 하는지를 말일세. 자네는 반드시, 그리고 철저히(ubetinget) 이 세상에서 모든 현명하고 지혜롭고 존경받는 사람들의 눈에 모든 것을 잃게 될 걸세.

그 초청자(Indbyderen)는 자네에게 모든 것을 포기하고(opgive Alt) 모든 것을 내려놓으라고(slippe Alt) 요구하지.[84] 하지만 동시대의 '이성적 합리성(Samtidens Forstandighed)'은 자네를 결코 놓아주지 않을 걸세. 그들은 자네를 이렇게 판단할 것이야. 그를 따르는 일은 광기(Galskab)라고. 그리고 조롱 (Spotten)은 잔혹하게 자네 위에 떨어질 걸세. 조롱은 그(예수)에게는 연민 때문에 조금은 관대할지도 모르지만, 자네가 그의 제자가 되겠다고 나서는 것을 보면 이렇게 말할 것이야.

"열광적인 사람(En Sværmer)은 그냥 열광적인 사람이지, 그런 자야 내버려 두자. 하지만 진지하게(For Alvor) 그의 제자가 되겠다는 건 미친 짓 중의 미친 짓이지. 언제나 단 하나의 가능성만이 있네. 광인보다 더 미친 사람, 즉 광인을 진지하게 따르는 사람 말일세. 그를 지혜로운 자(Den Vise)로 여기는 그 순간, 그것이 바로 더 높은 형태의 광기(den høiere Galskab)라네."

65   이 모든 서술이 과장(Overdrivelse)이라고 말하지 마십시오. 오, 당신은 이미 알고 있습니다(다만, 그것을 아직 자신의 현실로 받아들이지 못했을 뿐입니다). 모든 존경받는 사람들(Anseete), 모든 지식 있고 이성적인 사람들(Oplyste og Forstandige) 가운데, 물론 그들 중 몇몇이, 혹은 더 많은 이들이 호기심(nysgjerrigt)에서 잠시 그분과 관계를 맺었을 수도 있습니다. 그러나 그분을 진지하게(For Alvor) 찾은 이는 오직 한 사람, 단 한 사람뿐이었습니다. 그리고 그는 밤에(om Natten) 그분께 왔습니다.[85] 당신도 잘 알고 있듯이, 밤에는 금지된 길(de forbudne Veie)[86]을 갑니다. 사람은 자신이 드나드는 곳을 남에게 들키고 싶지 않을 때, 그곳을 찾기 위해 밤을 택합니다.

그러니 생각해 보십시오. 이것이 초청자(Indbyderen)에 대한 세상의 판단(dom)입니다. 그분께 나아가는 일은 곧 불명예(Vanære)였습니다. 어떤 존경받는 사람(Anseet Mand), 어떤 명예로운 사람(Mand af Ære)도 그런 일을 했다고 알려지기를 원하지 않았습니다. 마치—(이것 또한 밤이 감추어 주는 일입니다)—

그곳으로 향하는 일이 다른 어떤 부끄럽고 수치스러운 장소로 향하는 것과 다를 바 없는 듯이 말입니다. 그러나 아니오, 나는 이 "그와 다를 바 없다(saa lidet som)"라는 말을 끝까지 이어가고 싶지 않습니다.

"이제 내게로 오라, 수고하고 짐 진 자들아, 내가 너희를 쉬게 하리라"

65

B
그분의 생애 제2기

이제 그분에게 일어난 일은, 모든 지혜로운 자들(Kloge)과 이성적인 자들(Forstandige), 정치가들(Statsmænd)과 시민들(Borgere), 조롱자들(Spottere) 등이 이미 예견한 그대로가 되었습니다. 그리고 나중에는, 심지어 가장 완고한 자의 마음조차 움직였을 법한, 돌조차 눈물을 흘릴 것 같은 그 순간에도 조롱하듯 이런 말이 들려왔습니다.

"그는 다른 사람들은 도와주었다. 이제 그가 자신을 도와보라."[87]

이 말은 이후 수천 번, 수만 번 반복되었지요.

"그가 전에 말했던 그 말, '내 때는 아직 이르지 않았다(hans Time endnu ikke var kommet).'[88] 그럼 이제 그때가 온 것인가?"

아아! 그럴 때마다 **저 단독자**(hiin Enkelte), 곧 믿는 자(den Troende)는 몸서리치듯 전율했습니다. 그럼에도 그는 그 심연(Dyb), 곧 인간적으로 말하자면, 전혀 이해할 수 없는 **광기**(meningsløs Afsindighed)를 바라보지 않을 수 없었습니다. 곧, 하나님께서 인간의 모습으로 오셨다는 것, 그 신적인 가르침(guddommelige Lære), 그리고 그 모든 표적과 기적(Tegn og Under)―그것들은, 만약 소돔과 고모라(Sodoma og Gomorrha)에서 일어났더라면 그 도시들조차 회개케 했을 일들이었지만,[89] 정작 이 세상에서는 그 반대의 결과를 낳았습니다. 그 스승(Læreren)은 피하고, 미움받고, 멸시받는 존재가 되어버렸습니다.

그가 누구인가 하는 것은 이제 훨씬 더 명확하게 보입니다. 권력자들과 존경받는 자들(Anseete), 그리고 기존 질서(det Bestaaende) 전체가 그를 향해 취한 적대와 대응(Forholdsregler) 때문에, 그에 대한 최초의 인상은 이미 무너졌고, 민중(Folket)은 그의 삶이 점점 더 퇴락(degradation)하는 것을 보며 더 이상 그를 기다릴 **인내**(Taalmodighed)를 잃어버렸습니다.

누구나 알다시피, 사람은 그가 어울리는 이들(Selskab)을 보면 알 수 있습니다.[90] 그런데 그의 동무들(Selskab)은 어떻습니까? 그의 모임은 말하자면 **'인간 사회로부터 추방된 자들의 모임'**(udstødt af det menneskelige Selskab)입니다. 그의 곁에는 민중 중 가장 낮은 계층(den laveste Klasse af Folket), 그리고 죄인(Syndere)과 세리(Toldere)들이 있습니다. 이들은 어느 누구라도 자신의 이름과 평판(et godt Navn og Rygte)을 지키기 위해 멀리하는 자들입니다. 하지만 평판을 지키는 일은 인생에서 가장 최소한의 바람이 아니겠습니까? 그의 곁에는 또한 나병환자(Spedalske)들이 있고, 그들은 모두가 기피하는 존재들입니다. 그의 주변에는 정신이상자(Afsindige)들이 있으며, 그들은 오직 공포를 불러일으킬 뿐입니다. 또한 그는 병자(Syge)와 불행한 자들(Elendige), 그리고 가난과 비참(Armod og Usselhed) 가운데 있습니다.[91]

그렇다면 도대체 그가 누구이겠습니까? 그런 행렬(Optog) 속에서조차 여전히 권력자들의 미움을 받는 그가 누구이겠습니까? 그는 유혹자(Forfører), 사기꾼(Bedrager), 하나님을 모독한 자(Gudsbespotter), 멸시받는 자(Foragtet)입니다! 만일 누군가 존경받는 자(Anseet) 가운데 그를 공개적으로 멸시하지 않았다면, 그것은 아마도 일종의 동정(Medlidenhed) 때문이었을 것입니다. 그를 두려워한 것과는 별개의 문제입니다.

이것이 바로 그의 현재의 모습입니다. 하지만 조심하십시오. 당신이 그 후대의 기록들, 즉 그가 하나님의 위엄과 같은 장엄한 존귀(guddommelig Majestæt) 가운데 드러났다고 들은 이야기들에 당신의 판단이 영향을 받지 않도록 말입니다. 오, 나의 친구여, 당신이 만약 그와 동시대(samtidig)에 살고 있다면, 그는 단지 스스로 회당에서 출교당한 자(udelukket fra Synagogen)일 뿐 아니라, 그에게 도움을 받는 것조차 '회당에서의 추방(Udelukkelse af Synagogen)'이라는 형벌로 금지되어 있었다는 것을 기억하십시오.[92] 그러니 당신이 그런 멸시받은 자(Foragtet)와 동시대에 살고 있고, 그에게서 그 멸시의 현실과 완벽히 일치하는 모든 것을 본다면, 그때 당신은 그것을 다른 방식으로 해석하는 자, 혹은 같은 말이지만, 세상의 모든 이들이 되고 싶어 하지 않는, '단독자(den Enkelte)', 세상이 보기엔 우스꽝스럽고(latterlig), 어쩌면 범죄자(Forbrydelse)로까지 여겨지는 그런 자가 될 용기를 가질 수 있겠습니까?[93]

그리고 그가 함께하시는 자들, 곧 그의 사도들(Apostle) 말입니다! 이 얼마나 광기(Afsindighed)에 찬 일입니까? 아니, 새로운 광기도 아닙니다. 그것은 그의 처음부터의 길과 완전히 일치합니다. 그의 사도들이란, 어제까지만 해도 청어(Sild)를 잡던 어부들(Fiskere), 세상 물정을 모르는 평범한 사람들입니다. 그런데 내일이면—광기의 논리에 따르면—바로 내일이면, 그들이 온 세상으로 나아가 세상의 형상(Verdens Skikkelse)을 바꿀 것이라니요![94]

이것이 바로 자신을 하나님이라 하시는 그분,[95] 그분이 바로 그 사도들을 세우신 분입니다! 그렇다면, 그분이 제자들에게 명성(Anseelse)을 주시는 걸까요, 아니면 제자들이 그분께 명성을 가져다주는 걸까요? 그분, 초대자 (Indbyderen)—그는 세상이 보기엔 미친 광신자(Sværmer)입니다. 그의 행렬 (Optoget)[96]은 그 사실을 그대로 드러냅니다. 어떤 시인이라도 이보다 더 극적으로 묘사할 수 없을 것입니다.

한 '스승(Lærer)', '지혜로운 자(Viis)', 혹은 그 비슷한 존재—자신을 하나님이라 선언한 한 '실패한 천재(forulykket Genie)'가 있습니다. 그분 주위에는 환호하는 민중(Pøbel), 세상에서 버림받은 자들이 몰려듭니다. 그분 자신은 세리(Toldere), 죄인(Syndere), 그리고 나병환자(Spedalske)들과 함께 다니십니다. 그리고 그 곁에는 '선택된 무리(den udvalgte Kreds)', 즉 사도들(Apostlene)이 있습니다.

이들이 진리를 판단할 자격이 있다고 할 수 있을까요? 이 어부들, 재단사들(Skræddere), 구두장이들(Skomagere)이? 그들은 스승을 찬양하며, 그분의 모든 말씀을 지혜(Viisdom)와 진리(Sandhed)로 받듭니다. 그들은 다른 이들이 보지 못하는 것을 본다 하며, 그분 안에서 거룩함(Hellighed)과 높으심 (Ophøiethed)을 본다고 합니다. 아니, 그들은 그분 안에서 하나님(Gud)을 보고, 그를 경배합니다.

정녕 어떤 시인이라도 이보다 더 아이러니한 이야기를 만들 수 없을 것입니다.[97] 더구나 이분이 바로 권력자들(de Mægtige)이 두려워하는 분이라는 사실을 생각해 보십시오. 그들은 그분을 무너뜨리기 위한 계획을 꾸밉니다. 그분의 죽음만이 그들의 불안을 가라앉히고 만족시킬 수 있기 때문입니다. 그들은 그분을 따르는 자들에게 치욕적인 형벌(vanærende Straf)을 내렸습니다. 심지어 그분께 도움을 받는 것조차 금했습니다. 그럼에도 그들은 여전히 안식을 얻지 못합니다. 그들이 그 모든 것이 단순한 광신(Sværmeri)이며 광기(Afsindighed)라는 것을 결코 확실히 증명하지 못했기 때문입니다.

이것이 바로 권력자들의 모습입니다. 한때 그분을 신처럼 떠받들던 민중(Folket)은 이제 그분을 거의 포기해 버렸습니다. 단지 잠깐, 아주 짧은 순간만이 그분에 대한 기억이 다시 타오를 뿐입니다.[98] 그분의 존재(Tilværelse) 전체를 살펴보아도, 가장 시기심 많은 자조차 부러워할 만한 것은 한 조각도 없습니다. 그의 이러한 삶을 부러워하는 권력자는 없습니다. 그들은 다만 자기들의 안전(Sikkerhed)을 위해 그분의 죽음(Død)을 요구합니다. 그분이 죽어야만 그들은 다시 평안을 얻고, 모든 것이 옛 질서(det Gamle)로—아니, 오히려 그분의 경고하는 **본보기**(advarende Exempel)를 통해 더 견고해진 옛 질서로—되돌아가기 때문입니다.

이것이 바로 그의 생애의 두 시기(Livs to Afsnit)입니다.[99] 그의 생애는 백성이 그를 신격화하던 때에 시작되었습니다. 그동안 세상의 질서라 불리는 모든 것, 곧 권력과 영향력을 가진 자들은 그를 증오하면서도 비겁하고 은밀하게 그물(Snaren)을 쳐 그를 함정에 빠뜨리려 했습니다. 그리고 그는 그 안으로 들어갔습니다—그러나 그는 그 함정을 똑똑히 보고 있었습니다.

마침내 백성(Folket)은 자신들이 그를 잘못 판단했다는 것을 깨달았습니다. 그가 가져온 성취(Opfyldelse)는 그들이 기대하던 '황금과 푸른 숲(Guld og grønne Skove)', 즉 풍요와 평화의 시대와는 전혀 달랐기(Intet mindre end) 때문입니다. 그래서 백성은 그에게서 돌아섰고, 권력자들(de Mægtige)은 그물의 끈을 더욱 죄어 갔습니다. 그리고 그는 다시 그 안으로 들어갔습니다—그러나 그는 그 함정을 분명히 보고 있었습니다. 권력자들이 그물을 더욱 단단히 조이자, 이제 백성, 곧 자신들이 완전히 속았다고 느낀 자들이 그를 향해

증오와 분노(Had og Forbittrelse)를 쏟아붓게 되었습니다.[100]

그리고—그것도 함께 다루자면—동정심(Medlidenheden)은 이렇게 말했 68
을 것입니다. 혹은 동정하는 자들의 모임(Selskab) 안에서 말이지요. (왜냐하면
동정심이란 본래 사교적(selskabelig)이라서, 함께 모이기를 좋아하기 때문입니다.)
그리고 그 얄팍하고 경박한 한계성(pjankede Indskrænkethed) 속에는 고소함
(Skadefryd)과 질투(Misundelse)가 섞여 있습니다. 이미 한 이방 철학자(Hedning)
가 지적했듯, "질투하는 자만큼 가장 쉽게, 가장 빠르게 동정심을 드러내는
사람은 없다"는 말처럼요.[101] 그 모임 속의 대화는 아마 이렇게 흘러갔을 것
입니다.

"정말 저 불쌍한 사람을 보면 마음이 아파요. 이렇게 끝나다니, 참 가엾
은 일이지요. 물론 자신이 하나님이 되려 했다는 건 지나친 과장이었겠지
만, 그래도 그 사람은 가난하고 고통받는 이들에게 진심으로 잘해 주었어
요. 다만 좀 특이한 방식으로 했을 뿐이지요—가난한 자들과 자신을 완전히
동일시(ganske til Eet med de Fattige)하며, 거리를 떠돌고(trække omkring) 거지들
과 어울렸으니까요. 그래도 뭔가 마음을 울리는 부분이 있어요. 아무리 뭐
라고 말하고, 그를 그렇게 엄격히 판단한다 해도, 그 불쌍한 사람을 불쌍히
여기지 않을 수가 없어요. 나는 그렇게 냉혹한 사람(haardhjertet)이 아니니까
요. 그래서 나는 어쩔 수 없이 동정심(Medlidenhed)을 느낍니다."[102]

우리는 이제 마지막 장면(det sidste Afsnit)에 이르렀습니다. 그러나 이것은
사도들과 제자들이 믿음으로 기록한 거룩한 역사(den hellige Historie)[103]가 아
니라, 그것에 대응하는 불경한 역사(den vanhellige Historie), 곧 믿지 않는 세상
의 이야기(Modstykket)입니다.

"수고하고 무거운 짐 진 자들아 다 내게로 오라."

(Kommer nu hid alle I, som arbeide og ere besværede)

즉, 만약 그대가—모든 고통받는 자들 중에서도 가장 비참한 이였다 하더라도—그의 도움을 받고자 하는 마음(Trang til at blive hjulpen)이 있다면, 곧 그의 방식으로, 더 큰 비참(Elendighed) 속으로 들어가야 하는 도움일지라도, 그렇다면 오십시오. 그분은 바로 그 방식으로 그대를 도우실 것입니다.

참고자료

1   "아버지 하나님의 오른편(Faderens Høire)에서 영광 가운데 앉아 계신 예수 그리스도"를 뜻한다. 이는 하나님의 보좌 우편, 곧 권능의 자리를 의미하며, 다음 성경 구절들을 암시한다.
    마태복음 26장 64절: "… 너희가 인자가 권능의 우편에 앉아 있는 것과 하늘 구름을 타고 오는 것을 보리라."
    마가복음 16장 19절: "주 예수께서 말씀을 마치신 후 하늘로 올려지사 하나님 우편에 앉으시니라."
    사도행전 7장 55-56절: "스데반이 성령이 충만하여 하늘을 우러러 하나님의 영광과 예수께서 하나님 우편에 서신 것을 보고…"
    또한 사도신경(Apostolicum) 의 제2항에서 다음과 같이 고백된다. "… 하나님의 전능하신 아버지의 오른편에 앉아 계시며."

2   "경솔하고 가벼운 방식으로 사용된, 혹은 모독된(vanhelliget)"을 의미한다. 즉, 거룩한 것을 헛되이 다루는 것, 하나님의 이름이나 신적 실재를 속되게 사용하는 행위를 가리킨다. 그리스도를 "영광의 인물"로만 이해하는 것은 그분의 본질―낮아진 하나님―을 지워버리는 신성모독(Gudsbespottelse)이며, 이는 곧 그리스도를 "forfængeligt", 즉 속되게, 헛되이, 인간적 영광의 차원으로 끌어내린 행위라는 뜻이다.

3   예를 들어 마가복음 9장 25절의 표현을 참고할 수 있다. "예수께서 무리가 달려오는 것을 보시고 그 더러운 귀신을 꾸짖어 이르시되…"

4   덴마크 속담 "løbe med limstangen" 에 대한 암시로, 직역하면 "풀 먹인 막대를 들고 달려간다"는 뜻이다. 비유적으로는 "엉뚱한 소문을 퍼뜨리다", "오해한 채 행동하다", "속다" 의 의미를 지닌다. (E. Mau, Dansk Ordsprogs-Skat, 제1권, 665쪽 참조)

5   이는 아마도 동정녀 마리아(Jomfru Maria)가 혼인 전에 임신하여 사람들로부터 멸
     시(foragt) 와 비난을 받았다는 복음서의 맥락을 암시하는 표현이다.

6   이는 마태복음 13장 55절을 가리킨다. "이는 그 목수의 아들이 아니냐?" 여기서 예수
     의 아버지 요셉(Joseph)은 목수(Tømmermand)로 불린다. 또한 S. B. 헤르슬레브
     (S. B. Hersleb)의 『성서역사 교본(Lærebog i Bibelhistorien)』(1826년 제3판, 원판
     1812)에서도 다음과 같이 설명된다. "하나님의 천사가 다윗의 집안의 마리아에게 보
     냈는데, 그녀는 다윗의 후손이며 목수 요셉과 약혼한 상태였다."

7   복음서에 따르면, 열두 제자 중 여러 명은 어부(fiskere) 출신이었다. 예를 들어 마태
     복음 4장 18-22절에는 예수께서 갈릴리 해변에서 베드로(시몬)와 안드레, 야고보, 요
     한을 부르신 장면이 기록되어 있다. 또한 마태복음 9장 9절에서는 마태(Matthæus)
     가 세리(tolder)였다고 전한다.

8   이 말은, 공관복음서(마태복음, 마가복음, 누가복음)의 여러 본문을 가리킨다. 이 구
     절들은 예수께서 사회로부터 배척되고 멸시받던 자들과 교제하셨음을 증언한다. 예
     를 들어, 마태복음 26장 6절에서는 예수께서 나병환자 시몬의 집을 방문하신 이야기
     가 등장한다. 누가복음 17장 11-19절에는 예수께서 열 명의 나병환자를 고치신 사건
     이 기록되어 있다. 신약에는 예수께서 귀신 들린 자(dæmoner, onde ånder) 들을
     고치신 일도 여러 번 나온다(예: 마태복음 9장 32-34절). 비록 '광인(afsindig)'이라
     는 단어 자체는 신약에 직접 쓰이지 않지만, 이는 귀신들림 혹은 정신적 질병의 표현
     으로 이해된다. 또한 세리(toldere) 는 당시 사람들 사이에서 가장 멸시받는 계층이
     었고, 신약에서는 자주 죄인들(syndere) 과 함께 언급된다(예: 마태복음 9장 10-11
     절; 11장 19절; 누가복음 5장 30절; 15장 1절). 심지어 창녀(skøger), 도둑(røvere),
     불의한 자(uretfærdige), 간음한 자(horkarle) 와 함께 묶여 등장하기도 한다(누가복
     음 18장 11절). 예수께서는 스스로를 비난하는 사람들의 말을 인용하시며 이렇게 말
     씀하셨다. "그 사람은 먹기를 탐하고 포도주를 즐기는 자요, 세리와 죄인의 친구로다
     (마 11:19)."

9   "회당에서 추방당하다(udstødt af Synagogen)"라는 말은 요한복음 9장 22절을 가
     리킨다. 거기에는 이렇게 기록되어 있다. "유대인들이 이미 누구든지 예수를 그리스
     도라 시인하는 자는 회당에서 출교시키기로 결의하였기 때문이러라." 이 문맥은 예
     수께서 나면서부터 맹인된 사람을 고치신 사건(요 9:1-7) 과 연결된다. 이 치유 사건
     후, 그 사람이 예수를 부인하지 않자 유대인들은 그를 회당에서 추방(udstødt) 했다
     (요 9:8-34).
     키르케고르는 자신의 신약 성서 사본 『Vor Herres og Frelsers Jesu Christi Nye

Testamente』(코펜하겐, 1820년) 사이 여백에 다음과 같은 주석을 직접 써두었다. "v.21 이하: 여기에서도 우리는 또 하나의 사례를 본다. 그리스도로부터 도움을 받는 일이 그분의 동시대성(Samtidighed) 안에서는 얼마나 위험한 일이었는지를. 그것은 자신의 육체적 질병을 그대로 지니고 있는 것보다 더 큰 위험이었을지도 모른다." (Pap. VIII 2 C 3)

이와 같은 두려움은 요한복음 12장 42절에서도 반복된다. "그러나 관리 중에서도 그를 믿는 자가 많았으나 바리새인들 때문에 드러내어 말하지 못하였으니 이는 회당에서 쫓겨날까 두려워함이라."

또한 요한복음 16장 2절에서도 예수께서는 제자들에게 이렇게 말씀하신다. "사람들이 너희를 회당에서 쫓아낼 것이요."

10 "명예(Ære), 생명(Liv), 재산(Gods)"이라는 말은 당시 널리 사용되던 법률적 표현으로, 한 사람이 가진 가장 중요한 세속적 소유 전체를 가리킨다. 이 표현은 마르틴 루터(Martin Luther)의 유명한 찬송가 〈우리 하나님은 견고한 성이시로다(Vor Gud han er så fast en borg, 1529; 덴마크어판 1533)〉에서도 쓰인다. 이 찬송은 J. P. 뮌스터(J. P. Mynster)의 덴마크어 번역본에『복음적-기독교 시편집 부록(Tillæg til den evangelisk-christelige Psalmebog)』의 마지막 곡으로 실려 있다(코펜하겐, 1845; Evangelisk-christelig Psalmebog, 1798[1845], 58쪽). 4절의 마지막 부분은 다음과 같다.

"그들이 우리의 생명, 재산, 명예, 자녀와 아내를 빼앗는다 해도, 주의 이름으로 그것들을 버리리라! 그들에게는 아무 유익이 없으리니, 우리는 하나님의 나라를 보존하리라."

11   이 표현은 예수의 수많은 치유 사건을 가리킨다. 특히 마태복음 11장 5절에서 예수께서 세례 요한의 제자들에게 보내신 말씀을 떠올리게 한다. "맹인이 보며, 못 걷는 사람이 걸으며, 나병환자가 깨끗함을 받으며, 못 듣는 자가 들으며, 죽은 자가 살아나며, 가난한 자에게 복음이 전파된다."

12 "비단옷을 입은 단정한 신사"라는 표현은 곧 성직자, 특히 주교(biskop)를 가리킨다. 그들의 예복(ornat)은 비단(silke)으로 만들어졌으며, 비단 자수나 화려한 장식이 수놓아져 있었다.

해설: 키르케고르는 이 표현을 통해 국가교회의 성직자 계층, 특히 덴마크 루터교회의 주교직을 풍자적으로 비판한다. "비단옷을 입은 단정한 신사"는 복음의 본질—비하와 고난 속의 진리—를 전해야 할 사람이 오히려 세속적 품위, 교권, 사회적 지위의 상징으로 변질된 모습을 나타낸다. 즉, 비단옷(silke) 은 단순한 의복이 아니라, '세

속화된 교회'의 시각적 은유다. 그리스도의 초대는 "가난한 자와 병든 자"를 향해 있었지만, 이 성직자는 "예배당의 화려한 장식과 권위의 자리" 속에서 복음을 "기품 있게", 그러나 무력하게 전하고 있다. 따라서 키르케고르의 풍자는 이렇게 요약된다. "비단옷을 입은 설교자는 그리스도의 비하를 입지 않았다." 그의 외적 장엄함은 오히려 그리스도의 초대(Indbydelsen)와 정반대의 방향을 가리키는 징표가 된다.

13 [마8:20] 예수께서 이르시되 여우도 굴이 있고 공중의 새도 거처가 있으되 인자는 머리 둘 곳이 없다 하시더라
[눅9:58] 예수께서 이르시되 여우도 굴이 있고 공중의 새도 집이 있으되 인자는 머리 둘 곳이 없도다 하시고

14 요한복음 19장 5절의 인용이다. 그곳에서는 빌라도가 예수께 가시관과 자주색 겉옷을 입힌 채로 군중 앞에 데리고 나와 "보라, 이 사람이로다!"라고 말한 장면이 나온다. 이는 그가 예수를 채찍질하게 하고, 군인들이 조롱한 뒤에 한 말이었다.

15 『철학의 부스러기』(Philosophiske Smuler, 1844) 제4장 〈동시대 제자의 관계 ("Den samtidige Discipels Forhold")〉를 참고하라.

16 virkelig: '칭호상의(titulær)'에 반대되는 말로, "실제의,현직의"라는 뜻이다. 이는 당시 시민 계급의 관직 체계에서 비롯된 구분으로, 예를 들어 명예(칭호상의) 고문관(titulær kammerråd)과 실제(현직) 고문관(virkelig kammerråd)을 구별했던 것을 가리킨다.

17 Kræmmersvend: 잡화를 소매로 파는 상점(krambod)에서 물건을 취급하는 상인 또는 점원을 가리킨다. 비유적으로는 '하찮고(ubetydeligt), 형편없으며(dårligt), 가치 없는 것(værdiløst)'을 의미하는 말로도 사용된다.

18 자신을 낮추어 종의 형체를 취하신 예수 그리스도"라는 표현은 빌립보서 2장 6-11절의 이른바 '그리스도 찬가(Kristushymnen)'를 가리킨다.

19 "멸시받은 처녀에게서 태어난(født af en foragtet Jomfru)"이라는 말은 아마도 마리아(Jomfru Maria)가 혼인하기 전에 임신하였기 때문에 사람들로부터 멸시(foragt)를 받았다는 사실을 가리킨다.

20 구약성경에 따르면, 이스라엘(Israel)은 하나님께서 택하신 백성(Guds udvalgte Folk)으로, 그와 언약을 맺으신 민족이었다(출애굽기 19:5-6; 신명기 7:6 참조). 구약 전체, 특히 예언서들에서는 장차 올 메시아의 평화 왕국(messiansk fredsrige)에 대한 다양한 관념들이 나타난다(예: 이사야 11장, 65장 17-25절). 또한 이 표현에는, 예수 시대의 유대인들이 구약의 메시아 예언들을 로마 제국의 지배로부터 자신들을 해방시켜 줄 지상적 통치자(den jordiske konge)로 해석했던 사실도 함의되어 있을

가능성이 있다(요한복음 6:15, 18:33 이하 참조).

해설: 키르케고르가 신약의 "그리스도"를 구약의 민족적 메시아 기대와 구별하려 했다. 유대인들이 기다린 메시아는 "Land og Folk(나라와 민족)"을 구원할 정치적 인물이었지만, 키르케고르에게 그리스도는 전혀 다른 왕이었다. 그분은 "하나님의 나라(Guds Rige)"를 세우러 오셨지만, 그 나라는 외적 왕국이 아니라 내면적이고 영원한 통치(den indre og evige Herredømme)였다.

구약의 이스라엘은 하나님이 택하신 백성이었지만, 신약의 그리스도 안에서는 하나님께서 모든 세대의 내면적 백성(indre Folk)을 부르신다. 이 점에서 키르케고르는 기독교의 보편적 구원을 이스라엘의 역사적 한계를 넘어선 실존적 '새 언약의 역사'(den hellige Historie)로 이해한다.

21 이 말은 구약의 이른바 메시아 예언(messianske steder)들을 가리킨다. 예를 들어, 이사야서 52-53장에 나오는 "여호와의 고난받는 종(Herrens lidende tjener)"에 대한 예언이 이에 해당한다.

22 "한 선행자(en Forgænger)가 그의 주의(Opmærksomheden)를 이끌었다"는 말은 곧 세례 요한(Johannes Døber) 을 가리킨다. 복음서들에 따르면 세례 요한은 광야에서 예수의 오심을 준비하는 자로 등장한다(마태복음 3:1-12; 마가복음 1:1-8; 누가복음 3:1-20; 요한복음 1:19-28 참조).

23 이 표현은 마태복음 4장 23-25절의 기록을 가리킨다. "예수께서 온 갈릴리를 두루 다니시며 그들의 회당에서 가르치시고, 천국 복음을 전파하시며, 백성 중의 모든 병과 모든 약한 것을 고치시니, 그의 소문이 온 수리아에 퍼진지라. 사람들이 모든 앓는 자, 곧 각색 병에 걸려서 고통당하는 자, 귀신 들린 자, 간질하는 자, 중풍병자들을 데리고 오니, 그들을 고치시더라. 갈릴리와 데가볼리와 예루살렘과 유대와 요단 강 건너편에서 수많은 무리가 그를 따르니라."

또한 마가복음 1장 28절에서도 이와 유사한 표현이 등장한다. "예수의 소문이 온 갈릴리 사방에 퍼지니라."

24 이 표현은 마태복음 8장 20절을 가리킨다. 거기서 예수께서는 자신을 따르겠다고 말하는 사람에게 이렇게 말씀하신다. "여우도 굴이 있고 공중의 새도 거처가 있으되 인자는 머리 둘 곳이 없다."

25 요한복음 6장 14-15절의 기록을 가리킨다. 거기에는 예수께서 광야에서 오천 명을 먹이신 뒤, 사람들이 그를 억지로 왕으로 삼으려 했던 장면이 이렇게 서술되어 있다. "그 사람들이 예수께서 행하신 이 표적을 보고 말하되 이는 참으로 세상에 오실 그 선지자라 하더라. 그러므로 예수께서 그들이 와서 자기를 억지로 붙들어 임금으로 삼

으려는 줄 아시고 다시 혼자 산으로 떠나 가시니라."

해설: 이 구절은 군중이 예수의 기적(Under) 을 보고 그분을 정치적 메시아(konge)로 추대하려 했던 사건을 말한다. 그러나 예수는 그들의 기대를 거부하고, 홀로 산으로 물러나신다. 이 장면은 키르케고르가 비판하는 "세속화된 기독교(den verdsliggjorte Christendom)"의 원형이다. 즉, 사람들은 여전히 "비하의 그리스도(Fornedrelsens Christus)"를 왕좌에 앉히려 하지만, 그리스도는 스스로 영광(Herlighed)을 피하고 고난과 낮아짐(Fornedrelse)의 길로 나아가신다. 키르케고르는 이 사건을 통해 "그리스도를 왕으로 만들려는 모든 시도는 그분의 본질을 오해하는 것"이라고 본다. "그분은 왕이 되려 하지 않으셨다. 오히려 비하 속에서 참된 왕국을 여셨다." 따라서 "그가 왕이 되면(naar han bliver Konge)"은 세상의 방식으로 해석된 메시아 개념—즉 영광의 왕—과 기독교의 본질인 고난의 왕, 십자가의 주 사이의 근본적 대조를 상징한다.

26   이후에 나오는 단락은 다음을 참고하라. Pap. X3 A 568, 569, 577.
[여백 주석: 『그리스도교의 훈련(Practice in Christianity)』 제1편에 삽입된 구절에 대하여]

『그리스도교의 훈련』 제1편에

삽입된 그 구절들에 관하여.

분명 누군가는 그것들을 단순히 장난삼아(comically) 읽을 생각을 할 것이다. 파울리(Paulli)가 내게 그렇게 말했다. 그리고 아주 심각한 표정으로 말이다. 파울리와 그 일당은 그런 이야기를 마치 사실인 양 퍼뜨리는 점잖은 험담꾼(gossip)들이다. 그것이 실제 사실이라기보다는, 그들 스스로 지어낸 이야기일 가능성이 더 크다. 하지만 설령 그것이 사실이라 해도, 그게 무슨 문제란 말인가?

진정으로 새롭고 의미 있는 것은 언제나 그런 오해와 남용을 불러일으킬 수 있는 법이다. 그 밖에, 나는 그 구절들에서 사용된 '희극적(the comic)' 혹은 '유머러스한(the humorous)' 표현에 대해 이렇게 말하고 싶다. 예술적(미학적, esthetic) 상황을 한번 생각해 보라. 비극(tragedy) 안에 처음으로 희극적 요소를 도입한 사람은, 내가 보건대, 분명 많은 비난을 받았을 것이다. 사람들은 그것이 불쾌하다고 생각했지만, 그가 비극 속에 희극을 삽입함으로써 오히려 비극의 깊이를 강화시켰다는 점을 이해하지 못했다.

하지만 이제 미학적 논의는 잠시 잊자.

그러나 왜 종교적 강화(religious discourse)에서 '희극적 요소(the comic)'를 사용

하는 것이 그렇게 중요한가? 그 이유는 아주 단순하다.

우리 시대는 이상(ideal)을 향해 닮아가고자 하는 어린아이 같은 순수함(childlike naïveté)으로부터 너무나 멀리 떨어져 있다. 기독교는 이제 세속적 지혜(worldly sagacity)의 단계에서 멈춰 섰다. 그 세속적 지혜는 이상에 작별을 고하며, 이상을 추구하려는 노력을 광신(fanaticism)으로 간주한다. 우리가 살고 있는 현실이 바로 이 세속적 지혜다. 그런데 이 세속적 지혜는 '종교적인 것'을 오직 주일의 의식적 경건함(Sunday ceremoniousness)으로만 표현되게 만드는 것이 가장 유리하다고 생각한다. 이 주일의 의식적 경건함은 이제 설교의 주된 범주(category of preaching)가 되어버렸다. 그리고 세속적 지혜는 인생의 나머지 모든 부분을 자신이 채워 넣고, 이 주일의 경건함을 '실제화될 가능성이 거의 없는 것'이기 때문에 묵인한다.

바로 그렇기 때문에, 희극적 요소(the comic)는 반드시 사용되어야 한다. 그것은 이 '주일의 형식적 경건함'과 '일상생활(daily life)' 사이의 모순(incongruity)을 드러내기 위해서이다. 그래서 바로 이 점 때문에, '주일의 형식적 경건함'을 연출하는 세속적 지혜(worldly sagacity)는 이 희극적 사용에 대해 분노하게 되는 것이다. 그러나 만약 이 세속적 지혜가 신중하게(circumspectly) '종교적인 형태(religiousness)'를 취한다면, 그것이 바로 문제다. 그것은 다름 아닌, 주일의 형식적 경건함(Sunday ceremoniousness) 그 자체일 뿐이다. 그 이상도 이하도 아니다.- JP VI 6694 (Pap. X3 A 568), 1850년.

해설: 이 일기 구절에서 키르케고르는 '종교 강화 속의 희극성(the comic in religious discourse)'의 필요성을 강하게 주장한다. 그에게 '희극'은 단순한 유머나 조롱이 아니라, 진리를 폭로하는 아이러니의 도구이다. 당시 덴마크 국교회의 신앙은 '주일의 경건함(Sunday ceremoniousness)'으로 대표되는 형식적 신앙에 머물러 있었다. 사람들은 일요일에는 경건하지만, 평일에는 세속적 지혜 속에 살아가며, 이 모순을 전혀 문제 삼지 않았다. 키르케고르는 바로 이 모순(incongruity)을 드러내기 위해 희극을 사용해야 한다고 말한다. 그의 희극적 아이러니는 종교를 조롱하기 위함이 아니라, 종교를 진지하게 만들기 위한 수단, 즉 경건함의 위선과 현실의 괴리를 폭로하여 참된 내면적 신앙으로 돌아가게 하는 도구이다. 요컨대 키르케고르의 종교적 희극은 아이러니의 신학적 기능을 수행한다. 그것은 경건한 외형을 깨뜨리고, '진정한 신앙'이란 일요일의 의식이 아니라 매일의 실존 속에서 하나님 앞에 서는 삶임을 드러내는 것이다.

[여백 주석: Pap. X3 A 568의 주석]

페테르(Peter, 키르케고르의 형)는 이 구절들이 너무 길다고 생각했다. 그는 이렇게 말했다. "그냥 간단히 암시만 해도 충분했을 것이다." 오, 신들이여(Ye gods), 그게 그렇게 현명한 조언이라는 말인가! 아니, 암시(indicate)만으로는 충분하지 않다. 나는 그것을 이미 『사랑의 실천(Works of Love)』에서 시도해 보았고, 그 결과를 보았다. 문제는 사람들이 이런 종류의 것들(즉, 진정한 자기 성찰을 요구하는 것들)에서 가능한 한 빨리 도망치고 싶어한다는 데 있다. 그런데 그렇게 인정하는 대신, 그들은 "너무 장황하다"는 현명한 비평으로 포장한다. 하지만 페테르는 언제나 하찮음(triviality)과 결탁해 왔고, 그 하찮음 속에서 그의 인생을 낭비해 왔다.

결국 항상 똑같은 일이 벌어진다. 내가 쓰는 것처럼 실질적인(substantial) 책을 쓰는 일은 아무 기술도 필요 없는 것처럼 취급된다. 누구나 이렇게 말한다. "그 정도야 나도 할 수 있지! 작가가 어떻게 썼어야 하는지, 단 한 가지 힌트만 주면 되잖아." 이게 바로 덴마크의 현실이다. 덴마크에는 아무런 비평적 기준(criterion)이 없기 때문에, 이런 평범한 자들의 장난과 놀이(fun and games for mediocrity)가 판을 친다. 사실 『그리스도교의 훈련(Practice in Christianity)』 제1편 전체는 '주일의 형식적 경건함(Sunday ceremoniousness)'으로부터의 거대한 탈출(tremendous break-out)이다. 여기서 '탈출(break-out)'이란, 죄수가 감옥에서 탈출하는 의미로 쓰인 것이다. 그런데 바로 그때, 이 '주일의 형식적 경건함'이 다시 나타나 자기 중요성을 뽐내며 이렇게 말한다. "그래, 그중 일부는 괜찮았어." 그러니까, '주일의 형식적 경건함'이야말로 정말 좋은 것이라는 뜻이다! 사람들은 언제나 이렇게 말한다. "우리는 옛것(old)을 그대로 두되, 새것(new)은 4실링어치(4 cents' worth)만 있으면 돼."

--JP VI 6695 (Pap. X3 A 569), 1850년.

해설: 이 일기에서 키르케고르는 『그리스도교의 훈련』 제1편에 대한 당대 독자들의 반응-특히 P. L. Møller 혹은 P. Paulli류의 평론가들을 겨냥해-당대의 비평적 천박함을 신랄하게 풍자하고 있다. 그는 자신의 글이 단순한 도덕적 설교가 아니라, '주일의 형식적 경건함(Sunday ceremoniousness)'으로부터의 실존적 탈출-곧 진정한 기독교 실존의 각성을 촉구하는 작업이었다고 주장한다. 그러나 독자들은 그것을 진지하게 받아들이지 않고 "지나치게 길다", "좀 과하다", "조금만 쓰면 좋았을 텐데"라며 미학적 취향의 문제로 격하시킨다. 키르케고르에게 이러한 비평은 단순한 오해가 아니라, "형식적 종교성의 자기방어", 즉 진리를 회피하기 위한 교양적 위선이다. 그

는 이를 통렬히 풍자하며, "우리는 옛것은 그대로 두되, 새것은 4실링어치만-조금만"이라는 말로 덴마크 교회의 타협적 신앙 태도를 날카롭게 비판한다.

Curiosum

며칠 전 시베른(Sibbern)이 내게 이런 이야기를 들려주었다. 누군가가 『그리스도교의 훈련(Practice in Christianity)』 제1편에 삽입된 구절들을 순전히 희극적(purely comic)인 것으로 읽었으며, 그 문제의 심각성이 너무 크기 때문에 성직자들이 개입해야 한다고 생각했다는 것이다. 시베른은 이 말을 하며 폭소를 터뜨렸다. 사실, 그것이 현실이라면 정말로 현대 성직자들에 대한 훌륭한 풍자(splendid satire)가 될 것이다. 비록 내가 그런 말썽을 바라지는 않지만 말이다. - JP VI 6696 (Pap. X3 A 577), 1850년.

해설: 이 짧은 일기에서 키르케고르는 『그리스도교의 훈련』이 당대 교회 내에서 어떤 오해를 불러일으켰는지를 유머러스하게 기록하고 있다. 사람들은 그가 그리스도와 동시대에 살았다면 믿지 못했을 것이라는 아이러니적 삽입 구절을 '희극적 풍자'로 오독했으며, 일부는 심지어 그것이 교회적 질서에 대한 공격이라고 느꼈다. 키르케고르는 이런 반응을 조롱 섞인 아이러니로 되받는다. 그는 말한다 - "그렇다면 그 자체가 이미 교회의 풍자 아닌가?" 즉, 신앙의 본질을 회피한 채 '형식적 경건함(Sunday ceremoniousness)'에 갇힌 성직자들의 태도야말로, 그의 저술이 겨냥한 비판의 정확한 표적이었던 것이다. 결국 이 구절은 키르케고르의 자기 아이러니(self-irony)와 종교적 풍자의 기능을 잘 보여준다. 그는 자신이 "희극적으로 오해받는" 바로 그 사실 속에서, 당대 교회의 무감각한 현실이 스스로 폭로되고 있음을 본 것이다.

27 "모든 사람의 종이 되는 것(det at være Alles Tjener)"이라는 표현은 마태복음 20장 28절을 가리킨다. "인자가 온 것은 섬김을 받으려 함이 아니라 도리어 섬기려 하고 자기 목숨을 많은 사람의 대속물로 주려 함이니라."

28 예수(또는 하나님)를 '마음의 아시는 이(hjertekenderen)'로 언급하는 표현을 가리킨다. 예를 들어 누가복음 16장 15절에서 예수께서 바리새인들에게 "하나님은 너희 마음을 아시느니라"고 말씀하시며, 사도행전 15장 8절에서도 베드로가 "마음을 아시는 하나님께서(Gud, som kender hjerterne)"라고 말한 구절을 참조할 수 있다.

29 예를 들어 마태복음 11장 2-6절을 참조할 수 있다. 이곳에서 예수께서는 세례 요한에게 자신이 바로 하나님이심을 깨닫게 하신다. 『그리스도교의 훈련(Indøvelse i Christendom)』 제2부 제2장 〈"나로 말미암아 실족하지 아니하는 자는 복이 있도다." 성서적 서술과 기독교적 개념 규정〉에서, 예수가 자신을 하나님으로 인식하

는 것에 대한 실족(forargelsen)이 일관된 주제이며, 바로 이 성경 본문(마 11,2-6)에서 논의가 시작된다(SKS 12, 103 참조). 또한 마태복음 26장 63-64절의 대제사장의 심문 장면도 볼 수 있다. "내가 살아계신 하나님으로 네게 명하노니 네가 그리스도, 하나님의 아들이냐 말하라." 예수께서 말씀하시되, "네가 말하였다(du haver sagt det)" 하셨다.

30 키르케고르 시대에는 예수께서 세례 요한에게 세례를 받으실 당시 서른 살이었다는 것이 일반적인 교회의 통념이었다. 또한 그의 공생애가 약 3년간 지속되었다고 여겨졌다. 비교를 위해 G. B. Winer의『성경 실재어 사전(Biblisches Realwörterbuch zum Handgebrauch für Studirende, Candidaten, Gymnasiallehrer und Prediger)』제2판(라이프치히, 1833-38) 1-2권을 참조할 수 있다. 이 사전(약칭 Biblisches Realwörterbuch) 제1권 654-667쪽에서는, 공관복음서(de tre første evangelier)에 따르면 예수의 공생애가 약 1년 정도였다고 설명하며, 반면 요한복음(Johannesevangeliet)에 따르면 약 3년 동안 지속되었다고 서술한다.

31 mauvais sujet : 프랑스어로, '불량한 인간', '못된 사람', 혹은 '불순한 인물'을 의미한다.

32 rørlig Eiendom: 또는 rørlig gods라고도 하며, 움직이거나 옮길 수 있는 재산, 즉 동산(動産)을 뜻하는 법률 용어이다.

33 해설: 이 구절은 키르케고르가 세상적 이성의 목소리를 통해, 예수 그리스도의 생애를 '공상(Phantasteri)'로 평가하는 모습을 풍자적으로 보여주는 대목이다. 세상의 관점에서 보면, 예수의 삶은 현실적 토대가 전혀 없으며, 미래를 준비하지 않고, 오히려 파멸을 자초하는 '어리석음'으로 보인다. 이 세속적 판단은 '성공'과 '안정'을 기준으로 인간의 가치를 평가한다. 따라서 자기 비움과 고난의 길을 택한 그리스도는 이해 불가능한 자, 나아가 '광인(Gal)'으로 여겨진다. 그러나 키르케고르에게 바로 이 지점이 신앙의 역설이다. 세상이 '공상(Phantasteri)'이라 부르는 그 길이야말로, 참된 신앙의 길이다. 그리스도의 비하(Fornedrelsen)는 실패가 아니라, 신적 사랑이 세상 속에서 자신을 완전히 내어주는 사건이다. 그를 따르는 자는 세상의 관점에서는 미친 자로 보이겠지만, 바로 그 광기 속에서 참된 신앙(Troen)이 탄생한다.

34 Styrelsen: 즉, 하나님의 섭리(Guds styrelse)를 뜻한다.

35 kaste sine Perler for Sviin: 마태복음 7장 6절을 가리킨다. 예수께서 산상수훈에서 이렇게 말씀하신다. "거룩한 것을 개에게 주지 말며, 너희의 진주를 돼지 앞에 던지지 말라. 그들이 그것을 발로 밟고 돌아서서 너희를 찢을까 염려하라."

36 hans udelukkende Eiendom: "그의 전적인 소유" 또는 "오로지 그만의 것"을 뜻

하며, 그에게만 속한 유일한 소유물이라는 의미이다.

37 Kunde man liste sig til ham om Natten: 요한복음 3장 2절의 이야기를 가리킨다. 거기에서 니고데모가 유대 지도자들의 눈을 피하기 위해 밤에 예수께 찾아간 사건을 말한다.

38 und zwar: 독일어 표현으로, "즉", "더 정확히 말하자면", "분명히 말해서"라는 뜻이다.

39 am Ende: 독일어로 "마지막에", "결국", "궁극적으로"를 뜻한다.

40 해설: 이 구절은 키르케고르가 『그리스도교의 훈련(Indøvelse i Christendom)』에서 '지혜로운 자'의 입을 통해 세속적 이성의 마지막 유혹을 묘사하는 장면이다. 여기서 화자는 예수 안에 "무언가 비범한 것(noget Overordentligt)"이 있음을 인정하지만, 그분을 '하나님'으로 받아들이는 것은 거부한다. 대신, 그가 지닌 '지혜(Viisdom)'만을 이용해 자신에게 유익한 방식으로 재해석하려 한다. 즉, 예수의 진리를 훔쳐서 자기 철학이나 사상으로 바꾸려는 것이다.

키르케고르는 이 태도를 가장 교활한 불신앙의 형태로 본다. 이는 단순히 그리스도를 부정하는 것이 아니라, 그리스도의 계시를 도덕적이거나 철학적 사유로 환원하려는 시도, 곧 '그리스도를 제자 없이 소유하려는 시도'다. 이 대목은 오늘날에도 철학이나 신학이 예수를 "위대한 인간" 혹은 "지혜로운 스승"으로만 다루려는 경향에 대한 예언적 비판으로 읽힌다. 키르케고르는 명확히 말한다.

"그의 존재(Tilværelse)는 모순(Modsigelse)이다."

즉, 하나님이 인간이 되셨다는 이 모순적 사건을 피하고, 그분의 지혜만 차용하려는 모든 시도는, 결국 자기기만의 아이러니에 불과하다는 것이다.

41 saa dum, at man kan løbe Døre op med ham: 덴마크 속담으로, "머리가 너무 두꺼워서 이마로 문을 부술 수 있을 만큼 어리석다"는 뜻이다. 즉, 아주 우둔하고 이해력이 없는 사람을 비유하는 표현이다. 이 속담은 J. F. Fenger가 『문학과 비평(For Literatur og Kritik)』 제6권(오덴세, 1848) 274-308쪽, 특히 282쪽에 수록한 『그룬트비그의 덴마크 속담과 관용구 모음집(Grundtvigs Samling af Danske Ordsprog og Mundheld, anmeldt og forøget)』에 실려 있으며, 또한 E. Mau의 『덴마크 속담집(Dansk Ordsprogs-Skat)』 제1권(24, 30) 142쪽에서도 같은 표현이 확인된다.

42 være paa Pinde: 덴마크어 관용구로, "항상 대기하다", "언제든 돕기 위해 준비되어 있다"는 뜻이다. 즉, 누군가를 위해 늘 움직이고 기꺼이 봉사할 준비가 되어 있는 상태를 가리킨다.

43 4ß : 4skilling(실링)을 뜻하며, '적은 돈'을 가리키는 상투적 표현이다. 덴마크의

화폐 제도는 1818년 7월 31일의 화폐령(forordning)에 따라 rigsdaler(정확히는 rigsbankdaler), mark, skilling으로 구성되었으며, 1 rigsdaler = 6 mark, 1 mark = 16 skilling 이므로, 1 rigsdaler 는 총 96 skilling에 해당한다.

44   Farniente: 이탈리아어 표현 dolce far niente 에서 온 말로, 문자 그대로는 "달콤한 무위(無爲)", 즉 아무 일도 하지 않으며 한가롭게 지내는 상태를 뜻한다. 비유적으로는 게으름, 나태함, 일하지 않는 즐거움 등을 의미한다.

45   tjener Penge som Græs: 덴마크어 관용구로, "풀처럼 돈을 번다", 즉 아주 많은 돈을 번다는 뜻이다. 비유적으로 '돈이 끊임없이 쏟아져 들어오는 상황'을 표현한다.

46   bespottet, som Skriften tilføier, bespyttet: 누가복음 18장 32절을 가리킨다. 이곳에서 예수께서는 자신의 고난과 죽음을 예언하시며 말씀하신다. "그가 이방인들에게 넘겨져 조롱받고(bespottes), 모욕당하며(forhaanes), 침뱉음을 당하리라(bespyttes)."
또한 다음의 여러 본문을 함께 참조한다.
- 예수께서 공회에서 심문을 받기 전, 그를 지키던 자들이 '조롱하였다', 누가복음 22장 63절, 65절.
- 로마 총독의 군인들이 '예수를 조롱하였다', 마태복음 27장 29절, 31절.
- 지나가던 사람들이 십자가 위의 예수를 '조롱하였다', 마태복음 27장 39절.
- 대제사장들과 서기관, 장로들이 함께 '조롱하였다', 마태복음 27장 41절.
- 두 강도 중 하나가 예수를 '조롱하였다', 누가복음 23장 39절.
- 공회 심문 중에 사람들이 예수께 '침을 뱉었다', 마가복음 14장 65절.
- 로마 총독의 군인들이 '그에게 침을 뱉었다', 마가복음 15장 19절.

47   kagstrøgen : 기둥(kagen)에 묶인 채 채찍이나 회초리(ris)로 맞는 형벌을 뜻한다. 즉, 기둥형(笞刑) 혹은 공개 태형을 가리키며, 키르케고르 시대에도 여전히 사용되던 실제적인 처벌 방식이었다.

48   해설: 이 구절은 키르케고르가 '이성적 판단자'의 입을 통해 그리스도의 삶을 세속적 관점에서 비웃는 아이러니를 극도로 밀어붙이는 장면이다. 화자는 겉으로는 예수를 인정하는 듯하지만, 사실은 철저히 조롱한다. 그리스도의 삶을 '고상하지만 우스꽝스러운 공상'으로, '세상에서 아무 보상도 없는 비효율적인 어리석음'으로 묘사한다. 이것은 단순한 풍자가 아니라, 키르케고르가 말하는 "실족(Forargelse)"의 한 형태이다. 그리스도는 세상의 기준으로 보면 분명 '비이성적 존재'다. 그는 명예도, 돈도, 권력도 추구하지 않고, 오히려 조롱과 고난을 향해 걸어간다. 그러나 바로 그 역설이 신적 사랑의 진리이다. 세상은 그리스도를 어리석다고(dumt) 부르지만, 키르케고르는

바로 그 어리석음 속에서 신앙의 역설(Troens Paradox) 이 드러난다고 말한다. 즉, 그리스도의 '광기처럼 보이는 행위'야말로 인간의 구원을 가능하게 하는 신적 어리석음(Guds Dårskab, cf. 고린도전서 1:25)이다.

49 이후의 단락은 다음 일기를 참고하라. Pap. X1 A 681, 1849년.

자신의 잘못된 면을 뒤집어 드러내는 광기 어린 반박.

그리스도와 동시대에 살았던 사람이 이렇게 말했다고 상상해보자(이 반박의 첫 부분은『그리스도교의 훈련(Indøvelse i Christendom)』제1편에서 사용된 것이다). "나는 그분에 대해 아무런 의견도 가질 수 없다. 먼저 그의 삶이 어떻게 끝나는지를 봐야 한다. 그 말은 문자 그대로, 그가 죽어야만 한다는 뜻이다. 그리고 그것만으로도 충분하지 않을 수도 있다."

그런데 이제 새로운 부분—즉,『그리스도교의 훈련』에는 나오지 않는, 정말 광기 어린 부분(veritably crazy part)—이 이어진다. "만약 내가 그의 죽음으로부터 1,800년 후에 살고 있고, 그가 마침내 승리(triumphed)했다는 것을 본다면, 그때 나는 그 가르침을 받아들이겠다. 그리고 이렇게 고백하겠다. '내 일생 전체를 바쳐서라도 그와 동시대(contemporary)에 살 수만 있다면, 그것이 나의 가장 간절한 열망이다.'"

해설: 이 일기 구절은 키르케고르가『그리스도교의 훈련』의 마지막 부분을 자기식으로 "뒤집어 놓은(parodic)" 아이러니적 주석이다. 그는 인간이 실제로 그리스도와 동시대(Samtidighed)에 있었을 때에는 믿지 않으면서, 1800년이 지난 후에야 "그때 그분과 함께 살았다면 얼마나 좋았을까"라고 말하는 역사적 신앙의 자기기만을 풍자하고 있다. 즉, 신앙을 "역사적 확증" 이후에 가능하다고 믿는 태도는 실제로는 신앙의 부재를 감추는 아이러니한 자기기만이다. 그리스도와 '동시대에 사는 것'은 시간적 문제가 아니라, 지금 여기에서 그분의 현존을 실존적으로 받아들이는 문제라는 것이 키르케고르의 핵심 주장이다.

50 Den Myndighed, med hvilken han siges at lære: 마태복음 7장 28-29절을 가리킨다. "예수께서 이 말씀을 마치시매 무리들이 그의 가르치심에 놀라니, 이는 그가 그들의 서기관들과 같이 아니하고 권위 있는 자처럼(Myndighed) 가르치셨음이라."

51 해설: 이 대목은 키르케고르가『그리스도교의 훈련(Indøvelse i Christendom)』에서 보여주는 '지성적 회피의 마지막 형태', 즉 판단의 유예("Suspension of judgment") 에 대한 풍자이다. 이성적 인간은 신앙의 결단을 미루며, "아직 판단하기에는 이르다"고 말한다. 그는 모든 것을 "결과(Udfaldet)"로 확인하려 하며, 예수가 '하나님'인지 여부를 판단하기 전에, 먼저 "그의 생애가 어떻게 끝나는지"를 보겠

다고 한다. 이것은 헤겔적 역사주의 혹은 경험적 합리주의의 태도에 대한 날카로운 비판이다. 즉, 진리가 현재의 실존에서 믿음으로 받아들여지는 것이 아니라, '역사적 결과'나 '후대의 평가'를 기다려야만 인정된다는 생각이다. 키르케고르는 이런 태도를 "동시대성(Samtidighed)"의 거부라고 본다. 그리스도는 지금 살아 있는 존재로서 '믿음' 혹은 '실족(Forargelse)'의 결단을 요구하시지만, 이성적 인간은 그 결단을 "그가 죽은 뒤"로 미루어 버린다. 결국 그는 이렇게 말한다. "그가 살아 있는 동안에는 나는 결코 그에게 동참할 수 없다." 이 말은 곧 실존의 부재, 즉 신앙의 결단이 일어나지 않는 시간의 지연된 존재를 의미한다. 키르케고르에게 있어서 이런 '냉정한 객관성'은 오히려 영적 무감각이며, '믿지 않으면서도 스스로 중립적이라 자부하는' 근대적 불신앙의 초상이다.

52 Ilingen: 비나 우박이 거센 바람과 함께 몰아치는 돌풍, 폭풍우를 뜻한다. 비유적으로는 한때의 열광이나 소란, 즉 갑작스럽게 몰아치는 대중적 열기나 광풍을 가리킨다.

53 Verdens-Regjeringen:『복음적 기독교 교리 교과서(Lærebog i den Evangelisk-christelige Religion, indrettet til Brug i de danske Skoler)』제2장 〈하나님의 사역에 대하여(Om Guds Gierninger)〉제2절 §3을 참조. 그곳에는 이렇게 기록되어 있다. "세상의 주이시며 통치자이신 하나님(Gud, som er Verdens Herre og Regent)은 세상에서 일어나는 모든 일을 지혜와 선으로 다스리시어, 선한 것이든 악한 것이든 모두 그분께서 가장 유익하다고 보시는 결과를 가져오게 하신다."
(코펜하겐, 1824 [최초 간행 1791], N.E. 발레(N.E. Balle)와 C.B. 바스톨름(C.B. Bastholm) 공저, 일명 '발레 교리서(Balles Lærebog)'로 알려짐, p. 23).
또한 제2장 제2절 §5에는 다음과 같이 덧붙인다. "우리 인생에서 일어나는 모든 일, 그것이 슬프든 기쁘든 간에, 그 모든 것은 하나님께서 가장 선한 뜻으로 우리에게 보내시는 것이므로, 우리는 언제나 그분의 통치(Regiering)와 섭리(Bestyrelse)에 만족해야 할 이유를 가지고 있다." (p. 24 이하).

54 1848년의 정치적 격동을 가리키는 것으로 보인다. 이 시기에는 사회주의ㅇ공산주의 혁명에 대한 논의가 활발했으며, 대표적으로 프리드리히 엥겔스(Friedrich Engels)와 카를 마르크스(Karl Marx)의 『공산당 선언(Det kommunistiske Manifest)』이 1848년 2월에 발표되었다. 따라서 이 표현은 "세상의 발전(Verdens-Udviklingen)은 혁명적(revolutionair)이지 않고, 점진적(evolutionair)이다" 라는 말로, 그 시대의 급진적 정치운동-특히 혁명적 변화를 주장한 사상들-을 암시적으로 비판하거나 풍자하는 의미를 지닌다.

55   Ballotationen: 투표(afstemningen)를 뜻하며, 원래는 흰색과 검은색 구슬(볼)을
사용하여 투표를 진행하던 방식(오늘날의 투표용지 대신 사용됨)을 가리킨다. 즉, 찬
성과 반대를 구슬의 색으로 표시하는 비밀 투표 절차를 의미한다.

56   해설: 이 구절은 키르케고르가 『그리스도교의 훈련(Indøvelse i Christendom)』에
서 "성직자적 관점에서 본 예수 그리스도" 를 풍자적으로 재현한 부분이다. 성직자
는 예수의 등장 방식을 '질서 없는 혁명'으로 보고 비판한다. 그는 하나님이 직접 인
간으로 오신다는 것을 신성모독(Gudsbespottelse) 으로 여기며, '진정한 오실 자'
는 기존 제도(교회, 국가, 종교 권위)의 연속선상에서, 즉 점진적 진보(evolutionair
udvikling) 의 형태로 나타날 것이라고 믿는다.
   키르케고르는 이 대목을 통해 제도화된 종교의 자기기만을 비판한다. 그들은 '기다
림'과 '신앙'을 말하지만, 실상은 현존하는 질서(the Bestaaende) 를 유지하려는 보
수적 합리성에 사로잡혀 있다. 그들에게 '하나님의 강림'은 불가능한 사건이며, 그들
이 말하는 '오실 자'는 이미 체제 안에 길들여진 안전한 구세주일 뿐이다. 결국 키르
케고르는 이 풍자를 통해, "진정한 그리스도의 도래는 세상의 발전이 아니라 단절",
즉 역사적 질서를 깨뜨리는 신적 개입, 그리고 그로 인해 필연적으로 일어나는 실족
(Forargelse)의 사건임을 드러낸다.

57   Fiskere og Professionister: 예수의 제자들(사도들)을 가리킨다. Professionister
는 수공업자 또는 장인(手工業者)을 뜻한다.

58   han er et uægte Barn: 예수의 어머니 마리아가 약혼자 요셉과 동침하기 전에 잉
태했다는 사실을 가리킨다. 요셉은 의로운 사람이었으므로 마리아를 드러내어 부끄
럽게 하지 않으려 하여, 조용히 그녀와 파혼하려 하였다. 그러나 그가 이를 생각할
때, 한 천사가 꿈에 나타나 이렇게 말했다. "마리아가 잉태한 것은 성령으로 된 것이
니, 아들을 낳으리니 이름을 예수(Ἰησοῦς) 라 하라." 요셉은 잠에서 깨어 천사가 명한
대로 마리아를 아내로 맞이하였다. - 마태복음 1장 18-24절 참조.

59   마태복음 9장 16절을 가리킨다. "아무도 새 천 조각을 낡은 옷에 붙이지 아니하나
니, 이는 기운 것이 그 옷을 당겨 헤어짐이 더 심하게 됨이라."

60   Katastrophe 전환 또는 반전(omvending, omslag)을 뜻한다. 연극 용어로는 극
적 전환(dramatisk vending), 즉 이야기의 결말로 이어지는 결정적인 전개 변화-즉,
얽힌 갈등의 매듭(knuden)이 풀리는 순간을 가리킨다.

61   이 부분은 침례(세례) 요한의 심판의 선포(domforskýndelse)를 가리킨다. 마태복
음 3장 7-12절 참조. 거기서 요한은 바리새인과 사두개인들에게 이렇게 외친다. "독
사의 자식들아, 누가 너희를 가르쳐 임박한 진노를 피하라 하더냐?" 그리고 그는 도

끼가 이미 나무뿌리에 놓였으며, 좋은 열매 맺지 못하는 나무는 찍혀 불에 던져질 것이라고 선포한다. 이처럼 요한은 오직 하나-심판자(Dommeren) 로서-하나님의 다가올 진노를 선포한 자였다.

62 해설: 이 대목은 키르케고르가 『그리스도교의 훈련(Indøvelse i Christendom)』에서 '제도 종교의 시선으로 본 예수' 를 풍자적으로 재현한 부분이다. 성직자의 입장에서 보면, 예수는 심판자(Dommer) 로서 세상을 정죄하면서 동시에 오실 자(den Forventede), 곧 메시아를 자처하는 모순된 인물이다. 그는 기존 종교 질서(det Bestaaende)를 부정하고, 사회적 권위를 경멸하며, 어부나 평민들과 함께 새 공동체를 세우려 한다. 이것은 제도 종교의 눈으로 볼 때 혁명적 위협(revolutionair Hovmod)이다.

키르케고르는 이 관점을 통해, '그리스도의 역설적 존재(paradoksale Tilværelse)' 를 보여준다. 그리스도는 세상적 질서의 관점에서는 모순적 존재, "심판자이자 오실 자"라는 불가능한 존재처럼 보이지만, 바로 이 모순이야말로 성육신(Incarnation)의 실존적 역설이다. 결국 키르케고르는 이 성직자의 논리를 통해 드러난 제도 종교의 자기기만—곧 하나님이 인간 안에 오셨다는 사건("Gud i mennesket")을 인정하지 못하고 세상의 질서 속에서 하나님을 재단하려는 종교적 합리주의—를 비판하고 있다.

다음 티스토리도 참고: https://truththeway.tistory.com/569

63 Philosophen : 다음에 이어지는 단락의 용어 사용으로 미루어 볼 때, 키르케고르가 이 부분을 원고에 추가로 삽입하면서 여기서 말하는 '철학자(Philosophen)'는 헤겔(Hegel) 철학자, 즉 헤겔학파에 속한 사상가(hegeliansk filosof)를 가리키는 것으로 보인다.

64 이후에 등장하는 '가공의 헤겔주의자(fingeret hegelianer)'의 발언은, 덴마크 신학자 H. L. 마르텐센(Hans Lassen Martensen) 이 쓴 악명 높은 서문을 암시하는 것으로 보인다. 그 서문은 『기독교 교의학(Den christelige Dogmatik)』(코펜하겐, 1849, ktl. 653)에 실려 있으며, 1849년 7월 19일자 Adresseavisen 제167호에 출간 광고가 게재되었다. 그곳에서 마르텐센은—이름을 직접 언급하지는 않았지만, 명백히 키르케고르를 겨냥하여—이렇게 썼다.

"체계적인 사유(sammenhængende Tænkning)에 끌림을 느끼지 못하고, 단편적인 생각(Strøtanker), 아포리즘(Aphorismer), 순간적인 착상(Indfald)과 섬광 같은 통찰(Glimt)로 스스로를 만족시킬 수 있는 사람들은 그들 자신의 입장에서는 체계적 인식(sammenhængende Erkjendelse)이 불필요하다고 생각할 권리가 있을 것이다. 그러나 최근 들어 다음과 같은 주장이 일종의 교리처럼(Dogma) 굳어지고 있다. 즉, '참된 신앙인(the believer)은 자신에게 가장 고귀한 것을 체계적으로 인식하려는 관심을 가질 수 없다'거나, '신앙인은 그리스도교의 진리에 대해 어떠한 사변(speculation)도 시도할 수 없다. 왜냐하면 모든 사변은 단지 우주론적(kosmisk), 즉 세속적이고 이교적인 것이기 때문이다', 혹은 '신앙학(信仰學, Troesvidenskab)이라는 개념 자체가 참된 기독교를 파괴하는 자기모순(Selfmodsigelse)이다'라는 식의 주장들 말이다.

나는 이러한 명제들이, 아무리 영적 역설(det Aandriges Paradoxie)의 형태로 제시된다고 하더라도 조금도 설득력이 없다고 본다. 오히려 그것은 심각한 오해이며, 새로운(혹은, 사실상 오래된) 그릇된 방향(Misviisning)일 뿐이다. 내가 이로부터 배운 것이 있다면, 그것은 다음과 같다. 한때 우리는 '지식(Viden) 안에서 너무 일찍 절대적인 존재가 된 사람들'이 많았듯이, 지금은 그 반대로, '신앙(Troen) 안에서 너무 일찍 절대적인 존재가 되어버린 사람들'이 적지 않다는 사실이다. 내 판단으로는, '참된 신앙인'이라는 개념에 완전히 부합하는 이는 오직 전체 교회(hele den almindelige Kirke)뿐이다. 우리 각 개인(Enhver af os Enkelte)은 단지 제한된 범위 안에서만 믿음을 소유할 뿐이며, 자신의 개별적이고, 아마도 어느 정도 편향되거나 심지어 병적인 신앙 생활(sygelige Troesliv)을 모든 신앙인의 보편적 규범으로 삼지 않도록 경계해야 한다."

65   Belærelse : "가르침", "교훈"을 뜻한다. 이 단어는 H. L. 마르텐센(H. L. Martensen)이 라스무스 닐센(Rasmus Nielsen)과의 논쟁 속에서도 사용한 표현이다. 닐센은 키르케고르의 저작들에 공감하며 마르텐센을 공격했는데, 이에 대해 마르텐센은 『교의학적 해명(Dogmatiske Oplysninger. Et Leilighedsskrift)』(코펜하겐, 1850, ktl. 654; Adresseavisen 제136호, 1850년 6월 13일자에 출간 광고)에서 이렇게 썼다(13쪽).

"내가 이 방대한 문헌에 대한 지식(Kjendskab til denne vidtløftige Litteratur)이 매우 제한적이고 단편적이라고 이미 말한 바 있다. 이는 여러 이유 중 하나로, 나의 연구 방향(Studiers Gang)과 개인적 정신 성향(individuelle Aandsretning)이 최고 진리들(de høieste Sandheder)에 대한 실험적 서술(experimenterende Fremstilling)에는 별로 적합하지 않기 때문이다. 나는 무엇보다도 이러한 진리들에 관한 나의 가르침(Belærelse)을 직접적 전달 방식을 사용하는 저자들(den ligefremme Meddelelse)에게서 얻고자 한다."

해설: 이 주석은 키르케고르의 본문에서 등장하는 Belærelse(가르침, 계몽)의 뉘앙스를 마르텐센의 신학적 언어와 연결하여 설명한다. 마르텐센은 여기서 자신을 "실험적이거나 실존적 사유에는 적합하지 않다"고 규정하면서, 진리를 "직접적 전달(ligefremme Meddelelse)"-즉 교의적이고 체계적 신학-의 방식으로만 배우겠다고 말한다. 이 입장은 키르케고르의 "실존적이고 주관적 진리"에 대한 비판으로 읽히며, 그가 이해한 Belærelse는 곧 객관적이고 교리적 지식 전달로서의 신학 교육을 뜻한다.

따라서 키르케고르가 본문에서 "그는 대중에게 아무런 Belærelse를 주지 않는다"라고 쓸 때, 이는 단순히 '가르침이 없다'는 뜻이 아니라, 마르텐센식 교의학적 계몽에 대한 아이러니한 비판이다. 즉, 그리스도는 "교리적 Belærelse"를 주지 않지만, 그분의 존재 자체가 진리의 계시적 현현이라는 점에서 진리의 가장 깊은 Belærelse이기도 하다는 역설이 숨어 있다.

66　예를 들어 보라. G. W. F. 헤겔,『논리의 학(Wissenschaft der Logik)』제2권, Georg Wilhelm Friedrich Hegel's Werke. Vollständige Ausgabe, 편집: 필리프 마라인네케(Philipp Marheineke) 외 (베를린, 1832-45; ASKB 549-65), 제4권, 117-18쪽. 또한 Sämtliche Werke Jubiläumsausgabe [J.A.], 편집: 헤르만 글로크너(Hermann Glockner) (슈투트가르트: 프롬만, 1927-40), 제4권, 595-96쪽.

영역본은『Hegel's Science of Logic』(Lasson 판 [1923]의 번역, 역자: A. V. Miller, 뉴욕: Humanities Press, 1969), 477-78쪽 참조.

"사실성(The fact)은 근거(der Grund)로부터 드러난다. 그러나 그것은 근거에 의해 지탱된(subjekt) 채 남아 있는 것이 아니라, 오히려 근거가 스스로를 밖으로 향해 운동하고 사라지는 운동(the movement of the ground outwards to itself and its simple vanishing) 속에서 드러나는 것이다. 근거가 조건들과 결합함으로써, 근거는 외적 즉자성(external immediacy)과 존재의 계기(moment of being)를 부여받는다. 하지만 그것을 단순히 외적으로나 관계적으로 받는 것은 아니다. 오히려 근거는 자신을 '존재하게 된 것(positedness)'으로 만든다. 그의 단순한 본질성(simple essentiality)은 자신 안에서 이 '존재하게 된 것'과 합일하며, 이 자기 폐기(self-sublation)의 과정 속에서 자기와 '존재하게 된 것'의 구별이 사라진다. 따라서 그는 단순한 본질적 즉자성(simple essential immediacy)이 된다.

따라서 근거는 더 이상 '근거지워진 것(the grounded)'과 구별된 채 남아 있지 않는다. 근거 짓기의 진리(the truth of grounding)는 바로 그 안에서 근거가 자기 자신과 합일하게 된다는 점이다. 즉, 다른 것 속으로의 반성이 곧 자기 자신 속으로의 반성(reflection into itself)이 된다. 결과적으로, 사실성(the fact)은 단순히 무조건적인 것(the unconditioned)일 뿐만 아니라, 무근거한 것(the groundless)이다. 그것은 근거가 '스스로 무너짐(zu Grunde gehen)'-즉, 근거로서 존재하기를 멈출 때에만 근거로부터 드러난다. 다시 말해, 사실성은 근거 없음(the groundless)으로부터, 즉 근거의 본래적 부정성(its own essential negativity) 혹은 순수한 형식(pure form)으로부터 생겨나는 것이다."

해설

이 구절은 헤겔의 『논리의 학』 제2권, 「본질의 논리(Die Lehre vom Wesen)」 중 "근거와 결과(Der Grund und das, was daraus folgt)" 부분에 해당하며, 여기서 핵심은 근거(Grund)와 근거지워진 것(Das Begründete, the grounded)의 관계다. 헤겔은 '근거'가 단순히 어떤 기초로 남아 있는 것이 아니라, 자기 운동을 통해 스스로 사라지고(zu Grunde gehen), 그 결과로 '사실성'(Tatsache, the fact)이 생겨난다고 본다. 즉, 근거는 자신을 폐기함으로써 자신을 실현한다는 것이다.

이 논리에서 "근거가 무너진다(zu Grunde gehen)"는 표현은 키르케고르가 종종 인용하며 변용한 핵심 개념이다. 그는 바로 이 지점-근거의 자기 붕괴를 통해 사실이 발생한다는 헤겔의 논리-를 그리스도의 성육신 사건("하나님이 무로부터 오신다")과 대조하여, 신앙의 역설로 전복시킨다. 즉, 헤겔에게서 "무너짐(zu Grunde gehen)"은 이성의 자기매개(logical mediation)이지만, 키르케고르에게서는 그것이 실존의 심연, 신앙의 결단의 장소가 된다.

67 예수께서 다섯 개의 빵과 두 마리의 물고기로 오천 명을 먹이신 기적을 가리킨다. 그때 모든 사람이 배불리 먹고, 남은 조각을 거두니 열두 광주리가 가득 찼다. 이 사건은 마태복음 14장 13-21절, 마가복음 6장 30-44절, 누가복음 9장 10-17절, 요한복음 6장 1-15절에 기록되어 있다. 또한 이 표현은 예수께서 일곱 개의 빵과 몇 마리의 작은 물고기로 사천 명을 먹이신 두 번째 기적(마태복음 15장 32-39절)과도 관련이 있다. 여기서 "다섯 개의 작은 빵의 기적을 반복한다(repeterer Miraklet med de fem smaae Brød)"는 말은, 철학자의 조롱 섞인 말로서, 예수가 약간의 '서정(Lyrik)'과 '아포리즘(Aphorismer)'만으로 "온 나라를 들썩이게 하는"(대중을 먹이는 듯한) 일을 하는 것을 빵의 기적에 비유한 풍자적 표현이다.

68 예를 들어 다음을 보라. The Sickness unto Death, p. 117, KW XIX (SV XI 227).

69 이 표현은 일반적으로 헤겔주의(hegelianismen)를, 특히 다비드 프리드리히 슈트라우스(David Friedrich Strauß)의 기독론을 가리킨다. 슈트라우스는 그의 저

서 『예수의 생애(Das Leben Jesu)』(1835-36; 덴마크어 번역 1842-43)와 후속 교의학 저술에서, '신인(Gudmennesket)'을 단일 인격체가 아니라 인류 전체(Menneskeheden)로 이해했다. 그는 다음과 같이 말한다.

"신성과 인성의 일치라는 이념(Ideen om den guddommelige og menneskelige Naturs Eenhed)에 실제성(Realitet)을 부여한다고 할 때, 그것은 이념이 단 한 개인(eet Individ) 안에서—이전에도 이후에도 결코 반복되지 않는—한 번만 실현된다는 뜻이 아니다. 이념이 실현되는 방식은 자기의 충만한 본질을 단 하나의 예외적 실례(exemplar) 안에 쏟아붓고 다른 모든 존재들에게는 인색하게 나누는 것이 아니다. 오히려 이념은 서로를 보완하는 다수의 존재들의 다양성 속에서, 생성과 소멸의 변증법(der sættes og ophæves) 속에서, 자신의 풍요로움을 드러낸다. 그러므로 '신인(Gudmennesket)'은 한 개인이 아니라 인류 전체(Menneskeheden)로 제시된다. 그리하여 교회가 그리스도에게 부여한 속성들(Prædicater)의 주체로서 하나의 개체(Individuum)가 아니라, 실제적 '종(種) 개념(Slægtsbegreb)'으로서의 하나의 이념(Idee)이 자리 잡는다."

『기독교 신앙교의의 전개와 현대 학문과의 투쟁 속에 나타난 기독교 신앙교리의 전개사(Fremstilling af den christelige Troeslære i dens historiske Udvikling og i dens Kamp med den moderne Videnskab)』, H. 브뢰크너(H. Brøchner) 역, 제1-2권, 코펜하겐 1842-43 [독일어 초판 1840-41], 제2권 174쪽.

슈트라우스는 또한 이 견해를 자신의 앞선 저서 『예수의 생애(Das Leben Jesu)』 제2권 §151에서 자세히 논의하였다(덴마크어판 『Jesu Levnet. Kritisk bearbeidet af Dr. David Friedrich Strauß』, Fr. 샬데모제[Fr. Schaldemose] 역, 코펜하겐 1842-43, 제2권 424-427쪽).

해설: 키르케고르는 '철학자(Philosophen)'의 발언이 헤겔 일반의 보편론적 신학뿐 아니라, 그 극단적 형태인 슈트라우스의 종합적 인류-신학(anthropological Christology)을 풍자하고 있는 것이다. 슈트라우스에게서 '신인(Gudmennesket)'은 예수 한 사람이 아니라, "신성과 인성의 일치를 실현하는 전체 인류(Slægten, det Universelle)"를 의미한다. 그리스도는 단지 그 이념의 상징적 표현일 뿐, 실제적 계시 사건이 아니다. 키르케고르는 이러한 관점을 "보편자의 교만"으로 간주한다. 그는 "신성이 한 인간 안에 나타난다(Gud i Mennesket)"는 기독교의 역설적 사건(성육신, Incarnationen)을 헤겔주의가 추상적 개념의 보편화로 희석시켰다고 본다. 즉, 슈트라우스는 '신인(Gudmennesket)'을 전체 인류의 상징으로 만들었고, 키르케고

르는 '신인'을 단 한 사람 안에서 일어난 실존적 계시 사건으로 이해했다.

따라서 이 구절의 철학자는 "개인은 아무것도 아니다(den Enkelte er Intet)" 라고 말하며, '전체 인류(Slægten)' 안에서만 신성을 찾으려 하지만, 키르케고르는 바로 그 논리가 성육신의 역설을 배제하는 불신앙임을 폭로한다.

70   이 구절은 1848년 혁명의 해(Revolutionsåret 1848) 동안 덴마크의 정치 상황을 직접적으로 암시한다. 키르케고르가 『그리스도교의 훈련(Indøvelse i Christendom)』을 집필하던 시기, 덴마크는 절대군주국(enévælde) 에서 입헌군주국(konstitutionelt monarki)으로 전환되고 있었다. 이 시기 나라에서는 슐레스비히 전쟁(den slesvigske krig) 이 발발했으며, 제헌의회(grundlovgivende rigsforsamling)가 구성되고, 정당 정치(partivæsen)의 기초가 형성되기 시작했다. 1840년대 전반부터 공화주의(republikanske synspunkter)-즉 군주제를 폐지하려는 주장-도 제기되었지만, 이는 대체로 이론적이고 원칙적 수준의 논의에 그쳤다. 한편 같은 시기 덴마크에 공산주의(kommunismen) 사상이 소개되었고, 1848년 프랑스와 독일에서 일어난 혁명 사건들의 영향으로 일시적으로 세력을 얻었다. 그러나 공산주의는 노동계급의 권리를 국제적 관점에서 다루었다는 점 때문에 오히려 덴마크의 중산층과 부르주아 계층을 위협하는 사상으로 받아들여졌다.

이 문맥에서 키르케고르의 '현명한 국정가(den kloge Statsmand)'는 예수를 가상의 정치 인물처럼 평가하며, 그가 민족주의자(nationalist)인지, 공산주의자(communist)인지, 공화주의자(republikaner)인지, 혹은 군주주의자(monarkist)인지조차 알 수 없다고 말한다. 이것은 1848년의 정치적 혼란과 이념적 분열을 풍자하는 동시에, 예수의 사역을 당대의 세속 정치 기준으로 해석하려는 태도의 아이러니를 드러낸다.

71   lad os være Mennesker: 직역하면 "우리 사람답게 합시다"이지만, 덴마크어 관용어로는 "이성적으로 행동합시다", 즉 "분별 있게 굴자 / 상식적으로 살자" 정도의 의미이다. 일상적인 표현으로, 무모함이나 열정적 광신을 경계하며 절제와 합리성을 강조하는 말이다. 키르케고르는 이 표현을 여러 곳에서 사용했으며, 이 문맥에서는 "부르주아적 상식의 언어"를 풍자하는 의미로 쓰고 있다. 흥미롭게도, H. C. 안데르센의 동화 〈행운의 갈로슈(Lykkens Kalosker)〉에서도 이 말이 등장한다. 그 작품에서 종이 인형 소년(Poppedrengen) 이 유일하게 할 줄 아는 말이 바로 "Lad os være Mennesker!" 즉, "우리 사람답게 굽시다!"이며, 그는 아무 상황에서나 이 말만 반복한다(『세 편의 시적 이야기(Tre Digtninger)』, 코펜하겐 1838, 42-44쪽).

72   til Maade er Alt godt: 즉 "모든 것은 적당해야 좋다"(alt med måde)는 뜻의 덴

마크 속담이다. 이 속담은 N. F. S. 그룬트비의『덴마크의 속담과 격언집(Danske Ordsprog og Mundheld)』(코펜하겐, 1845, ktl. 1549, p. 67)에 속담 번호 1762로 기록되어 있으며, 형태는 "Til Maade er Alting godt"이다. 또한 E. 마우(E. Mau)의 『덴마크 속담집(Dansk Ordsprogs-Skat)』제2권(1924-30) 1쪽, 속담 번호 6222에도 동일한 표현이 실려 있다. 이 말은 중용(中庸) 혹은 과유불급의 의미로, 키르케고르의 문맥에서는 부르주아적 절제의 미덕, 즉 "모든 열정은 위험하며, 신앙조차도 과하면 해롭다"는 위선적 상식의 언어를 풍자적으로 드러내는 표현이다.

73 for Lidt og for Meget fordærver Alt: "너무 적어도, 너무 많아도 모든 것을 망친다"는 뜻의 덴마크 속담으로, 오늘날의 표현으로는 "For meget og for lidt fordærver alting" (지나침과 부족함은 모두 해롭다)로 알려져 있다. 이 속담은 N. F. S. 그룬트비의『덴마크의 속담과 격언집(Danske Ordsprog og Mundheld)』(코펜하겐, 1845, p. 25)에서 속담 번호 666으로 수록되어 있으며, 또한 E. 마우(E. Mau)의『덴마크 속담집(Dansk Ordsprogs-Skat)』제2권(1924-30) 18쪽, 속담 번호 6387에도 기록되어 있다.

74 "과도하게 사용된 힘은 무너진다(Every force, when overstrained, collapses)"라는 뜻의 이른바 '프랑스 속담'은, 현재까지 알려진 어떤 실제 프랑스 속담과도 일치하지 않는다. 즉, 이 표현은 확인되지 않은 출처의 격언으로, 키르케고르가 부르주아 인물의 입을 통해 만들어낸 가상의 인용일 가능성이 크다. 그는 종종 '교양 있는 시민'들이 외국 속담이나 상투적 문구를 빌려 자신의 평범한 상식을 권위 있게 포장하는 태도를 풍자하기 위해 이런 식의 허구적 인용을 사용했다. 따라서 여기서의 '프랑스 속담'은 실제 속담이라기보다, 상식적 이성주의와 중용의 미덕에 안주하는 부르주아적 자기 확신을 조롱하는 장치이다.

75 Etatsraad Jeppesen: 가공(架空)의 인물이다. 'Etatsraad'(국가 고문관, 고등 공무원 자문위원)은 덴마크의 시민 계급 서열 제도(rangforordning)에서 9등급 중 제3등급에 속하는 칭호였다. 이는 1746년 10월 14일자 포고령에 의해 제정되었으며, 1808년 8월 12일의 공고에 따라 일부 개정되었다. 이 칭호는 실제로 높은 사회적 지위를 상징했으며, 키르케고르의 문맥에서는 상류 시민 계급의 권위와 체면을 대변하는 상징적 인물로 사용된다.
참고: C. Bartholin, Almindelig Brev- og Formularbog, bd. 1-2, København 1844 (ktl. 933), 특히 제1권, 49-56쪽의「Titulaturer til Rangspersoner i alfabetisk Orden(서열별 직함의 알파벳 목록)」참조.

76 Conferentsraad Marcus: 가공(架空)의 인물이다. 'Conferentsraad'(회의 고문관,

혹은 자문관)은 덴마크의 시민 계급 서열 제도(rangforordning)에서 제2계급 제12위에 해당하는 칭호였다. 이는 Etatsraad보다 한 단계 높은 지위로, 주로 왕실 혹은 고등 행정 자문직에 수여되던 명예 직함이었다.

77   Agent Christophersen: 가공(架空)의 인물이다. 'Agent'(상업대리인, 무역상)은 덴마크의 시민 서열 제도(rangforordning)에서 대상(大商인, større købmand) 들에게 부여되던 공식 칭호였다. 이는 단순한 직업명이 아니라, 국가로부터 인가된 상업적 권위를 상징하는 명예직이었다.

키르케고르가 이 이름을 등장시킨 것은 'Etatsraad Jeppesen', 'Conferentsraad Marcus'와 더불어 부르주아 사회의 권위, 안정, 재산의 상징적 3인조를 풍자적으로 구성하기 위함이다. 이들은 모두 "세속적 확실성(det Visse)"에 의지하며, 예수의 역설적 진리를 불안정하고 위험한 미친 사상으로 치부하는 계층을 대표한다.

78   가공(架空)의 인물이다.

79   af Dynen i Halmen: 직역하면 "이불에서 짚더미로"라는 뜻으로, "나쁜 형편에서 더 나쁜 형편으로 떨어지다", 즉 한국어로는 "엎친 데 덮친 격" 또는 "불에서 불구덩이로 뛰어들다"와 같은 의미이다. 이 표현은 본래 가난한 사람들의 잠자리 풍습에서 유래한다. 과거에는 대부분의 사람들의 침대 밑바닥이 짚(Halm)으로 되어 있었고, 부유한 사람들만이 그 위에 이불(Dyne)을 덮을 수 있었다. 따라서 "af Dynen i Halmen"은 "이불 위에서 짚더미로 떨어진다", 곧 생활 수준이 더 나빠진다는 뜻의 비유적 표현이다.

이 속담은 C. Molbech의 『덴마크 속담, 사유담 및 운문 격언집(Danske Ordsprog, Tankesprog og Riimsprog)』(코펜하겐, 1850, ktl. 1573, p. 308)에 기록되어 있으며, 영어의 "from the frying pan into the fire"에, 한국어로는 "죽 쒀서 개 준다" 또는 "하늘 무서운 줄 모르고 더 큰 화를 자초한다"와 유사한 뉘앙스를 가진다.

80   이 표현은 고린도전서 2장 9절의 말씀을 암시한다. "기록된 바 '하나님이 자기를 사랑하는 자들을 위하여 예비하신 모든 것은 눈으로 보지 못하고 귀로 듣지 못하고 사람의 마음으로 생각하지도 못하였다' 함과 같으니라."

이 구절은 바울이 말한 '하나님의 감추어진 지혜(Guds skjulte Visdom)'에 대한 인용으로, 키르케고르는 여기서 조롱자의 말을 통해 이 구절을 아이러니하게 전도한다. 즉, 원래 바울은 인간 이성으로는 결코 상상할 수 없는 '하나님의 구원의 신비'를 찬양했지만, 조롱자는 그것을 "이런 생각은 인간의 마음에 떠오를 수조차 없다"는 말로 성육신(하나님이 인간이 되었다는 사실) 의 역설을 비웃는 말로 사용한다. 따라서 이 구절은 기독교의 심오한 비밀이 세속적 지성에게는 실족의 원인(Forargelse)이 됨을 보여주는 대표적인 예이다.

81   Qvod erat demonstrandum: 라틴어로 "증명하려던 바" 또는 "증명 완료"라는 뜻이다. 수학적 혹은 논리적 증명의 마지막에 붙이는 결론의 공식 표현으로, 오늘날에도 "Q.E.D."라는 약어로 사용된다. 직역하면 "hvad der skulle bevises" -즉, "증명되어야 했던 것이 이것이다"라는 의미이다. 키르케고르의 문맥에서는, 조롱자가 "그가 우리와 똑같이 생겼다면 우리 모두 신이다"라는 궤변적 논리를 '논리적 증명'처럼 포장하며 비꼬는 아이러니한 조소의 도구로 사용하고 있다.

82   I Mørke ere alle Katte graae: 직역하면 "어둠 속에서는 모든 고양이가 회색이다"라는 뜻의 속담이다. 이는 "어둠(무지, 혼란) 속에서는 모든 것이 구별되지 않는다", 즉 판단 기준이 사라지면 모두가 같아 보인다는 의미로 사용된다. 이 속담은 C. Molbech의 『덴마크 속담집(Danske Ordsprog)』(코펜하겐, 1843-47) 제1권 116쪽, 속담 번호 1759에 수록되어 있으며, E. Mau의 『덴마크 속담집(Dansk Ordsprogs-Skat)』 제2권(1924-30) 55쪽, 속담 번호 6729에도 같은 표현이 실려 있다. 키르케고르의 문맥에서는 이 속담이 아이러니의 극대화 장치로 쓰인다. 조롱자는 "어둠 속에서는 모두 회색이니, 우리 모두 신이다"라고 말하면서 성육신의 진리를 상대화하고, 결국 모든 구별(신성과 인간성의 구별, 진리와 허위의 구별)을 무너뜨리는 세속적 평등주의의 아이러니를 풍자한다.

83   Modsigelsen, hvori det Komiske altid ligger: 즉 "희극적 요소는 언제나 모순 속에 있다"는 뜻으로, 키르케고르가 『결론의 비학문적 후서(Afsluttende uvidenskabelig Efterskrift, 1846)』에서 '희극적(Det Komiske)'의 본질을 '고통 없는 모순(en smerteløs Modsigelse)'으로 규정한 부분을 가리킨다(cf. SKS 7, 464-477). 그에 따르면,

    비극(Tragiske)은 고통스러운 모순이며,
    희극(Komiske)은 고통 없는 모순이다.

즉, 두 경우 모두 '모순(Modsigelse)'을 핵심 구조로 가지지만, 희극에서는 그 모순이 의식과 거리두기를 통해 웃음으로 전환된다. 이 본문의 조롱자(Spotteren)는 바로 이런 '고통 없는 모순'의 화신이다. 그는 성육신(한 인간이 하나님이라는 절대적 모순)을 진지하게 실존적으로 받아들이는 대신, 그 안에서 웃음을 찾아내고, 그 모순을 "재치 있는 농담거리"로 바꾸어 버린다. 따라서 키르케고르가 말하는 "Modsigelsen, hvori det Komiske altid ligger"은 단순한 유머가 아니라, '신앙의 역설'을 희화화하며 실족하는 인간의 형상을 드러내는 결정적 개념이다.

84 이 구절은 아마도 마태복음 19장 16-22절에 나오는 부자 청년의 이야기를 암시한
다. 거기서 한 젊은 부자가 예수께 와서 "내가 무엇을 하여야 영생을 얻으리이까?"라
고 묻자, 예수께서는 그에게 "계명을 지키라"고 말씀하셨다. 그가 "이 모든 것은 내가
지켰나이다"라고 대답하자, 예수께서는 이렇게 말씀하셨다. "네가 온전하고자 할진
대 가서 네 소유를 팔아 가난한 자들에게 주라. 그리하면 하늘에서 보화가 네게 있으
리라. 그리고 와서 나를 따르라." (마태복음 19:21, 개역개정)

그러나 그 청년은 재물이 많았으므로 근심하며 떠났다. 또한 이 구절은 마태복음 8장
21-22절의 말씀을 함께 연상시킨다. 거기서 한 제자가 "주여, 나로 먼저 가서 내 아버
지를 장사하게 하옵소서"라고 말하자, 예수께서는 이렇게 대답하신다. "나를 따르라,
죽은 자들이 그들의 죽은 자들을 장사하게 하라." (마태복음 8:22)

이와 같은 맥락에서, 예수의 초청(Indbydelse)은 단순한 감정적 호소가 아니라 모든
것을 포기(opgive Alt)하고, 모든 세속적 집착을 놓아버리는(slippe Alt) 철저한 제자
도의 요구(Disciplens Fordring)로 이해된다. 따라서 키르케고르가 이 본문에서 말
하는 "그분, 초청자(Indbyderen)"는 단순히 자비로운 위로자가 아니라, 자신의 모든
것을 내려놓고 따르라 명하시는 절대자의 목소리이며, 그 명령 앞에서 인간은 실족
(Forargelse)과 믿음(Tro) 사이의 결정적인 선택에 놓이게 된다.

85 니고데모를 말한다.

86 gaaer man paa de forbudne Veie: 직역하면 "사람은 금지된 길을 걷는다"는 뜻
으로, 덴마크어에서 "금지된 일을 하다, 허락되지 않은 행동을 하다"를 가리키는 고
정 표현이다. 즉, gå på de forbudne veje는 단순히 실제로 '길을 걷는다'는 의미가
아니라, 사회적으로, 도덕적으로 금지된 행위에 발을 들여놓는다는 비유적 의미를
지닌다. 키르케고르의 문맥에서는, 밤에 예수를 찾아가는 일이 바로 이러한 "금지된
길"로 묘사된다. 이는 신앙의 행위가 세상의 기준에서 보면 명예를 잃는 위험한 선
택, 곧 실족(Forargelse)의 길임을 강조하기 위한 표현이다.

87 이 표현은 누가복음 23장 35절을 가리킨다. "백성은 서서 구경하며 관리들은 비웃
어 이르되 저가 남을 구원하였으니 만일 하나님이 택하신 자 그리스도이면 자신도 구
원할지어다 하고"

이 구절은 십자가 위에서 예수님을 향해 던진 가장 조롱적이고 실족적인(Forargelig)
말 가운데 하나이다. 키르케고르는 이 장면을 통해, 세상이 그리스도의 자기비움
(kenosis)을 무능과 실패로 오해하는 아이러니를 드러내며, 신앙이란 바로 이러한
조롱 한가운데에서조차 참 하나님(den sande Gud)을 인식하는 역설적 결단임을 보
여준다.

88   이 표현은 요한복음의 여러 구절을 가리킨다. 먼저 가나 혼인 잔치에서 예수께서 어머니에게 말씀하신 장면이 있다.

요한복음 2:4, "예수께서 이르시되 여자여 나와 무슨 상관이 있나이까 내 때가 아직 이르지 아니하였나이다."

또한 요한복음 7장 30절에서는 사람들이 예수를 잡으려 하였으나, "그들이 예수를 잡고자 하나 손을 대는 자가 없으니 이는 그의 때가 아직 이르지 아니하였음이러라."

그리고 요한복음 8장 20절에서도 같은 표현이 반복된다. "이 말씀은 성전에서 가르치실 때에 헌금함 앞에서 하셨으나 아무도 그를 잡지 아니하였으니 이는 그의 때가 아직 이르지 아니하였음이러라."

예수의 '때(hans Time)'는 결국 유월절의 사건, 곧 십자가와 부활의 시간을 의미한다. 요한복음 13장 1절은 그 결정적 전환을 이렇게 전한다. "유월절 전에 예수께서 자기가 세상을 떠나 아버지께로 돌아가실 때가 이른 줄 아시고 세상에 있는 자기 사람들을 사랑하시되 끝까지 사랑하시니라."

키르케고르가 이 표현을 인용할 때, 그는 이 '때'(Øieblik, Time)를 단순한 역사적 순간이 아니라 하나님의 구원이 드러나는 결정적 실존의 순간, 즉 인간의 눈에는 "지극한 실패"로 보이지만 사실상 영원(Evigheden)이 시간(Tiden) 속으로 들어오는 역설적 계시의 순간으로 이해한다.

89   이 표현은 예수께서 갈릴리의 여러 성읍들에 내리신 화 선포(veråb)를 암시한다. 특히 마태복음 11장 23절에서 예수께서는 가버나움(Capernaum)을 향해 이렇게 말씀하신다. "가버나움아 네가 하늘에까지 높아지겠느냐 음부에까지 낮아지리라 네게서 행한 모든 능한 일이 소돔에서 행하였더라면 그 성이 오늘까지 있었으리라."

또한 이 표현은 창세기 19장 24-28절의 소돔과 고모라(Sodoma og Gomorrha) 멸망 이야기를 함께 상기시킨다. "여호와께서 하늘 곧 여호와에게로부터 유황과 불을 소돔과 고모라에 비같이 내리사 그 성들과 온 들과 성에 거주하는 모든 백성과 땅에 난 것을 다 엎어 멸하셨더라."

키르케고르는 이 구절을 통해 역설적 반전을 강조한다.

즉, 예수의 표징과 기적(Tegn og Under)은 소돔과 고모라 같은 죄악의 도시조차 회개시켰을 만한 것이지만, 정작 그 표징을 직접 본 동시대인들은 회개(Omvendelse)하기는커녕 오히려 그분을 피하고, 미워하고, 멸시했다는 것이다.

90   "사람은 그가 누구와 어울리는가를 보면 어떤 사람인지 알 수 있다"는 뜻의 속담으로, 오늘날 흔히 알려진 "그 사람을 알려면 그의 친구를 보라"는 말과 같은 의미이다. 이 표현은 덴마크 속담과 관련된다. 키르케고르는 이 속담을 세속적 판단의 척도로

사용한다. 즉, 세상은 사람의 가치를 그의 교제 관계(Selskab)로 평가하지만, 예수 그리스도는 바로 이 세속적 기준을 거스르셨다. 그는 사회적으로 가장 멸시받는 자들 - 세리와 죄인, 병자, 가난한 자들 - 과 함께하셨기 때문이다. 따라서 이 속담은 작품 안에서 "동시대성의 실족"을 드러내는 장치로 기능한다. 즉, 당시 사람들은 예수를 그의 친구들로 판단하여 그를 하나님으로 보기보다 부정한 자와 함께 있는 자로 단죄한 것이다.

91　이 표현은 복음서, 특히 공관복음서(마태•마가•누가복음)에 여러 차례 등장하는, 예수께서 사회적으로 추방되고 멸시받던 자들과 교제하신 장면들을 가리킨다. 예를 들어, 나병환자 시몬의 집을 방문하신 장면—"예수께서 베다니 나병환자 시몬의 집에 계실 때에" (마 26:6)

열 명의 나병환자를 고치신 이야기—"예수께서 예루살렘으로 가실 때에 사마리아와 갈릴리 사이로 지나가시다가 한 마을에 들어가시니 나병환자 열 명이 예수를 만나 멀리서서 소리를 높여 이르되 '예수 선생님이여, 우리를 불쌍히 여기소서' 하거늘 보시고 이르시되 가서 제사장들에게 너희 몸을 보이라 하셨더니 그들이 가다가 깨끗함을 받은지라." (눅 17:11-14)

귀신 들린 자, 즉 "악한 영의 영향으로 병든 자들"을 치유하신 예수—"그들이 귀신 들린 사람을 예수께 데려오매 귀신이 나간 후 말 못하던 자가 말하니 무리가 놀랍게 여겨 이르되 이스라엘 가운데 이런 일을 본 적이 없다 하되" (마 9:32-33)

세리와 죄인들과 함께 식사하신 장면—"예수께서 마태의 집에서 앉아 음식을 잡수실 때에 많은 세리와 죄인들이 와서 예수와 그의 제자들과 함께 앉았더니 바리새인들이 보고 그의 제자들에게 이르되 '어찌하여 너희 선생은 세리와 죄인들과 함께 잡수시느냐'" (마 9:10-11)

그리고 사람들의 비난 속에서도 예수께서는 스스로를 "세리와 죄인들의 친구(ven med toldere og syndere)"라고 불리셨다. (마 11:19)

또한 세리들은 종종 매춘부("skøger"), 도둑(røvere), 불의한 자(uretfærdige), 간음자(horkarle) 들과 함께 언급되며(누가복음 18장 11절), 그 시대의 사회적, 종교적 천민층으로 간주되었다.

92　이는 요한복음 9장 22절을 가리킨다. 그곳에서는 유대인들이 다음과 같이 결의했다. "그 부모가 이렇게 말한 것은 유대인들을 무서워함이러라. 이미 유대인들이 누구든지 예수를 그리스도로 시인하는 자는 출교하기로 결의하였음이라."

이 본문 앞뒤로, 요한복음 9장 1-7절에는 예수께서 날 때부터 맹인된 사람을 고쳐 주신 사건이 기록되어 있으며, 그 뒤 9장 8-34절에서는 그가 예수를 부인하지 않았다는 이유로 회당에서 쫓겨나는 장면이 나온다. 키르케고르는 자신이 소장한 『우리 주 예수 그리스도의 신약성경』(København, 1820) 판의 요한복음 9장 21절에 다음과 같은 주석을 적어두었다.

"여기에서도 다시 보듯, 그리스도의 동시대성 속에서 그분께 도움을 받는 것이 얼마나 위험한 일이었는지를 알 수 있다. 육체의 질병을 그대로 간직하는 것보다 오히려 더 큰 위험이 따르는 일이었다." - Pap. VIII 2 C 3

또한 요한복음 12장 42절에서도 같은 두려움이 나타난다. "그러나 관리 중에서도 그를 믿는 자가 많되

바리새인들 때문에 드러내지 못하니 이는 출교를 당할까 두려워함이라." 마지막으로 요한복음 16장 2절에서도 예수께서는 제자들에게 이렇게 예고하신다. "사람들이 너희를 출교할 뿐 아니라 때가 이르면 무릇 너희를 죽이는 자가 이것이 하나님을 섬기는 일이라 생각하리라."

이런 설명은 키르케고르가 "동시대성(Samtidighed)" 개념을 신학적으로 전개하는 중요한 단서다. 그에게 '그리스도와 동시대에 산다는 것'은 단지 역사적 시간 속의 동시대가 아니라, 사회적 추방과 실존적 위험을 감수하는 신앙의 현재성을 뜻한다. 곧, 예수께 도움을 받는 일조차 세상 질서와 종교 제도(회당)에 의해 처벌받는 일이었으며, 그리스도와의 '동시대성'은 세상 속에서의 배척과 실존적 고립을 의미했다.

93 　이 구절은 『그리스도교의 훈련(Indøvelse i Christendom)』 전체에서 '동시대성(Samtidighed)'의 실존적 의미를 드러내는 대표적 장면이다. 키르케고르는 "그의 제자가 되는 것"이란 역사적 예수를 존경하거나 회상하는 일이 아니라, 그가 당시 사회에서 '추방당한 자'로 있었음을 동시적으로 받아들이는 일이라고 말한다. 즉, 그리스도를 따르는 것은 사회적 명예와 종교적 체제 속에서의 추락을 감수하는 행위, 그리하여 '존경받는 자들(Anseete)'의 세계에서 벗어나 '그 한 사람(den Enkelte)'로서는 실존적 결단을 의미한다.

94 　예수님께서 제자들에게 나타나 말씀하시기를, "너희는 온 천하에 다니며 만민에게 복음을 전파하라(막 16:15)" 하셨다. 또한 마태복음 28장 18-20절에서도, 예수께서는 "하늘과 땅의 모든 권세"를 받으신 후 제자들에게 말씀하시기를, "그러므로 너희는 가서 모든 민족을 제자로 삼아 아버지와 아들과 성령의 이름으로 세례를 베풀고, 내가 너희에게 분부한 모든 것을 가르쳐 지키게 하라" 하셨다. 여기서 "gaae ud i al Verden, og omskabe Verdens Skikkelse"는 복음 전파의 사명(파송명령)과, 그로 인해 세상의 형태(Verdens Skikkelse)가 새롭게 변혁된다는 기독교적 존재 변형(Tilværelsens Forvandling)의 의미를 암시한다.

95 예를 들어 마태복음 11장 2-6절에서는 예수님께서 세례 요한에게 자신이 바로 오실 이, 곧 하나님임을 암시하신다("가서 너희가 듣고 보는 일을 요한에게 알리라 … 누구든지 나로 말미암아 실족하지 아니하는 자는 복이 있도다," 개역개정).『그리스도교 훈련(Indøvelse i Christendom)』제2편 「'나로 말미암아 실족하지 아니하는 자는 복이 있도다'—성서적 서술과 그리스도교적 개념 규정」에서도, 예수님이 자신을 하나님으로 인식하신 사실이 불러일으키는 실족(Forargelse)이라는 주제가 일관되게 다뤄진다. 이때 키르케고르는 바로 위의 성서 본문(마 11:2-6)을 출발점으로 삼는다(SKS 12, 103 참조).

또한 마태복음 26장 63-64절에서 대제사장이 예수를 심문하며 "내가 너로 하여금 살아 계신 하나님께 맹세하게 하노니 네가 하나님의 아들 그리스도인지 우리에게 말하라"고 하자, 예수께서 대답하시기를 "네가 말하였도다"라 하신다(개역개정). 이는 예수님이 자신을 참 하나님(Gud)으로 스스로 선언한다(siger sig)는 뜻이다.

96 이 부분은 다음 일기를 참고하라.

책에 대한 주석

"오라, 너희 모두" 등에 관하여

이 책에는 예수 그리스도의 예루살렘 입성에 대한 구체적인 언급은 없다. 그러나 전반적으로 역사적 사실에 대한 직접적인 언급이 거의 없으며, 역사적인 모든 사건이 다 포함되어 있는 것도 아니다.

이 책의 시적 성격(poetiske Karakter)—그리고 바로 그 점에서 오는 영적 각성의 자극(Stimulus til Opvækkelse)—은, 역사적 사실을 놓치지 않으면서도 현대성의 인장(stamp of modernity)을 지닌 데 있다. 실제로 저자는 사람들이 어릴 적부터 반복해서 들어온 역사적 사실들이 상투적으로(trivialized) 전해지는 것을 피하기 위해, 오히려 그것들을 지나치게 문자적으로 다루지 않으려는 태도를 취했다.

입성 사건(the entry)에 관해서 말하자면, 그것은 비교적 고립된 사건이며, 전적으로 승리의 행진(triumphal procession)으로 볼 수는 없다. 한 인간이 이렇게까지 멸시받고 있었다는 사실을 생각해보라. 그에게 도움을 받는 것이 회당에서의 추방(udelukkelse af synagogen)으로 처벌받을 정도였으며(여백 주석: 바로 이 이유 때문에 나면서부터 소경된 자의 부모도, 자기 아들을 고쳐준 사람에 관해 아무 말도 하지 못한다. 참고: 요한복음 9장), "백성의 선생 중에 그를 따르는 이가 있겠는가? 그를 따르는 자는 오직 무리뿐이다"라고 말해질 만큼 멸시받았고, 죄인들과 세리들과 어울려야 할 정도로 사회적으로 배제된 존재였다. 그렇기에, 그의 예루살렘 입성이란 "영광스러운 행렬"이라기보다, 오히려 소란(disturbance)으로 이해되어야 한다. (여

백 주석: 누가복음 19장 37절에는 "제자들의 온 무리가 하나님을 찬양했다"고 되어 있지만, "제자들의 온 무리"가 실제로 얼마나 되었겠는가? 게다가 그들은 제자들이 었을 뿐, 이 사실이 백성 전체가 그리스도를 어떻게 보았는지를 증명하지는 못한다.) 나는 시적 정당성(poetisk propriety)에 따라, 예수의 생애를 두 단계로 구성했다. 첫 번째 단계는 그의 명성이 논쟁의 대상이 되는 시기, 즉 그를 두고 찬반이 갈리던 시기 다. 두 번째 단계는 권력자들과 명망가들의 판단이 민중에게 영향을 미치는 시기다. 그러나 다시 강조하자면, 내 책의 중심 관심은 사실 관계를 세밀하게 고증하는 정확 성에 있지 않다. (물론, 여기서 말하는 내용이 어떤 사실적 근거에 직접적으로 반하는 것은 전혀 없다는 점을 주목하시기 바란다.) 관심의 중심은 현대성(modernitet), 즉 그것이 오늘날 우리의 눈앞에서, 우리의 시대의 옷을 입고 일어나는 사건처럼 제시된 다는 데 있다.

이 책에서 제시되는 것은, 현실성의 매개 속에서, 그리고 우리와 같은 한 인간의 형 상 속에서 현존하는 절대자(Det absolutte)다. 이것이 바로 역설(paradoks)이다. 구 체적인 사실과 말들은 단지 단서(cues) 로 사용되며, 그 결과 오히려 그것들이 통상 적으로 갖는 효과와 반대되는 역할을 한다. 대부분의 사람들은 역사적 사실에만 매 달리지만, 이 책은 그것을 시적으로 해석(poetisk fortolkning)하는 모험을 감행한 다. 즉, 거룩한 말씀(sacred words)의 사용 방식 그 자체가 그 말씀들에 대한 주석 (commentary)이 되도록 한 것이다.

이것은 바로 그렇게 해야 할 일이었다. 만약 내가 역사적 사실에 지나치게 엄격하게 매달렸다면, 그로 인해 이 작품이 주려는 효과(den virkning)가 오히려 훼손되었을 것이다. -『일기』(JP VI 6368 / Pap. X1 A 163, 1849)

'입성(entry)'이라는 단어를 사용하지 않으면 모든 어려움은 피할 수 있다. 그 단어 는 구체적인 역사적 사건(fact)을 암시할 수 있기 때문이다. 대신 '행렬(procession)' 이라는 단어를 사용하면, 그것이 단순히 그의 행동(행적)에 관한 것으로 자연스 럽게 이해될 수 있다. 그런데, 여기서도 나에게 자주 일어나는 건강염려증적 불안 (hypochondriacal worry)과 같은 일이 또다시 일어났다. '행렬(procession)'이라 는 단어는 사실 이미 원고(original manuscript)에 들어 있었다! 아, 결국 모든 어려 움은 이미 오래전에 피했던 셈이다. 왜냐하면, 원고에 있는 모든 것이 정확하기 때 문이다. 다만 나는 이전에도 같은 의심을 분명히 가졌던 적이 있었다(일기 NB10, p. 116 [Pap. X1 A 163; pp. 321-23] 참조). 이번에도 단지 그 내용을 다시 적어둔 것뿐 이다. 나는 정말이지 내 원고를 다시 펼쳐보는 일을 매우 꺼려하기 때문이다.- Pap.

X3 A 65, 1850년 6월 24일

　　『느슨한 원고 묶음(folders of loose sheets)』에서
〈제1부 "오라, 수고하고 무거운 짐 진 자들아"〉의 한 구절과 관련하여, NB18 일기 p.21 [Pap. X3 A 64-65]를 참조하라. 이전에 한 번 내 마음에 번뜩였던 그 모든 양심의 가책들(scruples)—(NB10 일기 p.116 [Pap. X1 A 163; pp.321-23] 참조, ni fallor["내가 틀리지 않았다면"]—그때는 원고를 직접 확인하지 않았지만)—이 모든 것은 결국 또다시 나의 건강염려증(hypochondria)에 지나지 않았다. 원고(original manuscript)에는 내가 마음속에서 집요하게 염려했던 그 모든 부분이 정확히, 그리고 내가 기대했던 그대로 표현되어 있었기 때문이다. - Pap. X5 B 74, 1850년.

　　『느슨한 원고 묶음(folders of loose sheets)』에서
〈"오라, 수고하고 무거운 짐 진 자들아"〉에 대하여. 그리스도의 예루살렘 입성(entry)에 대한 언급이 들어 있는 해당 구절은, 아마도 삭제하는 것이 가장 좋을 것 같다. 물론, 그 본문이 직접적으로 '종려주일의 입성(Palm Sunday)'을 가리킨다고 말하는 것은 아니다. 또한, 모든 것을 감안하면, 그 입성은 결코 절대적 승리의 행렬(triumphal procession)이 될 수 없었다. 왜냐하면, 그에게 대적할 권세 있는 자들 모두가 이미 그를 적대하고 있었기 때문이다. 따라서 기뻐하며 외친 것은 단지 군중(the crowd)이었을 뿐이며, 제자들(disciples)은 그 모든 일의 의미를 나중에야 깨달았다(요한복음 12장 16절 참조). 그럼에도 불구하고, 그것은 그리스도 자신에게는 분명히 승리의 순간이었다. 왜냐하면 바리새인들(Pharisees) 자신이 이렇게 말했기 때문이다(요한복음 12장 19절): "보라, 온 세상이 그를 따르는도다." 그리고 나사로의 부활 이후 그 열기는 더욱 거세졌다. 그러나 바로 이것이야말로 최종적인 섬광(the final flash), 곧 파멸의 서곡(prelude to the disaster)이었다. 이것은 본질적으로 무너져 내리기 위한 마지막 가속(momentum)이었다. 이 모든 이유로, 그 부분은 삭제하는 편이 아마 가장 적절할 것이다.- Pap. X5 B 85, 1849-1850년.

Pap. X5 B 85에 대한 추가 기록
이 문제(difficulty)는 아주 간단히 해결될 수 있다. '입성(entry)'이라는 단어는 구체적인 역사적 사건(the definite historical event)을 암시하기 때문에 사용하지 않고, 대신 '행렬(procession)'이라는 단어를 사용하면 된다. (내 생각에는 그 단어는 이미 원고에 들어 있는 것 같다.) 이렇게 하면 이 강화(discourse)는 단지 그리스도의 일반

적인 행적(conduct in general)에 대해 말하는 것이 되어, 그 구절을 그대로 남겨둘 수 있다. 그렇다, 전적으로 옳다. 그 표현은 이미 원고(original manuscript)에 들어 있다.- Pap. X5 B 86, 1850년.

97 쇄본 교정 시안(page proofs)에서;
"… 더 낫다(better)."
다음 문장에서 수정되었다: "그의 딸의 무정함 때문에 제정신을 잃은 그 왕—시인이 묘사한 그 왕의 행렬(procession)은, 결코 더 미친 것이 아니다. 아니, 오히려 덜 미친 것이다. 왜냐하면, 여기에는 그보다 더 큰 어떤 것이 있기 때문이다."- Pap. X5 B 33b:2, 1850년.
이 구절은 셰익스피어의 리어 왕(King Lear)에 대한 암시로 읽히며, 키르케고르가 『그리스도교의 훈련(Indøvelse i Christendom)』 제1부 "오라, 수고하고 무거운 짐 진 자들아"의 "그리스도의 행렬(procession)"을 단순히 비극적 광기의 장면이 아닌, 초월적 의미를 지닌 '더 높은 광기(the higher madness)', 즉 신적 역설(paradoks)로 해석하고 있음을 보여준다.

리어왕과 거너릴(Goneril)에 대하여는 셰익스피어의 리어왕 1막 4장을 참고하라. 키르케고르가 리어 왕(King Lear)의 1막 4장을 염두에 두고, 리어가 딸 거너릴(Goneril)의 냉혹함 때문에 광기로 몰락하는 장면을 『그리스도교의 훈련(Indøvelse i Christendom)』 제1부 "오라, 수고하고 무거운 짐 진 자들아"에 등장하는 그리스도의 행렬(procession)과 대비적으로 인용했음을 보여준다. 즉, 리어 왕의 행렬이 정신적 파멸(madness of despair)로 향하는 길이라면, 그리스도의 행렬은 신적 역설(the divine paradox) 속에서 '더 높은 광기(the higher madness)', 곧 하나님-인간(Gud-Mennesket)의 자기비하와 자기희생의 길을 상징한다. 다음을 참고하라. https://truththeway.tistory.com/570

98 "그에 대한 인식이 단 한순간 다시 불타오른다"는 말은 예수님의 예루살렘 입성(indtoget i Jerusalem)을 가리킨다. 예를 들어 누가복음 19장 28-40절에서는 무리가 예수님을 오실 왕으로 환호하며 찬양하는 장면이 이렇게 묘사된다.
"예수께서 이렇게 말씀하시고 앞서서 올라가시더라. 감람원이라 불리는 산 쪽에 있는 벳바게와 베다니에 가까이 가셨을 때에 제자 중 둘을 보내시며 이르시되 사람들이 자기 겉옷을 길 위에 펴더라. 이미 감람산 내리막길에 가까이 오시매 제자들의 온 무리가 자기들이 본 바 모든 능한 일로 인하여 기뻐하며 큰 소리로 하나님을 찬양하여 이르되 '찬송하리로다 주의 이름으로 오시는 왕이여 하늘에는 평화요 가장 높은 곳에는 영광이로다' 하니 무리 중 어떤 바리새인들이 말하되 '선생이여 당신의 제자들을 책망하소서' 하거늘 대답하여 이르시되 '내가 너희에게 말하노니 만일 이 사람들이 침묵하면 돌들이 소리 지르리라' 하시니라."

따라서 키르케고르가 말한 "그에 대한 인식이 잠시 다시 타오르는 한순간"은, 바로 예루살렘 입성 당시 군중이 예수를 왕으로 환호하던 순간을 의미한다. 그러나 이 환호는 오래가지 못하고, 곧바로 배신과 십자가의 길로 이어진다. 키르케고르는 이 짧은 찬미의 순간을, 세상의 덧없는 열광과 참된 믿음의 부재를 드러내는 실존적 아이러니로 읽는다.

99 해설: 이 단락에서 키르케고르는 예수 그리스도의 생애를 "두 단계의 전환"으로 묘사한다. 첫째는 환호와 오해의 시기—백성이 그를 '왕'으로 숭배하지만, 그의 참된 의미를 알지 못한 채 세속적 기대를 투사한 시기다. 둘째는 배신과 조롱의 시기—기대가 무너진 후, 백성은 실망과 분노로 돌변하고, 권력자들은 그의 죽음을 음모한다. 그는 "그물(함정)을 보면서도 들어간다"고 표현된다. 이는 곧 그리스도의 의식적인 수난의 길, 즉 자발적으로 죽음을 향해 나아가는 구속적 순종을 의미한다.

100 이 구절은 예수의 재판과 십자가형 선고 장면을 가리킨다. 예수께서 예루살렘에 입성하신 지 며칠 뒤, 그는 신성모독(gudsbespottelse)의 혐의로 유대 공회(Sanhedrin) 앞에 섰다. 그러나 본디오 빌라도(Pilatus)는 그에게서 아무런 죄를 찾지 못하고 그를 놓아주려 하였다. 그러나 그때 무리(Folket)가 일제히 소리 질렀다. "그들은 소리 질러 이르되 '그를 십자가에 못 박으소서, 십자가에 못 박으소서!' 하니라(눅 23:21)." 이 장면은 예수께 환호하며 "호산나!"를 외쳤던 같은 무리가, 불과 며칠 만에 분노와 증오로 마음을 뒤집어 "그를 십자가에 못 박으라"고 외치는 아이러니를 보여준다. 키르케고르는 이 대목에서,
대중의 사랑과 증오가 얼마나 동일한 근원에서 나오는가, 그리고 그리스도의 길이 세상적 지지나 명성이 아닌, 의식적 고난의 선택임을 드러내고 있다.

101 이 구절은 그리스 철학자이자 역사가인 플루타르코스(Plutarch, 약 서기 50-125)를 가리킨다. 그의 논문 〈De invidia et odio〉(라틴어로 "질투와 증오에 대하여") 제7장에서 한 소피스트가 이렇게 말한 것으로 전해진다. 키르케고르가 직접 참고한 독일어 번역본, J. F. S. 칼트바서(J. F. S. Kaltwasser) 역, 『Plutarchs moralische Abhandlungen』(프랑크푸르트, 1783-1800, 제4권, 1789, p. 596)에는 다음과 같이 적혀 있다.
"Sehr gegründet ist die Bemerkung, die einer unserer Sophisten gemacht hat, da ß Niemand lieber Mitleiden äußert, als der Neidische." (우리 소피스

트 중 한 사람이 한 이 말은 매우 타당하다. '질투하는 사람만큼(der Neidische) 동정(Mitleiden)을 더 기꺼이 표현하는 사람은 없다.')

즉, 키르케고르는 플루타르코스를 인용하며, 세속적 동정(Medlidenhed)이 실은 질투(Misundelse)와 은밀한 조롱(Skadefryd)에서 비롯된 감정임을 풍자하고 있다. 이러한 "감상적 연민"은 참된 그리스도적 사랑(Agape)이 아니라, 자신의 우월성을 확인하려는 허위의 동정(selskabelig medlidenhed)으로 이해된다.

102   키르케고르는 이처럼 세속적 동정심을 진정한 사랑(Agape)과 구별되는, 감상적이면서도 자기기만적인 태도로 풍자하고 있다. 이 "Medlidenhedens Selskab(동정의 모임)"은 사실상 질투와 자기의(自己義)로 엮인 거짓된 사랑의 공동체를 드러낸다.

103   den hellige Historie: 예수 그리스도의 삶, 수난, 죽음, 그리고 부활에 대한 이야기로, 특히 네 복음서(마태, 마가, 누가, 요한복음)에 기록된 성스러운 역사를 가리킨다. 즉, 단순한 역사적 연대기가 아니라, 구속의 사건을 증언하는 거룩한 내러티브를 의미한다. 키르케고르는 여기에 대조되는 개념으로 "den vanhellige Historie(세속적, 불경한 역사)"를 제시하며, 그리스도의 이야기를 믿음(Tro)으로 받아들이는 자와 세속적 관점에서 판단하는 자 사이의 근본적 단절을 드러낸다.

III
초대와 초대자
(Indbydelsen og Indbyderen)

이제 잠시, 가장 엄밀한 의미에서의 '실족(Forargelsen)'—즉, 초대자 (Indbyderen)가 자신을 '하나님'이라 말했다는 그 사실—을 잊어봅시다. 그가 단지 '한 인간'으로 자신을 내세웠다고 가정하고, 그렇다면 이제 우리는 그 초대(Indbydelsen)와 그 초대자(Indbyderen)를 살펴보도록 합시다.

이 초대(Indbydelsen)는, 그 자체로 충분히 매력적이지 않습니까? 그런데 어떻게 이런 현실의 불균형, 이 끔찍하게 뒤집힌 상황이 일어날 수 있었을까요? 즉, 아무도—거의 아무도—그 초대에 응하지 않았다는 사실, 오히려 모두—거의 모두—(아, 그리고 바로 그들이야말로 초대받은 '모두'였는데!) 한뜻으로 초대자(Indbyderen)를 거스르고, 그를 죽이려 들었으며, 심지어 그에게 도움을 받는 것조차 벌을 받을 일로 만들어 버렸다는 이 사실 말입니다![1]

보통이라면 이렇게 말해야 하지 않을까요? 이런 초대가 주어졌다면, 모든 고통받는 이들이 그에게 몰려들고, 고통받지 않은 이들까지도 그 자비와 긍휼의 생각에 감동하여 몰려들어, 온 인류가 하나 되어 그 초대자를 찬미하고 찬양했을 것이라고. 그런데 도대체 어떻게 그 반대의 일이 일어날 수 있었을까요? 그러나 그 일이 실제로 일어났다는 것은 의심의 여지가 없습니다. 그리고 그것이 **그 시대**(hiin Slægt)에서 일어났다고 해서 그 시대가 특별히 다른 시대보다 더 악했다는 뜻은 아닙니다.[2]

그렇게 생각할 만큼 어리석은 사람이 어디 있겠습니까? 조금이라도 이 문제의 본질을 이해하는 사람이라면 금세 깨닫게 됩니다. 그 일이 그 시대에 일어난 이유는 단 하나—그들이 그분과 '동시대인(samtidig)'이었기 때문이라는 것입니다. 그러니 이제 질문은 이렇게 바뀝니다.

어떻게 이런 일이 일어날 수 있었는가, 어떻게 우리가 기대했던 바로 그 반대의 일이 일어날 수 있었는가?

70 　그렇습니다. 만약 그 **초대자**(Indbyderen)가 1) 단지 인간적인 긍휼(Medlidenhed)**에 대한 통상적 상상이 그려내는 모습대로 보였다면**, 그리고 2) **그가 인간적 관점에서의 비참함**(Elendighed)**만을 이해하고 있었다면**, 그렇게 끔찍한 일이 일어나지는 않았을 것입니다.

첫 번째 요점과 관련하여

우선, 그는 아마 친절하고 동정심 많은 사람, 그리고 이 세상적이고 시간적인 방식으로 돕는 데 필요한 모든 능력을 갖춘 사람이었을 것입니다. 그의 도움은 단지 일시적 구제에 그치지 않고, 깊고 진심 어린 인간적 공감으로 더욱 고귀하게 되었을지도 모릅니다. 그러나 동시에 그는 존경받는 인물, 그리고 일정한 수준의 **자기 확신**(Selvhævdelse)을 가진 사람이었을 겁니다. 그 결과, 그는 결코 모든 고통받는 이들의 자리까지는—심지어 그들의 고통을 느끼는 깊이까지도—완전히 내려갈 수 없었을 것입니다. 그리고 그렇게 된 이유는, 그에게는 인간과 인류의 진정한 비참함이 무엇인지, 그 본질을 정확히 이해하는 통찰이 그의 긍휼의 감정에서조차 부족했기 때문입니다.

반면에 **신적인 긍휼**(den guddommelige Medlidenhed)―즉, 오직 고통받는 자들만을 전적으로 염려하며, 자기 자신에 대해서는 한 치의 고려도 하지 않는 **무한한 무모함**(grændseløse Hensynsløshed)―이것은 인간의 눈에는 오직 **일종의 광기**(Afsindighed)로만 비칩니다. 사람들은 그것을 보며, "도대체 웃어야 할지, 울어야 할지 모르겠다"라고 느낍니다. 비록 그 초대자(Indbyderen)에 대해 다른 어떤 결함도 없었다 하더라도, 이 한 가지 사실만으로도 그가 세상에서 비참한 결말을 맞이할 이유는 충분했습니다.

어떤 사람이 **신적인 긍휼**(den guddommelige Medlidenhed)을 조금이라도 실천해 보려고 한다면―즉, 조금이라도 자기 자신을 돌보지 않고(hensynsløs) 진심으로 고통받는 이들과 함께하려 한다면―그 순간 그는 곧바로 세상 사람들의 판단이 어떠한지를 보게 될 것입니다.

예를 들어 보겠습니다. 삶에서 더 높은 신분과 지위를 누릴 수 있는 사람이 있다고 합시다. 그가 그 **지위의 차이**(Vilkaars Forskjellighed)를 유지한 채로, 가난한 자들을 위해 많은 재산을 내어놓거나, 그들을 인간적으로(즉, 점잖게) 찾아가 위로하고 돕는다면, 세상은 그를 칭찬할 것입니다. 그러나 만일 그가 정말로 **자신의 차이**(Forskjellighed)를 완전히 내려놓고, 진심으로 가난한 자들과 함께 살며, 노동자, 일용 잡부,[3] 석회공(Kalkslagere)[4]들과 같은 민중의 삶 속으로 들어가 함께 살아간다면 어떨까요?

사람들은 아마 그를 보지 못하는 **조용한 순간**에는 그의 행동을 생각하며 잠시 감동받을지도 모릅니다. 하지만 막상 그를 실제로 보게 된다면―그가 그토록 세상에서 높은 자리에 오를 수도 있었던 사람이 지금은 벽돌공(Muursvend)과 솔제조 견습생(Børstenbinderlærling) 사이에 서서 그들과 함께 행진하는 모습을 본다면—그때 사람들은 어떻게 반응할까요? 그들은 곧 수천 가지 변명과 해석을 만들어낼 것입니다.

"그건 괴벽(Særhed) 때문이야, 고집(Stivhed) 때문이지, 교만(Stolthed)과 허영심(Forfængelighed) 때문일 거야."

그리고 혹여 그에게 그런 나쁜 동기가 없다고 인정하더라도, 사람들은 여전히 그가 그런 사람들과 함께 있는 광경을 받아들이지 못할 것입니다. 심지어 가장 착한 사람조차도, 그 모습을 보는 그 순간에는 웃음이 먼저 나올 유혹을 느끼게 될 것입니다.

71 　　그리고 설령 모든 목사들(Præster)—비단옷을 입었든, 명주로 만든 옷이든, 모직이든, 혹은 밤비신(Bombasin, 면섬유 혼방 옷감)이든[5]—그들이 아무리 다른 말을 한다 해도, 나는 이렇게 말할 것입니다.

"당신들은 거짓을 말합니다. 당신들의 주일 설교(Søndagstaler)로 사람들을 속일 뿐입니다."

왜냐하면, 동시대성의 상황(Samtidighedens Situation)에서는 언제나 이런 식으로 말할 수 있기 때문입니다. 어떤 **긍휼한 자**(den Medlidende), 즉 함께 살아가는 자(den Medlevende)[6]가 있다면, 사람들은 이렇게 말하겠지요.

"나는 그가 허영(Forfængelighed)에 빠졌다고 생각한다. 그래서 나는 그를 비웃고 조롱한다. 아, 그가 정말 참된 긍휼의 사람이라면, 혹은 내가 그 고귀한 사람과 동시대에 살았다면 얼마나 좋았을까!"

그리고 이제 그대들이 즐겨 설교에서 인용하는, "그 훌륭했던, 세상에 오해받았던 이들(hine Herlige 'som bleve miskjendte')"을 언급하자면 —그들은 **이미 죽은 자들**(Afdøde)입니다. 이렇게 하면 사람들은 언제나 숨바꼭질(lege

Skjul)을 성공적으로 할 수 있지요. 살아 있는 사람들에 대해서는 "그는 허영에 빠졌다"고 단정짓고, 죽은 사람들에 대해서는 "그는 **영광스러운 인물이었다**"고 말하면서 말입니다. 결국 사람들은 살아 있는 긍휼의 실천(den levende Medlidenhed)은 비웃고, 죽은 긍휼의 이상(den døde Herlighed)만을 찬양하는 법이지요.

그러나 이 점은 반드시 기억해야 합니다. 삶의 다양한 형편의 차이(Forskjelligheder i Livet)에 대하여, **사람은 누구나 자기 위치를 고수하려는 경향을 가집니다.** 이것이 바로 고정된 지점(fixe Punkt), 즉 인간의 긍휼(den menneskelige Medlidenhed)을 언제나 일정한 한계 안에 머물게 만드는 '**고려**(Hensyn)'입니다. 예를 들어, 잡화상(Spekhøkerne)[7]들은 이렇게 생각할 것입니다.

"긍휼을 베푼다는 것은 너무 낮은 데로 내려가는 일이다. 가난한 자들, 예컨대 구빈원 주민(Ladegaardslemmerne)[8]들에게 내려가 그들과 '같음(Lighed)'을 표현하는 것은 도를 넘는 일이다."

왜냐하면 그들의 긍휼은 언제나 하나의 고려에 매여 있기 때문입니다. 즉, 다른 잡화상들과의 관계, 그리고 맥주 판매상(Øltapperne)[9]들의 시선을 의식하는 것입니다. 그들의 긍휼은 따라서 결코 완전히 무모하지(hensynsløs) 않습니다. 그리고 이런 모습은 모든 계층의 삶에서도 동일하게 드러납니다. 예컨대, 빈민 계층의 몇 푼짜리 돈(Skillinger)으로 살아가면서 그들의 권리를 대변하는 척하는 기자들(Journalister)조차도,[10] 누군가가 진정으로 자기 이익을 완전히 내려놓은 긍휼(hensynsløse Medlidenhed)을 보인다면 가장 먼저 나서서 그것을 조롱하고 비웃을 사람들일 것입니다.

가장 비참한 자와 완전히 하나가 되는 것(At gjøre sig ganske bogstavelig til

Eet med den Elendigste)—그리고 바로 이것, 오직 이것만이 **신적인 긍휼**(den guddommelige Medlidenhed)입니다. 하지만 인간들에게 그것은 언제나 '너무 과한 것(for Meget)'입니다. 사람들은 그것을 **조용한 주일 시간**(Søndags-Time)[11]에는 감동하여 눈물짓지만, 막상 **현실 속에서** 실제로 보게 되면 웃음을 터뜨리고 맙니다.

문제는 이것입니다—그것은 너무나 **숭고**(Ophøiet)하여 사람들이 일상적으로는 감당할 수 없는 것이라는 점입니다. 그래서 사람들은 그 숭고함을 감당하기 위해 '거리(distancen)'를 두어야만 합니다. 인간은 이처럼 숭고한 것과 친숙하지 않기에, 그것이 실제로 존재한다고 감히 믿지 못합니다.

결국 모순은 여기에 있습니다. 그 **숭고함**이 실제로 현실(Virkeligheden), 즉 매일의 삶(daglige Liv) 속에서 그대로 드러난다는 사실 말입니다. 시인(Digteren)이나 연설자(Taleren)가 이 **숭고함**을 묘사할 때—즉, 그것을 현실로부터 일정한 '시적 거리(Digterisk Afstand)' 안에서 제시할 때—사람들은 감동받습니다. 하지만 만일 그것이 실제 현실 속에서, 예컨대 코펜하겐의 아마거르광장(Amagertorv)[12] 한복판, 세속적 삶의 분주한 일상 속에서 나타난다면 어떨까요? 그것을 매일매일 눈앞에서 본다는 것은, 인간에게는 참을 수 없는 일입니다.

시인이나 설교자가 이 **숭고함**(Ophøiethed)을 보여줄 때조차, 그것은 겨우 한 시간 남짓 지속됩니다. 그 짧은 시간 동안만 사람들은 그 **숭고함**을 믿는 듯 합니다. 그러나 그것을 매일의 현실 속에서, 날마다 보는 것, 즉 가장 숭고한 것이 일상적인 것이 되는 것!—이것이야말로 **엄청난 모순**(uhyre Modsigelse)이라는 것입니다.

그렇다면 이미 처음부터, 다른 어떤 요인이 작용하지 않았다고 하더라도, 초대자(Indbyderen)의 운명이 어떻게 될지는 정해져 있었다고 할 수 있습니다. **무조건적인 것**(Det Ubetingede) ─즉, 무조건성의 기준을 세우는 모든 것은 그 자체로 **희생**(Offeret)입니다. 사람들은 **긍휼**(Medlidenhed)을 행하기도 하고, 자기부정을 실천하기도 하며, 지혜를 추구하기도 합니다. 하지만 <u>그들은 그 모든 것의 기준을 스스로 정하고자 합니다.</u> '적당한 정도로, 어느 한계선까지만' 하려는 것이죠.

그들은 이러한 고귀한 덕목들을 폐기하고 싶어하지 않습니다. 오히려 그 덕목들의 이름과 외형(Skin og Navn)을 **아주 값싸게,**[13] 편안하게 유지하고자 합니다. 그러나 **참된 신적 긍휼**(den sande guddommelige Medlidenhed)은 세상에 나타나는 순간 곧 **희생**(Offeret)이 됩니다. 그것은 인간들을 위한 **긍휼**로부터 나왔지만, 정작 그 **긍휼**을 짓밟는 이들은 인간들입니다. 그리고 그 **긍휼**이 사람들 가운데서 걸어다니고 있을 때에도, 고통받는 자조차 사람들을 두려워하여 그 **긍휼**에게로 도피하지 못합니다.

결국 문제는 이것입니다. 세상은 자신이 **'긍휼한 존재'**라는 겉모습(Skinnet)을 유지하는 것이 매우 중요하다고 생각합니다. 그렇기 때문에 세상은 **참된 신적 긍휼**을 거짓으로 만들어 버립니다. 그러므로 결론은 하나입니다─<u>이 신적 긍휼은 제거되어야 한다</u>(ergo maa den bort denne guddommelige Medlidenhed).

그러나 **초대자**(Indbyderen)는 바로 **신적 긍휼**(den guddommelige Medlidenhed) 그 자체이셨습니다. 그렇기 때문에 그분은 **희생**(Offeret)되셨고, 심지어 고통받는 자들조차 그분을 피해 달아났습니다. 그들은 (인간적인 관점에서 보면 아주 타당하게도) 이렇게 이해했습니다─대부분의 인간적 비참함에 관해서는, 그분에게 도움을 받기보다는 차라리 지금의 상태로 남아 있는 편이 더 낫다는 것입니다.

두 번째 요점과 관련하여

초대자는 인간의 사고가 그릴 수 있는 단순한 인간적 긍휼 이상의 것을 지니고 계셨습니다. 그분은 인간의 비참함이 무엇인지를 전혀 다른 차원에서 이해하셨고, 그 차원에서 사람을 돕고자 하셨습니다. 하지만 그분은 돈도, 약도, 혹은 그와 유사한 그 어떤 세속적 수단도 가지고 계시지 않았습니다.

그렇기에 초대자는 인간적인 긍휼의 형상으로는 전혀 보이지 않았고, 오히려 사람들에게 **걸림돌**(Forargelse, 실족)이 되셨습니다. 인간의 눈으로 볼 때, 그분의 행위는 잔인하고 충격적이며, 심지어 분노가 치밀어 "그를 죽이고 싶다"고 느껴질 만큼 도발적인 일이었습니다. 가난한 자들, 병든 자들, 고통받는 자들을 자신에게 초대하시면서, 정작 그들에게 아무런 현실적 도움을 줄 수 없고, 대신 이렇게 말씀하셨기 때문입니다—"나는 네 죄 사함을 받았다고 말하노라."[14]

이것은 사람들의 눈에 너무나 도발적(Oprørende)이었습니다. 그들은 말했습니다.

"우리 **인간답게 생각하자**(Lad os være Mennesker).[15] 인간은 영[Geist][16]이 아니다. 어떤 사람이 굶주림으로 거의 죽어가고 있는데, 그에게 '너의 죄가 사함을 받았노라'[17]고 은혜롭게 약속한다니—이것은 분노를 자아내는 일이다! 사실 웃기기조차 하지만, 너무 심각해서 차마 웃을 수도 없다."

그러므로(우리가 앞서 인용한 말씀에서 보여주고자 한 「Forargelsen〔실족〕은 그 안에 있는 모순[Modsigelsen]을 드러내기 위함이지, 결코 과장하려는 의도는 아니었습니다), **초대자** (Indbyderen)**의 뜻은 본래 이것이었습니다—죄**(Synden)**가 바로 인간의 타락** (Fordærvelse)**이라는 것입니다.**[18]

이제 보십시오. 이 말이 하나의 공간(Plads)을 열어 줍니다. 그리고 그 초대(Indbydelsen)는 실제로 공간을 만들었습니다. 마치 "procul, o procul este profani"("물러서라, 세속적인 자들이여!")라고 말한 것처럼, 설령 초대자가 그렇게 직접 말하지 않았더라도, 그의 "오라, 내게로"(kommer hid)라는 초대는 그와 같은 뜻으로 들리는 목소리로 해석되었습니다. 결국 그 초대를 따르는 고통받는 자들(Lidende)은 거의 남지 않게 되었습니다.

심지어 어떤 이가 있었다 하더라도—그는 이 초대자에게서 세속적인 도움은 전혀 얻을 수 없다는 것을 알면서도, 그의 긍휼(Medlidenhed)에 감동되어 그에게로 나아간 사람이라 하더라도—이제는 그조차 도망쳐 버릴 것입니다. 왜냐하면 그것은 마치 긍휼의 형식을 가장하여 죄를 말하려는 교활함(Underfundighed)처럼 보이기 때문입니다.

그렇습니다, 정말로 교활한 일입니다—만약 그대가 자신이 죄인(Synder)임을 명확히 자각하지 못했다면 말입니다. 만약 그대의 고통이 단지 치통(Tandpine)이거나, 혹은 집이 불타버린 것, 그런 외적인 불행에 불과하다면, 그대는 아직 자신이 죄인이라는 사실을 깨닫지 못한 것입니다. 그렇다면 초대자의 말은 참으로 이상하고 교활하게 들릴 것입니다. 그가 이렇게 말했기 때문입니다.

"나는 모든 병을 고친다."[19]

그러나 막상 그에게 나아가면 이렇게 말씀하십니다.

"나는 단 하나의 병만을 인정한다—곧 죄(Synden)이다.[20] 그리고 나는 바로 이 병으로 고통받는 자들, 즉 죄의 권세(Syndens Magt)로부터 벗어나기 위해 애쓰고, 악에 맞서 싸우며, 자신의 연약함을 극복하려 하지만, 그로 인해 오히려 더 무거운 짐을 지게 된 자들(de, som ere besværede), 그들을 위해 이 병을 고친다."

그는 이 병으로부터 "모든 사람(Alle)"을 고치십니다. 비록 단 한 사람이라도, 이 죄의 병 때문에 그에게 나아가는 자가 있다면, 그 사람을 고치십니다. 그러나 만약 다른 어떤 병, 이를테면 육체적 질병이나 세상적 문제의 이유로 그에게 찾아간다면, 그것은 마치 다리가 부러진 사람이 오직 눈병만을 치료하는 의사(Læge)를 찾아가는 것과 같습니다.[21]

IV
절대적인 것으로서의 기독교, 그리스도와의 동시대성

"수고하고 무거운 짐을 진 자들아 다 내게로 오라"[22]라는 초대로, 기독교는 목사가 눈물 흘리며 거짓으로 소개하는 것처럼 세상에 부드러운 위로의 근거들로 가득 찬 장려한 표본으로 들어온 것이 아니라, **절대적인 것**(det Absolute)으로 들어왔습니다. 이는 하나님의 사랑에서 비롯된 것이지만,[23] 또한 하나님께서 뜻하시는 것이며, 그분은 그분이 뜻하시는 대로 원하십니다. 그분은 인간에 의해 변형되어 친근한, 인간적인 하나님이 되기를 뜻하지 않으십니다. 그는 인간을 변화시키기를 원하시며, 이는 그분의 사랑에서 비롯된 것입니다.

그분은 인간의 뻔뻔스러운 말장난을 용납하지 않으시며, 왜 그리고 어떻게 기독교가 세상에 들어왔는지에 대해 설명하려는 시도를 거부하십니다. 기독교는 존재하며, 그것은 절대적인 것입니다. 따라서 그것이 왜 그리고 어떻게 존재하는지에 대해 인간이 생각해낸 모든 상대적인 이유는 비진리입니다. 아마도 이러한 이유들은 인간적인 연민에서 비롯되었을 것입니다. 왜냐하면 하나님은 인간을 잘 모르시며, 그분의 요구가 지나치게 엄격하므로, 목사들이 나서서 협상해야 한다고 생각했을 것입니다. 어쩌면 인간이 기독교를 받아들이기 쉽도록 하여 이득을 취하려고 기독교를 설교하기 위해 이러한 이유를 생각해냈을 것입니다. 기독교가 단지 인간적인 수준으로 낮아진다면, 사람의 마음에 생각날 수 있는 수준으로 편안해진다면,[24] 사람들은 당연히 그것을 좋아할 것이며, 당연히 그 기독교를 그렇게 부드럽게 만든 설교자도 좋아할 것입니다.

만약 사도들이 그것을 할 수 있었다면, 세상은 그 당시에도 사도들을 좋아했을 것입니다. 그러나 이러한 모든 것은 비진리이며, 절대적인 것인 기독교를 왜곡하는 것입니다. 그러나 그렇다면 기독교는 무슨 유익이 있는 겁니까? 그것은 역병(Plage) 아닐까요? 아, 그렇습니다, 상대적으로 이해하면, 절대적인 것은 가장 큰 역병입니다.[25] 모든 지친, 나태한, 무기력한 순간들[26]에서, 감각적인 것이 인간을 지배할 때, 기독교는 그에게 광기(madness)로 보입니다. 왜냐하면 기독교는 어떤 유한한 이유와도 조화되지 않기 때문입니다. 그렇다면 도대체 기독교는 무슨 유익이 있습니까? 답변: "조용히 하십시오. 기독교는 **절대적인 것입니다.**"

이것이 기독교가 제시되어야 하는 방식입니다. 다시 말해, 기독교는 감각적인 인간에게 미친 짓으로 보일 수밖에 없습니다. 따라서, 동시대(참고 II A)의 상황에서 지혜로운 자가 **"그는 문자 그대로 아무것도 아니다"**라고 그리스도에 대해 말할 때, 이는 확실히 맞습니다. 왜냐하면 그분은 **절대자**이기 때문입니다. 기독교는 **절대적인 것**으로 세상에 들어왔습니다. 인간적으로 이해되는 위로를 주기 위해서가 아닙니다. 오히려 기독교는 끊임없이 그리스도인이 되거나 되기 위해 고난받아야 한다고 말합니다. 그리고 인간은 단지 그리스도인이 되는 것을 피함으로써 이러한 고난을 피할 수 있지요.

하나님과 인간 사이에는 **무한한 심연**(svælgende Forskjel)[27]의 차이가 존재합니다.[28] 그 차이 때문에 동시대 상황에서 크리스천이 되는 것(즉, 하나님과 같아지는 것으로 변화되는 것)은 인간적으로 말해서 가장 큰 인간적인 고통과 불행, 그리고 슬픔보다도 더 큰 고통이자 불행이며, 또한 동시대 사람들의 눈에는 범죄로 보입니다. 그리고 이와 같은 일이 항상 일어날 것입니다. 크리스천이 되는 것이 진정으로 그리스도와 동시대인이 되는 것을 의미하게 될 때 말입니다. 만약 크리스천이 되는 것이 그 의미에 이르지 못한다면, 그것은 헛된 것, 환상, 허영, 그리고 부분적으로는 신성 모독이며, 율법의 두 번째 계명을 거스르는 죄이자 **성령을 거스르는 죄**[29]로서, 크리스천이 되는 것에 대한 모든 이야기들 속에 담긴 죄가 됩니다.

왜냐하면 절대적인 것에 있어서는 오직 하나의 시간, 즉 현재만이 존재하기 때문입니다. 절대적인 것과 동시에 존재하지 않는 사람에게는 그것이 전혀 존재하지 않는(er det slet ikke til) 것입니다. 그리고 그리스도가 절대자라면, 그에 대한 유일한 상황은 **동시대성**이라는 사실을 쉽게 알 수 있습니다. 3년이든, 7년이든, 15년이든, 17년이든, 18세기든 간에 그 시간들은 아무런 영향을 미치지 않으며, 그를 바꾸지도 않고 그가 누구인지를 드러내지도 않습니다. 그가 누구인지는 **오직 믿음을 통해서만** 드러납니다.

그리스도는, 내가 그렇게 진지하게 말하자면, 그는 결코 코미디언이 아니며, 단지 역사적 인물도 아닙니다. 그가 역설(Paradoxet)[30]인 이유는 지극히 **비역사적인 인물**이기 때문입니다. 그러나 이것이 시와 현실의 차이입니다:[31] **동시대성**(Samtidigheden). 시와 역사 사이의 차이는 확실히 역사는 실제로 일어난 것인 반면, 시는 가능성, 생각된 것, 창작된 것이라는 점입니다. 그러나 실제로 일어난 것(과거의 사건)은 단지 어떤 의미에서(즉, 시와 대조되는 의미에서), 현실적인 것일 뿐입니다. 하지만 역사는 결핍된 규정이 있는데, 진리의 규정(내면성)과 모든 종교성의 규정인 **"너를 위한"**입니다. 과거의 사건은 나에게 현실이 아닙니다. 오직 동시적인 것만이 나에게 현실입니다. 당신이 동시적으로 살고 있는 것이 **당신에게 현실**입니다.[32] 따라서 모든 사람은 오직 자신이 살고 있는 시대와 동시적으로 살 수 있을 뿐입니다. 그리고 또 하나, 그리스도의 이 땅의 삶과 동시적으로 살 수 있습니다. **왜냐하면 그리스도의 이 땅의 삶, 즉 성스러운 역사는 역사 바깥에 홀로 서 있기 때문입니다.**

당신은 역사를 과거의 일로서 읽고 들을 수 있습니다. 원한다면 결과에 따라 그것을 판단할 수 있습니다. 그러나 이 땅에서 그리스도의 삶은 과거의 일이 아닙니다. 그것은 1800년 전에도 그렇고, 지금도 어떤 결과를 기다리지 않습니다. 역사적인 기독교는 터무니없고 비기독교적인 혼란입니다. 왜냐하면 각 세대의 참된 그리스도인들은 그리스도와 동시대인이며, 이전 세대의 그리스도인들과는 아무 상관이 없고, 오직 그들과 동시대의 그리스도와만 관계가 있기 때문입니다. 그의 이 땅의 삶은 인류와 함께하며, 영원한 역사로서 개별적 각 세대와 함께합니다. 그의 이 땅의 삶은 영원한 동시대성을 가집니다. 그리고 이것이 기독교를 가르치는(Doceren) 모든 것을 (기독교가 과거의 일이자 1800년의 역사에 속한다고 주장하는 그 가르침을) 가장 비기독교적인 이단으로 만드는 이유입니다. 만약 누군가가 그리스도와 동시대였던 세대를 상상하려고 시도한다면, 누구나 이를 깨닫고 가르치는 것을 포기할 것입니다. 하지만 각 세대의 믿는 자들은 항상 동시대인입니다.[33]

당신이 그와 동시대적 상황에서 그리스도인이 되도록 자신을 설득할 수 없거나, 그가 동시대성의 상황에서 당신을 움직이고 끌어당길 수 없다면, 당신은 결코 그리스도인이 되지 못할 것입니다. 당신은 그리스도인이라고 당신을 속이는 사람에게 존경하고, 칭찬하고, 감사하고, 세상의 모든 좋은 것들로 그를 보답할 수 있습니다. 그러나 그는 당신을 속이고 있습니다. 차라리 당신이 그러한 진리를 말한 사람과 동시대인이 되지 않았다는 것을 다행으로 여길 수 있으며, 또는 그러한 진리를 말하는 사람과 동시대가 되어 마치 쇠파리의 침처럼[34] 찔려 분노하고 화를 낼 수 있습니다: 첫 번째 경우에는 당신이 속은 것이고, 두 번째 경우에는 적어도 진리를 알게 되었다는 것입니다.

만약 당신이 동시대의 상황을 견딜 수 없고, 이 광경을 현실에서 직시할 수 없다면, 당신이 길거리로 나가서 이것이 그 무서운 행렬 속의 참 신(the god)[35]임을 보고 그를 경배하기 위해 엎드리지 못한다면, 당신은 본질적으로 기독교인이 아닙니다. 당신이 해야 할 일은 진정으로 그 사실을 스스로에게 인정하고, 무엇보다도 기독교인이 된다는 것이 진정으로 무엇을 의미하는지에 대해 겸손함, 두려움과 떨림[36]을 유지하는 것입니다. 왜냐하면 그렇게 함으로써 은혜에 의지하는 법을 배워, 그 은혜를 헛되이 여기지 않도록 할 수 있기 때문입니다.

하나님을 위해 누군가에게 가서 '안심'을 얻으려 하지 마십시오. 비록 "너희가 보는 것을 보는 눈이 복이 있다"[37]라는 말씀이 있으며, 이는 종종 성직자들이 바쁜 가운데 인용하는 구절입니다. 때로는 부적당한 세속적 화려함을 정당화하기 위해서일 수도 있습니다. 하지만 이 말씀은 그 당시에 믿게 된 동시대 사람들에게만 해당되는 것이 아닙니다. 만약 그 영광이 명확하게 보였다면, 누구나 쉽게 그것을 볼 수 있었을 것이며, 그리스도께서 자신을 낮추고 종의 모습으로 오셨다는 것은 비진리가 되었을 것입니다.

또한 사람들에게 그 영광의 모습에서 실족하지 않도록 경고할 필요가 없었을 것입니다. 왜냐하면 세상 어디에서도 영광에 휩싸인 영광을 보고 실족할 이유가 없기 때문입니다! 어떻게 그리스도께 일어난 일을 설명할 수 있을까요? 직접적으로 보이는 것을 감탄하면서 보기 위해 모든 사람들이 몰려들지 않았음을 어떻게 설명할 수 있느냔 말입니다! 사실, 그에게는 "그에게는 보기에 흥미로운 형상이 없었고, 그에게 끌릴 만한 용모도 없었다"(이사야 53:2)[38]라는 말씀이 있습니다. 그는 아무런 영광도 없고, 단지 한낱 보잘것없는 사람[39]으로서, 기적과 표적을 행하고 자신이 하나님이라고 선언함으로써 실족의 가능성을 계속해서 제시했습니다.

보잘것없는 사람, 이것이 1) **하나님께서 긍휼이라고 이해하시는 것이며**(그리고 자신이 낮고 가난한 사람이 되어 긍휼한 것 자체가 그 안에 포함되어 있음), 2) **하나님께서 인간의 비참함이라고 이해하시는 것입니다.** 이는 두 경우 모두 인간이 이해하는 것과는 크게 다릅니다. 그리고 매 세대마다 종말까지 모든 사람은 각자 처음부터 시작하여, 그리스도와 동시대적인 상황에서 그것을 배우고 연습해야 합니다.

인간의 격분과 무절제함은 아무런 도움이 되지 않습니다. 그리스도인이 되는 것이 본질적으로 성공할지 여부는 어떤 인간도 말해줄 수 없습니다. 그러나 두려움과 떨림, 절망도 아무런 도움이 되지 않습니다. 하나님 앞에서의 정직함(honesty)은 처음이자 마지막입니다. 하나님 앞에서 항상 목표를 향해 나아가면서, 당신이 어디에 있는지 스스로에게 정직하게 고백하는 것입니다. 아무리 천천히 가더라도 기어가는 것만으로도 올바른 길에 서 있는 것입니다. 그리고 사람을 현혹시키고 속이는 트릭, 즉 그리스도를 다시 고쳐서 그가 하나님이 아니라 인간이 발명한 감상적인 동정심이 되게 하는 트릭[40]에 빠지지 않게 됩니다. 이 트릭 때문에 기독교는 인간을 거룩한 것으로 이끄는 대신, 도중에 지연되고 단지 인간적인 것으로 변해버립니다.[41]

교훈(The Moral)

"그렇다면, 이 모든 것이 무엇을 의미하는가?" 그것은 각자가 조용한 내면의 깊이에서 하나님 앞에서 자신이 엄격한 의미에서 진정한 그리스도인이 되는 것이 무엇을 의미하는지를 겸손히 인정해야 한다는 것을 의미합니다. 하나님 앞에서 정직하게 자신이 어디에 있는지를 고백하고, 불완전한 자들에게 제공되는 은혜를 자격 있게 받아들일 수 있어야 한다는 것을 의미합니다. 즉, 모든 사람에게 해당되는 말입니다. 그때, 더 나아갈 것은 아무것도 없습니다. 각자 자신의 일을 기쁘게 하며, 아내를 사랑하고, 자녀를 기쁘게 양육하며, 이웃을 사랑하고, 삶을 기쁘게 여기며 살아가야 합니다.

만약 그에게 더 많은 것이 요구된다면, 하나님께서 분명히 그에게 이해시켜 주실 것이며, 그 경우 하나님께서 그를 더 나아가도록 도우실 것입니다. 왜냐하면 율법의 두려운 언어는 마치 인간이 자신의 힘으로 그리스도를 붙드는 것처럼 들리지만, 사랑의 언어에서는 그리스도께서 그를 붙들고 계시기 때문입니다.[42] 따라서 그에게 더 많은 것이 요구된다면, 하나님께서 분명히 그에게 알려주실 것입니다. 그러나 각자에게 요구되는 것은, 그가 하나님 앞에서 이상(理想)의 요구에 겸손히 복종해야 한다는 것입니다. 그렇기 때문에 이 요구는 들어야 하며, 그 무한함 속에서 계속해서 들어야 합니다. 그리스도인이 되는 것이 아무것도 아닌 것, 어리석은 장난처럼 되었으며, 누구나 별다른 노력 없이도 될 수 있는 것이 되었습니다. 진실로, 이제는 이상(理想)의 요구가 들려져야 할 때가 왔습니다.

"그러나 기독교가 그렇게 무섭고 끔찍한 것이라면, 도대체 어떻게 사람이 기독교를 받아들일 수 있겠는가?" 아주 간단합니다. 그리고 당신이 원한다면, 아주 루터적으로: 오직 죄의식(Syndens Bevidsthed)만이, 내가 감히 말하자면, 이 공포 속으로 강제로 들어갈 수 있게 합니다(다른 한편으로는 은혜가 그 강제력을 갖습니다). 그리고 바로 그 순간에 기독교는 변모하여 온전한 관대함, 은혜, 사랑, 긍휼로 가득 찬 것이 됩니다. 다른 어떤 관점에서도 기독교는 미친 것처럼 보이거나 가장 큰 공포로 남아야만 합니다. 오직 죄의식 속에서만 접근할 수 있으며, 다른 어떤 방법으로 그 안으로 들어가려는 것은 기독교에 대한 중대한 반역[43]입니다.

하지만 너와 내가 죄인이라는 사실(단독자)인 이 죄는 폐지되었거나, 삶 속에서(가정에서, 사회에서, 교회에서)와 학문에서 둘 다 부적절하게 축소되었습니다. 그 결과 학문은 "죄의 일반적인 교리"를 발명해냈습니다.[44] 보상으로 사람들을 기독교로 인도하고 그 안에서 유지시키기 위해 세계사적인 모든 것, 이 온화한 교리, 높고 깊은 것들,[45] 친구에 대한 이야기 등을 사용하려고 했습니다. 이러한 것들을 루터는 모두 헛소리[46]라고 부를 것이며, 이것은 신성 모독입니다. 왜냐하면 그것은 하나님과 그리스도를 형제처럼 다루려는 무례한 시도이기 때문입니다.

오직 죄의식(Syndsbevidsthed)만이 절대적인 존경(respect)[47]입니다. 그리고 바로 그렇기 때문에, 기독교가 절대적인 존경을 요구하기 때문에, 기독교는 다른 어떠한 관점에서 보더라도 미친 짓이나 공포로 나타나야 하고, 나타날 것입니다. 이는 질적으로 무한한 강조가 놓여야 하기 때문입니다. 오직 죄의식만이 그 절대적인 존경이므로, 이 존경을 통해서만 기독교의 온유함과 사랑과 긍휼을 볼 수 있는 눈이 열릴 수 있습니다.

겸손하게 자신이 죄인임을 고백하는 단순한 사람(단독자)은, 단순하지 않거나 겸손하지 않을 때 발생하는 모든 어려움에 대해 전혀 알 필요가 없습니다. 그러나 이러한 겸손한 의식, 즉 개인적으로 자신이 죄인임을 인식하는 의식이 부족하다면—비록 그 사람이 모든 인간적인 지혜와 명철을 가지고 있으며, 모든 인간적인 재능을 지니고 있다 할지라도—그것은 그에게 거의 도움이 되지 않을 것입니다. 기독교는 그에게 극도로 무섭게 다가올 것이며, 그에게 미친 짓이나 공포로 변할 것입니다. 결국 그는 기독교를 포기하거나, 그가 필요로 하는 만큼, 학문적인 교의학이나 변증학[48] 등을 포함한 방법들을 통해, 산산조각난 양심의 고통[49]을 경험하며, 죄의식을 통해 그 좁은 길을 걸어 기독교 안으로 들어가야만 할 것입니다.

참고자료

1   요한복음 9장 22절을 가리킨다. 그곳에서 유대인들은 "누구든지 예수를 그리스도라 시인하는 자는 회당에서 출교하기로 이미 결의하였다"고 말한다. 요한복음 9장 1-7절에는 예수께서 날 때부터 맹인 된 사람을 고치신 사건이 기록되어 있고, 9장 8-34절에는 그가 예수를 부인하지 않자 회당에서 쫓겨난 이야기가 전해진다.

키르케고르가 소장한 『우리 주 예수 그리스도의 신약성서』(Vor Herres og Frelsers Jesu Christi Nye Testamente, 1820, 코펜하겐판, 열두 권의 얇은 소책자 형태, ktl. 21-32)에는 그가 다음과 같은 메모를 남겼다. "v.21 이하에서 우리는 다시 한 번, 그리스도와 동시대(Samtidighed)에 산다는 것이 얼마나 위험한지를 본다. 그분께 도움을 받는 것이, 오히려 육체적 병을 그대로 지니고 사는 것보다 더 큰 위험이었음을 보여 준다." (Pap. VIII 2 C 3)

이처럼 '출교될지도 모른다는 두려움'은 요한복음 12장 42절에도 표현되어 있다. "그러나 관리 중에도 그를 믿는 자가 많되, 바리새인들 때문에 드러나게 말하지 못하니, 이는 회당에서 쫓겨날까 두려워함이라." 또한 요한복음 16장 2절에서도 같은 맥락의 말씀이 있다. "사람들이 너희를 회당에서 쫓아내리라."

2   이 구절은 키르케고르의 일기 NB2:37(1847년 5월 혹은 6월경)의 내용을 참조한다. 그는 그곳에서 이렇게 썼다.

"그리스도의 죽음(Xsti Død)은 두 가지 요인의 산물이다. 하나는 유대인들의 죄책이며, 다른 하나는 인류 전체 안에 존재하는 악의 현실적 확인('Verdens Ondskab overhovedet constateret')이다. 그리스도(Xstus)가 하나님-인간(Gud-Mennesket)이었다는 사실을 고려한다면, 그분이 십자가에 못 박히셨다는 것은 단순히 당시의 유대인들이 타락했기 때문이라거나, 그리스도께서 우연히 '불운한 시기(uheldigt Øieblik)'에 오셨다는 뜻일 수는 없다. 아니다, 그리스도의 운명(Xsti Skjebne)은 영원한 것(Evigt)이며, 그것은 인류의 도덕적 무게(menneskehedens

Vægtfylde)를 드러낸다. 그리스도는 언제나, 모든 시대에, 같은 방식으로 거부당하실 것이다. 그리스도의 삶과 죽음은 결코 어떤 '우연적인 사건(Tilfældigt)'도 표현하지 않는다."

요컨대 키르케고르는 그리스도의 십자가 사건을 단순한 역사적 비극이나 한 시대의 불운한 종교적 갈등으로 보지 않는다. 그리스도의 고난은 인류의 본성 전체에 내재된 악(Det Onde) 과 하나님의 선(Det Gode) 이 충돌하는 영원한 사건(Evigt Begivenhed)이며, 따라서 그리스도에 대한 박해는 모든 시대에 반복되는 필연적 실존의 진리를 드러낸다는 것이다.

3 Haandlangere: 장인(손기술자, håndværker)을 도우며 필요한 자재나 도구를 가져다주는 조수 역할의 노동자, 즉 보조 인부를 뜻함.

4 Kalkslagere: 석회를 부수고, 그것을 모래(또는 점토)와 물에 섞어 모르타르(mørtel)를 만드는 일을 하는 노동자, 즉 석회공을 뜻함.

5 1683년 3월 13일 제정된 의복 및 복식 규정(forordning om klædedragter) 제1장 §5를 가리킨다. 이 법은 키르케고르 시대에도 여전히 효력을 가지고 있었다. 규정에 따르면, "셸란드 교구의 주교(Bispen over Siellands Stift)와 국왕의 고백신앙 목사(Confessionarius)는 검은 비단(Fløiel)으로 된 날개 달린 예복(Vinge-Kiortel)과 비단 모자(Fløiels-Hue), 보네(Bonetter)[즉, 신학 박사들이 쓰는 모자]를 착용해야 한다. 그 밖의 다른 주교들은 검은 명주(Silke) 예복에 비단 장식(Fløiels Vinger)을 달고, 비단 모자와 보네를 착용해야 한다. 신학박사(Doctores in Theologia)로 학위를 받은 자는 비단 보네와 비단 장식이 달린 예복을 입고, 긴 명주 예복(Silke-Simarre)을 착용할 수 있다. 단, 도시 교구 목사(kiøbsted-Præster), 코펜하겐의 부목사(Capellaner i Khavn), 감독(Provster), 그리고 시골 목사들, 그 중에서도 철학석사(Magistri) 학위를 받은 자들만이 보네를 쓸 수 있다."

여기서 언급된 Bombasin(밤비신)은 프랑스어에서 온 말로, 양모나 양모와 비단을 섞어 만든 천, 주로 속옷감이나 내피용으로 쓰이던 고급 소재를 뜻한다. 키르케고르가 이렇게 여러 종류의 옷감(비단, 명주, 모직, 밤비신)을 나열한 것은 당시 목회자 계급 간의 위계와 사회적 격차를 풍자적으로 드러내기 위한 것이다.

6 한편으로는 타인에게 관심과 공감(참여)을 보이는 사람, 다른 한편으로는 동시대에 살아가는 사람(동시대인)을 뜻함. 즉, 이 표현은 단순히 감정적으로 '동정하는 자'를 넘어, 같은 시대와 실존의 자리에서 함께 살아가는 자를 가리킨다.

7 Spekhøkerne: 혹은 høkerne(소매상인들) 이라고도 하며, 돼지고기, 달걀, 버터, 소금, 기름, 성냥 등과 같은 식료품과 생활필수품을 소량으로 판매할 수 있는 허가

(næringsbrev)를 가진 소상인들을 가리킨다. 오늘날로 치면 잡화상, 식료품 소매상, 혹은 구멍가게 주인 정도에 해당한다.

8   Ladegaardslemmerne: 본래 코펜하겐 성(Københavns Slot)의 부속 농장이었던 라데고르(Ladegården)에 거주하던 사람들을 가리킨다. 이곳은 1711년에 군인을 위한 빈민원(fattighus for militæret)으로 전환되었고, 1822년에는 코펜하겐 시 당국(Københavns kommune)에 매각되어 1908년까지 가난한 자들과 노숙자(husvilde)들을 수용하는 노동교정시설(arbejdsanstalt)로 사용되었다. 따라서 Ladegaardslemmerne는 일반적으로 가장 비천한 빈민층(fattiglemmerne), 즉 노숙인 혹은 구빈원 수용자들을 의미한다.

9   Øltapperne: 맥주를 따르고 판매하는 상인들, 또는 술집 주인(주점 운영자, kroværter) 을 뜻한다. 직역하면 '맥주를 따르는 자들'이라는 의미로, 당시 코펜하겐에서는 하층 시민계급의 서민적 직업군으로 여겨졌다.

10   이 구절이 구체적으로 어떤 인물을 염두에 둔 것인지는 확실하지 않다. 만약 특정 인물을 가리킨 것이라면, 그것은 아마 『Almuevennen』(1842–1853)을 중심으로 활동하던 기자들일 가능성이 있다. 또 다른 가능성으로는 『Kjøbenhavnsposten』(1827–1859)이 있다. 이 신문은 1845년 J.P. 그뤼네(J.P. Grünes) 가 편집을 맡으면서 특히 노동자 계층의 권리를 옹호(forfægte) 하는 논조를 취했으나, 그렇다고 해서 실제로 빈민층 자체를 대상으로 한 신문은 아니었다.

11   en stille Søndags-Time: '고요한 주일의 시간'이라는 표현으로, 이는 J.P. 뮌스터 (J.P. Mynster) 가 자주 사용한 표현인 stille Time을 암시한다. 이 말은 은밀한 기도 ("은밀한 골방"에서의 묵상)이나 교회에서의 경건한 예배 시간을 가리키는 용어로 자주 쓰였다.
예를 들어 뮌스터의 『기독교 교리들에 대한 숙고들(Betragtninger over de christelige Troeslærdomme)』(코펜하겐, 1837 [1833]) 제1권 240쪽, 제2권 298–306쪽 등에서, 그리고 『모든 주일과 축일 설교집(Prædikener paa alle Søn- og Hellig-Dage i Aaret)』(코펜하겐, 1837 [1823]) 제1권 8, 38, 215, 384쪽, 제2권 127쪽에서도 이러한 용례를 확인할 수 있다. 또한 『1846–47 교회력 설교집』(코펜하겐, 1847) 63쪽, 『1848년 설교집』(코펜하겐, 1849) 10–14쪽에도 동일한 표현이 등장한다.

12   Amagertorv: 코펜하겐 시내의 중심부, 빔멜스카프트(Vimmelskaftet)와 외스테르가데(Østergade) 사이에 위치한 사람들의 왕래가 매우 빈번한 광장을 가리킨다.

13   for godt Kjøb: '값싸게', '너무 쉽게'라는 뜻으로, 비유적으로는 큰 수고나 희생 없

이 손쉽게 어떤 덕목이나 명예를 얻으려는 태도를 가리킨다.

14 가버나움에서 예수께서 중풍병자에게 죄 사함을 선포하신 사건을 가리킨다. 즉, 예수께서 단순히 육체적 병을 고치신 것이 아니라, "네 죄 사함을 받았느니라"(마가복음 2:5)고 선언하심으로써 죄의 용서와 구원의 권세를 드러내신 장면을 암시한다.

15 lad os være Mennesker: "우리 인간답게 행동하자", 즉 "이성적으로 생각하자"라는 의미의 표현이다. 덴마크어 일상어에서 흔히 쓰이던 관용구로, 키르케고르도 여러 차례 사용하였다. 흥미롭게도, H.C. 안데르센의 동화 〈행운의 갈로슈(Lykkens Kalosker)〉에서도 이 표현이 등장하는데, 그 작품에서 '팝 인형(Poppedrengen)'은 인간의 말을 거의 할 줄 모르며 오직 이 문장—"Lad os være Mennesker"—만을 반복한다(『세 편의 시적 이야기(Tre Digtninger)』, 코펜하겐, 1838, 42–44쪽 참조). 즉, 이 표현은 '이성적이고 현실적인 태도'를 가장한 세속적 사고의 상징으로도 사용된다.

16 Geist: '영(靈, ånd)' 혹은 '유령(spøgelse)'을 뜻하며, 살과 피를 가진 인간과는 대조되는 개념이다.

17 이는 고해(告解, skriftemål) 중에 행해지는 사죄 선언(absolution)을 가리킨다. 이때 사제는 각 개인의 머리에 손을 얹고 다음과 같이 말한다: "너희가 마음으로 너희 죄를 슬퍼하고 회개하며, 그리스도 예수 안에서 하나님의 긍휼하심(Barmhjertighed)에 의지하고, 또한 하나님의 은혜로 이후 더 선하고 합당한 삶을 살기로 약속하였으니, 나는 하나님의 이름과 내 직분에 따라, 하나님께서 위로부터 내게 주신 땅 위에서 죄를 사하는 권세에 의거하여 너희 모든 죄를 사하노라. 성부와 성자와 성령의 이름으로, 아멘."
이 사죄문은 1685년의 『덴마크·노르웨이 교회예식서(Dannemarkes og Norges Kirke-Ritual)』(코펜하겐, 1762, p. 146 이하)에 기록된 것으로, 키르케고르 시대에도 여전히 공식 예식으로 사용되고 있었다.

18 "Synden er Menneskets Fordærvelse"(죄는 인간의 타락이다): 이는 『발레의 교리문답서(Balles Lærebog)』 제3장 「죄에 의한 인간의 타락에 대하여」 §10에서 인용된 내용이다. 그곳에서는 다음과 같이 기록되어 있다. "잠언 14장 34절, 죄는 백성의 수치요('Synden er Folkets Fordærvelse'), 디모데전서 6장 10절, 야고보서 4장 1–2절."(p. 34)
이 주제는 이미 『다양한 정신의 건덕적 강화(Opbyggelige Taler i forskjellig Aand, 1847)』에서 다루어진 바 있으며(SKS 8, 145), 특히 『기독교적 강화(Christelige Taler, 1848)』의 「고난의 싸움 속에서 생기는 정서들(Stemninger i Lidelsers

Strid)」에서 두드러지게 강조된다. 이 강화들은 종종 다음과 같은 문장으로 끝난다 (SKS 10, 113, 114, 124, 134, 143, 152, 157, 166 참조): "죄는 인간의 타락이다 (Synden er Menneskets Fordærvelse)."

또한 1847년 12월의 일기(NB3:69)에서도 키르케고르는 이렇게 쓴다.

"주일에는 뮌스터(Mynster) 주교가 이렇게 말한다. '죄가 인간의 타락이라는 것을 진정으로 이해하는 사람은 매우 드물다.' 그러나 월요일이 되면 그는 온 나라가 그리스도인이라고 말하며 모든 것이 질서 안에 있는 듯 행동한다."(SKS 20, 278,7-11)

이로써 키르케고르는 교회 제도적 그리스도교의 위선을 비판하면서, '죄'를 단순한 도덕적 결함이 아니라 인간 존재 전체의 근본적 부패(Fordærvelse)로 파악하고 있음을 드러낸다.

19 이는 마태복음 여러 구절을 참조한다. 예를 들어 마태복음 4장 23절, 8장 16절, 10장 1절, 14장 35절 등에서 예수께서 자신에게 나아온 모든 사람을 고치셨거나, 모든 질병을 고치셨다고 전한다.

"예수께서 온 갈릴리를 두루 다니시며… 백성 중의 모든 병과 모든 약한 것을 고치시니라."(마 4:23)

"예수께서 귀신을 말씀으로 쫓아내시고 병든 자를 다 고치시니."(마 8:16)

"예수께서… 더러운 귀신을 쫓아내며 모든 병과 모든 약한 것을 고치는 권능을 주시니라."(마 10:1)

"그 지방 사람들이 예수님인 줄 알고… 병든 자들을 다 데리고 오며."(마 14:35)

이 구절들은 키르케고르가 『그리스도교의 훈련』(Indøvelse i Christendom)에서 말하는 "모든 병의 치유"(helbrede for alle Sygdomme)—즉 죄(Synd)를 유일한 근본적 병으로 이해하는 신학적 비유—의 배경이 된다.

20 이 표현은 아마도 가버나움에서 중풍병자를 고치신 사건(마가복음 2장 1-12절)을 암시한다. 그 장면에서 예수께서는 사람들의 예상과 달리, 단순히 육체적 병을 치유하시기보다 먼저 죄의 사함(Syndernes Forladelse)을 선포하신다. "예수께서 그들의 믿음을 보시고 중풍병자에게 이르시되 '작은 자야, 네 죄 사함을 받았느니라' 하시니." (막 2:5, 개역개정)

이 사건은 예수의 사역이 단지 육체적 치유가 아니라, 인간의 근원적 병, 곧 죄(Synd)에 대한 영적 치유(helbredelse) 임을 드러낸다. 따라서 키르케고르가 말하는 "나는 단 하나의 병만을 인정한다 — 죄"라는 구절은 바로 이러한 복음서의 신학적 핵심을 요약한 것이다.

 – erkjender는 '인정하다', '인식하다'의 뜻을 지닌다. 즉, 예수께서 인정하신 유일한

병은 죄이며, 그 치유는 곧 긍휼(Medlidenhed)의 궁극적 완성으로 이해된다.

21   이 부분에서 키르케고르는 죄(Synd)를 인간의 모든 고통의 근원적 병으로 규정한다. 그리스도, 즉 초대자(Indbyderen)의 긍휼(Medlidenhed)은 단순히 인간의 고통을 덜어주는 감정이 아니라, 인간을 죄로부터 근원적으로 치유(helbrede)하시는 신적 긍휼(guddommelig Medlidenhed)이다. 그러나 세상은 이 신적 긍휼을 이해하지 못하고, 그것을 오히려 "잔혹함"이나 "기만적 영성"으로 받아들인다—바로 이것이 키르케고르가 말한 실족(Forargelsen)의 본질이다.

22   이 인용문은 마태복음 11장 28절에서 예수님이 하신 말씀을 변형하여 인용한 것이다. 마태복음 11장 28절에서는 예수님께서 "수고하고 무거운 짐 진 자들아 다 내게로 오라. 내가 너희를 쉬게 하리라"라고 말씀하셨다. 이 구절은 덴마크의 표준 성경인 1819년 신약성경에서 인용되었으며, 26번째 삼위일체 주일의 복음 본문에 포함되어 있다.

이 구절은 키르케고르가 덴마크의 코펜하겐에 있는 성모 교회(Vor Frue Kirke)에서 1847년 6월 18일 금요일에 행한 성찬 예배에서 설교한 본문이기도 하다. 그의 설교는 이후 1848년에 출판된 "기독교 설교"의 네 번째 부분에 포함되었다. 이 구절은 또한 코펜하겐의 성모 교회의 제단에 있는 베르텔 토르발센의 유명한 그리스도상과 관련이 있다. 이 조각상 아래에는 "나에게 오라/마태복음 11:28"이라는 구절이 새겨져 있다. 키르케고르가 이 구절을 인용한 것은 기독교의 핵심 메시지인 구원과 안식을 강조하기 위한 것이다. 그는 예수님의 초대가 단순한 위로 이상의 의미를 가지고 있으며, 그것이 절대적인 진리로서 인간의 변화를 요구하는 것임을 주장하고 있다. 이 구절을 통해 키르케고르는 예수님의 초대가 모든 시대의 사람들에게 적용되며, 이는 단순히 위로를 제공하는 것이 아니라 인간의 근본적인 변화를 요구하는 것임을 강조하고 있다.

23   하나님의 뜻은 사랑에서 비롯된다. 이와 관련하여, 요한복음 3:16을 참고하라. "하나님이 세상을 이처럼 사랑하사 독생자를 주셨으니 이는 그를 믿는 자마다 멸망하지 않고 영생을 얻게 하려 하심이라." 즉, 사랑이 세상에 오신 것이다.

24   [고전2:9] 기록된 바 하나님이 자기를 사랑하는 자들을 위하여 예비하신 모든 것은 눈으로 보지 못하고 귀로 듣지 못하고 사람의 마음으로 생각하지도 못하였다 함과 같으니라

25   이 부분은 중세의 분파주의 기독교와 닮은 점이 있다.

26   이 부분은 다음을 참고하라. EE:117, Pap. II A 484
우리 중의 특정 경향이 "spleen(우울증)"이라고 부르는 것, 신비주의자들이 "무기력

한 순간들"이라는 이름으로 알고 있는 것, 중세에서는 "acedia(α⊠ηδια, 무기력)"라는 이름으로 알고 있다. Gregory의 Moralia in Job XIII권, 435페이지에서 [virum solitarium ubique comitatur acedia... est animi remissio, mentis enervatio, neglectus religiosæ exercitationis, odium professionis, laudatrix rerum secularium](고립된 사람은 어디서나 acedia를 동반한다... 이는 정신의 해이함, 마음의 무력함, 종교적 수행의 소홀함, 직업에 대한 혐오, 세속적인 것들에 대한 찬양이다.)라고 말한다.* Gregory는 virum solitarium(고립된 사람)을 강조하면서 자신의 경험을 드러낸다. 이는 고립이 극에 달한 사람(유머러스한 사람)이 노출되는 일종의 질병이며, 이 질병은 매우 정확하게 기술되었고, odium professionis(공개적으로 고백하지 않으려는 것)으로 정확하게 강조되었다. 만약 우리가 이 증상을 다소 일반적인 의미로(무관심한 교인을 위해 고해성사를 해야 하는 교회론적인 죄 고백이 아닌) 이해한다면, 경험이 우리에게 예시를 요구할 때 실망시키지 않을 것이다.

1839년 7월 20일

*(Pap. II A 485) 아버지는 이것을 조용한 절망이라고 불렀다.

그리고 옛 도덕가들이 'tristitia'(우울)을 '일곱 가지 주요 악덕(septem vitia principalia)' 중 하나로 여긴다는 것은 인간 본성에 대한 깊은 통찰을 드러낸다. 이와 같이 이시도루스 히스파누스(Isidorus Hisp.)도 언급한다. cfr. de Wette의 Scharling에 의한 번역, 139페이지 주석 q 상단, 그리고 같은 주석에서 언급된 그레고리우스와 막시무스 고백자(Maximus Confessor).

27 'svælgende Forskjel'은 '깊은 골짜기' 또는 '깊은 틈'을 의미하는 'svælg'에서 유래된 표현이다. 이 표현은 누가복음 16:19-31에 나오는 부자와 나사로의 비유에서 유래되었다. 비유에서 부자가 죽음의 세계에서 고통받고 있을 때, 아브라함에게 나사로를 보내 그의 혀를 물로 적셔달라고 요청하지만, 아브라함은 그들과 부자 사이에 깊은 틈이 있어 서로 건너갈 수 없다고 말한다. 누가복음 16장 26절.

28 이 결정적 주제에 대하여는 다음을 참고. The Sickness unto Death, pp. 99, 117, 121, 126, 127, 175, KW XIX (SV XI 210, 227, 231, 235, 237).

29 성령을 거스르는 죄: 성령을 거스르거나 모독하는 (영원히 용서받을 수 없는) 죄를 가리키는 용어, 마태복음 12장 32절 및 마가복음 3장 29절 참조.

30 역설: 키르케고르의 이 핵심 개념은 예를 들어 『철학의 부스러기』(1844)에서 신앙의 대상이 절대적 역설로 묘사되는데, 영원한 신이 인간으로 시간 속에 존재한다는

것이다(SKS 4, 242-271 참조).

31   이 구절은 아리스토텔레스의『시학』9장에서 언급된 고전적인 구분을 다루고 있다. 아리스토텔레스는 역사와 시를 구별하면서, 역사는 실제로 일어난 사건을 다루고, 시는 일어날 수 있는 가능성, 즉 생각된 것이나 창작된 것을 다룬다고 설명한다.
여기서 키르케고르는 이 구분을 바탕으로 역사와 시를 비교하고, 역사적인 사건과 시적 창작물 사이의 차이를 논의한다. 그는 역사가 실제로 일어난 사건을 다루는 반면, 시는 가능성이나 상상력을 통해 창작된 것을 표현한다고 강조한다.

32   다음을 참고하라. NB3:61, JP III 2463 (Pap. VIII1 A 465).
놀랍다.『이것이냐 저것이냐』의 결론을 맺었던 그 범주: '너를 위한'(주관성, 내면성), 즉 "오직 너를 세우는 진리만이 너를 위한 진리다"라는 개념이 바로 루터의 것이다. 나는 사실 루터의 저작을 거의 읽어본 적이 없다. 그러나 이제 그의 설교집을 펼쳐보니, 첫 번째 대림절 주일의 복음에서 바로 그가 "너를 위한"이라는 말을 하고 있으며, 그것이 중요한 것이라고 말하고 있다.(2페이지 1열, 1페이지 4열 참조).

33   모든 세대 (신자)는 동시적이다: 참조. V "Discipelen paa anden Haand", 철학 스뮬러(1844), SKS 4, 287-306쪽.

34   플라톤,『변론』, 30 e; 오페라, 8권, 130-31쪽; 대화편 모음집, 16-17쪽(소크라테스 연설) 참조: "이 나라는, 고귀한 혈통을 지닌 데다가 힘이 있긴 하지만 몸집이 크고 다소 둔하고 느려서 등에를 붙여 정신이 번쩍 나게 해야 하는 말 같기 때문입니다. 신께서는 나 같은 사람에게 등에의 역할을 하라고 이 나라에 꼭 붙여놓으시고는, 여러분 한 사람 한 사람 옆에 꼭 붙어서 종일 끊임없이 설득하고 책망하여 정신이 번쩍 나게 하라고 하신 것입니다."

35   이 비일상적인 용어의 사용에 대하여는 다음을 참고하라. *Fragments*, p. 278, note 13, KW VII.『철학의 부스러기』에서는 예수 그리스도의 육화를 설명할 때, 특이하게도 'God(신)'이라는 이름 앞에 정관사 'the'를 붙인다.

36   [빌2:12] 그러므로 나의 사랑하는 자들아 너희가 나 있을 때뿐 아니라 더욱 지금 나 없을 때에도 항상 복종하여 두렵고 떨림으로 너희 구원을 이루라
[고전2:3] 내가 너희 가운데 거할 때에 약하고 두려워하고 심히 떨었노라

37   [눅10:23] 제자들을 돌아 보시며 조용히 이르시되 너희가 보는 것을 보는 눈은 복이 있도다

38   [사53:2] 그는 주 앞에서 자라나기를 연한 순 같고 마른 땅에서 나온 뿌리 같아서 고운 모양도 없고 풍채도 없은즉 우리가 보기에 흠모할 만한 아름다운 것이 없도다

39   그리스도는 자기를 낮추시고 종의 형체를 취하셨으니: 빌 2:6-1에 나오는 그리스도

에 대한 찬가 7절을 암시한다.

40 [고전2:9] 기록된 바 하나님이 자기를 사랑하는 자들을 위하여 예비하신 모든 것은
    눈으로 보지 못하고 귀로 듣지 못하고 사람의 마음으로 생각하지도 못하였다 함과 같
    으니라

41 이 부분은 포이어바흐의 기독교를 생각나게 한다.

42 이 구절에서 나오는 "Lovens forfærdelige Sprog"(율법의 무서운 언어)와
    "Kjerlighedens Sprog" (사랑의 언어)의 구분은 바울과 루터의 신학에서 중요한 교
    리를 표현한다. 바울-루터 전통에서는 율법과 복음의 관계를 매우 중시한다.
    1. 율법의 언어(Lovens forfærdelige Sprog): 바울의 서신, 특히 로마서 7장에서, 율
    법은 인간의 죄를 폭로하고 인간을 정죄하는 역할을 한다고 설명된다. 율법은 인간이
    하나님의 기준에 도달할 수 없음을 깨닫게 하며, 죄의식을 불러일으킨다. 율법은 또
    한 인간을 그리스도께로 인도하는 "몽학선생"으로 설명된다(갈라디아서 3:23-24).
    여기서 몽학선생이란, 율법이 인간을 훈계하여 그리스도의 필요성을 인식하게 만든
    다는 의미이다.
    2. 사랑의 언어(Kjerlighedens Sprog): 반면, 복음은 예수 그리스도를 통해 전해지는
    기쁜 소식으로, 인간이 율법을 완벽하게 지킬 수 없다는 사실을 인정하고, 오직 믿음
    으로만 의롭다함을 받을 수 있음을 강조한다. 로마서 10:4에서 바울은 "그리스도는
    율법의 마침이 되사 믿는 모든 자에게 의를 이루게 하려 하심이라"라고 말한다. 이
    구절은 예수 그리스도가 율법의 요구를 완성했으며, 이제 믿음을 통해 구원을 받는다
    는 복음의 핵심 메시지를 담고 있다.
    이러한 구분은 키르케고르의 글에서 그리스도인이 되기 위한 엄격한 기준과 인간적
    인 약점, 그리고 그리스도의 사랑과 은혜를 통해 이루어지는 구원의 관계를 이해하는
    데 중요한 역할을 한다. 키르케고르는 그리스도인이 되는 것이 단순한 종교적 관습이
    나 표면적인 믿음이 아니라, 하나님 앞에서 진정한 자기 인식과 겸손함을 요구한다는
    점을 강조한다. 이 과정에서 율법은 인간의 연약함을 폭로하지만, 복음은 하나님의
    사랑으로 그 연약함을 감싸며 구원으로 인도한다.

43 중대한 반역: 국왕에 대한 범죄; 당시 시행 중이던 덴마크 왕실법(1683년)에 따르면
    이 범죄는 최고형에 해당한다(6권, 4장 1절 참조).

44 학문: 즉, 교리, 특히 사변적인 교리를 의미할 수 있다.

45 아마도 N.F.S. 그룬트비그에 대한 암시일 것이다. 그의 저술, 기사, 설교 및 찬송에서
    유사한 형용사로 기독교를 언급하는 것을 선호했다.

46 루터가 모든 것을 '헛소리'라고 부를 것이라는 표현을 보라. 이는 1849년 5월의 저

널 기록 NB11:29에서 SK(키르케고르)가 쓴 내용에서 비롯되었다. 여기서 SK는 또한 이것은 루터의 불멸의 공로 중 하나이며, 그가 얼마나 심각한 시험을 겪었는지를 가장 확실히 증명하는 것이, 그가 이 '헛소리'라는 범주를 발명했다는 것이다. 이는 의심에 대해 유일하게 해야 할 대답이다. 하만이 "뻐(bæ)"라고 말하는 것을 선호하지 않는다면 말이다. 하지만 나는 루터의 표현을 선호하는데, 이는 두려움과 떨림 속에서 더 이상 '헛소리'를 듣지 않겠다는 굳은 결의가 담겨 있기 때문이다. 하만의 것은 더 유머러스하지만, 그만큼 덜 심각하다. 의심에 '헛소리'라고 말하는 것이 농담이라고 생각할지도 모른다. 그러나 진실로, 이 대답으로 자신을 방어해야 했던 사람은 진정으로 무엇이 진지함인지 안다. 의심과 상종하는 것은 농담이다. 하지만 그것에 조금이라도 귀를 기울이는 것도 농담이다. 그러나 다른 말 없이 '헛소리'라고 말하는 것은 상황이 진지하며, 그 문제를 진지하게 받아들이고 있음을 보여준다.

47   Respect: 『결론 없는 비학문적 후서』(1846)에서는 '존경(respekt)'이 라틴어 respicere에서 파생된 것으로 이해된다고 설명한다. 이는 곧 '…을 향해 보다', '뒤돌아보다'를 의미한다.

48   학문적 교의학, 변증학 등 : 교의학을 준비하는 교의학 또는 교의학을 다루는 신학의 일반적인 입문 학문이며, 변증학은 기독교 종교의 구체적인 성격을 방어하기 위한 관련 내용을 정리한다.

49   이 표현은 키르케고르가 마틴 루터(Martin Luther)의 사상에 영향을 받아 사용한 것으로 보인다. "sønderknuset Samvittigheds Qvaler"(산산조각난 양심의 고통)은 루터가 말한 "besværet samvittighed"(압박받는 양심) 또는 "ængstede samvittigheds kamp"(불안에 시달리는 양심의 싸움)이라는 개념과 관련이 깊다. 루터는 자신의 신학적 가르침에서 인간의 죄와 그로 인한 양심의 고통에 대해 자주 언급했다. 그는 인간이 죄의식을 느끼고, 그로 인해 고통을 겪는 것이 신앙 생활에서 매우 중요한 부분이라고 강조했다. 이러한 고통을 통해 인간은 자신의 한계를 깨닫고, 하나님의 은혜를 받아들이게 된다는 것이다. 키르케고르도 이와 같은 맥락에서 산산조각난 양심의 고통을 기독교 신앙으로 들어가는 중요한 관문으로 간주했다. 이러한 고통이야말로 인간이 자신의 죄를 깨닫고, 겸손하게 하나님 앞에 나아가도록 이끄는 필수적인 경험이라고 본 것이다.

따라서 "sønderknuset Samvittigheds Qvaler"는 단순히 죄에 대한 죄책감 이상의 것을 의미하며, 이는 신앙의 본질에 접근하기 위해 반드시 거쳐야 하는 깊은 영적 고뇌를 나타낸다. 이러한 고통을 통해 개인은 기독교의 진정한 의미를 이해하고, 구원의 길로 나아갈 수 있다고 키르케고르는 생각했다.

그리스도교의 훈련[1]

Indøvelse i Christendom

제2부

안티 클리마쿠스(Anti-Climacus)[2] 지음

[3]"나로 말미암아 실족하지
아니하는 자는 복이 있도다"[4]

성서 주해와 기독교적 개념 규정

안티 클리마쿠스 지음

출판자 서문(Udgiverens Forord)[5]

1부 서문 참고.

"예, 그분으로 인해 실족(Forargelse)하지 않으시는 자는 복이 있습니다."
예수 그리스도(Jesus Christus)께서 이 땅에서 실제로 사셨고, 그분이 친히 자
신에 대하여 말씀하신 그대로—비천한 인간처럼 보였지만, 동시에 하나님
아버지의 독생자(Eenbaarne)[7]이셨음을—믿으시는 자는 복이 있습니다.

다른 누구에게로 가야 할지를 알지 못하고, 모든 일에서 오직 그분께로
만 가는 법을 아는 자는 복이 있습니다.[8] 그리고 사람이 어떤 처지 속에 살
아가든, 가난과 고통 속에 있어도—그분께서 오병이어로(다섯 개의 빵과 두 마리
의 작은 물고기) 오천 명을 먹이신 것을 실족(Forargelse)하지 않고 믿는 자는 복
이 있습니다.[9] 그 일이 지금은 일어나지 않는다고 해서 실족하지 않고, 그때
실제로 일어났음을 믿는 자는 복이 있습니다.

또 사람이 어떤 운명 속에 있든, 삶의 폭풍이 그에게 몰아쳐도—그분께
서 바다에 명령하시자 잔잔해졌다는 것을 실족하지 않고 믿는 자는 복이 있
습니다.[10] 베드로(Petrus)가 물에 빠진 것은 전적으로 "완전히 믿지 못했기 때
문"임을 굳게 믿는 자는 복이 있습니다.[11]

그리고 어떤 죄(Brøde)이든, 그 죄가 너무나 무거워서 본인만이 아니라
온 인류가 "용서받을 수 없다"고 절망할 만큼 엄청난 죄라 할지라도—그분
께서 중풍병자에게 "네 죄가 사함을 받았느니라"고 말씀하신 것을 실족하
지 않고 믿는 자는 복이 있습니다.[12] 그분에게는 "일어나 네 침상을 들고 걸
어가라"고 말씀하시는 일이나 죄 사함을 선포하시는 일이나 똑같이 쉬운

일이었다는 것을 믿는 자는 복이 있습니다. 그 중풍병자처럼 치유의 확실함으로 도움을 받아 믿음에 이르지 못했더라도, 죄 사함(Syndernes Forladelse)의 은혜를 실족함 없이 믿는 자[13]는 복이 있습니다.

또 어떤 방식으로 사람이 죽음을 맞이하든—그의 마지막 시간이 다가올 때, 주님께서 "그 아이는 죽은 것이 아니라 잔다"고 말씀하셨을 때처럼 실족하지 않고 믿는 자는 복이 있습니다.[14] 잠들기 전에 아이가 외우는 기도처럼, "저는 그분을 믿습니다"라고 말하고 그렇게 평안히 잠을 자는 자—예, 그 사람은 복이 있습니다. 그는 죽는 것이 아니라 자는 것입니다.

88 그리고 기독교인이 이 세상에서 믿음 때문에 겪어야 하는 모든 고난—멸시, 조롱, 박해, 심지어 죽음까지 당한다 하더라도,[15] 그분—천한 인간으로 보였고, 사람들에게 "보라, 이 사람이다"(see hvilket Menneske)[16]라고 멸시받았던 그분, 낮아지신 그분[17]—그분이 하나님 아버지의 독생자이셨음을 실족하지 않고 믿는 자는 복이 있습니다. 그리고 그 낮아지심이 그리스도께 속한 것이며, 또한 그리스도께 속하고자 하는 이들에게 속한 것임을 믿는 자는 복이 있습니다.

예, 복이 있습니다. 그분으로 인해 실족하지 않고, 그분을 믿는 자는 복이 있습니다. 이것이야말로 믿음의 승리(salige Seiervinding)입니다. 왜냐하면 믿음(Tro)은 모든 순간마다 자신의 내면 깊은 곳(속사람, inner being)에서 찾아오는 적, 곧 실족의 가능성(Forargelsens Mulighed)을 이김으로써 세상을 이기기 때문입니다.

그러므로 세상을 두려워하지 마십시오. 가난, 고통, 병, 결핍, 역경, 사람들의 부당함, 상처, 학대—육체만을 해할 수 있는 모든 것들을 두려워하지 마십시오. 겉사람(udvortes Menneske)을 해할 수 있는 것을 두려워하지 마십시오.[18] 몸을 죽일 수 있는 자들을 두려워하지 마십시오.[19] 오히려 자기 자신을 두려워하십시오. 믿음을 죽일 수 있는 것—그리하여 여러분에게서 예수 그리스도를 죽여 버릴 수 있는 것—바로 실족(Forargelse)을 두려워하십시오. 다른 사람이 실족하게 만들 수는 있어도, 결국 실족을 받아들이지 않는다면 그 실족은 여러분에게 불가능한 것입니다.

두려워하고 떠십시오.[20] 왜냐하면 믿음은 실족의 가능성이라는 연약한 질그릇(Leerkar)에 담겨 있기 때문입니다.[21] 그분으로 인해 실족하지 않고, 그분을 믿는 자는 복이 있습니다.

* *

*

"나로 말미암아 실족하지 않는 자는 복이 있도다!" 오, 당신이 이 말씀을 그분 자신의 음성으로 들을 수 있다면, 그분의 내면 깊은 곳에서 우러나오는 음성으로 들을 수 있다면 좋겠습니다. 그분은 여기에서도 당신을 위해 고난을 겪고 계십니다. 그 고난은 바로 이런 모순(Modsigelsen) 때문입니다. 그분은 사랑이시기 때문에, 사랑으로 인해 강제할 수 없습니다. 당신이 그분으로 인해 실족(Forargelse)할지 하지 않을지를 억지로 막을 수 없기 때문입니다. 그분은 멀리, 정말로 멀리—하늘의 영광에서 내려오셨습니다.[22] 그리고 아주, 아주 낮은 곳까지 내려오셔서 비천한 인간이 되셨습니다. 지금 그분은 당신을 구원하기 위해 서 계십니다. 그분은 전능하신 분으로서 모든 것을 하실 수 있고, 사랑 때문에 모든 것을 내어주셨습니다.

그런데도—바로 사랑 때문에—그분은 이 한 가지에 대해서는 무력하게 보입니다. 그분 자신도 이것으로 인해 고통을 겪으십니다. 그것은 그분이 당신의 구원을 당신보다 더 걱정하고 계심에도 불구하고, 당신이 실족할지 말지를 당신의 선택으로 남겨둘 수밖에 없다는 사실 때문입니다. 당신이 그분을 통해 구원받아 복됨(영원한 행복)을 상속할지,[23] 아니면 스스로 비참함을 선택하여, 그분을 사랑이 허락하는 최대한의 슬픔으로 슬프게 만들 것인지—이 선택이 당신에게 맡겨져 있다는 것입니다.

오, 당신이 그분이 이 말씀을 되풀이하실 때마다 그 안에서 어떤 일이 일어나고 있는지 조금이라도 느낄 수 있다면 좋겠습니다. "나로 말미암아 실족하지 않는 자는 복이 있도다." 그분은 모든 사람을 구원하기 위해 세상에 오셨습니다.[24] 그런데—그 일이 그렇게 빨리 이루어지지 않는다는 것을 아십니다.

그래서 그분은 각 사람에게, 다시, 또 다시—슬프고 애틋한 마음으로 이 말을 하셔야 합니다: "나로 말미암아 실족하지 않는 자는 복이 있도다!" 오, 당신이 그분이 이 말씀을 하실 때 그분 안에서 어떤 일이 일어나는지 느낄 수 있다면—그렇다면 당신이 그분으로 인해 실족하는 일은 거의 불가능해질 것입니다. 혹시 당신이 스스로 당신의 구원이 얼마나 중요한지 모르고 있다면, 그것을 알 수 있는 길은 바로 그분의 염려를 보는 것입니다. 그분은 자신의 신성 속에서 지극히 인간적이십니다!

아버지와 함께 영원부터 알고 계십니다.[25] 오직 이런 방식으로만 인간이 구원받을 수 있다는 사실을. 인간은 그분을 이해할 수 없다는 것, 불 속으로 날아드는 작은 나방(Myg)이 스스로 파멸로 가듯, 그분—곧 하나님과 인간이 연합된 이 분—을 이해하려 하는 인간은 오히려 이보다 더 확실히 파멸로

가게 된다는 것을 그분은 알고 계십니다.[26] 그럼에도 불구하고 그분은 구원자(Frelseren)이십니다. 그리고 그분을 통하지 않고서는 어떤 인간에게도 구원은 없습니다.[27]

만일 제가 잠시 이렇게 말할 수 있다면—아니, 분명 감히 그렇게 말할 수 있다고 생각한다면—저는 이렇게 말씀드리고 싶습니다. 설령 그분으로 인해 실족하는 것이 그대 자신의 파멸 때문이 아니라고 하더라도, 도대체 누가 그분에게 실족할 만큼 그렇게 잔혹할 수 있겠습니까? 사람은 여러 방식으로 잔혹할 수 있습니다. 강한 자는 한 인간을 잔혹하게 고문할 수 있습니다. 그러나 약한 자는 사랑이 자기를 도우려는 것을 불가능하게 만들어 버림으로써 잔혹할 수 있습니다. 아, 바로 그것이 사랑이 요구한 전부였고, 또 얼마나 간절히 원하던 것이었는데 말입니다.

그대는 그분에게 그렇게 잔혹할 수 있겠습니까? 그분의 내면 깊숙한 곳에는 무한한 슬픔의 깊음이 있지 않습니까? 우월함이 클수록 슬픔도 더욱 깊어집니다. 이것은 언제나 그렇습니다. 이것은 이미 사람과 사람의 관계에서도 그러하지만, 사람들은 그것을 좀처럼 생각하지 않습니다. 왜냐하면 사람들은 대개 우월함을 동경하거나 부러워할 뿐, 그 우월함의 자리에 서서 생각하지 않기 때문입니다.

진정으로 우월한 사람은 상대에게 무엇이 유익한지를 이해합니다. 그리고 그가 참으로 우월한 만큼 그는 책임 가운데 근심하며 상대에게 유익이 되는 모든 일을 하려고 합니다. 그러나 이제 그는 슬픔 속에 바라봅니다. 다른 사람은 자신도 이해하지 못하고, 그 또한 이해하지 못한다는 것을 말입니다.

그렇다면 그분, 하나님이시며 사람이신 그분은 어떠하셨겠습니까? 그분은 얼마나 큰 고통을 겪으셨겠습니까? 단지—아니, 오히려 꼭 그 순간만이 아니라—악이 그분을 조롱하고, 채찍질하고, 학대할 수 있었던 그 순간만이 아니라,[28] 그분이 세상을 두루 다니며 가르치는 자로 계시던 모든 시간 동안 말입니다.

그분은 무한한 슬픔 속에 계셨습니다. 그분은 모든 사람을 구원하시기 위해 오셨고, 신적으로 보자면 자신을 위해 영예나 명성을 얻는 것에는 전혀 관심이 없으셨습니다(오, 이것을 부정하는 것이야말로 광기와 신성모독입니다!). 그분의 매일, 매 시각, 그분의 삶의 모든 순간은 오직 타인을 위한 생각뿐이었습니다.

그런데 그분이 사람들의 무리를 바라볼 때, 그분은 모든 것을 보셨지만, 믿음도, 믿음에 대한 이해도 보지 못하셨습니다.

호기심—그것은 오해합니다.

경박함—그것은 오해합니다.

변덕스러움, 자기 지혜, 자만, 편견—모두가 오해일 뿐입니다.

90 그 모든 오해는 그분에게 실제로 필요한 것이 아무것도 없었음에도(오, 이 또한 부정한다면 광기와 신성모독입니다!) 사람들이 그분을 절대적으로 필요로 하고 있었음에도 불구하고 나타난 것입니다. 그분은 곧 진리요 생명이셨기 때문입니다!

그분은 무한한 슬픔 속에서 바라보셨습니다. 그 잘못된 자들이 방문의 날에 무엇이 그들의 평화를 위한 것인지 알지 못하는 모습을 말입니다[29]—그리고 그분 자신이 바로 그 방문이며, 평화를 가져오려 하셨습니다! 그분이 시선을 고정하셨을 때—그리고 누구를 보셨습니까? 바로 한 사람, 각각의 단독자를 보셨습니다. 그분이 세상에 오신 이유가 바로 그 한 사람 때문이었는데, 그 한 사람, 눈이 멀고, 좁아 있고, 죄 가운데 있는 그 사람이, 그분께서 도우려 하심에도 도움을 받으려 하지 않는 것이었습니다!

오, 인간적인 언어로 표현하자면 이것은 실로 광기에 가까운 불균형입니다. 한 사람—그토록 제한되고 죄 가운데 있으며, 심지어 도움받기를 거부하는 그 사람—과 그분 사이의 대비 말입니다! 어떠한 인간도 이 불균형을 감당할 수 없습니다. 오직 하나님-사람, 그분만이 감당하실 수 있습니다. 그리고 그 무한한 슬픔을 어떤 인간도 상상할 수 없습니다.

**

*

"나로 말미암아 실족하지 않는 자는 복이 있도다!"

아, 그분께서 믿는 자(Troende) 한 사람 한 사람을 두고 얼마나 기뻐하시는지 자네가 한 번이라도 상상해 보실 수 있다면, 그대는 실족(Forargelse)을 지나 구원받는 길로 곧장 나아가게 되실 것입니다.

그분의 기쁨(Glæde)은, 한 사람이 다른 사람에게 완전히 이해받는 순간 느끼는 그 기쁨과도 같습니다. 그러나 그리스도께서는 일반적인 인간처럼 단순히 '이해될 수 있는(begribes)' 존재가 아니십니다. 그분은 이해의 대상이 아니라 믿음의 대상(Troens Genstand)이십니다. 그러나 그대가 그분을 믿을 때(Tro), 그대는 전적으로 그분께 속하게 되고, 그분의 기쁨은 마치 자신을 완전히 이해해 준 한 사람을 발견한 사람의 기쁨처럼 아주 큰 것입니다.

그분께서 베드로를 향해 "바요나 시몬아, 네가 복이 있도다(salig est Du

Simon Peder)"[30]라고 말씀하셨을 때, 그분은 베드로가 믿었기 때문에(fordi Peder troede) 크게 기뻐하셨습니다. 그 기쁨이 얼마나 크셨는지는, 그분께서 베드로에게 세 번이나 "네가 나를 사랑하느냐?"[31]라고 물으신 것만 보아도 알 수 있습니다.

이 주해 내용의 짧은 개요[32]

‘믿음’(Tro)이라는 개념이 매우 독자적인 기독교적 규정(Christelig Bestemmelse)이듯이, ‘실족’(Forargelse, offense/scandal) 역시 믿음과 관계된 아주 독특한 기독교적 규정입니다. 실족의 가능성(Forargelsens Mulighed, possibility of offense)은 갈림길(Skilleveien, crossroads)이며, 마치 갈림길 위에 서 있는 것과 같습니다. 인간은 실족의 가능성으로부터 실족(Forargelsen, the offense) 쪽으로 기울어지거나, 혹은 믿음(Troen, faith) 쪽으로 향하게 됩니다. 그러나 실족의 가능성으로부터 출발하지 않고는 결코 믿음에 도달할 수 없습니다.*

*몇몇 가명(Pseudonymer)의 저술에서 이미 보였듯이, 근대 철학에서는 원래 ‘절망(Fortvivlelse)’이라고 말해야 할 자리에 ‘의심(Tvivl)’이라는 말을 혼동하여 사용해 왔습니다.[33] 그래서 학문 안에서도, 삶 안에서도, 사람들은 의심(Tvivl)을 통제하거나 다스릴 수 없게 되었습니다. 반면에 ‘절망(Fortvivlelse)’은 상황을 즉시 바른 자리에 놓아줍니다, 왜냐하면 그것은 문제의 관계를 인격(Personlighed, den Enkelte/단독자)의 규정 아래, 그리고 윤리적(Ethiske) 영역 아래로 데려가기 때문입니다. 그런데 사람들이 ‘절망’ 대신 ‘의심(Tvivl)’을 말한 것과 마찬가지로, 원래 ‘실족(Forargelse)’이라고 말해야 할 곳에서도 ‘의심’이라는 범주를 사용해 왔습니다.

따라서 인격(Personlighed)이 기독교와 맺는 관계는 의심할 것인가(Tvivle) 혹은 믿을 것인가(Troe)가 아니라, 실족할 것인가(Forarges) 혹은 믿을 것인가(Troe)입니다. 전체 근대 철학은 윤리적으로도, 기독교적으로도, 경박함(Letfærdighed) 위에 세워져 있습니다. 절망(Fortvivle)과 실족(Forarges)에 대해 말함으로써 인간을 경계시키고 질서로 부르기보다, 근대 철학은 사람들을 의심(Tvivle)과 의심해 보았다는 것에 허영(Indbildskhed, 공상적 자기기만)을 품게 하며 초대했습니다.

근대 철학은 추상적이고 형이상학적(Metaphysisk) 불확정 속에 떠다니는(Svævende) 것입니다. 그리고 이제 스스로 이런 상태를 설명하고, 단독자(den Enkelte, 단독자 한 사람 한 사람)을 윤리적(Ethiske)이고 종교적(Religieuse)이고 실존적(Existentielle) 영역으로 인도하는 대신, 철학은 사람들에게 겉모습(Skin)을 제공하여, 그들이 "좋은 가죽(gode Skind)에서 빠져나와, 순전한 가죽(det rene Skin)[34]으로 들어갈 수 있다", 즉 사유(speculere)만으로 변할 수 있다는 환상을 만들어냈습니다.

'실족(Forargelse)'은 본질적으로 '하나님과 인간의 결합(Sammensætning)', 곧 '하나님-사람(Gud-Mennesket)'과 관계됩니다. 사변철학(Speculationen)은 당연히 '하나님-사람'을 이해(begribe, 파악)할 수 있다고 생각해 왔습니다.[35] 그리고 실제로 이해할 수 있습니다, 그러나 그것은 사변철학이 하나님-사람에게서 시간성(Timelighed), 동시대성(Samtidighed), 현실성(Virkelighed)의 규정을 제거해버리기 때문입니다.

사실 이 점에 대해, 너무 강한 표현이라고 할 수 없을 만큼, 이것은 사람을 우롱하고 어리석게 만드는 광대놀음이며, 그런데도 이것이 '심오함(Dybsind)'으로 칭송받는 것은 애처롭고 끔찍한 일입니다. 아닙니다. 상황(Situationen, Situation)은 하나님-사람에 필연적으로 속합니다. 즉, 당신 곁에 서 있는 한 개인(Et enkelt Menneske)이 하나님-사람이라는 정황이 바로 상황입니다.

하나님-사람은 '하나님과 인간의 통일(Enheden af Gud og Menneske)'이 아닙니다. 그런 용어는 심오한 것처럼 보이게 하는 눈속임(Øienforblindelse)입니다. 하나님-사람은 '하나님과 한 개인'의 통일(Enheden)입니다. 인류 전체(Menneskenes Slægt)가 하나님과 혈연적 관계를 가진다거나, 가져야 한다는 생각은 오래된 이교적 사상(Hedenskab)입니다.[36] 그러나 '한 개인(Et enkelt

Menneske)이 하나님이다’―이것이 기독교이며, 그 개인이 바로 하나님-사람(Gud-Mennesket)입니다.

하늘에서도, 땅에서도, 깊은 심연에서도, 그리고 인간의 가장 환상적 사유의 미혹 속에서도 이보다 더, 인간적으로 말해 광기(afsindigere)라 부를 만한 결합은 전혀 불가능합니다. 이것은 동시대성(Samtidighedens) 상황(Situation) 안에서 드러납니다. 그리고 하나님-사람과의 관계는 동시대성의 상황으로부터 시작하는 것 외에는 불가능합니다.*

* 이에 대해서는 『수고하고 무거운 짐 진 자들아 다 내게로 오라』(Kommer hid alle I, som arbeide og ere besværede)의 ‘정지(Standsningen)’을 참조하라.[37]

가장 엄밀한 의미에서의 실족, 탁월한 의미에서의 실족(Forargelse $\varkappa \alpha \tau' \dot{\varepsilon} \xi o \chi \acute{\eta} \nu$)[38]은 하나님-사람과 관계되며, 두 형태의 실족이 있습니다.

첫 번째 형태는 높여짐(Høiheden)의 방향입니다. 즉, 한 개인(Et enkelt Menneske)이 자신을 하나님(Gud)이라고 말한다는 사실, 그리고 하나님을 드러내는 방식으로 행동하거나 말한다는 사실에 대해 실족하는 것입니다. (이 부분은 B에서 다룰 것입니다.)[39]

두 번째 형태는 비천함(Ringheden)의 방향입니다. 즉, 하나님이신 분이 이처럼 비천한 인간(ringe Menneske)이며, 비천한 인간처럼 고난받는다는 사실에 대해 실족하는 것입니다. (이 부분은 C에서 다룰 것입니다.)[40]

첫 번째 경우에는, 저는 그가 비천한 인간이라는 사실에는 전혀 실족하지 않지만, 그가 자신을 하나님이라고 믿으라고 요구한다는 사실에 실족합니다. 그리고 만약 제가 그를 하나님으로 믿기 시작했다면, 그 순간 다시 반대 방향에서 실족이 찾아옵니다. 즉, 그가 하나님이라면, 어떻게 이처럼 비천하고 무력한 인간, 결정적인 순간에 아무것도 할 수 없는 존재일 수 있느냐는 것입니다.

⁹³ 하나님-사람은 역설(Paradoxet)이며, 절대적 역설(absolut Paradoxet)입니다.[41] 따라서 이성(Forstanden)은 그 앞에서 멈춰 설 수밖에 없습니다. 만일 어떤 사람이 높여짐(Høiheden)의 방향에서 실족(Forargelsen)을 느끼지 못한다면, 그는 반드시 비천함(Ringheden)의 방향에서 실족을 발견하게 될 것입니다.

예를 들어, 과도하게 상상력(Phantasi)과 감정(Følelse)이 지배적이며, 유년적 혹은 유치한 기독교의 대표자라 할 수 있는 사람이 있을 수 있습니다. 왜냐하면 아이(Barn)에게는 실족(Forargelsen κατ' ἐξοχήν)의 개념이 존재하지 않으며, 바로 그렇기 때문에 기독교는 본래 아이를 위한 것이 아니기 때문입니다.

이런 사람은 이 개인(Dette enkelte Menneske)이 하나님이라고 자신은 믿는다고 생각할 수 있습니다, 그러면서도 실족을 전혀 느끼지 못할 수 있습니다. 그 이유는, 그는 하나님에 대한 발달된 개념(udviklet Forestilling)을 갖고 있는 것이 아니라, 단지 감정적 환상(Barnlig/Barnagtig Phantasi), 즉 지극히 높고, 거룩하고, 순결하고, 위대한 존재—그저 모든 왕들보다 더 큰 존재 정도로만 생각하고 있기 때문입니다. 그러나 여기에 '하나님'이라는 질(*K*valiteten: Gud)은 없습니다. 즉, 이 사람은 개념(Category)이 없기 때문에, 단순히 한 인간이 하나님이라고 믿는다고 생각하면서도 실족(Forargelsen)을 전혀 경험하지 않는 것입니다. 하지만, 그 동일한 사람은 곧 '비천함(Ringheden)'에서 실족하게 될 것입니다.

이와 같이 실족(Forargelsen)은 작동합니다. 그리고 성경에서도 그리스도가 실족에 대해 경고하는 곳들에서 바로 이러한 형태의 실족이 묘사되어 있습니다.[42]

그러나 성경에서 또 다른 종류의 그리스도에 대한 실족(Forargelse paa Christus)이 언급되는데, 그 가능성은 역사적으로 지나간 사건(et historisk Forbigangent)입니다. 이 실족은 그리스도가 그리스도, 하나님-사람으로서 관계되는 실족(즉, 본질적 실족으로, 이 두 가지 형태는 시간이 지속되는 한 지속되며, 믿음이 폐지될 때까지 지속됩니다[43])이 아니라, 그가 그저 단순한 인간(et slet og ret enkelt Menneske)으로서 기존 질서(Bestaaende)와 충돌(colliderer)할 때 발생하는 실족입니다. (이 부분은 A에서 다룹니다.)[44]

94

주해(Fremstillingen)

A

그리스도를 그리스도 자신(Gud-Mennesket, 하나님-사람)으로서가 아니라, 기존의 질서(det Bestaaende)와 충돌하는 단순한 개인(enkelt Menneske)으로만 관계할 때 발생하는 실족(Forargelse)의 가능성.

여기서 말하는 실족(Forargelse)은, 그 경우라면 누구라도(Enhver) 기존의 질서(det Bestaaende)에 복종하거나 편입되기를 원치 않을 때, 즉 단독자(den Enkelte)가 그 질서에 순응하지 않으려 할 때, 그 사람을 향해 생길 수 있는 실족을 의미합니다. 그러나 단독자 한 사람(En Enkelt)이 기존의 질서를 거부한다고 해서 그가 자신의 정체를 하나님이라고 주장한다(siger sig at være Gud)는 결론이 되는 것은 아닙니다. 하지만 우리는 쉽게 볼 수 있습니다. 이곳에는 이미 "보통 인간(Menneske) 이상"이라는 방향으로 어떤 양적 증가(Qvantiteten, step-up)가 존재한다는 것을. 그리고 기존의 질서(det Bestaaende)는 바로 그 점을 주목합니다. 그러므로 질문은 이렇게 됩니다:

"이 단독자(den Enkelte)가 기존 질서보다 더 높은가(høiere)?"

이 질문, 혹은 더 정확하게 말하면, 기존 질서의 항의(Protest)는 그 단독자를 강제하여 둘 중 하나를 선택하게 만듭니다. 다시 후퇴(gå tilbage)하여 기존 질서에 굴복하거나, 자신이 '인간 이상(mere end Menneske)'이라고 선언(udsige)하거나 그리고 그 순간 실족(Forargelsen)이 발생합니다.

1) 마태복음 15장 1–12절

(1) 그 때에 바리새인과 서기관들이 예루살렘으로부터 예수께 나아와 이르되 (2) 당신의 제자들이 어찌하여 장로들의 전통을 범하나이까 떡 먹을 때에 손을 씻지 아니하나이다. (3) 대답하여 이르시되 너희는 어찌하여 너희의 전통으로 하나님의 계명을 범하느냐 (4) 하나님이 이르셨으되 네 부모를 공경하라 하시고 또 아버지나 어머니를 비방하는 자는 반드시 죽임을 당하리라 하셨거늘 (5) 너희는 이르되 누구든지 아버지에게나 어머니에게 말하기를 내가 드려 유익하게 할 것이 하나님께 드림이 되었다고 하기만 하면 (6) 그 부모를 공경할 것이 없다 하여 너희의 전통으로 하나님의 말씀을 폐하는도다. (7) 외식하는 자들아 이사야가 너희에 관하여 잘 예언하였도다 일렀으되 (8) 이 백성이 입술로는 나를 공경하되 마음은 내게서 멀도다. (9) 사람의 계명으로 교훈을 삼아 가르치니 나를 헛되이 경배하는도다 하였느니라 하시고 (10) 무리를 불러 이르시되 듣고 깨달으라. (11) 입으로 들어가는 것이 사람을 더럽게 하는 것이 아니라 입에서 나오는 그것이 사람을 더럽게 하는 것이니라. (12) 이에 제자들이 나아와 이르되 바리새인들이 이 말씀을 듣고 걸림이 된 줄 아시나이까.

95

당연한 말이지만, 그리스도는 언제나 하나님-사람(Gud-Mennesket)이십니다. 그러나 여기서는 역사적 상황(historisk Situation)이 문제입니다. 그리고 이 본문에서 말하는 실족(Forargelse)은 그를 하나님-사람으로 받아들이는 데서 생기는 실족이 아닙니다. 즉, 한 인간(et enkelt Menneske)이 스스로를 하나님이라고 주장한다는 데서 생기는 실족도 아니며, 하나님이신 분이 인간으로서 낮아지셨다는 데서 생기는 실족도 아닙니다.

여기서 그리스도는 보다 일반적 의미에서의 '선생(Lærer)'로 등장합니다. 곧 하나님을 경외하는 삶(Gudfrygtighed)과 인자(內在), 내면성(Inderlighed)을 가르치는 원초적 진정성(Oprindelighed)을 지닌 선생(Lærer)이십니다. (여기에서는 그분의 요구가 '자신이 하나님이 되기를 원한다'는 주장과는 관련되지 않습니다.)

그리스도는 모든 비어 있는 외적 형식(tom Udvorteshed)에 맞서 내면성(Inderlighed)을 강하게 촉구하시는 분이며, 외면성(Udvorteshed)을 내면성으로 바꾸는 선생이십니다. 바로 이것이 충돌(Collision)입니다. 그리고 이러한 충돌은 크리스텐덤(Christenheden) 안에서 반복해서 되풀이되는 충돌입니다. 요약하자면, 이것은 경건주의(Pietismens)[45]와 기존 질서(det Bestaaende)의 충돌(Collision)입니다.

바리새인들(Pharisæerne)과 서기관들(de Skriftkloge)은 기존 질서(det Bestaaende)의 대표자로 등장합니다. 그들은 자신의 교묘함(Spidsfindighed)과 지적 능력(Kløgt)으로 인해 종교를 텅 빈 외식(tom Udvorteshed)으로 만들었고, 결국 그것은 하나님을 모독하는 불경(ugudelig Udvorteshed)이 되어버렸습니다.

그러나 기존 질서는 그 당시에도, 그리고 지금도 객관성(Objektive)을 주장하며, 개별적 주체성(Subjektiviteten)보다 더 높다고 주장합니다. 그런데 어떤 단독자(En Enkelt, 개인)가 이 기존 질서(det Bestaaende) 아래로 들어가기를 거부하거나, 오히려 그것에 대해 반대하며 그것을 진리(Sandheden)라 부르는 것이 아니라 거짓(Usandhed, 비진리)이라고 비판하고, 반대로 자신이 진리 안에 있다고 말하며, 진리는 바로 내면성(Inderlighed)에 있다고 주장하는 순간,[46] 그때 충돌이 발생합니다. 그러면 기존 질서는 당연히 이런 질문을 던집니다.

"이 단독자(den Enkelte)는 자신이 무엇이라고 생각하는 것인가? 그는 자신이 하나님이라고 생각하는 것인가? 혹은 하나님과 직접적인 관계(umiddelbart Forhold)라도 지녔다고 생각하는가? 아니면 적어도 보통 인간 이상(mere end Menneske)이라고 생각하는가?"[47]

여기에서 실족(Forargelse)이 발생합니다. 그리고 우리는 쉽게 알 수 있습니다. 이 실족이 정확히 "인간 이상(mere end Menneske)"이 되려는 요구에 맞추어 겨냥되고 있다는 사실을. 그러나 여기에는 여전히 상대적 차이(Relativiteter)와 양적 증가(Qvantiteten)의 여지가 있습니다. 즉, 보통과는 다른, 비범한(Overordentligt) 존재라고 여겨지는 여러 형태가 존재할 수 있으며, 그렇다고 해서 반드시 하나님이 되겠다는 요구를 의미하는 것은 아닙니다.

실제로 많은 사람들은 그리스도를 저 비할 데 없이 독보적이고(mageløst), 거의 신적(Guddommeligt)인 존재였다고 이해하는 데에서 그들의 생각을 멈추곤 합니다. 하지만 그들이 그리스도와 동시대(samtidigen)에 살았더라면, 아마 그들은 여전히 그에게 실족했을 것입니다. 다만 그들에게는 이것이 보이지 않습니다.

가장 엄밀한 의미의 실족은 하나님-사람과의 관계에서 생기는 실족입니다. 그리스도는 어떤 모호한 양적 확장(Qvantiteren) 속에서 스스로를 어느 정도 높일 수 있는지를 시험하듯 행동한 것이 아니라, 질적으로(qvalitativt) "나는 하나님이다(han er Gud)" 하고 선언하며, 경배(Tilbedelse, 예배)를 요구합니다.

이것이 바로 본질적인 실족(den væsentlige Forargelse)입니다. 다만, 여기에서는 이 본질적 실족을 직접 다루고 있지는 않습니다. 그러나 분명한 사실이 있습니다. 사람들은 누구든지 어떤 방식으로든 보통 인간 이상의 존재처럼 보이거나 혹은 그렇게 행동하려는 듯한 인상을 줄 때, 그에게 실족한다는 것입니다. 하지만 이 점은 오해해서는 안 됩니다. 항상 그 사람 자신이 스스로를 보통 인간 이상이라고 과시하려고 해서 실족이 발생하는 것은 아닙니다.

종종 그 실족은 반대편이 이미 기존 질서에 완전히 갇혀 있기 때문에 일어나기도 합니다. 진리의 증인(Sandheds Vidne)이 진리를 내면성(Inderlighed)으로 만드는 순간(그리고 이것이 진리의 증인이 가진 본질적 소명입니다), 또는 천재가 진리를 본래적이고 원초적인 방식으로 내면화(inderliggjør)하는 순간, 기존 질서는 반드시 그에게 실족할 것입니다.

인간의 본성을 조금만 이해해도 이것이 그렇다는 것을 알 수 있습니다. 그리고 오늘날의 철학을 조금만 알아도 이런 일은 우리 시대에도 반드시 일어날 것이라는 것을 알 수 있습니다. 왜 헤겔은 단독자(den Enkelte) 안에 있는 양심(Samvittigheden)과 양심의 관계(Samvittigheds-Forholdet)를 그의 『법철학』에서 "악의 한 형식"[48]이라고 규정했을까요? 그 이유는, 그가 기존 질서를 신격화(forgudede)했기 때문입니다. 그리고 기존 질서를 신격화할수록 더 자연스럽게 다음과 같은 결론에 이르게 됩니다.

"그렇다면 이 '신적 권위'에 도전하거나 반대하는 자는 자신이 하나님(G 이라고 생각하는 것이 틀림없다."

그러나 실제로는 반드시 그 사람 자신이 스스로에 대해 신성모독적인 말을 하는 것이 아닙니다. 특히 그가 참된 진리의 증인(Sandheds-Vidne)이라면 더욱 그렇습니다. 오히려 신성모독은 기존 질서를 신적인 것으로 숭배하는 그 불경함(Ugudelighed)에서 비롯된 투사(projektion)입니다. 즉, 이것은 "청각적 착각(akustisk Bedrag)"[49]입니다. 기존 질서는 속으로 스스로에게 말합니다.

"우리는 신적 권위다."

그리고 이 말이 진리의 증인 앞에서 반향되어 돌아오면, 사람들은 그것을 마치 진리의 증인이 스스로를 인간 이상(mere end Menneske)으로 주장하는 것처럼 들리게 되는 것입니다.

그러나 기존 질서가 신적이 되었다고, 또는 신적인 것으로 여겨진다는 것은 거짓(Falsum)이며, 이는 스스로의 기원을 의도적으로 망각함으로써 조작된 것입니다. 예를 들어, 평민이 귀족으로 승격되면, 그는 자신의 이전 삶 [vita ante acta][50]을 완전히 잊히게 만들기 위해 온갖 노력을 기울이곤 합니다. 기존 질서도 마찬가지입니다.

기존 질서는 처음부터 존재했던 것이 아니며, 그 시작점은 단독자와 기존 질서사이의 바로 그 충돌에 있었습니다. 그리고 그 시작은 단독자 안에 있는 하나님과의 관계(Guds-Forholdet i den Enkelte)에서 비롯되었습니다. 그런데 이제는 이 사실이 잊혀져야 한다고 주장합니다. 다리(Broen)는 잘려나가야 하고, 기존 질서는 마치 처음부터 신적인 것(Guddommeliggjort)이었던 것처럼 신격화되어야 한다는 것입니다.

이상하게도, 기존 질서가 신격화(Guddommeliggjørelse)되는 바로 그 과정이야말로 끊임없는 반역(反逆, Opstand)이며, 지속적인 하나님에 대한 반란(Oprør mod Gud)입니다. 사람은 사실, (그를 탓할 수는 없겠지만) 세계의 발전(verdens Udvikling)에 조금이라도 고삐를 쥐려 하고,[51] 인류가 계속해서 발전하기를 바라기 마련입니다. 그러나 기존 질서의 신격화란 사실, 게으르고 세속적인 인간의 마음이 만들어낸 자기만족적인 환상에 불과합니다. 그 환상은 모든 것이 안전하고 평온하며[52] 이미 최고의 자리에 도달했다고 스스로 속이는 것입니다.

그러면 갑자기 어떤 한 단독자(Enkelte), 어떤 주제넘은 아무개(Peer Næsviis)[53]가 나타나서, 자신이 기존 질서보다 더 높다고 생각한다고 그들은 말할 것입니다.하지만 아니오—그가 반드시 자신을 더 높다고 여긴다는 뜻은 아닙니다. 오히려 그야말로 기존 질서가 잠들지 않게 하기 위해 필요했던 '쇠파리(Bremse, gadfly)'[54]일 수도 있습니다. 혹은 더 나쁘게는 스스로를 신격화하려는 위험으로부터 막기 위한 제동일지도 모릅니다.

모든 인간은 '두려움과 떨림(Frygt og Bæven)' 속에서 살아야 합니다. 그리고 어떤 기존 질서도 두려움과 떨림의 상태에서 벗어나서는 안 됩니다. '두려움과 떨림'이란, 우리가 생성(Worden, 되기)의 과정 속에 있다는 것을 의미합니다. 그리고 개개인도, 인류 전체도, 자신이 생성(Worden) 속에 있음을 지속적으로 자각해야 합니다. 그리고 '두려움과 떨림'은 하나님이 존재함(der er en Gud)를 의미합니다. 어떤 사람도, 어떤 제도도, 어떤 기존 질서도 단 한

순간도 하나님을 잊어서는 안 된다는 뜻입니다.[55]

이와 같이 그리스도 당시의 유대교는 바로 바리새인들과 서기관들에 의해 자기만족적이며 자기 자신을 신격화하는 기존 질서가 되어 있었습니다. 외적인 것(det Udvortes)과 내적인 것(det Indvortes) 사이에는 완전한 공약성(Commensurabilitet)[56]이 성립되었는데, 그 공약성이 너무도 완전하여 내적인 것은 아예 사라져 버렸습니다. 바로 이 점에서 우리는 어떤 기존 질서가 스스로를 신격화하고 있다는 사실을 알아봅니다. 즉, 이 공약성(Commensurabilitet)과 일치성(Congruents)이 나타나는 바로 그 지점에서 말입니다. 한때 투쟁하는 진리(den stridende Sandhed)[57]를 상기시킬 수 있었던 모든 것은 제거되었고, 이제 그런 것은 거의 우스운 것으로 여겨지기에 이르렀습니다. 이제는 말합니다. "진리가 승리했다." 그러나 그 진리란, 한때는 투쟁하던 진리였으나, 이제는 기존 질서(det Bestaaende)가 된 진리입니다.

이제 진리 안에 있다(At være i Sandheden)는 것, 더 나아가 진리 안에 더 깊이 있다는 것은 더 이상 고난을 받아야 한다는 것을 의미하지 않습니다. 오히려 정반대입니다. 여기에는 일치성(Congruents)이 있습니다. 즉, 사람이 진리를 더 많이 소유할수록, 그는 더 큰 존경과 명예를 얻게 됩니다. 아, 이제야 모든 것이 올바르게 되었습니다. 이제야 기존 질서가 신적인 것으로 신격화(guddommeliggjort) 되었습니다. 이제 그리스도께서 세상에 오신다면, 그분은 먼저 교수가 되셨을 것이며, 그리고 그분이 진리 안에 계시다는 것이 점점 더 분명해질수록 점점 더 승진하셨을 것입니다.

이와 같은 생각을 바리새인들과 서기관들 역시 분명히 가지고 있었던 것으로 보입니다. 경건(Fromhed)과 경외심(Gudsfrygt)이 세상에서 고난을 받아야 한다는 생각은 이제 구시대적인 것(Antiqveret)이 되었습니다. 이제는 이미 일치성(Congruents)이 성립되었기 때문입니다. 곧, 사람이 더 경건하고 더 하나님을 경외할수록, 그는 더 존경받는 존재가 되었습니다.

그리고 누구도 속이지 못하도록, 또 혹시 누군가가 "그는 내면 깊숙이, 숨겨진 상태로 경건하다"고 말하지 못하도록 하기 위해―이 점은 아마도 기존 질서의 진지함(Alvor)을 보여주는 증거로 제시되었을 것입니다―경건은 마치 시험(examina)에 부쳐진 것처럼 다루어졌습니다. 모든 것이 공약 가능하게(commensurabelt) 되었던 것입니다. 사람들은 내면성(Inderligheden) 속에 숨어 있으려는 모든 것에 대해 의심을 품었습니다. 그런 것은 아마도 거짓일 것이라고 여겼던 것입니다. 이 점에 대해서는 어쩌면 상당한 이유가 있다고 말할 수도 있을 것입니다. 그러나 동시에 사람들은, 참된 경건의 표지는―그것이 숨겨지지 않을 때―바로 세상에서 고난을 당한다는 점이라는 사실을 완전히 제거해 버렸습니다.

참으로, 방금 귀족 작위를 받은 사람이 어제까지만 해도 시민이었음을 아무 거리낌 없이 잊어버릴 수 있듯이, 그와 같은 당당함(Bravour)으로 기존 질서 역시 자신의 기원을 망각할 수 있습니다. 그리고 개별 인간이 어떤 '무엇'이 되기를 열망하듯이, 세대(Generationen) 역시 자신이 되고자 하는 어떤 '무엇'을 열망합니다. 그것은 곧 기존 질서를 형성하고, 하나님을 제거하며, 인간에 대한 두려움(Menneske-Frygt)[58]으로 단독자(den Enkelte)를 겁주어 쥐구멍 속으로 몰아넣는 것입니다.[59] 그러나 하나님께서는 그렇게 하지 않으십니다. 하나님께서는 정반대의 전술(Taktik)을 사용하십니다. 곧 한 단독자를 사용하여 기존 질서를 그 자기만족(Selfbehagelighed) 속에서 도발하고 흔들어 깨우십니다.

Commensurabiliteten(비교가능성, 공약성)과 Congruentsen(일치성)이 도래하고, 기존 질서가 신격화되면, 모든 두려움과 떨림(Frygt og Bæven)은 폐지됩니다. 그와 같은 기존 질서 안에서 살아가는 것, 특히 그 안에서 어떤 지위에 오르는 것은, 마치 어머니의 치마폭 아래에서 사는 것의 연장선이거나, 오히려 그보다 더 안전한 일이 됩니다.

사람은 확률(Sandsynlighed)을 계산할 수 있을 만큼 계산하며, 가장 작은 결단(Afgjørelse)조차 부드럽게 면제받습니다. 그 결단 속에서야말로 "단독자"는 고통을 겪는 법인데, 그러나 그는 더 이상 단독자가 아닙니다. 결코 아닙니다. 그는 확률의 신뢰성(Sandsynlighedens Tilforladeligheder) 속으로 마술처럼 빨려 들어가, 영원(Evigheden)에 이르기까지 확실한 승진의 황홀한 전망을 누립니다. 영원도 결국 기존 질서가 판단한 그대로 판단할 것이기 때문입니다. 기존 질서야말로 신적인 것(det Guddommelige)이었기 때문입니다. 기존 질서는 단독자에게 이렇게 말합니다.

"무엇 때문에 그대는 이상성(Idealitet)의 엄청난 기준으로 자신을 괴롭히고 고문하려 하십니까? 기존 질서로 향하십시오. 기존 질서에 합류하십시오. 여기에 기준(Maalestokken)이 있습니다. 그대가 학생이라면, 교수(Professor)가 곧 기준이며 진리입니다. 그대가 목사라면, 주교(Biskoppen)가 길이며 생명입니다. 그대가 서기관이라면, 법무참의관(Justitsraaden)[60]이 목표입니다. Ne quid nimis[지나침이 없도록 하십시오]![61]

기존 질서는 곧 이성적인 것(det Fornuftige)입니다.[62] 그러니 그대는 행복한 자입니다. 자신에게 배정된 상대성(Relativitet)을 차지하기만 하면 됩니다. 그 밖의 일은 관청(collegierne),[63] 교무회(Consistorium),[64] 혹은 그와 유사한 기관들이 알아서 처리할 것입니다."

"저의 구원(Salighed)은 어떻게 됩니까?"

"물론 보장됩니다. 만일 그대에게 어떤 문제가 있다 하더라도, 다른 모든 사람들과 마찬가지로, 때가 되면 잘 포장되고 포개어져, 기존 질서의 인장(Seal) 아래, '영원한 구원(den evige Salighed)'이라는 주소로, 거대한 운송물 가운데 하나로 영원 속으로 발송(expederer)될 것입니다. 그리고 다른 모든 사람들과 똑같이 잘 받아들여지고, 똑같이 복되게 될 것입니다.

혹시 그대가 그러한 안전한 보증(Sikkerhed)과 담보(Caution), 곧 기존 질서가 저편에서 그대의 구원을 보증해 준다는 사실에 만족하지 못하겠다면— 좋습니다, 그것을 그대 안에 간직하십시오. 기존 질서는 그것에 대해 아무런 반대도 하지 않습니다. 다만 그것에 대해 완전히 침묵한다면, 그대는 여전히 다른 사람들과 똑같이 잘 살게 될 것입니다."

기존 질서의 신격화(Guddommeliggjørelse)는 곧 세계화, 곧 세속화(Verdsliggjørelse)입니다. 기존 질서는 세속적인 것(det Verdslige)에 관한 한, 사람들이 기존 질서에 따르고 어느 정도의 상대성(Relativitet)에 만족해야 한다고 주장할 충분한 권리를 가질 수도 있습니다. 그러나 결국 사람들은 하나님과의 관계(Guds-Forholdet)마저도 세속화합니다. 즉 그것이 어떤 상대성과 조화를 이루어야 하며, 인간이 삶에서 처한 위치와 본질적으로 다른 어떤 것이 되어서는 안 된다고 생각하게 됩니다.

그러나 사실은 정반대입니다. 하나님과의 관계는 단독자에게 절대적인 것(det Absolute)이어야 합니다. 그리고 바로 이 단독자의 하나님과의 관계는 모든 기존 질서를 불안정하게 떠 있게(svævende, 중지되게) 만드는 것이어야 합니다. 왜냐하면 하나님께서 어느 순간이라도, 원하신다면 단 한 개인을 통해 기존 질서 위에 압력을 가하실 수 있기 때문입니다. 그러면 그 개인의 하나님과의 관계 속에서 즉시 하나의 증인(Vidne), 하나의 고발자(Angiver), 하나의 스파이(Spion)—혹은 무엇이라 부르든지—가 나타나게 됩니다. 곧, 무조건적인 순종(ubetinget Lydighed)으로 하나님께 순종하는 사람입니다. 그리고 바로 그 무조건적인 순종으로 말미암아, 그는 박해를 받고, 고난을 겪고, 죽게 될 수도 있습니다. 그러나 그렇게 함으로써 그는 기존 질서를 불안정하게 떠 있게(svævende, 중지되게) 만듭니다.

이제 단독자는, 스스로를 신격화해 버린 기존 질서 앞에서 자신의 하나님과의 관계를 근거로 주장하게 되면, 겉보기에는 마치 그가 자신을 인간 이상의 존재로 만드는 것처럼 보일 것입니다. 그러나 실제로 그는 결코 그렇게 하는 것이 아닙니다. 왜냐하면 그는 모든 인간, 무조건적으로 모든 인간이 동일하게 하나님과의 관계를 가지고 있으며 또 가져야 한다는 사실을 인정하기 때문입니다.

마치 어떤 사람이 자신이 사랑에 빠졌다고 말한다고 해서 다른 사람이 사랑에 빠질 수 없다고 부정하는 것이 아닌 것과 같습니다. 오히려 더더욱, 이러한 개인(Enkelt)은 다른 사람들 역시 각각의 개인으로서 하나님과의 관계를 가질 수 있음을 부정하지 않습니다. 그러나 기존 질서는 이것을 받아들이려 하지 않습니다. 기존 질서는 자신이 단지 수백만의 개인들(Millioner Enkelte)의 집합에 불과하며, 그 각각이 하나님과의 관계를 가지고 있다는 식의 느슨한 구조 위에 서 있다고 인정하려 하지 않습니다.

기존 질서는 하나의 전체(et Hele)가 되기를 원합니다. 그것은 자기 위에 아무것도 존재하지 않기를 원하며, 오히려 자기 아래에 각 개인(hver Enkelt)을 두고 그들을 판단하며, 기존 질서에 복종하는 개인들을 그 체계 안에 편

입시키려 합니다. 그러나 바로 그 단독자(hiin Enkelte)는 인간이 된다는 것에 대해 가장 겸손하면서도 동시에 가장 인간적인 가르침을 제시하는 사람입니다. 그럼에도 불구하고 기존 질서는 그에게 신성모독의 죄를 뒤집어씌워 사람들을 놀라게 하려 합니다.

바리새인들의 경우도 마찬가지였습니다. 그들은 그리스도에게 실족하였습니다. 왜냐하면 그분께서 경건(Fromhed)을 절대적인 내면성으로 만드셨기 때문입니다. 그러한 내면성은 외적인 것(det Udvortes)과 직접적으로 비례하거나 비교될 수 있는 것(commensurabel)이 아니었습니다. 오히려 그 반대였습니다. 그것은 고난(Lidelsen)을 통해서 드러나는 것이었습니다. 그리고 어떤 경우에도 그것은 단순한 상대성(Relativitet) 속에서 완성되는 것이 아니었습니다.

바리새인들과 서기관들이 말하던 이른바 객관성(Objektivitet)이란 것은 다음과 같은 것이었습니다. 곧 규정들과 상대성들의 전체 구조(Bestemmelser og Relativiteter), 경건이 명예(Ære)와 존경(Anseelse), 권력(Magt)과 영향력(Indflydelse) 속에서 외적으로 분명하게 드러나는 체계였습니다. 그러나 그리스도께서는 하나님 경외(Gudsfrygt)와 경건(Fromhed)을 내면성(Inderlighed)으로 만드심으로써 바로 이 전체 구조에 충격을 가하셨습니다. 자신들이 옳다고 완전히 확신하고 있었으며, 아마도 그리스도께서 결국 패배할 것이라고 미리 확신하고 있었던 그들은 그분께 다음과 같은 질문을 던졌습니다.

"어찌하여 당신의 제자들은 장로들의 전통(de Gamles Vedtægt)을 어깁니까?"[65]

어떤 기존 질서가 스스로를 신격화하는 지경에 이르면 언제나 일이 이렇게 됩니다. 마침내 관습과 관례(Skik og Brug)가 신앙 조항(Troes-Artikler)이 됩니다. 모든 것이 똑같이 중요해지거나, 혹은 전통(Vedtægter)과 관습(Skik og Brug) 자체가 가장 중요한 것이 되어 버립니다. 그리하여 단독자는 자신이 하나님과의 관계를 가지고 있다는 사실을 느끼지도 못하고 인식하지도 못합니다. 그리고 모든 사람, 곧 각 개인(hver Enkelt)이 하나님과의 관계를 가지고 있으며 그것이 그에게 절대적인 의미(absolut Betydning)를 가져야 한다는 사실도 깨닫지 못합니다.

아닙니다. 하나님과의 관계는 폐기되고, 대신 관습과 전통(Vedtægter)과 그와 같은 것들이 신격화됩니다. 그러나 바로 그러한 종류의 하나님 경외(Guds-Frygt)는 사실상 하나님에 대한 경멸(Foragt for Gud)입니다. 그것은 하나님을 두려워하지 않습니다. 그것은 사람을 두려워할 뿐입니다. 그래서 그리스도께서는 바리새인들에게 다음과 같이 대답하셨습니다.

"어찌하여 너희는 너희의 전통(Vedtægter) 때문에 하나님의 계명(Guds Bud)을 어기느냐?"

바리새인들과 서기관들은 이처럼 스스로 거룩해졌다고 생각하게 되었으며, 기존 질서가 신격화될 때마다 인간들은 언제나 그렇게 거룩해집니다. 그래서 그들의 하나님 숭배(Gudsdyrkelse)는 사실상 하나님을 조롱하는 것이 됩니다. 겉으로는 하나님을 섬기고 예배하는 것처럼 보이지만, 실제로 그들은 자신들의 발명품(Paafund)을 숭배합니다. 어떤 사람들은 자신들이 그것의 발명자라는 자기 만족적인 기쁨(selvbehagelig Glæde) 속에서 그렇게 하고, 어떤 사람들은 사람에 대한 두려움(Menneske-Frygt) 때문에 그렇게 합니다.

　그러나 앞서 말했듯이, 이러한 기존 질서를 부정하는 사람은 그 체계에 의해 인간 이상의 존재가 되려는 사람으로 여겨집니다. 그래서 사람들은 그에게 실족합니다. 그러나 사실 그는 단지 하나님을 하나님으로 만들고 자신을 인간으로 만들 뿐입니다.

 2) 마태복음 17장 24–27절

　"그들이 가버나움(Capernaum)에 이르렀을 때, 성전세를 거두는 사람들이 베드로(Peder)에게 와서 말하였습니다. '당신들의 스승은 성전세(Skattens Penninge)를 내지 않습니까?' (25) 베드로가 말하였습니다. '냅니다.' 그가 집에 들어가자 예수께서 먼저 말씀하셨습니다. '시몬(Simon)아, 네 생각은 어떠하냐? 세상의 왕들이 관세나 세금을 누구에게서 거두느냐? 자기 자식들에게서냐, 아니면 다른 사람들에게서냐?' (26) 베드로가 말하였습니다. '다른 사람들에게서입니다.' 예수께서 그에게 말씀하셨습니다. '그렇다면 자식들은 자유롭다. (27) 그러나 우리가 그들을 실족하게 하지 않도록(forarge dem) 하기 위하여, 바다에 가서 낚싯바늘을 던지고 처음 올라오는 물고기를 잡아라. 그 입을 열면 한 세겔을 발견하게 될 것이다. 그것을 가져다가 나와 너를 위하여 그들에게 주어라.'"

　여기에서도 충돌(Collisionen)은 다시 동일합니다. 곧 단독자와 기존 질서 사이의 충돌입니다. 그들이 실족하게 되는 것(Forargelsen)은 바로 이것이었을 것입니다. 곧 단독자(den Enkelte)가 자신이 기존 질서와 맺고 있는 관계에서 벗어나려 한다는 사실이었을 것입니다. 여기서 항상 기억해야 할 점이 있습니다. 곧 이 17장에서도, 15장에서도, 실족의 가능성(Forargelsens Mulighed)은 결코 하나님-인간으로서의 그리스도와의 관계에서 제기되는 것이 아닙니다.

문제는 여기서 다음과 같은 것이 아닙니다. 곧 그가 하나님-인간인지 여부가 아닙니다. 또한 상황도 다음과 같은 것이 아닙니다. 곧 그가 자신이 주장하는 대로 하나님-인간이라고 스스로를 여기고 있는지 여부가 문제가 되는 것도 아닙니다. 왜냐하면 여기서는 그가 그렇게 제시되고 있지 않기 때문입니다. 여기서 제기되는 질문은 이것입니다. 곧 그가 이 한 사람(denne enkelte Menneske)으로서 세금을 지불함으로써 기존 질서를 인정하려 하는가 하는 문제입니다.

세금을 지불하는 것은 단지 사소한 외적인 것이기 때문에, 그리스도께서는 그것에 복종하시며 실족을 미리 방지하십니다. 그러나 만일 그것이 외적인 것(Udvorteshed)이면서도 뻔뻔스럽게 경건(Fromhed)을 주장하는 것이었다면, 상황은 전혀 달랐을 것입니다.

만일 그리스도께서 양보하지 않으셨다면, 그 역시 그들의 실족을 불러일으켰을 것입니다. 그리고 그 이유는 실제로도 다음과 같았을 것입니다. 곧 한 개인(Enkelt)이 기존 질서로부터 자신을 떼어 내는 것처럼 보일 때, 그는 마치 자신을 인간 이상의 존재로 만드는 것처럼 보이기 때문입니다. 그러나 다시 한 번 말하지만, 그렇다고 해서 그가 그로 인해 자신을 질적으로 하나님(qualitativt Gud)으로 규정하는 것은 아닙니다.

한편 이 이야기에서 주목할 점이 하나 있습니다. 여기서 그리스도는 단지 한 인간(den enkelte Menneske)으로서 기존 질서와 충돌하는 상황에 놓여 있습니다. 그리고 그는 이 실족을 피하기 위하여 세금을 지불합니다. 그러나 바로 그 순간 그는 참된 실족(den egentlige Forargelse)을 세워 놓습니다.

그는 실제로 세금을 지불합니다.그러나 기적(Mirakel)을 통해 그 돈을 마련하십니다. 즉 그는 그 순간 하나님-인간(Gud-Mennesket)임을 드러내십니다. 세금을 내지 않는 것은 그를 단지 한 인간으로서 실족하게 만드는 것을 의미했을 것입니다. 그러나 그가 그 돈을 마련하는 방식(Maaden)은 그를 하나님-인간으로서 본질적인 실족(den væsentlige Forargelse)의 가능성 앞에 세웁니다.

102   이제 우리는 참된 실족(den egentlige Forargelse), 곧 하나님-인간과 관련된 실족으로 넘어가겠습니다. 우리가 지금까지 말해 온, 그리스도와 관련된 실족의 가능성(Forargelsens Mulighed)은 하나의 역사적인 현상(historisk Forsvindende)이었습니다. 그것은 그분의 죽음과 함께 사라졌으며, 단지 그분과 동시대에 살았던 사람들(Samtidige)에게만 해당되는 것이었습니다. 곧 그것은 이 한 인간으로서의 그분과의 관계 속에서만 존재하던 것이었습니다.

그러나 하나님-인간으로서의 그리스도와 관련된 실족의 가능성은 세상의 마지막 날(Dagenes Ende)[66]까지 계속될 것입니다. 만일 이 실족의 가능성이 제거된다면, 그것은 곧 그리스도역시 제거된 것을 의미합니다. 곧 그분이 본래의 모습과는 다른 어떤 것으로 만들어졌다는 뜻입니다. 왜냐하면 그리스도는 실족의 표적(Forargelsens Tegn)이며 동시에 믿음의 대상(Troens Gjenstand)이기 때문입니다.[67]

참고자료

1 제목과 관련하여서는 다음을 참고하라. 헐렁하게 묶어 놓은 묶음(folders of loose sheets)에서;

"그리스도교의 훈련"은

『철학의 부스러기』와 같은 판형으로 인쇄하되, 『죽음에 이르는 병』과 동일한 활자체로 인쇄될 것이다. 그리고 제2편(『나로 말미암아 실족하지 않는 자는 복이 있도다』)의 제목 페이지 뒷면에는 이렇게 적힐 것이다: "1848년에 집필됨."

— Pap. X5 B 60, n.d., 1849년

2 안티-클리마쿠스(Anti-Climacus): 이 가명은 키르케고르가 『죽음에 이르는 병』(1849)에서도 사용한 바 있다. 이는 요하네스 클리마쿠스(Johannes Climacus)와 대조를 이루도록 만들어진 이름이다. 요하네스 클리마쿠스는 『철학적 단편』(1844)과 『결론 없는 비학문적 후서』(1846)의 가상 저자이다.

'클리마쿠스(Climacus)'라는 라틴어 이름은 그리스어 klimaks에서 유래하였으며, 이는 '계단' 또는 '사다리'를 뜻한다. 요하네스 클리마쿠스는 계단을 오르거나 사다리를 타고 올라가는 자, 곧 개념을 점차 발전시키며 보다 미완전한 상태에서 보다 완전한 단계로 상승하는 존재를 의미한다. 예컨대, 그의 존재 영역 이론은 점진적인 상승 구조를 전제로 한다.

이에 반해, 안티(Anti)라는 접두사는 '대항하는', '반대하는'의 의미를 갖고 있으며, 따라서 안티-클리마쿠스는 요하네스 클리마쿠스와는 상반되는 입장에 있는 자를 가리킨다. '클라이맥스(climax)'가 수사학적으로 점차 상승하는 효과를 내는 어휘나 문장 배열을 의미하는 것처럼, '안티-클라이맥스(anti-climax)'는 그 반대의 효과, 즉 점점 더 퇴보하는 형식 또는 위로 올라갈수록 더 큰 불완전성에 도달하는 구조를 의미한다.

이 수사학적 도식에 대한 동시대의 오해에 대해 키르케고르는 라스무스 닐센

(Rasmus Nielsen)에게 보낸 1849년 8월 4일자 편지에서 설명하고 있다(『편지 및 문서』, 문서번호 219; 제1권, 243쪽 이하 참조).

3 　이 부분은 다음을 참고하라.

N.B.

7월 20일

이제 죄 사함의 교리가 진지하게 등장해야 한다.

제목은 이렇게 할 수 있을 것이다:

근본적 치유

혹은

죄 사함과 속죄

그에 앞서 작은 책 하나를 쓰는 것이 좋겠다.

"나로 말미암아 실족하지 않는 자는 복이 있도다."

[여백 주: 일기 NB2, p. 250(Pap. VIII1 A 381; p. 270) 참조.]

이 책은 "이리로 오라"의 대응물이 될 것이다. 이 책은 짧은 강화들로 구성되며, 예수께서 이 말씀을 하신 때마다 한 편씩 쓰여질 것이다. 이렇게 하면 동시에 '실족'이라는 개념에 대한 완전한 규정도 전개될 수 있다. 왜냐하면 실족의 가능성이 어디에 놓여 있는지 예수 그리스도 자신이 가장 잘 알고 계시기 때문이다.

따라서 각 강화에서는 그때의 계기, 상황, 정황, 예수께서 말씀하신 대상을 강조해야 한다.

이 강화들은 가능한 한 간단하게, 연대기적 순서로 배열하는 것이 가장 좋겠다. 간단하면 간단할수록 좋다. 혹은 그 강화들이 토대로 삼을 개념의 발전 순서에 따라 배열할 수도 있다.

　　　　　　　　　　　　　— JP VI 6210 (Pap. IX A 176), 1848년 7월 20일

4 　마태복음 11장 6절을 자유 인용한 것으로, 여기서 예수께서는 세례 요한의 제자들에게 "누구든지 나로 말미암아 실족하지 아니하는 자는 복이 있도다"(개역개정)라고 말한다.

다음을 참고하라.　JP II 1926; III 3026-40 (Pap. XI1 A 27; VIII2 B 15, 40; VIII1 A 585; IX A 244, 253, 322, 427; X1 A 565; X2 A 117, 389; X3 A 333, 622, 674; XI1

A 360; XI2 A 16). 또한, 다음 일기를 참고하라. JP III 3025(Pap. VIII1 A 381) n.d.,
1847

그리스도 자신이 여러 차례에 걸쳐 이렇게 말씀하신다.

"나로 말미암아 실족하지 아니하는 자는 복이 있도다."

이 구절들은 함께 모아 보면, 그리스도께서 스스로 여러 국면에서 실족의 가능성을
나란히 제시하고 계심을 보여준다. 예컨대, 그분이 자신의 영광을 말씀하시자마자 곧
바로 해독제처럼 자신이 반드시 고난을 받아야 함을 덧붙이시고, 이어서 다시 이렇게
말씀하신다.

"나로 말미암아 실족하지 아니하는 자는 복이 있도다."

마찬가지로, 요한의 제자들에게 하신 대답에서도 그러하다.

5   이 부분은 다음을 참고하라.

Pap. X5 B 59에 대한 추가

『그리스도교의 훈련』 서문들의 배열

제1권은 원래의 서문을 그대로 유지한다. 제2권과 제3권 앞에는 다음 서문을 인쇄한
다.

서문

이 책에서는 '기독교인이 된다는 것'에 대한 요구가 너무나 높게 설정되어 있어서, 비
록 내가 분투하고 있다 하더라도, 내 삶은 결코 그 요구에 부합하지 않는다고 판단된
다.

바로 그렇기 때문에 이 책에서는 익명(가명)의 저자가 말하게 된다. 그러나 이 요구는
반드시 말해져야 하고, 제시되어야 하며, 들려져야 한다. 자기 자신을 고백하고 인정
해야 할 자리에서, 요구를 축소해서는 안 된다. 이것은 반드시 말해져야만 한다. 그리
고 나는 이것이 오직 '나 자신에게' 말해진 것이라고 이해한다—내가 계속해서 분투
하도록 붙들어 두기 위해서.

S. K.

— Pap. X5 B 66, 날짜 없음, 1849년

Pap. X5 B 48에 대한 추가

『그리스도교의 훈련』 세 권 모두에 동일한 편집자 서문을 사용할 것이며, 아마 다음
구절이 덧붙여질 수도 있다.

『그리스도교의 훈련』을 위한 편집자 서문(기존 '서문'에서 변경됨)

이상(ideality)의 요구를 개인적으로 완수해 내는 것—아니다, 그것은 나로서는 할 수 없는 일이다. 아니, 오, 결코 아니다. 내 자신의 존재를 이 빛 아래 놓아 보기만 해도, 내가 얼마나 평범하고 어설픈 수선공(tinkerer)에 불과한지가 뚜렷하게 드러날 뿐이다.

그러니 조롱하라, 내가 지금 이 행동 속에서 조롱하고자 하는 너희 '영리함'(shrewdness)아. 조롱하라, 영리한 세상아. 그래도 나는 최소한 이 정도는 기독교인이고, 자신을 미워하면서도 이상을 그렇게 사랑할 수 있을 것이라고—자신을 미워하며 모든 것을 쏟아부어, 가능하다면(오직 하나님의 도움으로) 그 이상을 하늘의 영광 가운데 조금이라도 나타나게 하려고 했던—바보 같은 존재다. 그러면 그 이상은 오히려 자신의 불완전함을 더욱 강렬하게 비추게 될 것이다. 반대로—이 일은 하나님의 도움을 필요로 하지 않으며, 오히려 세상의 우정이라는 보상까지 받는 일인데—사람의 요구를 영리하게 낮추어, 마치 자신이 거의 그 이상에 도달한 것처럼 보이게 하는 일은 너무나 쉬운 것이다.

— Pap. X5 B 49, n. d., 1849–50

Pap. X5 B 49에 대한 추가 자료

N.B. 이 구절은 사용할 수 없다. 왜냐하면 이 책은 어디까지나 가명(pseudonym)의 저자에 의해 쓰인 것이며, 이 구절에서는 마치 내가 곧바로 저자인 것처럼 나타나기 때문이다.

— Pap. X5 B 50, 날짜 없음, 1849

6 덴마크어: Stemning; 문자적으로는 영어로 "tone," "mood," "state of mind"등을 뜻한다. 다음을 참고하라. *Fear and Trembling*, p. 9, KW VI (SV III 61), and note 1.

7 '이는 요한복음 3장 16절을 가리킨다. 그 구절에서는 다음과 같이 말한다: "하나님이 세상을 이처럼 사랑하사 독생자를 주셨으니, 이는 그를 믿는 자마다 멸망하지 않고 영생을 얻게 하려 하심이라."

또한 요 1:14, 1:18, 그리고 요한일서 4:9을 참조할 수 있다. 더 나아가, 발레(Balle)의 『교리서(Lærebog)』 4장 § 2(59,35), 36쪽에서도 다음과 같이 말하고 있다: "구속자는 예수 그리스도이시다. 그는 하늘 아버지의 독생자로서, 영원부터 아버지와 하나의 참된 신적 본질 안에서 하나로 계셨으나, 하나님께서 미리 약속하신 때가 이르자 세상에 오셨다."

8 '다른 누구에게로 가야 할지를 알지 못하는 자'(Den, som ingen Anden veed at

gaae til), 이는 요한복음 6장 68절을 가리킨다. 그곳에서 예수께서 "너희도 가려느냐?" 하고 열두 제자에게 물으셨을 때, 사도 베드로가 이렇게 대답한다: "주여, 우리가 누구에게로 가오리이까? 주께서는 영생의 말씀이 있나이다."

9 이는 마태복음 14장 13–21절을 가리킨다. 그곳에서 예수께서 다섯 개의 떡과 두 마리의 물고기로 오천 명을 먹이신 사건이 기록되어 있다(특히 17절).

10 '그분이 바다에 명령하시자 완전히 잔잔해졌다'(Han bød Vandene og det blev blikstille)
이는 마태복음 8장 23–27절의 '바다의 폭풍을 잠잠하게 하신 예수' 사건을 가리킨다. 예수와 제자들이 배에 타고 있을 때 거센 폭풍이 일었고, 제자들은 잠들어 계신 예수께 다가가 "주여, 우리를 구하소서! 우리가 죽게 되었나이다!"(25절)라고 부르짖었다. 그러자 예수께서는 "왜 무서워하느냐, 믿음이 작은 자들아?"라고 말씀하시고 일어나셨다. 그리고 바람과 바다를 꾸짖으시니, 곧 바다가 아주 고요해졌다(26절).

11 이는 마태복음 14장 22–33절의 '물 위를 걸으신 예수' 사건을 가리킨다. 제자들이 배를 타고 가던 중 거센 바람 때문에 파도에 시달리고 있을 때, 예수께서 물 위를 걸어 그들에게 오셨다. 사도 베드로는 예수께 자신에게 물 위로 오라고 명령해 달라고 요청했고, 예수께서 "오라"고 하시자 그는 배에서 내려 예수께 향해 물 위를 걸어갔다. 그러나 강한 바람을 보고 두려워진 베드로는 빠지기 시작하며 "주여, 나를 구하소서!"(30절)라고 외쳤다. 예수께서는 곧 손을 내밀어 베드로를 붙잡으시며 말씀하셨다: "믿음이 작은 자여(du lidettroende), 왜 의심하였느냐?"(31절)
— Petrus는 베드로의 라틴어형 이름이다. 그의 본명은 시몬(Simon)이며, 베드로(Peter)는 '돌'을 뜻하는 그리스어 pétros에서 온 별칭으로, 이는 아람어 '게파(Kephas)'의 번역이다(요 1:42 참조).

12 이는 마태복음 9장 1–8절에 기록된, 예수께서 가버나움에서 중풍병자(den Værkbrudne)를 고치신 사건을 가리킨다. 어떤 사람들이 중풍병자를 예수께 데려오자, 예수께서는 그에게 말씀하셨다(2절): "아들아, 안심하라. 네 죄 사함을 받았느니라." 몇몇 서기관들은 이 말씀을 듣고 예수께서 하나님을 모독한다고 생각했다. 그러자 예수께서 그들의 마음을 아시고 말씀하셨다(4–6절): "왜 너희 마음에 악한 생각을 품느냐? '네 죄 사함을 받았느니라' 하는 말과 '일어나 걸어가라' 하는 말 중에 어느 것이 더 쉽겠느냐? 그러나 인자가 땅에서 죄를 용서하는 권세가 있음을 너희가 알게 하려고"—예수께서는 중풍병자에게 말씀하셨다: "일어나 네 침상을 들고 네 집으로 돌아가라." 그러자 그 중풍병자는 즉시 일어나 자기 집으로 돌아갔다.

13 '죄 사함을 믿는다'(troer Syndernes Forladelse): 이는 사도신경(Den apostolske

Trosbekendelse)의 세 번째 신앙조항을 가리킨다. 그 조항은 다음과 같다: "나는 성령을 믿으며, 거룩한 공교회(기독교회)를 믿으며, 성도의 교제를 믿으며, 죄 사함(Syndernes Forladelse)을 믿으며, 몸의 부활을 믿으며, 영원한 생명을 믿습니다." (참조: 『예전서(Forordnet Alter-Bog)』, '교리문답(Catechismus)' 13,1항, 290쪽)

14   이는 마태복음 9장 18–26절에 나오는, 회당장 야이로(Jairus)의 딸을 예수께서 살리신 사건을 가리킨다. 해당 본문은 이렇게 전한다(23–24절): "예수께서 회당장의 집에 가셔서 피리 부는 자들과 떠들어대는 무리를 보시고 말씀하셨다: '물러가라. 이 아이는 죽은 것이 아니라 잔다.' 그러자 그들은 예수를 비웃었다."

15   이는 마태복음 5장 11절을 암시하는 것으로 보인다. 그곳에서 예수께서는 이렇게 말씀하신다: "나로 말미암아 너희를 모욕하고 박해하고, 거짓으로 너희를 대적하여 모든 악한 말을 할 때에 너희는 복이 있나니."
또한 요한복음 16장 2절도 참조할 수 있다. 예수께서는 제자들에게 이렇게 말씀하신다: "사람들이 너희를 회당에서 내쫓을 것이다. 그리고 때가 이르면, 너희를 죽이는 자마다 자기가 하나님을 섬기는 일이라고 생각할 것이다."

16   이는 예수께서 채찍질을 당하신 뒤, 가시관과 자주색 옷을 입은 채 군중 앞에 내보여졌을 때 빌라도가 한 말이다. 요한복음 19장 5절에 이렇게 기록되어 있다: "보라, 이 사람이다!"

17   이는 그리스도의 양성(神性·人性)에 따른 두 가지 상태(docetiske stater, lat. status), 즉 고전적 기독론에서 말하는 그리스도의 비하와 승귀 교리를 가리킨다.
1. 비하의 상태(status exinanitionis)
• 빌립보서 2장 7절에서 말하는 바와 같이, 그리스도께서 "자기를 비워 종의 형체를 입으신" 상태를 말한다.
• 라틴어 불가타(Vulgata) 성경에서는 "exinanivit(자신을 비우셨다/낮추셨다)"라는 표현이 사용된다.
• 이는 그리스도께서 세상에서 인간으로 살아가시며 고난과 죽음을 겪으신 삶을 가리킨다.
2. 승귀의 상태(status exaltationis)
• 요한복음 12장 32절에서 예수께서 "내가 땅에서 들려 올려지면"이라고 말씀하신 것과 같은, 부활과 승천 이후 하나님의 오른편에 앉아 계시는 영광스러운 상태를 말한다.
• 불가타 성경은 여기에서 "exaltatus(들려 올려진, 높여진)"라는 표현을 쓴다.
이 교리는 다음 문헌에서 자세히 다루어진다. 예를 들어 K. 하제(K. Hase)의

『Hutterus redivivus oder Dogmatik der evangelisch-lutherischen Kirche』(제
4판, 1839[1829]) §103–105을 참고하라. (덴마크어 번역본: 『Hutterus redivivus
eller den Evangelisk-Lutherske Kirkes Dogmatik』, A. L. C. 리스토우 옮김, 코펜
하겐 1841.)

18 이 표현은 고린도후서 4장 16절을 연상시키는 말이다. 그곳에서 바울은 이렇게 말
한다: "그러므로 우리가 낙심하지 아니하노니 비록 우리의 겉사람은 낡아지나, 우리
의 속사람은 날로 새로워지도다."

19 이는 마태복음 10장 28절을 가리킨다. 그곳에서 예수께서는 이렇게 말씀하신다:
"몸은 죽여도 영혼은 능히 죽이지 못하는 자들을 두려워하지 말고, 오직 몸과 영혼을
능히 지옥에 멸하시는 이를 두려워하라."

20 '두려움과 떨림'(Frygt og bæv): 이는 신약성경 여러 곳에서 반복되는 표현 "두려
움과 떨림 가운데"(i frygt og bæven) 또는 "두려움과 떨림으로"(med frygt og
bæven)를 가리킨다.
대표적으로 다음 구절들에 등장한다. 고전 2:3, 고후 7:15, 엡 6:5, 빌 2:12.

21 '믿음은 연약한 질그릇에 담겨 있다'(Troen bæres i et skrøbeligt Leerkar): 이는
고린도후서 4장 7절을 암시한다. 바울은 하나님의 영광을 아는 빛을 우리 마음에 비
추신 것을 말하면서 이렇게 기록한다: "그러나 우리가 이 보배를 질그릇에 가졌으니,
이는 심히 큰 능력이 하나님께 있고 우리에게 있지 않음을 알게 하려 함이라."

22 이는 요한복음 3장 13절을 암시한다. 이 구절에서 예수께서는 이렇게 말씀하신다:
"하늘에서 내려온 자, 곧 하늘에 있는 인자 외에는 하늘에 올라간 사람이 없느니라."
또한 에베소서 4장 9절에서도 같은 논지가 이어진다. 바울은 이렇게 말한다: "그가
'올라가셨다' 하셨은즉, 땅 아래 낮은 곳으로 내려가신 것이 아니면 무슨 뜻이겠느
냐?"
더 나아가, 시내산에서의 하나님의 계시와 관련해 출애굽기 19장 11절에서는 "여호
와께서 온 백성의 눈앞에서 시내 산에 내려오실 것이다"라고 말하고 있다.

23 '복됨을 상속하다'(arve Saligheden): 이는 히브리서 1장 14절을 암시한다. 그 구
절에서 이렇게 말한다: "모든 천사들은 섬기는 영으로서, 구원(복됨)을 상속받을 자
들을 위하여 섬기라고 보내심이 아니냐?" (원문 NT-1819: "dem som skulle arve
Salighed.")

24 요한복음 3장 16~17절을 암시한다. "하나님이 그 아들을 세상에 보내신 것은 세상
을 심판하려 하심이 아니요, 그로 말미암아 세상이 구원을 받게 하려 하심이라." 또
한 요한복음 12장 47절에서 예수는 이렇게 말한다. "사람이 내 말을 듣고 지키지 아

니할지라도 내가 그를 심판하지 아니하노라 내가 온 것은 세상을 심판하려 함이 아니요 세상을 구원하려 함이로라"(개역개정 참조). 이 외에도 디모데전서 2장 4절, 디도서 2장 11절을 보라.

25 이는 그리스도의 영원한 선재(先在, pre-existence) 교리를 가리킨다. 관련 성구는 요한복음 1장 1–2절, 요한일서 1장 1–3절이다. 또한 Balle의 『교리문답서』(59,35) 제4장 §2, p. 36을 보라. "구속자는 예수 그리스도이시니, 하늘 아버지의 독생하신 아들로서 영원부터 아버지와 하나이신 유일하고 참된 신적 본질이시며, 하나님께서 미리 주신 약속 가운데 정하신 바로 그 때에 세상에 오셨다."

26 Balle의 『교리문답서』 제4장 §3, p. 37 이하를 참고하라. "하나님의 아들 예수 그리스도께서는 사람으로서 동정녀 마리아에게서 나심으로 세상에 오셨다. 그는 자신의 신적 본성을 성령의 능력으로 어머니의 태 안에서 형성된 인간 본성과 우리가 이해할 수 없는 방식으로 결합하셨기에, 하나님이시며 동시에 사람이시고, 두 본성 모두로 항상 역사하신다."

27 이는 요한복음 14장 6절을 암시한다. 그곳에서 예수는 이렇게 말한다. "내가 곧 길이요 진리요 생명이니 나로 말미암지 않고는 아버지께로 올 자가 없느니라."
또한, 초고에서 삭제된 내용은 다음을 참고하라. 일기(Pap. IX B 47:2, 1848)
그러므로 그는 삶에서 종합(synthesis)의 한쪽 극에 접근할 때마다 언제나 곧바로 이렇게 덧붙인다. '나로 말미암아 실족하지 않는 자는 복이 있도다.' 이러한 방식으로 세상의 구원자이신 그는 무한한 책임을 짊어지고 있으며, 바로 이것이 이 말이 지닌 심각성이 크고 무거운 이유다. 우리는 경험적으로도 잘 알고 있듯, 책임을 지는 사람은 자신이 책임을 지고 있음을 이해하는 만큼 같은 비례로 근심하게 마련이다. 그렇기 때문에 그, 곧 구원자는 곧바로 '삶의 진지함(earnestness)'이 되는 것이다. [여백에 삭제된 문구: '그리고 바로 이것이 그의 근심이 인간 삶의 진지함, 인간 실존의 진지함이 되는 이유이다.'] 왜냐하면 삶의 진지함이란 곧 구원이 존재한다는 사실, 그리고 그 구원이 멸망(perdition)이 될 수도 있다는 사실이기 때문이다.
만일 잠시나마 내가 이런 식으로 말할 수 있다면—그리고 나는 분명 그럴 수 있다고 감히 말한다—나는 이렇게 말하고 싶다. '설령 자네 자신의 유익을 위해 그분에게 실족할까 두려워하지 않는다 하더라도, 적어도 그 신비 자체에 대한 존중만큼은 있어야 하지 않겠는가? 그 신비를 존중한다면, 비록 그분 안에 있는 염려와 슬픔을 존중해서가 아니라 할지라도, 최소한 그 신비 때문에라도 침묵하기로 결심할 수는 있지 않겠는가?' —Pap. IX B 47:2, n. d., 1848.

28 이는 공회 심문 이전 예수를 지키던 사람들이 그를 '조롱하였다'는 누가복음 22장

63절·65절(1819판)을 가리키며, 예수가 로마 총독의 군인들에게 '조롱받았다'는 마태복음 27장 29절·31절(1819판)을 암시한다. 마태복음 27장 26절에 따르면 빌라도는 예수를 '채찍질'(1819판: hudstryge)한 후 십자가에 못 박도록 넘겼고, 마태복음 27장 29–30절에 따르면 군인들은 예수의 머리에 가시관을 씌우고 막대기로 그의 머리를 쳤다.

29   이는 누가복음 19장 41–44절에서 예수께서 예루살렘을 보시고 울며 그 파괴를 예언하시는 장면을 가리킨다. 특히 42절: "너도 알았더면, 그렇다, 바로 이 날에 너의 평화를 위한 것이 무엇인지! 그러나 이제 그것이 네 눈에 숨겨졌도다", 그리고 44절: "[예루살렘의] 원수들이 너를 철저히 파괴하고 네 가운데 있는 자녀들을 짓밟으며, 네 안에서 돌 하나도 돌 위에 남기지 아니하리라. 이는 네가 너의 '방문의 때'를 알지 못하였기 때문이다"(1819년 신약).

30   이는 마태복음 16장 13–17절을 가리킨다. "예수께서 가이사랴 빌립보 지방에 이르러 제자들에게 물으시되 '사람들이 인자를 누구라 하느냐?' 하시니 그들이 이르되 '더러는 세례자 요한, 더러는 엘리야, 또 어떤 이들은 예레미야나 선지자 중의 하나라 하나이다.' 예수께서 이르시되 '너희는 나를 누구라 하느냐?' 시몬 베드로가 대답하여 이르되 '주는 그리스도시요 살아 계신 하나님의 아들이시니이다.' 예수께서 대답하여 이르시되 '바요나 시몬아, 네가 복이 있도다! 이를 네게 알게 한 이는 혈육이 아니요 하늘에 계신 내 아버지시니라.'"

31   이는 요한복음 21장 15–17절을 가리킨다. 개역개정 성경은 다음과 같다.
그들이 조반 먹은 후에 예수께서 시몬 베드로에게 이르시되 "요한의 아들 시몬아, 네가 이 사람들보다 나를 더 사랑하느냐?" 하시니 이르되 "주님 그러하나이다 내가 주님을 사랑하는 줄 주님께서 아시나이다." 이르시되 "내 어린 양을 먹이라" 하시고 또 두 번째 이르시되 "요한의 아들 시몬아 네가 나를 사랑하느냐?" 하시니 이르되 "주님 그러하나이다 내가 주님을 사랑하는 줄 주님께서 아시나이다." 이르시되 "내 양을 치라" 하시고 세 번째 이르시되 "요한의 아들 시몬아 네가 나를 사랑하느냐?" 하시니 베드로가 예수께서 세 번째 "네가 나를 사랑하느냐?" 하시므로 근심하여 이르되 "주님 모든 것을 아시오매 내가 주님을 사랑하는 줄을 주님께서 아시나이다." 예수께서 이르시되 "내 양을 먹이라."

32   i et kort Indbegreb : "간단한 요약에서", "압축된 형태로", "요지를 응축한 형태로"라는 의미이다. kort indbegreb이라는 표현은 철학적·종교적·문학적 소논문이나 그 일부의 제목에서 자주 사용되던 표현으로, 예를 들어 Balle의 『교리문답서』(59,35) p. 116–120의 「복음적·기독교적 종교의 주요 교리들에 대한 간단한 요약

(Kort Indbegreb af den evangelisk-christelige Religions Hovedlærdomme)」
을 참조할 수 있다.

33   이 언급은 먼저 판사 빌헬름(assessor Wilhelm)의 편지를 가리킨다. 이 편지는
「인격의 형성에 있어서 미적 단계와 윤리적 단계의 균형(Ligevægten mellem
det Æsthetiske og Ethiske i Personlighedens Udarbeidelse)」라는 제목이며,
『이것이냐 저것이냐(Enten – Eller, 1843)』 제2부에 포함되어 있다. SKS 3, 153–
314, 특히 203쪽 이하에서 확인할 수 있다. 여기서 말하는 "근대 철학(den nyere
Philosophi)"은 르네 데카르트(René Descartes, 1596–1650)에게서 출발한 전통을
가리키며, 데카르트는 의심(tvivl)을 철학의 중심 범주로 삼았다. 키르케고르는 당시
덴마크 철학사 서술 방식에서 보편적으로 사용되던 구분법을 따른다. 즉 "고대 철학
(ældre)"을 그리스 철학으로, "근대 철학(nyere)"을 현대 철학으로 구분한다. 특히
헤겔(Hegel) 이후 독일과 덴마크에서 발전한 철학적 흐름을, 키르케고르는 종종 '최
신 철학(den nyeste Philosophi)'이라고 부른다.

34   "det rene Skin(순전한 외피/겉모습)"이라는 표현은 헤겔의 용어 'den rene
Væren(순수 존재, pure being)'을 암시한다. '순수 존재'란 모든 것으로부터 완전히
추상된 상태를 의미하며, 헤겔의 사변적 논리학(spekulativ logik)이 바로 이 범주에
서 출발한다.

• 간단한 배경 설명 보충

개념	의미
den rene Væren	아무런 규정도 특성도 없고 단지 '존재한다'는 점만 남아 있는 극단적 추상
det rene Skin	키르케고르가 헤겔을 풍자하며 변형한 표현: 실존을 지우고 사변만 남은 공허한 겉껍데기

즉, 키르케고르는 헤겔식 사변철학이 '실존'을 제거하고 빈 추상만 남긴 상태를 비판
적으로 표현하고 있다.

35   이 말은, 사변적 신학(spekulativ teologi)이 예수 그리스도를 하나님이 인간 속에
육화한 존재로 이해하려 했던 방식에 대한 언급이다. 이 사변적 신학은 두 가지 방향
을 취했다.
첫째, 헤겔(Hegel)에게시 볼 수 있듯이, 하나님이 인간 안으로 육화한 사건은 역사저·
논리적 필연성을 갖는다고 이해하는 관점이 있었다.
둘째, D. F. 슈트라우스(D. F. Strauß)처럼, 하나님은 단일한 한 인간 안에 육화한 것

이 아니라 전체 인류 속에 육화했다고 보는 입장이 있었다.

H. L. 마르텐센(H. L. Martensen)은 1837–38년 겨울학기에 코펜하겐 대학에서 「Prolegomena ad dogmaticam speculativam」(『사변적 교리학 서론』)이라는 제목의 강의 시리즈를 통해 사변적 신학을 소개했으며, 1840년에 이 대학에서 특별교수(ekstraordinær professor)로 임명되었다.

36 이 표현은, 사도행전 17장 28절에서 사도 바울이 아테네의 아레오바고에서 아테네 사람들에게 말한 내용을 암시한다. 바울은 그곳에서 이렇게 말한다: "너희 시인 중 어떤 이들도 말한 바와 같이, 우리가 그의 소생이라"

여기서 바울은 고대 그리스의 널리 알려진 교훈시 『Phainomena』(『현상들』)의 저자, 킬리키아 솔리 출신의 아라토스(Aratos, 약 기원전 325–240년)의 시를 인용하고 있다. 그 작품의 서두에서 제우스를 부르는 기도 부분에는 다음과 같은 구절이 나온다: "제우스와 함께 시작하자. 우리가 인간으로서 결코 그를 잊지 않는다. 모든 거리와 광장은 제우스로 가득하고, 바다와 항구도 그러하다. 어디에서든 우리는 모두 제우스를 필요로 한다. 우리는 또한 그의 후손이다."(1–5행)

출처는 Aratos, Phénomènes vol. 1–2, Paris 1998, vol. 1, p. [1]이며, 비슷한 표현은 클레안테스(Kleanthes), 에피메니데스(Epimenides), 에우리피데스(Euripides)의 문헌에서도 확인할 수 있다 (vol. 2, p. 145f).

37 이 언급은, 『수고하고 무거운 짐 진 자들아, 내가 너희를 쉬게 하리라('Kommer hid alle I som arbeide og ere besværede, jeg vil give Eder Hvile.') — 깨움과 내면화를 위하여(Til Opvækkelse og Inderliggjørelse)』안에 포함된 "정지(Standsningen)"이라는 단락을 가리킨다. 이 글은 『그리스도교의 훈련(Indøvelse i Christendom)』제1부분에 해당하며, SKS 12, 35–80에 수록되어 있다.

38 $\kappa\alpha\tau'$ $\dot{\varepsilon}\xi o\chi\eta\nu$(kat' exochēn)은 그리스어 표현으로, "가장 엄밀한 의미에서", "탁월하게(par excellence)", 혹은 "특별히 그 본질적 의미에서"라는 뜻을 가진다.

39 이 말은, SKS 12, 103–110에 실린 다음과 같은 단락을 가리킨다: 「B. 높여짐(Høiheden)의 방향에서 가능한 본질적 실족(Forargelse)의 가능성 — 한 단독자(Et enkelt Menneske)가 하나님처럼 말하거나 행동하고, 스스로를 하나님이라고 말할 때, 즉 '하나님-사람(Gud-Mennesket)'의 결합에서 '하나님(Gud)'의 규정이 문제될 때」이 단락은 '높여짐(Høiheden)'의 방향에서 발생하는 실족의 가능성, 즉 한 인간이 자신을 하나님이라고 주장한다는 사실에서 비롯되는 실족을 설명한다.

40 이 말은, SKS 12, 111–127에 실린 다음의 단락을 가리킨다: 「C. 비천함(Ringheden)의 방향에서 가능한 본질적 실족(Forargelse)의 가능성 — 자신을 하나

님이라고 주장하는 이가, 결국 비천하고 가난하고 고난받으며 마침내 무력한 인간으로 드러날 때」 이 단락은 '비천함(Ringheden)'이라는 방향에서 발생하는 실족의 가능성, 즉 하나님이라고 말하는 이가 너무도 비천한 인간으로 나타난다는 사실이 걸림이 되는 경우를 설명한다.

41   이 표현은 특히 『철학의 부스러기』(Philosophiske Smuler, 1844)를 참고하라. 이 작품에서 믿음의 대상(troens genstand)은 절대적 역설(absolutte paradoks)로 묘사되는데, 그 역설이란 영원한 하나님(Guden som den evige)이 시간 속에 구체적인 인간(konkret menneske)으로 탄생한다는 것이다.

42   이 말은, 마태복음 11장 6절뿐 아니라, 아마도 다음 구절들을 가리킨다. 특히 마태복음 18장 6–7절에서 예수는 이렇게 말한다: "누구든지 나를 믿는 이 작은 자들 중 하나를 실족하게 하면, 연자 맷돌을 그 목에 달고 바다 깊은 곳에 빠뜨려지는 것이 그에게 더 낫다. 실족하게 하는 일들이 있음으로 세상에 화가 있다! 실족은 반드시 오게 되어 있지만, 그러나 실족을 일으키는 그 사람에게는 화가 있다."
또한 다음 구절들을 염두에 둔 것으로 보인다: 마태복음 26장 31–34절 요한복음 6장 61–62절 요한복음 16장 1–2절
요약 설명: 키르케고르는 본문에서 말한 본질적 실족(Forargelse)의 개념이 단지 철학적 구성물이 아니라, 복음서 전체에서 예수 자신이 반복적으로 경고한 실존적 현실이라는 점을 강조하고 있다

43   이 표현은 『결론 없는 비학문적 후서』(Afsluttende uvidenskabelig Efterskrift, 1846)의 한 구절을 참고하라는 의미이다. 그 문장에서는 이렇게 말한다: "하나님과 섭리가 존재한다는 것을 믿는 사람은, 불완전한 세계에서—즉 열정이 깨어 있는 세계에서—믿음을 유지하고 분명하게 얻기(그리고 상상에 불과한 것이 아니라 참된 믿음을 갖기)가 절대적으로 완전한 세계보다 더 쉽다. 절대적으로 완전한 세계에서는 믿음은 생각할 수 없기 때문이다. 그러므로 또한 믿음은 영원(Evigheden) 안에서는 폐지된다."— SKS 7, 36

44   이 언급은 SKS 12, 94–102에 실린 다음의 단락을 가리킨다: 「A. 실족(Forargelse)의 가능성 — 그리스도(Christus) 자체, 곧 하나님-사람(Gud-Mennesket)과의 관계에서 생기는 본질적 실족이 아니라, 그가 단순한 인간(et slet og ret enkelt Menneske)으로서 기존의 질서(Bestaaende)와 충돌(colliderer)할 때 발생하는 실족의 가능성」 이 단락은 본질적 실족(B/C)과 구별되는 역사적·사회적 차원의 실족(Forargelse)을 설명하는 부분이다. 즉, 예수가 하나님-사람이라는 역설에서 발생하는 실족이 아니라, 그가 단순한 인간으로 보일 때 사회적·제도적 갈등 속에서 사람들

이 느끼는 거부감과 분노의 형태로 나타나는 실족을 다룬다.

45 "경건주의(Pietismen)의 기존 질서(det Bestaaende)와의 충돌(Collision)"이라는 표현은 17세기 후반 루터교 내에서 일어난 경건주의 운동을 가리킨다. 경건주의는 정통주의(ortodoksi)가 강조했던 교회의 제도적 체계, 성례의 올바른 집행, 교리의 정확성과 신앙의 정통성보다 신앙의 내면화, 회심과 중생, 그리고 경건한 삶의 실천에 무게를 두었다. 이 운동은 루터교 내부의 갱신 운동으로서 정통주의의 강한 반대에 부딪혔다. 그러나 경건주의 역시 정통주의를 비판했고, 나중에는 합리주의(rationalismen)와도 논쟁을 벌였다.

46 이 표현은 어음법(vekselret)에서 가져온 비유다. 크리스티안 5세의 덴마크 법(1683) 제5권 14장 §23에는 다음과 같이 규정되어 있다. "어음이 받아들여지지 않거나, 받아들여졌지만 지불되지 않아 항의(protest)가 이루어진 경우에는, 채권자는 6개월 이내에 법적 절차를 진행해야 한다. 그렇지 않으면 청구권을 잃게 된다."
이 규정은 1825년 5월 18일자 법령에서 변경되었으며, 그 §73에서는 항의가 일어난 날로부터 5년 이내에 청구가 이루어져야 하고, 그 기간이 지나면 권리는 효력을 상실한다고 명시되어 있다. 어음 제도는 특히 1840년대 이후, 상업 활동에서 신용 거래가 늘어나면서 중요해졌다.

47 핵심 개념 요약

원문	개념	의미
det Bestaaende	기존 질서	제도·관습·권위·안정 구조
den Enkelte	단독자	제도 앞에서 책임을 지고 결단하는 개인
Inderlighed	내면성	진정성과 실존적 진리
Objektive	객관성	제도·공식·합의된 권위
Collision	충돌	내면성과 제도적 권력의 필연적 대립

한 문장 정리: 단독자가 진리가 내면성(Inderlighed)에 있다고 주장하며 기존 질서(det Bestaaende)의 객관적 권위를 거부할 때, 충돌(Collision)과 실족(Forargelse)이 반드시 발생한다.

48 이 언급은 헤겔의 저서 『법철학(Grundlinien der Philosophie des Rechts)』에서 양심(Samvittighed)이 악의 한 형태(en Form af det Onde)로 규정되는 내용을 가리킨다. 이 책은 E. Gans 편집으로 1833년 베를린에서 출판되었고, 그 제2부(도덕성 부분)는 세 개의 장으로 구성되어 있으며, 그 중 마지막 부분이 "선과 양심(§129–141)"을 다룬다.
특히 §139에서는 양심을 악의 출발점으로 설명하는데, 이는 도덕성(moralitet)이든 악(Böse)이든 둘 다 자기 자신에 대한 확신(자기의식)과 자기 결정을 공통된 뿌리로 가지고 있다는 논리에 기반한다. 헤겔의 원문 문장은 다음과 같다: "양심은 형식적인 주관성으로서, 악으로 전환되기 직전의 상태에 있는 것이다. 도덕성과 악은 자신 안에 스스로 존재하며, 스스로 알고 스스로 결정하는 확신에서 공동의 뿌리를 가진다."

또한, 헤겔(Georg Wilhelm Friedrich Hegel, 1770–1831)은 독일의 철학자로, 예나(Jena)에서 강사(1801–05), 하이델베르크(1816–18) 교수, 그리고 1818년부터 사망할 때까지 베를린 대학 교수로 재직했다.

49 "akustisk Bedrag(청각적 착각)"이라는 표현은 키르케고르의 『철학의 부스러기(Philosophiske Smuler, 1844)』 제3장 부록 「역설에 대한 실족 – 청각적 착각(Forargelsen paa Paradoxet — Et akustisk Bedrag)」(SKS 4, 253–257)을 참조하라.

50 vita ante acta : 라틴어 표현으로 '이전의 삶', '과거의 경력(전력)'을 의미한다.

51 조금이나마 통제권을 쥐다(have en lille Smule Haand i Hanke med): 이 표현은 덴마크어 관용구 '누군가 또는 어떤 것에 대해 손에 고삐를 쥐다(at have hånd i hanke med nogen el. noget)'를 염두에 둔 말장난적 사용이다. 이는 E. Mau, 『Dansk Ordsprogs-Skat』 제1권, 항목 3381, 379쪽 이하에 설명되어 있다. 해당 관용구의 의미는 다음과 같다.

"누군가에 대해 손에 고삐를 쥐고 있다(즉, 다른 사람과 그러한 관계에 놓여 있어서 그를 감시하거나 강제할 수 있으며, 그가 자기 마음대로 행동하지 못하게 할 수 있는 상태에 있다)."

52 Fred og Tryghed: 이 표현은 데살로니가전서 5장 1–11절의 말씀을 암시한다. 특히 3절에서 바울은 주님의 날이 밤에 도둑같이 임할 것이라고 말하며, 사람들이 "평안하다, 안전하다"(Fred og Tryghed)라고 말할 때에 오히려 멸망이 갑자기 임하여 피할 수 없게 될 것이라고 경고한다. 키르케고르가 이 구절을 인용하는 이유는, 인간이 역사 속에서 안정과 평온이라는 허위 보장을 붙잡고 스스로 만족할 때, 오히려 실존적 경각심을 잃고 하나님 없이 안전을 꿈꾸는 착각에 빠진다는 점을 비판하기 위함이다.

53 en Peer Næsviis: 상대적으로 온화한 뉘앙스를 가진 가벼운 꾸짖음 또는 경멸적 표현이다. 이름 Peter의 민속적 형태인 Per가 '아무개', '누구나'를 가리키는 일반 명칭으로 쓰이며, 덴마크어 속담이나 관용구에서 자주 등장한다. 즉 Peer Næsviis는 "버릇없고 건방진 아무개", "주제넘은 평범한 사람" 정도의 의미를 갖는 표현이다. 키르

케고르 문맥에서는 기존 질서에 도전하는 단독자를 조롱하는 말로 사용된다.

54   '브렘세(Bremse, 쇠파리)': 이 표현은 플라톤의 『소크라테스의 변론』 30d–31a를
     암시한다. 그 대목에서 소크라테스는 다음과 같이 말한다.

     "나의 노력은 여러분[아테네 배심원 법정의 구성원들]이 나를 사형에 처함으로써 신
     이 여러분에게 선물로 준 것을 스스로 해치지 않도록 하는 데 있다. 만일 여러분이 그
     렇게 한다면, 나와 같은 부류의 사람을 다시는 쉽게 찾지 못할 것이다. 나는—조금 이
     상하게 들릴지도 모를 표현을 허락한다면—신에 의해 여러분의 도시에 보내진 존재
     로서, 크고 고귀하지만 그 몸집 때문에 다소 둔해져 자극이나 채찍으로 깨어 있어야
     하는 한 마리의 큰 말에 붙은 말파리와 같다. 나는 이것이야말로 참으로 신이 나를 통
     해 의도하신 바라고 믿는다. 나는 하루 종일 여러분 곁을 떠나지 않으며, 여러분을 흔
     들어 깨우고, 몰아붙이며, 각 사람을 하나하나 자극한다. 마치 말파리가 몸의 이곳저
     곳을 날아다니며 쏘는 것처럼 말이다. 이런 말파리는 여러분이 다시 쉽게 얻지 못할
     것이므로, 나는 여러분에게 내 생명을 빼앗지 말라고 권한다. 그러나 여러분이 나에
     게 너무 화가 나서, 더 깊이 생각하지도 않은 채 아니토스의 충고를 따르며, 잠들려
     할 때마다 사람을 깨우는 말파리를 쳐 죽이듯 나를 죽일지도 모른다. 그렇게 되면 결
     과는 분명하다. 신이 여러분을 불쌍히 여겨 다시 나와 같은 부류의 다른 이를 보내지
     않는 한, 여러분은 남은 평생 동안 달콤한 잠에 빠져 계속 졸고만 있을 것이다."

55   신학적 의미: 기존 질서가 자기 자신을 절대화하여 '하나님이 된 것처럼' 군림할 때,
     그것은 실상 하나님에 대한 반역이며, 이를 흔들기 위해 단독자가 등장한다. 그 단독
     자의 충돌은 폭력적 반역이 아니라, 오히려 체제의 잠과 자기신격화를 깨우기 위한
     하나님의 쇠파리이다. 이는 "신비주의적 합일"이 아니라, 철저한 실존적 긴장(두려
     움과 떨림) 안에서 하나님과 인간의 절대적 타자성을 유지하는 사상이다.

56   공약성(Commensurabilitet): 어떤 것이 동일한 척도(mål)로 측정되거나 표현될
     수 있다는 성질을 뜻하며, 다시 말해 서로 동질적이고 동일한 기준 위에 놓일 수 있음
     을 의미한다.

57   이는 고전적 교의학 용어인 ecclesia militans(라틴어, '투쟁하는 교회')를 활용한 표
     현이다. 이 용어는 전통 신학에서 세상과 투쟁하는 상태에 있는 교회를 가리키는 말
     로 사용되었다. 이러한 투쟁 상태는 그리스도의 재림까지 교회가 감내해야 할 조건으
     로 이해되었으며, 그 이후에야 비로소 교회는 ecclesia triumphans(라틴어, '승리하
     는 교회', 혹은 '영광 중에 있는 교회')가 된다고 여겨졌다.

58   Menneske-Frygt(인간 두려움): 일기 노트 NB4:113(1848년 3월, SKS 20, 338쪽
     이하)과 비교하라. 특히 다음 구절이 중요하다.

"그러나 그 비유에 상응하는 한 형태의 폭정이 있다. 그것이 바로 인간 두려움(Msk-Frygt)이다. 이것이 바로 내가 이미 『고난의 복음』 마지막 강화에서 주의를 환기시킨 바 있는 것이다(『서로 다른 정신 안에서의 건덕적 강화』 제3부 제7강, 1847). 그리고 이것이 내가 이제 다시 『기독교 강화』 제3부 제6강에서도 주의를 환기시킨 바로 그 것이다. 이것은 모든 폭정 가운데서 가장 위험한데, 그 이유는 부분적으로는 그것이 눈에 곧바로 보이지 않기 때문에, 사람들이 그것을 의식하게 되는 일이 필요하기 때 문이다."

이 설명에서 핵심은 '인간 두려움(Menneske-Frygt)'이 외적 강압이나 폭력보다 더 위험한 폭정이라는 점이다. 그것은 강제로 억누르는 방식이 아니라, 시선·평판·인정· 여론을 통해 인간의 자유를 내부에서부터 마비시키기 때문이다. 바로 그 점에서 이 폭정은 "보이지 않는다"고 말해진다. 키르케고르에게서 인간 두려움은 단순한 심리 상태가 아니라, 실존을 비진리로 이끄는 구조적 유혹, 곧 자유를 스스로 포기하게 만 드는 가장 교묘한 형태의 지배다.

59   이는 덴마크어 관용구 "at jage nogen (ned) i et musehul"—곧 "누군가를 (겁을 주어) 쥐구멍으로 몰아넣다"는 표현—을 변형하여 사용한 것이다. 즉, 특히 비겁한 자(cujonagtige)에게 극도의 공포를 불러일으켜 위축시키는 것을 뜻한다.(E. Mau, 『Dansk Ordsprogs-Skat』, 제2권, 48쪽 참조)

해설: 여기서 den Enkelte(개인, 단독자)를 "쥐구멍으로 몰아넣는다"는 것은, 군중 (Mængden)이나 여론(Opinion)이 개인을 위축시키고 침묵하게 만들며, 도덕적 용 기를 상실하게 하는 상황을 가리킨다. 키르케고르의 맥락에서 이는 단순한 겁주기가 아니라, 군중적 압력에 의해 윤리적 개인이 숨어버리는 상태를 의미한다. 곧, 무리는 외적으로 승리하는 듯 보이지만, 그 승리는 종종 개인을 두려움 속에 몰아넣는 방식 으로 이루어진다.

60   Justitsraaden: 여러 관직에 종사하는 인물들에게 부여되던 칭호로, 5등급(명예 titulær justitsråd) 또는 4등급('실제', 곧 직무를 수행하는 virkelig justitsråd)에 속 하였다. 이는 1746년 10월 14일 칙령(1808년 8월 12일 공고에 의해 일부 개정됨)에 근거하며, C. Bartholin의 『Almindelig Brev- og Formularbog』 제1권 49–56쪽의 "Titulaturer til Rangspersoner i alfabetisk Orden" 항목을 참조할 수 있다.

61   Ne quid nimis : 라틴어로 "아무것도 지나치지 말라", 곧 "모든 것을 절제하라 (alt med måde)"는 뜻이다. 이 라틴어 표현은 원래 델포이 신전에 새겨져 있던 그 리스어 격언을 번역한 것으로, 로마 시인 테렌티우스(Terentius)의 희극 『Andria』

(안드로스의 처녀) 61행에서 잘 알려져 있다. 그 작품에서 해방 노예 소시아(Sosia)는 다음과 같이 말한다: "nam id arbitror apprime in vita esse utile, ut ne quid nimis"("나는 이 삶에서 무엇보다 중요한 것은 지나침이 없도록 하는 것이라고 생각한다.")
참조: P. Terentii Afri comoediae sex, B.F. 및 F. Schmieder 편, 제2판, Halle 1819[1794], 11쪽.

62   Det Bestaaende er det Fornuftige: 이는 헤겔(Hegel)의 유명한 명제에 대한 암시이다. 헤겔은 『법철학 강요(Grundlinien der Philosophie des Rechts)』 서문에서 다음과 같이 말한다: "Was vernünftig ist, das ist wirklich; und was wirklich ist, das ist vernünftig."("이성적인 것은 현실적이며, 현실적인 것은 이성적이다.")
이 구절은 『Hegel's Werke』 제8권(1833), 17쪽(기념판 제7권 33쪽)에 수록되어 있다. 이 명제는 종종 왜곡되거나 풍자적으로 이해되었기 때문에, 헤겔은 『철학적 학문 백과사전(Encyclopädie der philosophischen Wissenschaften im Grundrisse)』 제1권 "논리학(Die Logik)" §6에서 이를 다시 반복하며 설명한다. 해당 판본은 L. v. Henning 편, 베를린 1840–45[1817], 『Hegel's Werke』 제6권 10쪽(기념판 제8권 48쪽)에 수록되어 있다. 키르케고르가 사용하는 "Det Bestaaende er det Fornuftige"라는 표현은, 바로 이러한 헤겔의 명제를 비판적으로 패러디하거나 전복하는 맥락에서 이해된다.

63   Collegierne: 절대군주제 하에서 존재하던 자문·행정·부분적 사법 기능을 수행하던 합의제 기관들을 가리킨다. 이들 콜레기움(Collegium)은 비교적 덜 중요한 사안을 결정하거나 국왕에게 상신(上申)하는 역할을 맡았다. 1849년 6월 5일 제정된 헌법(Grundloven)에 의해 이러한 콜레기움 체제는 폐지되고, 대신 근대적 의미의 각 부처(Ministerier) 체제로 전환되었다.

64   Consistorium: 총장의 지도 아래 대학을 운영하는 교수들로 구성된 합의제 평의회(교수평의회)를 가리킨다.

65   이는 마태복음 15장 2–3절을 가리킨다. 그곳에서는 서기관들과 바리새인들이 예수에게 다음과 같이 질문하는 장면이 전해진다. "어찌하여 당신의 제자들은 장로들의 전통(de Gamles Vedtægt)을 어깁니까? 그들은 빵을 먹을 때 손을 씻지 않습니다." 그러자 예수는 그들에게 이렇게 대답한다.
"그러면 너희는 어찌하여 너희의 전통(Vedtægt) 때문에 하나님의 계명(Guds Bud)을 어기느냐?"

66   예를 들어 다니엘서 12장 13절을 참조하라. "너는 가서 마지막을 기다리라. 이는 네

가 평안히 쉬다가 끝날에는 네 몫을 누릴 것임이라.”

67   1848년 6월경에 기록된 키르케고르의 일기 NB5:54를 비교하라. 그곳에서는 예수 그리스도에 대하여 다음과 같이 말한다.

“그는 역설(Paradoxet)이다. 비천함(Ringheden)은 그에게 절대적으로 본질적인 것이다. 그는 바로 이 역설적인 결합(paradoxe Sammensætning), 곧 하나님(Gud)과 비천한 인간(et ringe Menneske)의 결합이다. 그러나 사람들은 그렇게 하지 않는다. 사람들은 예수 그리스도를 단지 한 위대한 인물(stor Mand)로 여긴다. 그는 살아 있을 때에는 오랫동안 오해받았지만, 죽은 뒤에 위대한 존재가 되었고 지금은 그렇게 평가되는 인물로 이해된다.

아하! 바로 그렇기 때문에 기독교 전체가 헛소리가 되고 만다. 기독교의 모든 위험성(Faren)이 제거되어 버리기 때문이다. 그러면 그것은 단지 아첨(Leflerie)이나 유치한 위로(piattet Trøst)에 불과하게 된다. 아니다. 예수 그리스도는 실족의 표적(Forargelsens Tegn)이며 동시에 믿음의 대상(Troens Gjenstand) 이다. 오직 영원(Evigheden)에서만 그는 자신의 영광(Herlighed) 가운데 계신다. 그러나 이 땅 위에서는 그는 결코 다른 방식으로 제시되어서는 안 된다. 오직 그의 비천함(Ringhed) 속에서만 제시되어야 한다. 그래서 누구든지 실족할 수도 있고(forarges) 혹은 믿을 수도(troe) 있게 해야 한다.”

B
높여짐(Høiheden)의 방향에서 나타나는 본질적 실족의 가능성, 곧 한 개별 인간(et enkelt Menneske)이 마치 자신이 하나님인 것처럼 말하거나 행동하며, 스스로를 하나님이라고 선언하는 것, 다시 말해 하나님-인간이라는 결합 속에서 '하나님'이라는 규정의 방향에서 발생하는 실족의 가능성[1]

1) 마태복음 11장 6절(병행 구절: 누가복음 7장 23절)

침례(세례) 요한은 옥중에서 그리스도께 사람을 보내어, 그분이 오실 그이(Den, som skal komme)이신지, 아니면 우리가 다른 이를 기다려야 하는지를 묻게 하였습니다. (4) 이에 예수께서 대답하여 이르시되, "가서 너희가 듣고 보는 것을 요한에게 알리되 (5) 맹인이 보며 못 걷는 사람이 걸으며 나병환자가 깨끗함을 받으며 못 듣는 자가 들으며 죽은 자가 살아나며 가난한 자에게 복음이 전파된다 하라. (6) 누구든지 나로 말미암아 실족하지 아니하는 자는 복이 있도다."

그리스도께서는 이처럼 **직접적으로** 대답하지 않으셨습니다. 곧 "요한에게 말하라, 내가 곧 그가 기다리던 자다"라고 말씀하지 않으셨습니다. 이는 그분께서 믿음(Troen)을 요구하시기 때문이며, 그러므로 부재한 자에게는

직접적인 전달(ligefrem Meddelelse)을 주실 수 없기 때문입니다.

다만 현존한 자에게는 그와 같이 직접적으로 말씀하실 수 있었을 것입니다. 그러나 그 경우에도, 말하는 이를 눈으로 바라보는 그 현존자는—곧 이 개별 인간(dette enkelte Menneske)을 보면서—여전히 **직접적인 전달**을 받는 것은 아닙니다. 왜냐하면 모순(Modsigelsen)이 말해지는 내용과 보여지는 것 사이에 존재하기 때문입니다. 다시 말해, 외양으로 판단할 때 말하는 자가 누구로 보이는가라는 점에서 모순이 발생하기 때문입니다. 이에 대해서는 적절한 자리에서 상세히 설명될 것입니다.

더 나아가 말하자면, 만일 크리스텐덤(Christenheden)이 오랜 세월 동안 습관적으로 상상해 온 것처럼, 그리스도께서 자신이 누구인지를 곧바로 알아볼 수 있었던 존재였다면, 어찌하여 이처럼 기이한 대답(besynderligt Svar)이 필요했겠습니까? 그렇다면 그리스도께서는 훨씬 더 단순하고 직접적으로, 오늘날 설교 연설에서 흔히 하는 방식처럼 사자들에게 이렇게 말씀하셨을 것입니다.

"나를 보라. 그러면 너희는 분명히 알 것이다. 내가 하나님이다."

그러나 그렇게 해 보십시오! 아니요. 오늘날 그리스도교 안에서 기독교라 불리는 이 모든 **감상적 이교주의**(sentimentale Hedenskab)를 종식시키는 가장 단순한 방법은, 아주 단순하게도 그것을 동시대성의 상황(Samtidighedens Situation) 안에 다시 놓는 것입니다.

 더 나아가 살펴보면, 그리스도의 응답은 그 내용[in contento][2]에 있어서, 통상적으로 '기독교 진리의 증명들'(Beviser for Christendommens Sandhed)이라는 이름 아래 제시되어 온 것들을 이미 포함하고 있습니다. 다만 **예언의 증명**(Beviset af Spaadommene)[3]만은 제외되어 있습니다. 그러나 바로 이 점에서 침례(세례) 요한 자신이 그 대표자였다고 할 수 있습니다. 그는 누구보다도—만일 누군가가 있다면—**예언의 증명에 의해 그리스도께서 오실 그이**(Den Forventede)이심을 거의 확실하게 확신에 이르렀어야 할 인물이었습니다. 그럼에도 불구하고 놀랍게도, **마지막 예언자**(den sidste Prophet)[4]이자, 그러한 자로서 예언과 가장 밀접한 연관을 지닌 선구자(Forløberen)였음에도, 이 예언의 증명은 그를 그 이상으로 나아가게 하지 못하고, 다만 주의하게 만들 뿐이며, 결국 질문하게 할 뿐이었습니다.

그러므로 예언의 증명을 제외하면, 기독교 진리의 다른 모든 증명들은 이미 그리스도의 응답 속에 포함되어 있습니다. 그분께서는 **기적들**(Undergjerningerne)[5]—곧 "못 걷는 자가 걷고, 맹인이 보고" 등—을 가리키시며, 또한 가르침 자체(Læren selv)—"가난한 자에게 복음이 전파된다"는 사실—를 가리키십니다. 그리고 그 위에, 참으로 주목할 만하게도, 그분께서는 다음과 같이 덧붙이십니다.

"나로 말미암아 실족하지 아니하는 자는 복이 있도다."

보십시오. 크리스텐덤에서는 전혀 다른 관행을 가져왔습니다. 그곳에서는 기독교 진리의 증명들을 전개하는 방대한 대형 판형의 저작들(uhyre Folianter)이 집필되어 왔습니다. 이러한 증명들(Bevis)과 대작들 뒤에서 사람들은 스스로를 완전히 확신하며(overbevise), 모든 공격에 대해 안전하다고 느낍니다. 왜냐하면 그 증명과 대작은 언제나 이렇게 결론을 맺기 때문입니다.

'**그러므로**(ergo)' 그리스도는 그가 스스로 말한 바로 그분이시다.

이 증명에 따르면, 그것은 2+2가 4인 것만큼이나 확실하며, 마치 발이 양말에 들어가듯(saa let som Fod i Hose)[6] 자명한 것입니다. 이 반박 불가능한 '그러므로[ergo]' 위에 교수(Docenten)와 목회자(Præsten)는 당당히 서고, 선교사(Missionairen)는 이 'ergo'를 가지고 이방인들을 개종시키기 위해 확신 가운데 나아갑니다. 그러나 이에 반하여 그리스도께서는 그렇게 말씀하지 않으십니다. 그분께서는 "그러므로(ergo) 내가 오실 그이다"라고 말씀하지 않으십니다. 오히려 증명들을 언급하신 뒤에 이렇게 말씀하십니다.

"나로 말미암아 실족하지 아니하는 자는 복이 있도다."

이는 곧, 그분 자신과의 관계에서는 어떠한 증명도 문제될 수 없으며, 증명들을 통해 그분께 이르는 것이 불가능하다는 점, 증명에 의해 그리스도인이 되는 것으로의 직접적인 이행(ingen ligefrem Overgang)이 존재하지 않는다는 점을 그분 스스로 분명히 밝히시는 것입니다.

증명들이 할 수 있는 최대한의 역할은, 한 사람을 주의하게 만드는 것에 불과합니다. 그리고 이렇게 주의하게 된 사람은 비로소 이 지점에 도달하게 됩니다. 곧 그가 **믿으려 하는지**(vil troe), 아니면 **실족하려 하는지**(vil forarges)의 문제 앞에 서게 되는 것입니다. 왜냐하면 증명들은 여전히 애매한 것이며, 추론하는 이성(den raisonerende Forstand)의 찬성과 반대[pro et contra][7]에 속하기 때문입니다. 그러므로 그것들은 다시 반대로도 사용될 수 있습니다 [contra et pro]. 오직 선택(Valget) 안에서야 비로소 마음(Hjertet)이 드러납니다─그리고 바로 그 때문에 그리스도께서는 세상에 오셨던 것입니다. 곧 **마**

음의 생각들을 드러내기 위하여(for at gjøre Hjerternes Tanker aabenbare) 오신 것입니다.[8] 즉, 한 사람이 믿으려 하는지, 아니면 실족하려 하는지가 바로 그 선택 안에서 드러납니다.

보십시오. 만일 어떤 신학 교수가 이전에 쓰인 모든 자료를 활용하여 기독교 진리의 증명들에 관한 새로운 저작을 집필하였다면, 그는 사람들이 이제 그것이 증명되었다는 점을 인정하지 않는다면 모욕을 느낄 것입니다. 그러나 그리스도 자신은 증명들이 할 수 있는 바를 그 이상으로 말하지 않으십니다. 곧, **증명들은 믿음에 이르게 하지 못하며**—결코 그렇지 않습니다 (만일 그랬다면 "실족하지 아니하는 자는 복이 있다"는 말씀을 덧붙일 필요가 없었을 것입니다)— 다만 사람이 믿음이 발생할 수 있는 지점에 이르도록 인도할 뿐입니다. 증명들은 사람을 주의하게 만들고, 그로써 믿음이 터져 나오는 **변증법적 긴장**(den dialektiske Spænding) 속으로 들어가게 도울 뿐입니다. 그 지점에서 문제는 오직 이것입니다.

"당신은 믿으려 하십니까(vil Du troe)**, 아니면 실족하려 하십니까**(vil Du forarges)**?"**

그렇다면 이제 실족의 가능성은 어디에 놓여 있습니까? 그것은 곧 **기적**입니다. 그리고 기적은 증명이라고 여겨집니다. 더 나아가 사람들은 기적으로부터 곧바로 기독교의 진리를 증명하려고까지 해 왔습니다. 물론 그러한 직접적 증명은—그리고 실제로도 그러하듯—반드시 상당히 뒤늦게 등장합니다. 그러나 바로 그 점에서, 뒤에 오는 모든 것이 그렇듯이, 그것이 과연 무엇에 쓸모가 있는지를 오히려 간접적으로 폭로하고 있습니다. 왜냐하면

동시대성의 상황(Samtidighedens Situation)에서는 곧바로 증명한다는 것이 불가능하기 때문입니다.

그러니 애매하게 말하지 맙시다. 우리가 이미 그리스도가 누구인지 알고 있다고—혹은 적어도 알고 있다고 착각하면서—그분이 오신 지 1800년이 지난 지금, 기적을 바라보고서 "아, 이제 확신하게 되었다"고 말하지 맙시다. 이 얼마나 깊은 무의미(헛소리)입니까! 우리가 이미 그리스도가 누구인지 알고 있다면, 그 증거가 어떻게 우리에게 그것을 증명할 수 있겠습니까? 더구나 사실은 이렇지도 않습니다. 어떤 사안들에 있어서는, 뒤늦게 온 자는 차라리 집에 돌아가 잠자리에 드는 것이 나을 뿐입니다. 특히 이것은 비범한 것(the extraordinary)에 대하여 더욱 그러합니다.

만일 기적이 그리스도가 누구이신지를 증명하려는 의미를 지니려면, 우리는 먼저 그분이 누구인지 알지 못하는 상태에서 출발해야 합니다. 다시 말해, 다른 사람들과 다를 바 없어 보이는 한 단 한 사람의 인간과 동시대성에 서 있는 상황에서 말입니다. 겉으로 보기에는 특별히 눈에 띄는 것이 아무것도 없는 한 인간, 그런데 바로 그 사람이 기적을 행하고, 그 기적을 자기 자신이 행한 것이라고 말하는 상황입니다.

이것이 무엇을 의미하겠습니까? 그것은 곧, 이 한 인간이 자기를 인간 이상으로 내세우며, 거의 하나님과 같은 존재로 자기를 내세운다는 뜻입니다. 이것이 실족스럽지 않겠습니까? 당신은 설명할 수 없는 것, 곧 기적적인 것(그 이상도 그 이하도 아닙니다)을 보고 있습니다. 그 사람 자신은 그것이 기적이라고 말합니다. 그런데 당신의 눈앞에는 단지 한 인간이 서 있습니다.

기적은 아무것도 증명할 수 없습니다. 왜냐하면 만일 당신이 그가 스스로 말하는 바로 그분이라고 믿지 않는다면, 당신은 곧바로 기적 자체를 부정할 것이기 때문입니다. 기적은 다만 주의를 환기시킬 수 있을 뿐입니다. 이제 당신은 긴장 속에 서게 됩니다. 그리고 그 이후의 일은 전적으로 당신이 무엇을 선택하느냐에 달려 있습니다. 실족을 택할 것입니까, 아니면 믿음을 택할 것입니까? 이제 드러나야 할 것은 당신의 마음입니다.

106

실족의 가능성이 놓여 있는 그 모순(Modsigelsen)이란 이것입니다. 곧 한 사람의 단독한 인간, 그것도 **보잘것없는 인간**(et ringe Menneske)[9]으로 존재하면서, 동시에 하나님이 되려는 방향으로 행동한다는 것입니다. 부디 **동시대성의 상황**(Samtidighedens Situation)을 주의 깊게 살펴보시기 바랍니다. 만일 이 점을 고려하지 않으신다면, 자기도 모르게 스스로를 속여 기만 속으로 들어가게 될 것입니다. 그런데 실제로 문제는 이것입니다. 오늘날의 크리스텐덤에서는 그리스도에 대해 단지 환상적인 모습, 곧 상상 속의 그리스도, 상상 속의 신적 형상만을 가지고 있다는 점입니다. 그리고 이 환상은 곧바로 기적을 행하는 존재라는 이미지와 결합되어 있습니다. 그러나 이것은 진실이 아닙니다. 그리스도는 결코 그렇게 보이지 않으셨습니다.

크리스텐덤의 기독교는 양쪽 모두에서 **환상**(Phantasteri)에 빠져 있습니다. 하나는 **기적의 방향에서의 환상**이고, 다른 하나는 **그리스도 자신에 대한 환상**입니다. 그러나 동시대성의 상황에서는 사정이 전혀 다릅니다. 그때 당신은 설명할 수 없는 어떤 것, 곧 불가해한 것 앞에 서게 됩니다(그러나 그렇다고 해서 그것이 곧바로 기적이라는 결론이 나오는 것은 아닙니다). 그리고 동시에, 겉으로 보기에는 다른 사람들과 다를 바 없어 보이는 한 사람의 인간을 보게 됩니다. 그리고 바로 그 사람이 그것을 행하고 있는 것입니다.

실족의 가능성은 피할 수 없습니다. 당신은 반드시 그것을 통과해야 합니다. 그리고 거기에서 구원받을 수 있는 길은 오직 한 가지, 곧 믿는 것뿐입니다. 그러므로 그리스도께서 말씀하십니다.

"나로 말미암아 실족하지 않는 자는 복이 있도다."

그 당시에는 이것이, 훗날 크리스텐덤의 혐오스러울 정도의 거짓됨 속에서 그러해진 것처럼 그렇게 쉬운 일이 아니었습니다. 눈먼 사람이 다시 보게 되고 죽은 자가 살아났다는 말을 듣자마자 곧바로 그리스도가 누구인지를 확신해 버리는 일은, 그때에는 결코 그러하지 않았습니다. 아니요, 그 당시에는 믿는 자가 된다는 것이 한 인간에게 있어 가장 두렵고도 엄중한 결단이었습니다.

오, 이 얼마나 끔찍한 대조입니까, 얼마나 혐오스러운 일입니까! 기독교의 진리를 증명하고 또 증명해 온 이 분주한 기독교, 그리고 그 증거들의 힘에 의지하여 믿게 되었다는 수천, 수만의 사람들! 그런데 정작 믿음의 창시자요 완성자이신 예수 그리스도[10]께서는, 그 증거들을 가리키시면서도—그 증거들이야말로 바로 그 당시에는 가장 강력하게 작용했어야 할 것들임에도—이렇게 덧붙이십니다.

"나로 말미암아 실족하지 않는 자는 복이 있도다."

곧, 그분은 증거들에 호소하시되, 동시에 그 증거들이 자신에게 이르는 길이 아님을 분명히 부정하시는 것입니다. 이는 마치 그분께서 침례(세례) 요한의 제자들에게 이렇게 말씀하시는 것과 같습니다. 그리고 이 말씀은 곧 우리 모두에게 주어지는 말씀이기도 합니다.

증거의 길로는 아무도 나에게 이를 수 없다. 증거들을 주의 깊게 살펴라, 그로 인해 자네가 깨어 주의를 기울이게 되도록 하라. 그리고 그 다음에는—그렇다, 나로 말미암아 실족하지 않는 자는 복이 있도다.

아, 이 얼마나 끔찍한 대조이며, 얼마나 혐오스러운 일입니까! 증거를 내세우며 기독교를 억지로 밀어붙이고, 그 증거들에 의존함으로써 오히려 기독교를 배반해 온 이 자기기만과 어리석음—그와는 대조적으로, 주 예수 그리스도께서는 여기에서도 또한 고난 가운데서, 비록 증거들을 암시하시기는 하지만, 거의 한 사람 한 사람(den Enkelte, 단독자)에게 간청하듯이 이렇게 덧붙이십니다.

"나로 말미암아 실족하지 않는 자는 복이 있도다."

아, 고난의 비밀이여! 곧 믿음의 대상이 되기 위해서는, 반드시 실족의 표징이 되어야만 한다는 이 비밀 말입니다. 그분께서는 사랑으로 이 땅에 오신 분이셨지만,[11] 이 땅을 걸으시는 동안 그처럼 근심 가운데 계셨습니다. 왜냐하면 그분은—어느 인간도 이해하지 못했고 또 이해할 수조차 없는 방식으로—그리스도인이 된다는 것이 얼마나 무한히 어려운 일인지를 깊이 이해하고 계셨기 때문입니다. 그렇다면 그분께서, 가장 경솔한 방식으로 수천, 수만의 사람들에게 스스로를 그리스도인이라고 착각하게 만드는 그 일로 인해, 과연 기뻐하시겠습니까!

2) 요한복음 6장 61절[12]

그리스도께서는 자신에 대하여 살아 있는 떡(det levende Brød)이라고 말씀하시며, "누구든지 이 떡을 먹으면 살 것이다"(요 6:51)[13]라고 하셨습니다. 그러자 유대인들이 서로 다투어 말하였습니다.

"이 사람이 어떻게 자기 살을 우리에게 주어 먹게 할 수 있단 말인가?"(52절)

이에 예수께서 그들에게 말씀하셨습니다.

"진실로 진실로 너희에게 이르노니, 너희가 인자의 살을 먹지 아니하고 그의 피를 마시지 아니하면, 너희 속에 생명이 없다"(53절).[14]

그리고 54-57절에서 이 말씀을 계속해서 반복하셨습니다.[15] 그러자 그의 제자들 가운데 많은 사람들이 이 말씀을 듣고 말하였습니다.

"이 말씀은 너무나 가혹한 말이다. 누가 이 말씀을 들을 수 있겠는가?"(60절)

예수께서는 제자들이 이 일로 수군거리고 있음을 스스로 아시고 그들에게 말씀하셨습니다.

"이 말이 너희에게 실족(걸림)이 되느냐?"(61절)[16]

그리고 66절에서 우리는 그 결과를 보게 됩니다. 그때부터 그의 제자들 가운데 많은 사람들이 물러가 더 이상 그와 함께 다니지 않았습니다.

그러므로 그 당시에는 이 말씀이 그러한 **척도**(Maalestok)에 따라 실제로 실족을 일으켰습니다. 심지어 제자들 가운데서도, 많은 제자들이 떨어져 나갔습니다. 그러나 오늘날의 크리스텐덤에서는 이 말씀이 더 이상 실족을 일으키지 않습니다. 물론 참된 그리스도인에게는 이 말씀이 실족이 되지 않습니다. 왜냐하면 그는 믿기(Tro) 때문입니다. 그러나 그가 믿는 자가 되기 위해서는, 반드시 실족의 가능성(Forargelsens Mulighed)을 통과하여 지나갔어야만 합니다. 그런데 바로 이 실족의 가능성이 오늘날의 크리스텐덤에서는 폐지되어 버렸습니다.

오늘날 사람들은 이 말씀을 **성찬**(Nadveren)과 연결시키고, **그리스도의 몸의 편재성**(Christi Legemes Ubiqvitet)에 관한 교리를 발전시켜 왔습니다.[17] 그리고 크리스텐덤 안에는 이미 하나의 **환상적인 그리스도 형상**(phantastisk Christus-Skikkelse)이 자리 잡고 있기 때문에, 이 모든 것은 더 이상 이해할 수 없는 것도 아니며, 어떤 의미에서도 실족의 가능성을 내포하지 않게 되었습니다.

그러나 이제 우리는 이러한 크리스텐덤의 환상들(Phantasterier)에 대해 분명히 선을 그어야 합니다. 이제 우리는 **동시대성의 상황**(Samtidighedens Situation)으로 돌아가야 합니다.

그러므로 겉으로 보기에는 다른 모든 사람들과 다를 바 없는 한 인간(et enkelt Menneske)이, 바로 그렇게 자기 자신에 대해 말하고 있는 것입니다! 그렇다면 사람들이 실족한 것이 무엇이 그리 놀라운 일이겠습니까? 그들이 흩어져 각자 제 갈 길로 떠나간 것, 제자들 가운데서도 많은 이들이 실족하여 떠나간 것은 너무도 당연한 일이었습니다.

그리고 저 슬픔에 찬 말씀—"나로 말미암아 실족하지 않는 자는 복이 있도다"—에 이어, 여기서도 이와 비슷한 말씀이 뒤따릅니다. 곧 그리스도께서 열두 제자에게 이렇게 말씀하십니다.

"너희도 가려느냐?"(67절)

아, 그리스도께서는 이것을—어느 인간도 이해할 수 없고 이해하지도 못하는 방식으로—믿는 자가 된다는 것이 얼마나 어려운 일인지 스스로 깊이 알고 계셨습니다. 여기서도 그분은 고난 가운데 계십니다. 그분은 모든 사람을 구원하려 하십니다. 그러나 구원받기 위해서는 사람들 모두가 반드시 실족의 가능성을 통과해야 합니다.

아, 그래서 마치 그분께서는—모든 사람이 그분으로 말미암아 실족하기 때문에—거의 홀로 서 계신 것처럼 보입니다. 모든 사람을 구원하려 하시는 구원자(Frelseren)께서 말입니다!

이것이 바로 고난의 비밀(Lidelsers Hemmelighed)입니다. 곧 믿음의 대상(Troens Gjenstand)이 되기 위해서는, 그 자신이 실족의 표징(Forargelsens Tegn)이 되어야만 한다는 이 비밀 말입니다. 이는 어떤 인간도 이해할 수 없습니다.

그러므로 "너희도 가려느냐?"라는 이 말씀이 이토록 마음을 움직이는 것입니다. 이 말씀은 너무도 고통스럽고, 거의 이렇게 말씀하시는 것처럼 들립니다.

"모든 사람을 구원하기 위해 온 내가, 아무도 이해하지 못하는 이 사랑을 가지고 온 내가—정말로, 아무도 구원받지 못하는 자리에까지 이르게 되어야 한단 말인가?"

아, 두 팔을 벌리고 "이리로 오라!"고 부르는데,[18] 그런데 모든 사람이 도망칩니다. 아니, 단순히 도망치는 것이 아니라, 실족하여(Forargede) 도망치는 것입니다! 아, 세상의 구원자(Verdens Frelser)[19]가 된다는 것! 그리고 바로 그렇기 때문에, 베드로를 향한 기쁨의 말씀 속에도 이 고난의 울림이 메아리칩니다.

"복이 있도다, 시몬 요나의 아들아"(salig est Du, Simon, Jonas's Søn).[20]

이제 그 자리 자체(Stedet selv)로 나아가, 실족(Forargelse)이 높여짐(높음)의 방향(Retning af Høiheden)에서 발생함을 보여드리겠습니다. 다만 먼저 이 점을 다시 상기해야 하겠습니다. 곧, 이 말씀들이 당시 얼마나 큰 실족을 일으켰는지에 대한 역사적 서술(den historiske Beretning)은, 동시대성의 상황(Samtidighedens Situation) 속에서 동일한 말씀들이 본질적으로 동일한 실족을 다시 일으킬 것임을 보증하는 확고한 보루(sikkre Borgen)라는 사실입니다.

그 상황이란, 다른 사람들과 다를 바 없어 보이는 한 인간(et enkelt Menneske)과 동시대성에 서 있는 상황입니다. 그런데 바로 그 사람이 자기 자신에 대해 이처럼 말합니다! 그는 자기 자신을 초인적으로 영적인 방식(overmenneskelig aandelig)으로 규정하여, 자기 살을 먹고 자기 피를 마시라고 말합니다. 이는 신적 속성(guddommelig Egenskab)의 방향에서 가능한 한 가장 환상적으로(phantastisk)—곧 편재성(Allestedsnærværelse)의 방향에서—말한 것이면서도, 동시에 또 한편으로는 가능한 한 가장 역설적으로(paradoxt) 말합니다. 그것이 바로 그의 살과 그의 피라는 점에서 말입니다.

그는 자기 몸을 먹고 자기 피를 마시는 자만을 마지막 날(yderste Dag)에 다시 살리겠다고 말합니다. 이는 그가 자기 자신을 하나님으로 규정하는 데 있어 가장 결정적인 표현이 아니고 무엇이겠습니까? 또한 그는 자신이 하늘에서 내려온 떡(det Brød)이라고 말합니다. 이 역시 신적인 것(det Guddommelige)의 방향에서 결정적인 자기 규정입니다. 그리고 그가 제자들이 이 말씀으로 인해 수군거리며 이를 가혹한 말(haard Tale)로 여긴다는 것을 아시고, 이렇게 말씀하십니다.

"이 말이 너희에게 실족이 되느냐?"

그리고 이어서 더욱 강하게 덧붙이십니다.

"그러면 인자가 이전에 있던 곳으로 올라가는 것을 보게 되면 어떻게 하겠느냐?"

그러므로 그는 물러서거나 완화하기는커녕, 오히려 인간으로 존재하는 것과는 전혀 다른 무엇으로 자기 자신을 드러냅니다, 곧 신적인 존재(det Guddommelige)로 자신을 드러냅니다. 그런데도—아니, 바로 그렇기 때문에—그는 단지 **개별 인간**(et enkelt Menneske)이십니다.

109   그렇습니다. 사람이 자기기만(Indbildninger) 속에 취해 살아가고, 상상력(Phantasien)으로 **환상적인 그리스도 형상**(phantastisk Skikkelse)을 만들어 내며, 그 형상과 **상상의 관조적 거리**(Phantasi-Anskuelsens Afstand)에서 관계를 맺고 있다면—그렇다면 아마도 실족을 느끼지 못할지도 모릅니다. 그러나 현실(Virkeligheden)에서, 곧 진리(Sandheden) 안에서 말하자면—다시 말해 **동시대성의 상황**(Samtidighedens Situation), 즉 그 출신을 알고, 거리에서 보아 왔으며, 일상의 삶 속에서 알고 지내던 바로 그 한 개별 인간(et enkelt Menneske)과 동

시대에 서 있는 그 상황에서는—여기에 실족의 가능성이 있으며, 그것을 피할 수 있는 길이 오직 한 가지, 곧 믿는 것(troe)뿐이라는 사실을 누가 감히 부정할 수 있겠습니까? 그러나 믿는 자(Den, som troer)는, 믿음에 이르기 위해 반드시 실족의 가능성을 통과하여 지나갔어야만 했습니다.

부록 (Tillæg)

이 두 본문은 **높여짐의 방향**(Retning af Høiheden)에서의 실족의 가능성 (Forargelsens Mulighed)이 명시적으로 언급되는 유일한 자리들입니다.[21] 그러나 사안 자체에 내포된 바와 같이, 그 가능성은 그분—곧 하나님-사람(Gud-Mennesket)이신 그 **한 개별 인간**(et enkelt Menneske)—이 하나님으로 규정되는 방향(Bestemmelsen Gud)에서 말하거나 행하신 모든 순간에 언제나 함께 현존해 왔습니다. 그러므로 이 가능성은 성경 곳곳에서 자주 암시되어 있습니다.

본 서술은 그 밖의 모든 본문들을 열거하려는 어떤 요구도 전혀 제기하지 않습니다. 그러한 작업은 여기에서는 전적으로 불필요한 주석학적 공로 (exegetisk Fortjeneste)일 뿐 아니라, 어쩌면 오히려 혼란을 야기할 수도 있습니다. 왜냐하면 그렇게 되면 실족의 가능성이 특정한 몇몇 경우에만 존재했던 것처럼 보이게 될 위험이 있기 때문입니다. **실제로는 그것이 매 순간에 현존하기 때문입니다.**

예컨대 마태복음 9장 4절(중풍병자에 대한 이야기)에서,[22] 그리스도께서 바리새인들에게 "어찌하여 너희 마음에 악한 생각을 하느냐"라고 말씀하실 때, **바로 이 악한 생각들이 곧 실족**(Forargelse)**입니다.** 죄를 사하는 것은 가장 결정적인 의미에서 하나님을 향한 **자기 규정**(Bestemmelse i Retning af Gud)이기 때문입니다. 그러나 다시 말하자면, 만일 사람들이 오직 환상적인 그리스도 형상(phantastisk Billede af Christus)만을 가지고 있다면, 그분이 죄를 사하시는 것을 아무 문제 없는 일로 받아들이며, 실족의 가능성을 느끼지 못할 수도 있습니다.

그러나 현실(Virkeligheden)에서, 곧 진리(Sandheden) 안에서 말하자면—다시 말해 **동시대성의 상황**(Samtidighedens Situation)에서는—다른 사람들과 다를 바 없어 보이는 한 인간(et enkelt Menneske)이 죄를 사하겠다고 말하는 것입니다! 이때 실족을 피할 수 있는 길은 오직 하나, 곧 **믿는 것**(troe)뿐입니다. 그러나 믿는 자(Den, der troer)는 이미 실족의 가능성을 통과하여 지나간 자입니다.

또한 마태복음 12장 24절에서, 예수께서 눈멀고 말 못하는 귀신 들린 사람을 고치셨을 때 바리새인들이 "이 사람이 귀신의 왕 바알세불을 힘입지 않고서는 귀신을 쫓아내지 못한다"라고 말합니다. 이어 "예수께서 그들의 생각을 아시고"[23]라고 기록되어 있는데, 바로 이 생각들이 다시금 실족입니다.

또 마태복음 26장 64-65절에서, 그리스도께서 "이후로는 인자가 권능의 오른편에 앉아 있는 것과 하늘 구름을 타고 오는 것을 너희가 보게 될 것이다"라고 말씀하시자, 대제사장이 외칩니다.

"그가 하나님을 모독하였다. 보라, 이제 너희가 그의 신성모독을 들었다."[24]

여기서 우리가 듣는 것 역시 바로 실족입니다. 이와 마찬가지로 요한복음 8장 48, 52, 53절,[25] 날 때부터 맹인 된 사람에 대한 전체 이야기,[26] 그리고 요한복음 10장 20, 30, 31, 33절에서도 동일한 구조를 확인할 수 있습니다.[27]

각각의 말이 하나님이라는 규정을 향해 나아갈 때마다, 또한 그 방향을 향한 모든 행위마다, 반드시 실족의 가능성(Forargelsens Mulighed)이 존재합니다. 그리고 동시대성의 상황(Samtidighedens Situation) 안에서는 누구나 그 가능성을 분명히 의식하게 될 것입니다. 그러나 크리스텐덤(Christenheden) 안에서는, 우리 모두가 아무런 자각도 없이 그저 그리스도인이 되어버렸습니다. 곧, 어떤 한 인간이 자신을 하나님으로서 말하고 행동한다는 사실에 내재된 실족의 가능성(Forargelsens Mulighed)을 전혀 경험하지 못한 채 말입니다. 우리는 모두 그리스도인이 되었습니다—물론, 엄밀히 말하면 그리스도인이 된다는 것은 오직 동시대성의 상황(Samtidighedens Situation) 속에서만 가능한 일입니다. 그리고 그 상황 안에서는 누구든지 그 문제를 의식하게 될 것입니다.

그럼에도 불구하고 크리스텐덤(Christenheden) 안에서 우리는 모두 실족의 가능성(Forargelsens Mulighed)을 전혀 느끼지 못한 채 그리스도인이 되어버렸습니다. 무엇보다도 <u>실족의 가능성이 또한 기독교적인 것의 방어가 되며 동시에 '사변적 파악(spekulative Begriben)'에 치명적인 무기임에도 말입니다.</u>[28] 더 나아가 우리는, 바로 그 실족의 가능성(Forargelsens Mulighed)이 존재한다는 사실을 예수 그리스도 자신께서 친히 지적하고 계신다는 점조차 인식하지 못하는 듯합니다.

그러나 이 문제에 관해서라면, 예수 그리스도께서는 분명 모든 '사변적 신학 교수들(speculative theologiske Professorer)'보다도 더 정확히 알고 계신 분이십니다. 그들의 도움과 협력 없이는 기독교가 세상에 들어오지 못했음은 이미 잘 알려진 사실이지만, 반대로 만일 아무런 방해가 없다면, 그들의 도움과 협력을 통해 기독교가 세상에서 실천적으로 제거될 수도 있을 것입니다 비천함의 방향(Retning af Ringheden)에서의 본질적인 실족의 가능성, 곧 하나님이라고 자신을 드러내는 그분이, 실상은 보잘것없고, 가난하며, 고난받고, 마침내는 무력한 한 인간(Menneske)으로 드러난다는 데에 있는 실족의 가능성.

따라서 실족은 그분이 하나님이시라는 점 때문에 생기는 것이 아니라, 하나님께서 바로 이 인간이시라는 점—곧 "보라, 이 사람이로다!"[29]—때문에 생깁니다. 이는 사람들이 실제로 그분이 하나님이시라고 믿으려는 참이 었든지, 아니면 다만 이 **무한한 자기모순**(uendelige Selvmodsigelse)—곧 하나님이 이런 인간일 수 있다는 생각—을 숙고하는 데 그쳤든지에 상관없이 그렇습니다.

앞선 경우에서, 실족하려던 자, 곧 실족의 가능성 앞에서 멈춰 섰던 이는 이렇게 말했습니다.

"우리와 같은 한 개별 인간(et enkelt Menneske)이 하나님이 되려 한다."

그러나 여기에서는, 다시 실족의 가능성 앞에서 멈춰 선 자가 이렇게 말합니다.

"가령 잠시라도 당신이 하나님이라고 가정해 보자. 그렇다 하더라도, 당신이 이처럼 보잘것없고, 가난하며, 무력한 인간이라는 것은 얼마나 큰 어리석음과 광기(Daarskab og Afsindighed)인가!"

1) 마태복음 13장 55절, 마가복음 6장 3절

"이 사람이 목수의 아들이 아니냐? 그 어머니는 마리아라 하지 않느냐? 그 형제들은 야고보와 요셉과 시몬과 유다가 아니냐? 그 누이들은 다 우리와 함께 있지 아니하냐? 그런즉 이 사람이 이 모든 것을 어디서 얻었느냐?" 그리고 그들은 그로 말미암아 실족하였습니다(마 13:55-57; 막 6:3, 개역개정).

여기에서의 실족의 방향(Forargelsens Retning)은 사실 이중적(tvetydig)입니다. 곧, 사람들이 "이 사람이 이 모든 것을 어디서 얻었느냐"라고 따져 묻는 한에서는, 실족이 앞서 다루어진 첫 번째 형태로 귀결됩니다. 즉, 이처럼 **보잘것없는 인간**(ringe Menneske)이 **비범한 존재**(det Overordentlige), 곧 하나님일 수 있다는 사실에 대해 사람들이 실족하는 것입니다.

그러나 이 실족은 또한 정반대의 방향으로도 이해될 수 있습니다. 곧, 사람들이 하나님께서 목수의 아들이며, 이런 가족을 가진 분일 수 있다는 사실에 대해 실족하는 경우입니다. 다시 말해, 하나님이 이러한 인간일 수 있다는 점이 실족의 원인이 되는 것입니다.

따라서 이 본문에서의 실족의 방향은 분명히 이중적이며, 이러한 이중성은 요한복음 7장 27절과 48절과 같은 진술들에서도 동일하게 나타납니다.[30]

그러나 사람이 오직 환상적인 그리스도 이해(phantastisk Forestilling om Christus)만을 가지고 있고, 그분이 자기 앞에 서 있는 한 개별 인간(et enkelte Menneske)도 아니며, 그분의 아버지인 목수 또한 자신이 잘 알고 있는 실제의 한 인간(virkeligt enkelt Menneske)이 아니고, 그 밖의 친족들 역시 그러하지 않다면—그렇다면 실족하지 않을 수도 있습니다. 그러나 사람이 이렇게 **그리스도와 동시대에 서 있지 않다면**(Samtidighed med Christus), 그리스도인이 되는 것 역시 불가능합니다.

2) 마태복음 26장 31, 33절; 마가복음 14장 27, 29절[31]

여기에서 실족의 가능성(Forargelsens Mulighed)은 전적으로, 그리고 분명하게(이중적이지 않게) **비천함의 방향**(Retning af Ringheden)에 놓여 있습니다. 논의의 대상은 곧 제자들(Disciplene)입니다. 다시 말해, 이미 그분이 그분 자신이 말씀하신 바로 그분이심을 믿고 있던 이들입니다. 그런데 바로 그들이 그분으로 말미암아 실족하게 될 것을 말하고 있는 것이지요.

그러나 이 실족은 **높여짐의 방향**(Retning af Høiheden)에서는 도무지 성립할 수 없습니다. 곧, 그분이 그들의 스승이요 주(Lærer og Mester)가 아니며, 그분이 스스로 말씀하신 그분이 아니라는 데에서 실족하는 것이 아닙니다. 제자들은 이미 그것을 믿고 있었기 때문입니다. 실족은 오히려 비천함의 방향에 있습니다. 곧, 지극히 **높임을 받으신 분**(Den høit Ophøiede), 아버지의 독생자(Faderens Eenbaarne)[32]께서 이처럼 고난을 당하시고, 마침내 무력하게 원수들의 손에 넘겨지신다는 사실에서 실족이 발생하는 것입니다.

보통 베드로의 부인(Peders Fornægtelse)[33]을 말할 때, 많은 설교나 설명은 변증법적 정점(Climax)을 완전히 잘못 다룹니다. 곧, 변증법의 방향과는 **정반대인 반정점**(Anticlimax)[34]으로 빠지면서도, 정작 말하는 이는 그것을 알아차리지 못합니다. 이는 그가 변증법적 사유의 비밀(det Dialektiskes

Hemmeligheder)을 전혀 알지 못한 채, 웅변적으로 모든 것을—심지어 역설 (Paradoxet)마저도—단순한 최상급(Superlativ)으로 풀어내기 때문입니다. 그 결과, 하나님이 되심(at være Gud)이 인간이 되심(at være Menneske)의 단순한 최상급처럼 취급되고 맙니다. 그러한 설명에서 흔히 이렇게 말합니다.

"그리스도께서 단지 인간이셨다 해도, 베드로가 그분을 부인했다면 이미 충분히 책망받을 일이었을 것이다. 하물며 이제 그분이 그분이신 그대로였는데!"

그러나 여기서 완전히 잊혀지는 사실이 있습니다. 만일 그리스도께서 단지 인간이셨고, 베드로 역시 그분을 단지 인간으로만 여겼다면, 베드로는 결코 그분을 부인하지 않았을 것입니다. 베드로를 완전히 무너뜨리고, 마치 중풍(apoplektisk Slag)에 걸린 듯한 충격을 가한 것은 바로 이 사실이었습니다. 곧, 베드로가 그리스도께서 아버지의 독생자(Faderens Eenbaarne)이심을 믿고 있었다는 사실입니다.[35]

한 인간이 원수들의 손에 넘어가면서도 아무것도 하지 않는 것—그것은 인간적으로(menneskeligt) 이해될 수 있는 일입니다. 그러나 **전능하신 손** (almægtige Haand)으로 **표적과 기적**(Tegn og Under)을 행하셨던 그분께서,[36] 이제는 무력하고 마비된 것처럼 서 계신다는 것—바로 이것이 베드로를 부인에 이르게 만든 결정적인 이유였습니다.

113　　그러므로 다시 그 두 본문으로 돌아가겠습니다.

"오늘 밤에 너희가 다 나로 말미암아 실족하리라."[37]

그러자 베드로가 대답하여 말합니다.

"모두 주로 말미암아 실족할지라도, 저는 결코 실족하지 않겠습니다."

이것은 그리스도께서 고난(Lidelse)을 받기 전, 제자들과 마지막으로 함께 모여 계신 순간입니다. 그분은 바로 그 고난에 대해 말씀하시며, 그것을 예고하고 계십니다. 아, 그러나 그 고난이란 얼마나 무한한 고통(uendelig Smerte)입니까. 어떤 인간도 이해할 수 없는 고통이며, 거룩한 이야기[38] 속에도 오직 간접적으로(indirecte)만 담겨 있는 고통입니다.

그리스도께서는 이제 곧 자신이 당할 고난을 장황하게 말씀하지 않으십니다. 자신이 어떻게 **학대**(mishandles)를 당할지에 대해서도 자세히 설명하지 않으십니다. 그럼에도 불구하고 그분은 자신의 고난을 예고하십니다. 아, 바로 그 고난, 아니, 그분의 **가장 무거운 고난**(tungeste Lidelse)을 말입니다. 왜냐하면 그 고난이란 다름 아니라 모두가 그분으로 말미암아 실족하게 될 것, 심지어 베드로마저 그러할 것이라는 사실이기 때문입니다.

그분이 고난을 예고하시는 모습은, 마치 그 고난의 참혹함을 묘사하는 하나의 요소로서, 그 고난이 너무도 끔찍하여 모든 사도들이 그분으로 말미암아 실족할 것이라는 사실을 덧붙이시는 것처럼 보입니다. 그러나 아, 바로 이 점이 고난의 가장 무거운 부분입니다.

아, 오직 외적인 것(Udvortes)에만 감각과 관심을 두는 인간은, 그리스도께서 자신의 고난을 어떻게 예고하시는지 전혀 느끼지 못합니다. 곧, 그분이 배반당하신 그 밤,[39] 조롱당하고,[40] 모욕당하고,[41] 침 뱉음을 당하고,[42] 채찍질을 당하신 그 밤에[43]—그 모든 것 가운데서도 가장 무거운 고난이 무엇이었는지를 알아채지 못합니다. 그것은 바로 모두가 그분으로 말미암아 실족했다는 사실이었습니다.

사람들은 그분이 범죄자처럼 십자가에 못 박힌 모습[44]을 보며 말합니다. 인간적으로 말해, 그 순간만큼은 어느 누구도 그분만큼 아무것도 이루지 못한 적이 없었고, 어느 대의도 그분의 대의만큼 완전히 패배한 것처럼 보인 적이 없었다고 말입니다. 그러나 그 공포 위에서, 사람들은 더 큰 '공포(Rædselen)'를 잊어버립니다. 곧, 그분의 원수들과 악이 그분 위에 권세를 행사하게 되었다는 사실만으로는—인간적으로 말해—그분이 세상에 오신 것이 완전히 헛되었다고 말할 수는 없습니다.

그러나 모두가 그분으로 말미암아 실족한 그 순간, 심지어 베드로마저 실족한 그 순간에는—인간적으로 말해—그분의 전 생애가 얼마나 헛된 것처럼 보였겠습니까! 그분은 모든 사람을 구원하려 하셨습니다, 말 그대로 모든 사람을. 그런데 모든 사람이 그분으로 말미암아 실족했습니다, 말 그대로 모든 사람이 말입니다!

그분은, 자신을 조금만 바꾸어도, 특히 사랑하시는 제자들과의 관계에서라면, 이 고난을 막을 수 있는 권능을 지니고 계십니다. 실족의 가능성(Forargelsens Mulighed)을 제거할 수도 있습니다. 그러나 그렇게 된다면, 그분은 더 이상 **믿음의 대상**(Troens Gjenstand)이 아닙니다. 그렇게 된다면, 그분 자신이 인간적 동정(menneskelig Medlidenhed)에 속아 넘어가게 되며, 동시에 그들을 속이는 자가 되고 맙니다.

아, 인간의 이성으로는 헤아릴 수 없는 고난의 심연(uudgrundelige Dyb af Lidelse)이여. 믿음의 대상이 되기 위해, 반드시 **실족의 표적**(Forargelsens Tegn)이 되어야만 한다는 이 필연이여!

그러므로 만일 실족의 가능성(Forargelsens Mulighed)이 믿음(Tro)에 본질적으로 속한다는 사실을 입증할 어떤 추가적인 증거(Beviis)가 필요하다면, 그것은 바로 여기에서 명백히 드러납니다. 그들은 모두 그분으로 말미암아 실족하였습니다. 곧, 그분의 신성(Guddommelighed)을 믿었고, 그 방향에서 실족의 가능성을 지나 믿는 자가 되었던 제자들(Disciplene)조차도, 이제는 비천함(Ringheden) 앞에서 멈춰 서게 됩니다. 다시 말해, 하나님-사람(Gud-Mennesket)께서 철저히 한 인간으로서만 고난받으신다는 사실, 바로 그 지점에 놓인 실족의 가능성 앞에서 멈추게 되는 것입니다.

이미 첫 번째 절에서 말했듯이,[45] 믿음의 수호자이자 방어 무기(Troens Værge eller Forsvarsvaaben)[46]인 이 실족의 가능성은 이처럼 이중적(dobbelttydig)입니다. 그래서 모든 인간적 이해(al menneskelig Forstand)는, 어느 쪽이든—이 쪽이든 저쪽이든—반드시 멈춰 서게 되고, 부딪히게 됩니다(støde an). 그리고 바로 그 자리에서, 사람은 **실족하든지**(forarges), 아니면 **믿든지**(troe) 해야 합니다.

부록 1(Tillæg 1)

앞서 언급한 본문들, 곧 하나님-사람(Gud-Mennesket)의 비천함(Ringhed)의 방향에서 실족의 가능성(Forargelsens Mulighed)이 명시적으로 말해지는 자리들 외에도, 사실상 그에 대한 암시(hentydes)와 시사(antydes)가 나타나는 본문들은 무수히 많습니다. 비록 그 자리들에서 '실족(Forargelse)'이라는 단어 자체가 직접 사용되지는 않는다 하더라도 말입니다. 이를 단지 한 가지만 예로 들자면, **수난사 전체**(hele Lidelseshistorien)[47]가 바로 그러합니다.

<h1 style="text-align:center">부록 2(Tillæg 2)</h1>

우리가 여기서 말해 온 실족의 가능성(Forargelsens Mulighed)은, 그러므로 하나님-사람(Gud-Mennesket)과 관련하여 **비천함의 방향**(Retning af Ringheden)에 놓여 있습니다.

이에 상응하여, 그리스도께서 또한 말씀하시는 또 하나의 실족의 가능성이 있습니다. 이 역시 비천함의 방향에 속하는 실족의 가능성인데, 그것은 제자가 스승보다 높지 않으며,[48] 오히려 그와 같아진다는 사실이 드러날 때 발생합니다. 그분은 하나님-사람이시며, 사람들은 그분이 그렇게까지 낮아지셔야 한다는 사실에 실족합니다.

그런데 이제, 그리스도인이 된다는 것, 곧 참으로 그리스도께 속한다는 것—그분이 참으로 자신을 그렇게 규정하신 분이라면—은, 인간적으로 말해, 한 인간에게 가능한 것 가운데 **가장 높이 올려진 것**(det meest Ophøiede)이어야 합니다. 그런데도 참으로 그리스도인이 된다는 것이, 이 세상에서, 사람들의 눈에는 오히려 낮아진 자(den Fornedrede)가 되는 것을 의미한다면, 그것이 온갖 악을 당하고, 모든 조롱과 멸시(Spot og Forhaanelse)를 견디며, 마침내는 범죄자처럼 처벌받는 것을 뜻한다면—바로 여기에서 다시 한 번 실족의 가능성이 발생합니다.

아, 이 실족에 대해서도 역시 같은 말이 적용됩니다. 사람은 이를 피할 수 있습니다. 곧, 위선적으로(hykkelsk), 또는 자기 자신과 타인에 대한 인간적 연민(menneskelig Medlidenhed)에 젖어, 그리스도인이 되되 일정한 정도까지만, 다시 말해 이교적 절제[ne quid nimis][49]의 방식으로만 그리스도인이 되기를 원한다면 말입니다. 그렇게 하면 사람은 존경과 인정을 받고, 실족의 가능성을 피하며, 세상에서 대단히 많은 일을 이루고, 또 다른 많은 사람들을 **'어느 정도까지의 그리스도인'**이 되도록 끌어모을 수 있습니다.

그러나 그렇게 하지 않으신다면, 실족의 가능성을 반드시 통과해야 합니다. 왜냐하면 참으로 그리스도인이 된다는 것은, 결코 그리스도가 되는 것이 아니기 때문입니다(아, 신성모독이여!). 그것은 그분의 제자, 곧 **따르는 자**(Efterfølger)가 되는 것입니다. 그러나 그 제자란, 그리스도의 이름을 치장하여 이용하고, 그리스도의 고난은 수많은 세기 이전의 일로 돌려버리는, 그런 분장된·장식된 제자(sminket-pyntelig Efterfølger)가 아닙니다. 그분을 따른다는 것이란, 한 인간의 삶이 가질 수 있는 한도 내에서, 그분의 삶과 최대한 닮아가는 것,[50] 바로 그것을 의미합니다.

115   기독교는 하나의 교리가 아닙니다. 기독교를 교리로서 이해하고 그에 대해 '실족(Forargelse)'을 말하는 모든 담론은 오해이며, 실족에 담긴 충격과 걸림을 무력화시키는 일입니다. 이는 곧 하나님-사람(Gud-Mennesket)[51]에 관한 교리나, 속죄에 관한 교리와 관련하여 실족을 논하는 것과 같습니다. 아닙니다. 실족은 오직 그리스도 자신과의 관계에서이거나, 혹은 스스로 그리스도인이 된다는 것과의 관계에서만 발생합니다.

그러나 크리스텐덤 안에서는 모든 것이 혼동되어 왔고, 그 결과로 크리스텐덤은 정확히 말해 이교 상태가 되고 말았습니다. 크리스텐덤 안에서는 그리스도의 죽음 이후에 무슨 일이 일어났는가, 그가 어떻게 승리하였는가, 그의 교리가 어떻게 승리하여 온 세상을 정복하였는가에 대해서만 끝없이 설교가 이어집니다. 요컨대, '아멘'으로 끝나기보다는 차라리 '만세!'로 끝나는 편이 더 어울릴 설교들만 들려옵니다.

그러나 아닙니다. 그리스도께서 이 땅에서 사신 삶, 바로 그것이 **모범**(Paradigmet, 패러다임)입니다. 저와 모든 그리스도인은 바로 그와의 닮음(Lighed) 안에서 자신의 삶을 형성하려고 애써야 합니다. 설교의 본질적인 과제는 바로 여기에 있으며, 설교는 이를 위해 존재합니다. 곧, 제가 나태해지려 할 때에는 저를 일깨우고, 낙심할 때에는 저를 굳세게 하기 위함입니다.

그리스도는 **동시대성의 상황**(Samtidighedens Situation) 속에서 **모범**(Paradigmet, 패러다임)이었습니다. 그 상황에서는 '그 후에 무슨 일이 일어났는가'에 대해 말할 여지가 전혀 없었습니다. 그러나 크리스텐덤은 그리스도를 폐기해 버렸고, 대신에 그분을 상속하려 합니다. 곧, 그분의 위대한 이름을 상속하고, 그분의 삶이 낳은 막대한 결과들을 이용하려 하며, 거의 그 결과들을 자기 자신의 공로인 양 소유하려 들고, 나아가 크리스텐덤 자체가 곧 그리스도인 양 우리를 속입니다.[52]

각 세대가 매번 그리스도로부터 다시 시작해야 하고, 그분의 삶을 모범(Paradigmet, 패러다임)으로 제시해야 함에도 불구하고, 크리스텐덤은 그 관계 전체를 순전히 역사적인 것으로 처리해 버렸고, 처음부터 그분을 이미 죽은 분으로 설정한 뒤에,[53] 거기서부터 승리를 노래합니다![54] 그 이후로 크리스텐덤은 해마다 수적으로 팽창해 왔습니다. 그러나 그것이 무슨 놀라운 일이겠습니까? 사람들은 대개 기꺼이, 그리고 기쁘게, 승리와 개선 행진[55]에 동참하고자 하기 마련이기 때문입니다. 그 결과, 크리스텐덤에서 '그리스도인이 된다는 것'은, 동시대성의 상황에서 그리스도인이 된다는 것과는, 마치 이교와 기독교만큼이나 전혀 다른 것이 되어 버렸습니다.

동시대의 상황(Samtidighedens Situation)에서는, 매 순간마다 제자가 과연 스승을 닮아 가고 있는지를 확인할 수 있었습니다. 그곳에서는 세계사적 눈속임이나 기만이 전혀 가능하지 않았습니다. 제자는 참으로 모범(Paradigmet)에 따라 형성되어 있었기 때문입니다. 그러나 오늘날의 기존 크리스텐덤에서는 그렇지 않습니다. 설령 (그리고 이는 아마도 사실이겠지만) 그리스도께서 모범이시라고 가정하더라도, 개별 그리스도인들을 바라볼 때 우리는 그들이 그 모범에 따라 형성되었다는 주장에 대해 경이로움을 느끼지 않을 수 없습니다. 그것은 마치 누군가가 domus[집]가 mensa[식탁]라는 모범에 따라 변화된다고 주장할 때 느끼는 놀라움과 다르지 않습니다.[56]

크리스텐덤에서 사람들이 어떻게 살아가는지를 주의 깊게 살펴보면, 오히려 이교(Hedenskabet)에서는 사람들이 지상의 고난과 곤경(Gjenvordigheder)과 그에 딸린 모든 것들로부터 전적으로 자유롭게 살았을 것이라고 믿게 될 정도입니다. 그만큼 크리스텐덤은, 그리스도와 기독교 자체가 이 세상에 가져온 특유한 **기독교적 고난**(specifik christelig Lidelse)이 무엇인지를 완전히 놓쳐 버렸습니다. 그만큼 크리스텐덤은, 지상의 온갖 곤경들의 나열을 통째로 끌어다가, 그것들을 특유한 기독교적 고난들의 범주 안으로 집어넣어 설교하는 데서 만족해 왔고, 지금도 그러고 있습니다.

사람들은 진정한 기독교적 고난, 곧 "말씀을 위하여(for Ordets Skyld), 의를 위하여(for Retfærdigheds Skyld)"[57] 받는 고난을 사실상 폐기해 버렸고, 그 대신 일반적인 인간적 고난들을 끌어올려 그것들이 바로 이러한 고난인 양 꾸밉니다. 그리고는—아, 이 얼마나 기막힌 전도(顚倒)의 걸작입니까!—그 고난들로 하여금 모범(Paradigmet)을 따라가고 있다고 말하게 만듭니다. 이미 덜 종교적인 모범들(Paradigmer)에 대해서조차, 그것들을 허영되게 사용하는 것이 관례가 되어 있습니다.

한 남자의 아내가 죽습니다. 그러면 목사는 아브라함이 이삭을 바친 이야기[58]를 설교하고,[59] 그 홀아비는 목사(hans Velærværdighed)[60]의 기교에 의해 일종의 아브라함, 곧 아브라함의 대응물(Pendant)로 초상화처럼 그려집니다. 물론 그 설교에는 아무런 의미도 없습니다. 아니면, 그 목사의 이해 속에서 그 홀아비도, 아브라함도 더 이상 그들이 아닙니다. 그러나 그 남자는 그 설교를 마음에 들어 하고, 기꺼이 10리그스달러(10 Rbd.)[61]를 헌금합니다. 회중 역시 반대하지 않습니다. 각자 자기 차례가 오기를 기다리고 있기 때문입니다. 아브라함을 닮게 되는 데 10리그스달러면, 누가 기꺼이 내지 않겠습니까!

그러나 이런 경우—한 남자의 아내가 죽는 사건—는 아브라함이라는 모범(Paradigmet Abraham)을 따라갈 수 없습니다. 그 남자가 자기 아내를 바친 것도 아니고, 목사가 무심코 단정적으로 말하듯이 "아내를 죽이려고 했던" 것도 아니기 때문입니다. 그녀는 죽음으로 세상을 떠난 것입니다. 그러나 아브라함의 핵심, 곧 그의 고난 속에 들어 있는 그 끔찍한 점, 그의 고난이 무한히 고조되는 그 지점은 책임(Ansvar)에 있습니다. 즉, 아브라함은 행동하는 자, 곧 이삭을 바치러 실제로 나아가려는 자였다는 점에 있습니다.

이제 모범(Paradigmet), 곧 그리스도(Christus)와 그로부터 파생된 기독교적 모범들(de deriverede christelige Paradigmer)에 대해서도 마찬가지입니다. 사람들은 진정한 기독교적 고난이 무엇을 의미하는지를 완전히 망각해 버렸고, 그에 따라 파생된 기독교적 모범들이 무엇을 요구하는지도 잊어버렸습니다. 일반적인 인간적 고난들을 끌어와—어떻게 그런 일이 가능한지는 저로서는 도무지 이해할 수 없지만—그 고난들로 하여금 기독교적 모범들을 따라가고 있다고 말하게 만듭니다. 만일 **순수한 기독교**(den rene Christendom)에 대비하여 이것을 '**적용된 기독교**(anvendt Christendom)'라고 부른다면, 참으로 진실하게 말해, 그것은 지극히 잘못 적용된 기독교라고 해야 할 것입니다.

117   기독교적 고난에서 결정적인 것은 자발성(Frivilligheden)과, 고난받는 자에게 열려 있는 실족의 가능성(Forargelsens Mulighed)입니다. 사도들에 관하여 우리는 그들이 그리스도를 따르기 위해 모든 것을 버렸다고 읽습니다.[62] 이는 곧 자발적인 선택이었습니다.

그런데 크리스텐덤에는 재산과 소유를 모두 잃는 불운을 겪는 사람이 있습니다. 그는 아무것도 자발적으로 포기하지 않았고, 그저 모든 것을 잃었을 뿐입니다. 그러자 목사는 성실하게 위로 설교를 준비합니다. 그러나 그 많은 '연구(Studeren)' 때문인지, 무엇 때문인지는 몰라도, 그의 존귀하신 분(hans Velærværdighed, 목사)에게는 일이 뒤섞이고 맙니다. 모든 것을 잃는 것(at tabe Alt)과 모든 것을 포기하는 것(at opgive Alt)이 동의어가 되어 버리는 것입니다. 그는 모든 것을 잃는 일을 모범(Paradigmet)인 모든 것을 포기함에 따라가는 일처럼 만들어 버리지만, 사실 이 둘 사이의 차이는 무한히 큽니다.

제가 자발적으로 모든 것을 포기하고 위험과 곤란을 선택할 때에는, **영적 시험**(Anfægtelse, spiritual trial)—이것 역시 특별히 기독교적인 범주이지만 기독교 세계에서는 당연히 폐기되어 있습니다—을 피하는 것이 불가능합니다. 이는 **책임**(Ansvar)과 함께 찾아오며, 이 책임은 다시 자발성에 상응합니다. 곧 이런 질문이 제기되기 때문입니다. "왜 당신은 굳이 그런 위험에 자신을 노출시키고 그런 일을 시작했습니까? 하지 않아도 되었을 텐데 말입니다." 이것이야말로 고유한 기독교적 고난(specifik christelig Lidelse)이며, 일반적인 인간적 고난보다 한 옥타브 더 깊은 음조에 속합니다.

반대로, 제가 모든 것을 잃을 때에는 책임이 없습니다. 그 경우에는 영적 시험이 붙들 수 있는 것이 아무것도 없습니다. 그러나 기독교 세계에서는 **자발성**(Frivilligheden) 자체가 완전히 폐기되었고, 그 결과로 실족의 가능성(Forargelsens Mulighed)도 이 방식으로 제거되었습니다. **자발성은 실족의 가능성의 한 형태**이기 때문입니다. 사람들은 전적으로 이교적(Hedensk)으로 살아가며, 자발성을 우스꽝스러운 과장이나 지나침[qvid nimis][63]으로 비웃는 것이 재치 있다고 여깁니다.

피할 수 없는 인간적 고난들은 이교 세계에서와 마찬가지로 어쩔 수 없이 감내해야 할 것들입니다. 그러나 사람들은 그것들을 기독교적 고난으로 끌어올려 설교하고, 그리스도와 사도들과 나란히 놓아 설교합니다. 저는 다음과 같은 실험을 해보겠다고 공언할 수 있습니다. 본질적으로는 거의 아무것도 바꾸지 않은 이교 문헌들을 가져다가, 몇 군데에만 그리스도의 이름을 덧붙여 보겠습니다. 그러면 사람들은 그것을 목사의 설교나 묵상(Betragtning)[64]이라고 믿게 될 것입니다. 어쩌면 "여러 사람의 요청으로 출판된 설교"[65]라고까지 여길지도 모릅니다. 왜냐하면 우리 모두가 그리스도인이기 때문입니다. 목사 역시 그리스도인이니까요.

그렇다면, 크리스텐덤에서 그리스도인이 된다는 것과 관련하여 실족의 가능성(Forargelsens Mulighed)을 전혀 느끼지 못하게 되는 것이 어찌 놀라운 일이겠습니까. 그러나 그리스도와의 동시대성의 상황(Samtidighedens Situation)에서는, 곧 그 당시 실제로 그러했듯이, 그리고 오늘날에도 그리스도인이 된다는 것이 진실이라면, 그리스도인이 된다는 것은 언제나 실족의 가능성과 결부되어 있었습니다. 그리스도인은 자기 자신의 삶과 관련하여 실족의 가능성을 스스로 발견해야 했으며, 문제는 그가 실족할 것인가, 아니면 믿음 안에서 그리스도인으로 머물 것인가에 있었습니다.

일반적인 인간적 고난(almen menneskelig Lidelse)에는 자기모순(Modsigelse)이 존재하지 않습니다. 제 아내가 죽는 데에는 자기모순이 없습니다. 그녀는 죽을 수 있는 존재이기 때문입니다. 제가 재산을 잃는 데에도 자기모순이 없습니다. 그것은 잃어버릴 수 있는 것이기 때문입니다. 이와 같은 일들에는 전혀 모순이 없습니다. 그러나 고난 안에 자기모순이 등장하는 지점, 바로 그 지점에서 실족의 가능성도 함께 등장합니다. 이미 말했듯이, 이 실족의 가능성은 그리스도인이 된다는 것과 분리될 수 없는 요소이며, 그리스도 자신도 바로 그렇게 제시하셨습니다.[66]

이것이 그러하다는 점, 곧 실족의 가능성(Forargelsens Mulighed)을 실제로 구성하는 것이 바로 **자기모순**(Selvmodsigelsen)이라는 사실은, 실족에 관해 일반적으로 말하는 결정적인 본문, 곧 마태복음 18장 8-9절에서도 분명히 드러납니다. 실족의 가능성은, 치료(Midlet, 수단)가 병(Sygdommen)보다 무한히 더 나쁘게 보이는 그 자기모순 속에 놓여 있습니다.

"만일 네 손이나 네 발이 너를 실족하게 하거든 찍어 버리고 내버리라. 두 손과 두 발을 가지고 영원한 불에 던져지는 것보다, 절뚝거리거나 불구자로 생명에 들어가는 것이 네게 더 낫다. 또 만일 네 눈이 너를 실족하게 하거든 빼어 버리고 내버리라. 두 눈을 가지고 지옥 불에 던져지는 것보다, 한 눈으로 생명에 들어가는 것이 네게 더 낫다."

그리스도께서는 여기서 실족(Forargelse)에 대해 말씀하고 계십니다. 그러나 보십시오. 기독교적으로 이해할 때, 곧 그리스도인이 되는 것과 관련된 진정한 실족의 가능성(den egentlige Forargelsens Mulighed)은, 사실 이 말씀의 다른 지점[67]에서 비로소 모습을 드러냅니다. 그것은 곧 실족에서 구원받기(벗어나기) 위해 그리스도께서 권하시는 **치료**(Midlet, 수단)에서 나타납니다.

자연적 인간(det naturlige Menneske)[68] 역시 자신이 말하는 '실족', 자신이 말하는 '사랑(Kjerlighed)'을 가지고 있습니다. 그러나 자연적 인간이 사랑이라 부르는 것은, **기독교적으로 보면 자기애**(Selvkjerlighed)에 불과한 것처럼,[69] 자연적 인간이 실족이라 부르는 것 또한 단지 **예비적 규정**(en blot foreløbig Bestemmelse)일 뿐입니다. 오히려 **기독교가 그에 대한 치료**(수단)**을 제시할 때, 비로소 실족의 가능성이 실제로 발생합니다.** 왜냐하면 바로 이 치료(수단)와의 관계 속에서, 곧 그리스도인이 될 것인가, 아니면 실족할 것인가라는 결정이 내려지기 때문입니다.

자연적 인간은 일정한 **시민적 정의**(borgerlig Retfærdighed, 의로움)을 **추구합니다.** 그리고 그렇게 애쓰는 가운데, 그를 실족하게 만드는 어떤 것이—그의 눈이든 그의 손이든—나타납니다. 그는 무조건적으로 실족에 굴복하려 하지는 않습니다. 다만 가능한 한 온건한 방식(lempelig Maade)으로, 그리고 요구되는 희생이 어느 정도까지만 요구된다면, 자신의 시민적 정의(의로움)을 지키려 할 뿐입니다. 그런데 바로 그때, 기독교(Christendommen)가 말합니다.

"실족을 피하고자 한다면, 손을 자르십시오. 눈을 빼어 버리십시오. 하늘나라를 위하여 스스로를 내어 맡기십시오(마태복음 19:12)."[70]

바로 이것이야말로 자연적 인간에게는 실족 그 자체입니다. 이러한 치료(수단)이라니—그것은 **광기**(Afsindighed)처럼 보입니다. 병보다 치료(수단)가 무한히 더 나쁘게 보이기 때문입니다.

"도대체 내가 왜 그런 일을 해야 합니까?"

이에 대해 기독교는 이렇게 답합니다. 그것은 실족을 피하기 위하여입니다. 혹은 같은 말을 다른 방식으로 표현하자면, 생명에 들어가기 위하여입니다.

이는 곧 다음을 의미합니다. 곧 기독교(Christendommen)는 '생명에 들어가는 것(indgaae til Livet)', 다시 말해 **영원한 구원**(den evige Salighed)을 절대적 선(det absolute Gode)으로서 무한한 강조(uendelige Eftertryk)를 두고 있으며, 그에 상응하여 실족을 피하는 것(at undgaae Forargelsen)에도 역시 무한한 강조를 두고 있다는 뜻입니다.

그러므로 진정으로 실족이 되는 것(det der egentlig er til Forargelse)은, 영원한 구원을 무한한 열정(uendelig Lidenskab)으로 파악하는 바로 그 태도이며, 이는 곧 실족에 대한 무한한 두려움(den uendelige Frygt for Forargelse)에 상응합니다. 바로 이 점이 자연적 인간(det naturlige Menneske)에게 실족이 됩니다. 왜냐하면 자연적 인간은 영원한 구원에 대해 그러한 표상을 가지고 있지 않으며, 또한 그러한 표상을 가지려 하지도 않기 때문입니다. 그리고 바로 그 때문에, 자연적 인간은 **실족의 위험**(Forargelsens Fare)에 대해서도 아무런 감각을 갖지 못합니다.

현존하는 크리스텐덤안에서는, 물론 다른 모든 경우와 마찬가지로 실족의 가능성(Forargelsens Mulighed)이 근본적으로 제거되어 있습니다. 현존하는 크리스텐덤에서는 사람은 세상에서 가장 즐거운 방식으로, 다시 말해 아무런 실족의 가능성도 전혀 느끼지 못한 채 그리스도인이 됩니다. 이 크리스텐덤 안에서 자연적 인간(det naturlige Menneske)은 완전히 자기 뜻을 관철하였습니다.[71] 곧 기독교적인 것(det Christelige)과 세속적인 것(det Verdslige) 사이에는 더 이상 **무한한 대립**(uendelig Modsætning)이 존재하지 않습니다. 기독교적인 것은 기껏해야 세속적인 것에 대한 하나의 고도화(Potentsation),[72] 그리고 보다 정확히 말하면 '교양·형성(Dannelse)'이라는 규정 아래에서의 고도화로만 관계할 뿐입니다. 실상 이것은 완전히 규칙적인 비교(Comparation)에 불과하며, 그 원급(Positiv)은 곧 시민적 정의(den borgerlige Retfærdighed)입니다.

기독교가 실족을 피하기 위해 요구하는 그러한 급진적이고 과격한 조치들(voldsomme Forholdsregler)은, 현존하는 크리스텐덤에서는 전혀 필요하지 않습니다. 사람들은 세속적인 것(det Verdslige)에서 출발합니다. 그리고 시민적 정의(den borgerlige Retfærdighed)를 준수하면서(선함 - 더 선함 - 가장 선함) 세속적 재화(verdslighedens Goder)를 가능한 한 편안하게, 가능한 한 많이 긁어모으며 살아갑니다. 그 속에 기독교적인 것(det Christelige)은 하나의 첨가물(Tilsætning), 하나의 성분(Ingredient)으로 섞여 들어가는데, 때로는 거의 쾌락을 정제하고 세련되게 하는 역할을 하기도 합니다.

이렇게 되면 기독교적인 것과 세속적인 것 사이에는 더 이상 무한한 대립이 없게 되고, 따라서 실족의 위험(Forargelsens Fare) 역시 그다지 두려운 것이 되지 않습니다. 그것은 구원(Saligheden)이 갖는 무게만큼이나 가벼워집니다. 결국 기독교적인 것은 세속적인 것과 직접적으로 동일선상에 놓이게 되며, **하나의 제자리 운동**(Bevægelse paa Stedet), 다시 말해 **가짜 운동**(en fingeret Bevægelse)이 되고 맙니다.

120

그렇다면, 그리스도인이 되는 것, 또 그리스도인으로 살아가는 것과 관련하여 실족의 가능성(Forargelsens Mulighed)을 전혀 느끼지 못하는 것이 무슨 이상한 일이겠습니까? 또한 현존하는 크리스텐덤(Christenheden)이 온통 무의미함으로 가득 차 있는 것이 무슨 이상한 일이겠습니까?

만일 어떤 사람이, 오직 그리스도에 대한 믿음 안에만 구원이 있고 그 밖에는 영원한 멸망[73]뿐이며, 실족이 곧 위험이라는 사실을 두려움과 떨림으로 확고히 확신하고 있다면, 그 사람이 그 믿음을 위해 모든 것을 걸고 감히 모험하려 한다 해도, 거기에는 분명한 의미가 있습니다. 그러나 현존하는 크리스텐덤 안에서 우리는 모두, 마치 무감각하고 조금도 열정적이지 않은 확신 속에서, 어쨌든 우리 모두는 별문제 없이 구원받을 것이라는 태도로 살아가고 있습니다. 그렇다면 자연적 인간(det naturlige Menneske)에게 있어서, 그리스도인이 되는 일과 관련하여 도대체 어디에서 실족의 가능성이 생겨날 수 있겠습니까?

오히려 진지한 그리스도인이라면, 전혀 다른 의미에서 이 크리스텐덤 전체를 대단히 실족스러운 것으로 느껴야 할 것입니다. 그런데 실족의 가능성이란 본래 영원한 구원이 무한히 높은 가치로 제시될 때 생겨나는 것이라면, 크리스텐덤 안에서 태어났다는 사실 외에는 그와 관련하여 더 이상 아무것도 할 필요가 없다면, 실족의 가능성은 이미 제거된 것이나 다름없습니다.

그러므로 크리스텐덤 안에서 누군가가, 영원한 구원에 대한 염려와 관련하여 무한한 열정을 표현하려는 순간, 곧 자신이 그리스도인임을 진지하게 드러내려는 순간, 크리스텐덤은 어떤 의미에서는 눈을 뜨게 되고, 그리스도와의 동시대적 상황(Samtidighedens Situation) 속에서 드러났고 지금도 드러나는 바로 그 실족의 가능성을 다시 발견하게 됩니다.

그때 비로소 사태는 진지해지고, 그로 인해 자연적 인간은 다음과 같은 자기모순을 똑똑히 인식하게 됩니다. 곧, 그가 말하기를 "글쎄, 한 번쯤 실족한다 한들 그 불행이 그렇게 끔찍한 것은 아니지 않은가"라고 여길 만한 위험을 피하기 위해, 손을 잘라내고, 눈을 도려내며, 스스로 거세가 되는 것과 같은 그토록 무시무시한 수단을 사용해야 한다는 바로 그 자기모순 말입니다.

이제, 그리스도인이 되고 또 그리스도인으로 존재하는 것과 관련하여, **비천함**(Ringhed)의 방향에서 말해지는 실족의 가능성(Forargelsens Mulighed)이 언급되는 두 본문으로 나아가겠습니다. 이 실족의 가능성은, 하나님-사람(Gud-Mennesket)의 **비천함과 낮아지심**(Ringhed og Fornedrelse)의 방향에서 나타나는 실족의 가능성에 파생적으로 대응하는 것입니다.

1) 마태복음 13장 21절, 마가복음 4장 17절

121

이는 씨 뿌리는 사람의 비유(Parabelen om Sædearterne)에 관한 말씀입니다. 거기에는 다음과 같이 기록되어 있습니다.

"돌밭에 뿌려졌다는 것은 말씀을 듣고 즉시 기쁨으로 받되, 그 속에 뿌리가 없어 잠시 견디다가 말씀으로 말미암아 환난이나 박해가 일어날 때에는 곧 실족하는 자요."(마 13:20-21, 개역개정)

"그 속에 뿌리가 없어 잠깐 견디다가 말씀으로 말미암아 환난이나 박해

가 일어날 때에는 곧 넘어지는 자요.”(막 4:17, 개역개정)

여기서 강조점은 분명히 **“말씀으로 말미암아”**(for Ordets Skyld)에 있습니다. 그러나 설교 강단[74]에서는, 보상을 받을 때에는 종종 “말씀을 위하여” 수고했다는 점을 매우 강하게 강조하면서도, 정작 이 본문의 강조점은 전혀 다른 곳(돈을 버는 것)으로 옮겨 가는 경우가 적지 않습니다.[75]

사람들은 기독교적으로 설교합니다. 사람이 많은 환난을 거쳐 하나님의 나라에 들어가야 하며, 고난은 필수적이라고 말합니다.[76] 훌륭합니다! 그것은 분명히 기독교적인 말입니다. 그러나 조금 더 귀를 기울여 들으면, 그들이 말하는 이 ‘많은 환난’이라는 것이 실은 질병, 경제적 곤궁, 다음 해의 생계를 걱정하는 일, 무엇을 먹을지에 대한 염려, 혹은 “작년에 먹고 아직 갚지 못한 것”에 대한 걱정, 세상에서 이루고자 했던 바를 이루지 못한 좌절, 또는 이와 유사한 여러 불행한 사건들임을 알게 됩니다.

이러한 것들에 대해 사람들은 기독교적으로 설교하고, 인간적으로 눈물을 흘리며, 심지어는 무분별하게 그것을 겟세마네 동산과 연결시킵니다.[77] 만일 바로 이러한 종류의 환난들을 통하여 사람이 하나님의 나라에 들어간다면, 이방인들 또한 모두 하나님의 나라에 들어가야 할 것입니다. 왜냐하면 그들 역시 동일한 고난들을 겪기 때문입니다. 아닙니다. 이러한 설교 방식은 극히 위험한 방식으로 기독교를 폐기하는 것이며, 부분적으로는 심지어 신성모독적(blasphemisk)이기까지 합니다.

이러한 환난과 곤경에 대해서는 약간의 더 분명한 규정이 필요합니다. 그 규정은 그리스도의 말씀, 곧 “말씀으로 말미암아”(for Ordets Skyld)라는 표현 속에 담겨 있습니다. 그리스도께서는, 이방인들보다도 절반만큼도 성실하게 살지 않으면서도 그리스도인이 되기를 원하는, 그런 응석받이 인간들을 말씀하고 계신 것이 아닙니다. 다시 말해, 단순히 일반적인 인간적 고난 하나가 닥쳤다고 해서 더 이상 그리스도인이 되기를 원하지 않는 그런 사람들을 두고 하신 말씀이 아닙니다. 적어도 '실족'에 관해 말씀하실 때에는 그렇습니다. 물론 같은 비유 안에서, 탐욕과 양식에 대한 염려 등이 좋은 씨앗을 질식시킨다고 말씀하시기는 합니다.[78]

그러나 '실족(Forargelse)'은 매우 분명하게 규정된 사유 범주이기 때문에, 실족의 가능성이 존재하는지 여부를 아주 정확하게 가려낼 수 있습니다. 그리고 바로 이 점에 대해 그리스도께서 말씀하십니다. 곧, 환난과 박해가 말씀으로 말미암아 올 때에 실족하는 사람들에 대해 말씀하시는 것입니다. 왜냐하면, 그리스도께서 가르치시듯이, 말씀으로 말미암아 환난과 박해가 일어난다는 사실 자체가 바로 그 자기모순, 곧 실족의 가능성이 놓여 있는 지점이기 때문입니다.

기독교는 스스로를 위로요, 치료요, 치유라고 선포합니다. 그러면 사람은 마치 피난처를 찾아 도움을 구하듯이 기독교로 나아가며, 도움을 준 이에 감사하듯이 기독교에 감사하게 됩니다. 곧, 기독교의 도움으로 자신이 신음하고 있는 고난을 감당할 수 있으리라고 생각합니다. 그런데 바로 그 때, 정반대의 일이 일어납니다. 사람은 도움을 구하기 위해 말씀으로 달려가지만, 그 결과 말씀으로 말미암아 고난을 당하게 됩니다.

이 고난은, 약을 복용하거나 치료를 받는 과정에서 통증이 수반되는 것과는 다릅니다. 그런 경우에는 치유가 어느 정도의 고통을 동반할 수 있으며, 그 고통에는 아무런 자기모순도 없습니다. 그러나 여기서는 그렇지 않습니다. 환난과 박해가, 기독교에 도움을 구했기 때문에 찾아옵니다. 이렇게 상황이 조여 오면, 인간의 이성은 어두워져서 어느 쪽이 옳은지, 무엇이 무엇인지조차 알 수 없게 됩니다.

그때 사람은 묻게 됩니다. 그렇다면 기독교란 무엇이며, 도대체 무엇을 위한 것입니까? 도움을 구하려고 나아갔고, 말로 다 할 수 없이 감사할 준비까지 되어 있었는데, 결과는 정반대입니다. 기독교 때문에 고난을 당하게 된다면, 도대체 무엇에 감사해야 한단 말입니까? 이 지점에서 이성은 실족의 가능성 앞에 멈추게 됩니다. 도움은 오히려 괴로움처럼 보이고, 완화는 짐처럼 느껴집니다. 밖에서 지켜보는 사람은 누구나 말할 것입니다. 저 사람은 제정신이 아니다. 어째서 스스로 그런 일에 자신을 내던지는가. 그러나 고난당하는 이는 분명 도움을 받으리라고 생각했습니다.

이제 다시 한 번, 이 "말씀으로 말미암아"(for Ordets Skyld)라는 표현을 분명히 하겠습니다. 제가 병든 몸으로 의사를 찾아갈 때, 그 의사가 매우 고통스러운 치료를 처방할 수도 있습니다. 그 치료에 제가 순응하는 데에는 아무런 자기모순이 없습니다. 그러나 만일 제가 그 의사에게 도움을 구했다는 바로 그 이유 때문에 곧바로 환난에 빠지고 박해의 대상이 된다면, 그때는 이야기가 달라집니다. 그것은 분명한 자기모순입니다.

그 의사는 어쩌면 제가 앓고 있는 병을 고칠 수 있다고 공언했을지도 모릅니다. 실제로 그럴 수도 있습니다. 그러나[aber][79] 제가 전혀 예상하지 못했던 한 가지가 있습니다. 그 의사와 관계를 맺고, 그에게 속하며, 그를 따르게 되었다는 사실 자체가, 저를 박해의 대상이 되게 만든다는 점입니다. 바로 여기에 실족의 가능성(Forargelsens Mulighed)이 놓여 있습니다.

이와 같이 기독교에서도 마찬가지입니다. 이제 문제는 이것입니다. 실족하시겠습니까, 아니면 믿으시겠습니까. 믿고자 하신다면, 실족의 가능성 (Forargelsens Mulighed)을 뚫고 지나가셔야 하며, 어떤 조건이 붙더라도 기독교를 받아들여야 합니다. 그렇게 되는 것입니다. 그렇게 되면 이성은 더 이상 따질 수 없게 됩니다. 그때에는 이렇게 말하게 됩니다.

"이것이 도움이든 괴로움이든 상관없다. 나는 오직 한 가지만을 원한다. 나는 그리스도께 속하고 싶고, 그리스도인이 되고 싶다."

한편, 실족의 가능성은, 쉽게 알 수 있듯이, 비천함(Ringhed)의 방향에 놓여 있습니다. 곧, 무한히 고귀한 것, 다시 말해 그리스도인이 된다는 것이, 세상에서는 멸시와 조롱, 침 뱉음과 범죄 취급을 받게 된다는 데 있습니다. 그러나 만일 이 관계가 옳고, 그렇게 학대받는 사람이 참으로 그리스도인이라면, 그는 인간이 닮을 수 있는 한 최대한으로 그 **본보기**(Forbilledet)를 닮게 됩니다.[80] 그러나 그 모순은 여전히 남아 있습니다. 그리고 바로 이 모순이 실족의 가능성입니다. 곧, 선을 행했기 때문에 처벌을 받는다는 것입니다.[81]

2) 요한복음 16장 1절, 그리고 보충 설명으로 마태복음 16장 23절

그리스도께서는 사도들이 세상에서 자신을 증언하게 될 때 그들에게 닥칠 일을 말씀하셨습니다.

"내가 이것을 너희에게 말한 것은 너희로 하여금 실족하지 않게 하려 함이라. 사람들이 너희를 회당에서 쫓아낼 것이며, 참으로 너희를 죽이는 자마다 그것이 하나님께 드리는 예배라고 생각하는 때가 올 것이다."

여기서 실족의 가능성(Forargelsens Mulighed)은, 쉽게 보이듯이, 비천함 (Ringhed)의 방향에 놓여 있습니다. 하나님-인간(Gud-Mennesket)이 된다는 것 이 범죄자의 형벌을 받는 것을 의미한다는 사실이 실족이 되는 것처럼, 이 와 마찬가지로 아버지의 독생자의 사자(Faderens Eenbares Udsending)[82]가 된다 는 것이 박해를 받고, 공동체에서 추방되며, 마침내 살해당하는 것을 의미 한다는 사실 또한 실족이 됩니다.[83] 더 나아가, 그렇게 행하는 자들 하나하 나가 자신들은 하나님을 섬기고 있다고 믿게 된다는 점에서 그러합니다.

실족의 가능성이 놓여 있는 이 **모순**(Modsigelse)은 쉽게 드러납니다. 곧 하나님의 사자들을 학대하는 일이 불의로 불리지도 않고, 오히려 하나님께 대한 예배(Gudsdyrkelse)로 여겨진다는 데에 있습니다. 이로써 관계 전체가 완 전히 전도됩니다. 사도는 학대를 받지만,[84] 그를 학대하는 자들은 오히려 존 경받고 명망 있는 인물로 여겨지며, 바로 그 점에서 경건하고 신앙심 깊은 사람들로 간주됩니다.

이러한 관계는 어떠한 **인간적 이성**(Menneskelig Forstand)도 감당할 수 없 습니다. 이성은 여기서 실족의 가능성(Forargelsens Mulighed) 앞에 멈춰 서게 되며, 이제 문제는 믿을 것인가(troe), 아니면 실족할 것인가(forarges)입니다. 이것이 사도들이나 초기 그리스도인들과 관련된 상황입니다.

더 나아가 말하자면, 이는 최대한 광기에 가까운 일처럼 보일 수도 있을 것입니다. 그러나 사실은 크리스텐덤(Christenheden) 안에서 이 관계가 오히 려 더욱 광기에 가까운 형태로 나타나게 되었습니다. 왜냐하면 이제는 양쪽 모두가 '그리스도인'이기 때문입니다. 이방인이 사도를 죽이며 자기 신을 섬긴다고 믿었던 것은 광기라고 할 수 없지만, 크리스텐덤 안에서 '참된 그리스도인'이 박해를 받고, 그 박해하는 자들 또한 자신들이 하나님과 '그리스도'를 섬기고 있다고 믿는다면, 이는 훨씬 더 광적인 일이 아닐 수 없습니다.

124

그러므로 그리스도께서는 그들에게 미리 말씀하신 것입니다. 그들이 실족하지 않도록(ikke skulde forarges), 오히려 믿음(Troen) 안에 머물러 보존되도록 말입니다. 왜냐하면 믿음 안에서야말로 그들은 실족의 가능성(Forargelsens Mulighed)으로부터 구원받기 때문입니다.

한 사람이 삶의 더 높은 기준을 이성(Forstanden) 외에는 알지 못한 채 살아간다면, 그의 전 생애는 전부 **상대성**(Relativitet) 속에 머물게 됩니다. 그는 언제나 상대적인 목적만을 위해 일하며, 이성이 확률(Sandsynlighed, 개연성)을 통해 어느 정도 이익과 손해(Fordeel og Tab) 를 설명해 주지 않는 한, "왜 그리고 무엇"을 위해 그렇게 해야 하는지 답해 주지 않는 한, 아무 일도 시도하지 않습니다. 그러나 **절대적인 것**(Det Absolute)은 전혀 다릅니다. 이성을 기준으로 첫눈에 보면, 그것은 분명 **광기**(Afsindighed)입니다. 한 인간의 전 생애를 고난(Lidelse)과 희생(Opoffrelse)에 내맡긴다는 것은 이성에게는 광기로 보입니다. 이성은 이렇게 말합니다.

"내가 어떤 고난을 감내하고, 무엇인가를 희생하거나, 어떤 방식으로든 나 자신을 희생해야 한다면, 그로부터 어떤 유익과 이익이 따르는지 또한 알아야 한다. 그렇지 않다면, 그런 일을 하는 나는 미친 사람일 것이다."

그런데 어떤 사람에게 이렇게 말한다고 생각해 보십시오.

"이제 세상으로 나아가십시오. 그러면 당신은 해마다 박해를 받을 것이고, 결국에는 참혹한 방식으로 생을 마치게 될 것입니다."

이때 이성은 말합니다.
"그게 도대체 무슨 소용입니까?"

바로 아무 소용이 없습니다. 그러나 이것이야말로 절대적인 것이 존재한다는 사실의 표현입니다. 그리고 바로 이 점이, 이성에게는 실족(Forargelse)의 이유가 됩니다.[85]

그리고 여기서 우리는, 기독교(Christendommen)에 대해 흔히 제기되어 온 한 가지 반론이 어떻게 성립하는지도 보게 됩니다. 이 반론은 어떤 의미에서는 상당히 타당하며, 적어도 이 문제와 관련해 흔히 제시되는 경박한 기독교 옹호보다 훨씬 더 의미를 지니고 있습니다. 그 반론이란 곧, **기독교는 인간혐오적**(menneskefjendsk)**이라는 주장입니다.** 실제로 기독교 초기에 그리스도인들은 *odium totius generis humani*[86]—곧 "전 인류를 증오하는 자"라는 비난을 받기도 했습니다.

이 문제는 다음과 같이 연결됩니다. 자기 자신을 이기적으로(selvisk) 사랑하거나, 혹은 여성적으로(fruentimmeragtigt) 자기 자신을 사랑하는 자연적 인간(det naturlige Menneske)이 이해하는 사랑(Kjerlighed), 우정(Venskab) 등과 비교할 때, 기독교는 마치 인간이 되는 것 자체에 대한 증오처럼 보입니다. 오히려 인간 존재에 내려진 가장 큰 저주요 고통처럼 보일 수도 있습니다. 심지어 더 깊이 있는 인간조차도, 연약한 순간들에서는 기독교가 마치 인간혐오처럼 느껴질 수 있습니다. 왜냐하면 그런 약한 순간에 그는 자기 자신을 달래고, 스스로를 불쌍히 여기며, 세상에서 편안히 살고, 조용한 향유 속에 머물고 싶어 하기 때문입니다. 이것이 바로 인간 안에 있는 **여성적인 것**(Det Qvindagtige)[87]입니다.

이 점에서 또한 다음과 같은 사실도 전혀 틀리지 않습니다. 곧 기독교는 결혼(Ægteskabet)에 대해 **일정한 경계심**(Mistanke)을 갖고 있다는 점입니다.[88] 기독교는 많은 기혼 봉사자들 가운데서도, 여전히 한 사람쯤은 **독신자**(ugift Person), 곧 **홀로 선 개인**(et eenligt Menneske)을 갖고자 합니다. 왜냐하면 기독교는 잘 알고 있기 때문입니다. 곧 여성, **에로스 사랑**(Elskov) 등과 함께 인간 안에 연약함과 자기연민(Kjelne)이 스며들어 오며, 남자가 스스로 그런 경향을 갖고 있지 않더라도, 아내는 대개 아무 거리낌 없이 그것을 대표하게 되며, 이것이 특히 엄격한 의미에서 기독교를 섬겨야 하는 사람에게는 극도로 위험하다는 사실을 말입니다. 그래서 이야기는 흔히 이렇게 시작됩니다.

"도대체 왜 그런 모든 불편과 수고, 온갖 배은망덕과 저항을 감수하려고 하시나요? 아니에요, 우리 둘이서 조용하고 편안하게 인생을 즐깁시다. 결혼은—목사님도 말씀하시듯이—하나님께서 기뻐하시는 상태(Gud velbehagelig Stand)잖아요.[89] 게다가 그것은 명시적으로 그렇게 불리는 유일한 상태이기도 해요. 성직자의 상태조차도 그렇게 불리지는 않잖아요. 사람은 결혼해야 해요. 하나님은 그 이상도, 그 이하도 요구하지 않으세요. 오히려 그것이 최고예요. 당신은 이미 충분히 했어요. 하나님의 기쁨을 얻었잖아요—결혼도 했고, 심지어 두 번째 결혼까지 했으니까요.[90] 그러니 그런 생각들은 이제 그만두세요. 그건 다 허영(Forfængelighed)과 광기(Galskab)에 불과해요. 사람을 세상 속으로 끌어내어 그런 삶을 요구하는 가르침은 인간혐오적이에요. 그리고 그런 것이야말로 기독교일 리가 없죠. 지난주에 목사님이 말씀하셨잖아요. 기독교는 온갖 짐을 부드럽게 덜어주는 온유한 가르침이라고요. 어떻게 그런 음침하고, 음울하고, 인간혐오적인 은둔자들—여성적인 것에 대한 감각조차 없는 사람들이 꾸며낸 사상을 기독교라고 생각할 수 있겠어요?"

이것은 이미 비교적 작고 사소한 희생들(Opoffrelser)의 경우에도 그대로 적용됩니다. 그런데 이제 문제가 되는 것이 한 인간의 전 생애라면, 곧 그 전 생애를 봉헌하여 제물로 바치는 일이라면, 그리고 어떤 완화나 안도에 대한 전망도 전혀 없이 그러한 미래를 향해 나아가야 한다면, 다시 말해 자발적으로(frivilligt) 최선의 노력을 다해 일하지만, 그 결과로 확실히 얻는 것이란 해마다 조롱당하고, 박해받고, 마침내는 살해당하는 것뿐이라면—아, 가장 강한 인간에게조차도 그런 요구가 인간에게 가해지는 것은 **인간 혐오**(menneskefjendsk)처럼 느껴지는 순간들이 반드시 있습니다.

실제로 베드로(Peder) 역시 그리스도(Christus)와의 관계에서 바로 이렇게 행동했습니다(마태복음 16장 21절 이하).

"그때부터 예수께서 자기가 예루살렘에 올라가 장로들과 대제사장들과 서기관들에게 많은 고난을 받고 죽임을 당하고, 사흘 만에 살아나야 할 것을 제자들에게 밝히 말씀하시자, 베드로가 예수를 붙들고 항변하여 말하기를 '주님, 그리 마옵소서. 이런 일이 주님께 결코 일어나서는 안 됩니다'라고 하였습니다."

이 대목에서 우리는, 누군가가 친구를 갖는다는 것이 얼마나 큰 위험을 수반하는 일인지를 분명히 보게 됩니다. 친구는 사람으로 하여금 감히 모험하고 희생하도록 돕는 존재가 아니라, 오히려 흥정을 하게 하고 양보하게 만드는 존재이기 때문입니다. 바로 이런 이유에서 세상에는 우정(Venskab)을 찬양하고 미화하는 말들이 그토록 많은 것입니다.

그러므로 어떤 사람이, 보다 엄정한 기준에서 선(det Gode)을 원하기는 하지만, 거의 초인적인 우월성에 대한 확신을 스스로에게 부여할 수 없다고 느낀다면, 그는 두려움과 떨림 속에서 하나님께 매달리며,[91] **무엇보다도 친구를 갖지 않으려는 신중함을 지녀야 합니다.** 만일 그리스도께서 참으로 그리스도가 아니셨다면, 아마도 베드로가 이겼을 것이기 때문입니다.

그러므로 베드로는 예수님을 꾸짖기 시작합니다. 이는 베드로가 그리스도를 사랑했기 때문이며, 그분께 자신을 온전히 헌신했기 때문입니다. 그래서 이제 그는 친구로서, 두 사람이 함께 잘 지내기를 바라는 마음에서 행동합니다. 그는 예수님을 "꾸짖습니다(sträffer)." 참된 친구란 자신의 생각을 솔직하게 말하며, 친구가 그릇된 길로 가고 있을 때, 곧 어떤 일을 감행하려 하거나 스스로를 어떤 사명(Sag)을 위해 희생하려 할 때, 엄하게 말하는 것을 두려워하지 않는 법이기 때문입니다.

이로부터 사람들이 왜 그토록 우정(Venskab)을 찬양하고 귀히 여기는지가 설명됩니다. 어쩌면 자신이 스스로는 감히 자유를 포기하지 못할 만큼 약하다고 느낄 때, 우정은 참으로 훌륭한 발명품이 되며, 친구를 갖는 것이 마치 의무인 것처럼 여겨지기 때문입니다.

베드로는 말합니다. "자신을 아끼십시오(spar Dig selv)." 이는 그가 동정심(Medlidenhed)이 깊은 참된 친구이기 때문입니다. 그러나 동시에 그는 전혀 자기애(Selvkjerlighed)가 없는 것도 아닙니다. 왜냐하면 그가 그렇게 강하게 말한 것은, 아마도 자기 자신을 위해서이기도 했을 것이기 때문입니다. 그는 말합니다. "이런 일은 결코 일어나서는 안 됩니다(dette skee Dig ingenlunde)." 왜냐하면 <u>그리스도께서 자발적으로(Frivilligt) 그러한 고난에 자신을 내맡기신다는 생각은 베드로의 마음에조차 떠오르지 않았기 때문입니다.</u> 만일 그런 가능성이 떠올랐다면, 그는 아마 더욱 강하게 말했을 것입니다.

그러나 그리스도께서는 이렇게 대답하십니다.

"사탄아, 내 뒤로 물러가라(vig fra mig,. Satan)! 너는 나에게 걸림돌(Forargelse)이 된다. 너는 하나님의 일(hvad Guds er)을 생각하지 않고, 사람의 일(hvad Menneskens er)만 생각하는구나."

여기에서 우리는 매우 인상적인 방식으로, 실족의 가능성(Forargelsens Mulighed)이 어디에 놓여 있는지를 보게 됩니다. 또한 오직 인간적인 것만을 헤아리는 크리스텐덤(Christenheden)이, 그에 맞추어 기독교(Christendom)를 변형함으로써, 어떻게 이 실족의 가능성을 제거해 버렸는지도 분명히 드러납니다.

베드로가 그리스도께 걸림돌(Forargelse, 실족)이 되는 이유는, 바로 그 반대가 곧 그리스도께서 베드로에게 걸림돌(실족)이 되는 이유이기도 합니다. 베드로는 인간적 동정심(menneskelig Medlidenhed)의 가장 사랑스러운 형태입니다. 그러나 바로 그 인간적 동정심 때문에, 그는 그리스도께 걸림돌(실족)이 됩니다. 반대로 그리스도는 신적인 것(det Guddommelige), 곧 절대적인 것(det Absolute)이시기 때문에, 베드로에게는 걸림돌(실족)이 됩니다.

<u>상대적인 것(Det Relative)이란, 시간성(Timeligheden) 안에서 일정한 기간</u>

을 두고 노동에 대한 보상을 기대하는 것입니다. 이에 비해 절대적인 것(Det Absolute)이란, 오직 영원(Evigheden)을 선택하는 것입니다. 그러나 이 영원이라는 것은 감각적이며 자연적인 인간(det sandselige, det naturlige Menneske), 심지어 가장 유능한 인간에게조차도 확고하게 서 있지 않습니다. 그러므로 절대적인 것은 그에게 걸림돌(Forargelse, 실족)이 됩니다.

믿는 사람(Den Troende)은 온 생애를, 자연적인 인간이 자기 인생의 어떤 몇 해를 바라보는 방식으로 바라봅니다. 자연적인 인간은 몇 해 동안 고난을 감내하는 것을 받아들입니다. 그 후에 보상을 거둘 수 있다고 믿기 때문입니다. 그러나 믿는 사람은 시간 속의 전 생애 전체를 그렇게 처분(disponerer)합니다.

하지만 절대적인 것 앞에서 이성(Forstanden)은 멈춰 섭니다. 모순(Modsigelsen)은 이렇습니다. 한 인간에게 가장 큰 희생을 요구하고, 자기의 전 생애를 희생으로 봉헌하게 요구하면서—그 이유가 무엇입니까? 이성은 말합니다. "이유가 없다면, 그것은 광기(Galskab)다." 그러나 실제로는 이유가 없는 것이 아니라, 무한한 이유(et uendeligt Hvorfor)가 있는 것입니다. 다만 이성이 파악할 수 없는 이유일 뿐입니다.

이처럼 이성이 멈춰 서는 모든 지점에 실족의 가능성(Forargelsens Mulighed)이 존재합니다. 이를 승리로 돌파하기 위해서는 믿음(Troen)이 필요합니다. 왜냐하면 믿음은 하나의 **새로운 생명**(et nyt Liv)[92]이기 때문입니다. 믿음이 없으면 인간은 실족에 머물게 됩니다. 그리고 그렇게 되면, 세상에서는 오히려 큰 인물이 될 수도 있고, 놀라운 성공을 거두며, 동시대인들로부터 '시대의 위대한 인물'로 칭송받을 수도 있습니다. 이는 전혀 불가능한 일이 아닙니다.

그러나 여기서 우리는 **실족의 변증법**(Forargelsens Dialektik)이 다시 나타난다는 사실을 기억해야 합니다. 만일 실족한다는 것이 곧 세상에서 불행해진다는 뜻이라면, 그 개념은 이미 폐기된 것이며, 더 이상 실족할 것도 없게 됩니다. 실족의 가능성은 바로 여기에 있습니다. 곧 세상이 범죄자라고 보는 바로 그 사람 안에서, 참으로 **믿는 자**(Den Troende)가 드러난다는 데에 있습니다.

실족의 가능성은, 보시다시피, **비천함**(Ringheden)의 방향에 놓여 있습니다. 곧 절대적인 것을 위해 사는 것이라는 무한히 고귀한 삶이, 세상의 찌꺼기,[93] 경멸과 조롱의 대상, 동정의 대상이 되며—동정하면서도 동시에, 그런 자가 범죄자처럼 처형되는 것을 일종의 정당한 처벌로 여기는—바로 그런 모습으로 표현된다는 데에 있습니다.

B와 C의 결론

지금까지의 논의는 본질적인 실족(Forargelse)의 두 가지 형태를 분명히 밝혀 왔습니다. 또한 그리스도께서 친히 명시적으로 이에 대해 경고하신 성경 본문들을 검토하였고, 더 나아가 성경 곳곳에서 하나님-인간(Gud-Mennesket)과 관련하여 실족의 가능성(Forargelsens Mulighed)이 암시되는 여러 대목들도 덧붙여 지적하였습니다.

그러나 이 논의의 목적은 그러한 모든 본문을 하나하나 다 살피는 데 있지 않았으며, 더더욱 주의 깊게 모두를 검토해 보면 오직 그 경우들에서만 실족의 가능성이 나타난다는 인상을 주려는 것도 아니었습니다. 그렇지 않습니다. 실족의 가능성(Forargelsens Mulighed)은 언제나 하나님-인간(Gud-Mennesket)을 따라다니며, 그것은 어떤 순간에는 이 방식으로, 또 어떤 순간에는 저 방식으로 나타납니다. 인간의 그림자가 그를 떠나지 않듯, 아니 그보다도 더 떼려야 뗄 수 없이, 실족의 가능성은 하나님-인간을 따라다닙니다. 왜냐하면 하나님-인간은 곧 믿음(Troen)의 대상이기 때문입니다.

하나님-인간(Gud-Mennesket)―그리고 여기서 기독교(Christendommen)가 뜻하는 것은, 앞서 말했듯이 신성과 인성이 하나라는 어떤 환상적·사변적 사유가 아니라, 하나의 개별적인 인간이 곧 하나님이라는 사실입니다―은 오직 믿음을 위해서만 존재합니다. 그런데 바로 이때, 실족의 가능성(Forargelsens Mulighed)이란 믿음이 탄생할(blive til, 생성될) 수 있는 그 '반발'(Frastød)[94]입니다. 물론, 사람이 실족하기로 선택하지 않는다면 말입니다.

참고자료

1 해설(개념 정리)

    • Forargelse(실족): 단순한 감정적 분노나 도덕적 거부감이 아니라, 이성이 도저히 감당하지 못하는 역설 앞에서 발생하는 실존적 걸림을 의미한다. 특히 여기서는 "낮은 인간이 하나님을 자처한다"는 초월성의 역설이 문제다.

    • Høiheden(높음, 높여짐): 하나님과 인간 사이의 무한한 질적 차이를 가리킨다. 실족은 이 차이가 제거될 때가 아니라, 오히려 그 차이가 가장 급진적으로 주장될 때 발생한다는 점이 중요하다.

    • et enkelt Menneske(개별 인간): 군중이나 제도, 신화적 영웅이 아니라, 역사 안에 있는 구체적 한 인간이 말하고 행동한다는 점이 실족의 결정적 조건이다.

    • Gud-Mennesket(하나님-인간): 단순한 두 본성의 교리적 결합이 아니라, 실존적으로는 '이 인간을 하나님으로 믿느냐, 아니면 실족하느냐'의 선택을 요구하는 결정점이다.

    • Bestemmelsen Gud(하나님이라는 규정): 실족은 '인간' 쪽이 아니라, 오히려 '하나님'이라는 규정이 이 단독자에게 귀속된다는 점에서 발생한다. 즉, "너는 너무 인간적이다"가 아니라, "너는 감히 하나님이라 말한다"는 데서 생기는 실족이다.

2 in contento: 라틴어로, '그 주요 내용에 있어서', '핵심 내용상'이라는 뜻이다.

3 Beviset af Spaadommene(예언의 증명): 계시의 진리에 대한 전통적인 증명들 가운데에는, 구약성경(GT)에 나타난 오실 메시아에 대한 예언들이 예수의 삶 안에서 성취되었다는 점, 혹은 예수의 생애에서 일어난 사건들이 이미 구약에서 예고되어 있었다는 점을 근거로 삼는 논증이 포함되어 있었다.

4 den sidste Prophet(마지막 예언자): 복음서들이 세례 요한을 그의 소명, 등장 방식, 선포에 있어서 구약의 예언자들과 유사하게 묘사하며, 동시에 예수를 위한 선구자로 제시하고 있다는 점을 가리키는 표현이다.

5   Undergjerningerne(기적들): 공관복음서, 곧 처음 세 복음서에서 예수의 기적 또는 미라클을 가리킬 때 가장 널리 사용되는 명칭이다.

6   saa let som Fod i Hose: '아무것도 아닌 것처럼 쉽다', '매우 손쉽다'는 뜻의 관용구다. 이 표현은 E. Mau, Dansk Ordsprogs-Skat (24,30) 제1권, 233쪽에도 수록되어 있다.

7   pro et contra: 라틴어로, '찬성과 반대', 특히 어떤 사안에 대한 찬반의 근거들을 가리킨다. 이 표현은 여기서 추론하는 이성(den raisonerende Forstand)이 사안을 양면적으로 저울질하는 방식, 곧 결정 이전의 모호하고 양가적인 상태를 가리키는 데 사용된다.

8   누가복음 2장 34–35절을 가리킨다. 이 본문에서 시므온은 예수에 대하여 다음과 같이 말한다.
    "보라, 이 아이는 이스라엘 중 많은 사람을 패하거나 흥하게 하며 비방을 받는 표적이 되기 위하여 세움을 받았고, (…) 그리하여 많은 사람의 마음의 생각이 드러나게 될 것이다."

9   이는 빌립보서 2장 6–11절에 나오는 이른바 '그리스도 찬가' 가운데 7절을 가리킨다. 바울은 그곳에서 예수 그리스도에 대해 이렇게 말한다. "오히려 자기를 비워 종의 형체를 가지사 사람들과 같이 되셨고"(빌 2:7, 개역개정). 이 표현은 그리스도의 자기 비하(케노시스, κένωσις)와 참된 인간 되심을 강조하는 구절이다.

10   Troens Stifter og Fuldender: 이는 히브리서 12장 2절을 암시하는 표현으로, 그곳에서는 예수에 대해 "믿음의 주요 또 온전하게 하시는 이"라고 말한다(개역개정). 루터는 이 표현을 "Anfänger und Vollender des Glaubens(믿음의 시작자요 완성자)"로 번역하였다. 이는 루터 성경 『Die Bibel nach der deutschen Übersetzung D. Martin Luthers』에 따른 것이다. 또한 히브리서 2장 10절(1819년 신약)에서 예수에게 사용된 "구원의 창시자(Saliggiørelses Stifter)"라는 표현과도 비교할 수 있다.

11   이는 요한복음 3장 16절을 암시한다. "하나님이 세상을 이처럼 사랑하사 독생자를 주셨으니"(개역개정).

12   이는 요한복음 6장 61절을 가리킨다. "예수께서 스스로 아시고 제자들이 이 말씀에 대하여 수군거리는 것을 아시고 그들에게 이르시되 '이 말이 너희에게 걸림이 되느냐' 하시니라"(개역개정).

13   이는 요한복음 6장 51절을 자유롭게 적용한 인용이다. 그 구절에서 예수는 이렇게 말씀한다. "나는 하늘에서 내려온 살아 있는 떡이니 사람이 이 떡을 먹으면 영생하리라 내가 줄 떡은 곧 세상의 생명을 위한 내 살이니라"(요 6:51, 개역개정).

14 　이는 요한복음 6장 52–53절을 인용한 것으로, 해당 본문에서 예수는 다음과 같이 말씀한다.

"그러므로 유대인들이 서로 다투어 이르되 '이 사람이 어찌 능히 자기 살을 우리에게 주어 먹게 하겠느냐' 하니 예수께서 이르시되 '진실로 진실로 너희에게 이르노니 인자의 살을 먹지 아니하고 인자의 피를 마시지 아니하면 너희 속에 생명이 없느니라'"(개역개정).

15 　이는 요한복음 6장 54–57절을 가리킨다. 그 구절들에서 예수는 다음과 같이 말씀한다.

"내 살을 먹고 내 피를 마시는 자는 영생을 가졌고 마지막 날에 내가 그를 다시 살리리니 내 살은 참된 양식이요 내 피는 참된 음료로다 내 살을 먹고 내 피를 마시는 자는 내 안에 거하고 나도 그 안에 거하나니 살아 계신 아버지께서 나를 보내시매 내가 아버지로 말미암아 사는 것 같이 나를 먹는 그 사람도 나로 말미암아 살리라"(개역개정).

16 　이는 요한복음 6장 61절을 자유롭게 적용한 인용이다. 해당 구절에서 이렇게 말한다.

"예수께서 스스로 아시고 제자들이 이 말씀에 대하여 수군거리는 것을 아시고 그들에게 이르시되 '이 말이 너희에게 걸림이 되느냐' 하시니"(개역개정).

요한복음 6장 61절에서 "걸림"(개역개정)으로 번역된 표현은 헬라어 동사 σκανδαλίζει(기본형 σκανδαλίζω)로, 본래는 "덫에 걸려 넘어지게 하다"는 의미를 지닌다. 신약 문맥에서는 단순한 불쾌감이나 이해의 곤란을 가리키기보다, 믿음의 결단을 무너뜨려 관계적 이탈을 초래하는 '실족'을 뜻한다. 요한복음 6장에서 이 표현은 예수의 기적이 아니라 예수 자신의 말씀이 실족의 계기가 됨을 드러내며, 실제로 6장 66절에서 "많은 제자들이 떠나갔다"는 결과로 이어진다. 따라서 여기서의 σκανδαλίζω는 인식적 난해함이 아니라 그리스도를 믿을 것인가 떠날 것인가를 가르는 실존적 선택의 지점을 가리킨다. 이 점에서 덴마크어 Forargelse는 신약의 σκανδαλίζω와 의미상 정확히 대응한다.

17 　이는 루터교의 이른바 그리스도의 몸의 편재성 교리를 가리킨다. 곧 이 교리에 따르면, 그리스도는 하늘에서 아버지의 오른편에 계실 뿐 아니라, 성찬의 요소 안에서도 그의 몸과 피로 실제적으로 현존하신다. 이 교리는 성찬에서의 그리스도의 현존에 관한 로마 가톨릭 교회, 울리히 츠빙글리, 그리고 장 칼뱅의 이해에 대응하거나 이를 명확히 하기 위해 발전되었다.

예를 들어 Karl Hase, 『Hutterus redivivus oder Dogmatik』 §123, p. 306(덴마크

어 번역본 p. 316)을 보라. 그곳에서 다음과 같이 말한다. "루터는 성경의 말씀에 합치되는 실제적 교통을 고수하며, 떡과 몸의 실제적 존재를 주장하였다. '떡과 포도주는 그대로 남아 있으나, 속성의 교통(communicatio idiomatum)에 따라 그리스도는 그의 인간적 본성에 있어서도, 그가 계시기를 원하시는 곳마다 어디에서나 현존하시며, 제정의 말씀에 따라, 외적인 표징들 안에서·함께·아래에서(in, mit und unter) 그의 참된 몸과 피를 누리는 자들에게 전달하신다. 이는 단지 signa(표징)일 뿐 아니라, vehicula et media collativa(능동적 운반자이자 전달 매개)이다. 그리고 이는 믿는 자와 믿지 않는 자 모두에게 해당된다.'"(Formula Concordiae VII)

여기서 'F. C.'는 루터교의 최종 신조 문서인 『일치신조(Formula Concordiae)』(1577–78, 1580년 출판)를 가리키며, 특히 제7조 성찬론, 그중에서도 제2부 「Solida Declaratio」 제7조 35항 및 7조 4항을 참조할 수 있다(『Libri symbolici ecclesiae evangelicae sive Concordia』, K. A. Hase 편, 2판, Leipzig 1837 [1827], p. 735 및 p. 726; 또한 『Die Bekenntnisschriften der evangelisch-lutherischen Kirche』, Göttingen 1992, p. 983 및 p. 974).

아울러 1833–34년 H. N. Clausen의 기독교 교의학 강의 §47에 대한 키르케고르의 주석도 참고할 수 있는데, 이는 Not1:7, SKS 19, 44–45쪽에 수록되어 있다.

18   이는 마태복음 11장 28절을 암시하며, 또한 코펜하겐 프뢰 교회(Vor Frue Kirke) 제단부에 있는 베르텔 토르발센(Bertel Thorvaldsen)의 그리스도 조각상을 염두에 둔 것으로 보인다. 그 조각상에서 그리스도는 두 팔을 벌린 모습으로 표현되어 있으며, 받침대에는 "내게로 오라 / 마태복음 11장 28절"(Kommer til mig / Matth. XI. 28)이라는 문구가 새겨져 있다. 또한 『성찬의 위로』(카리스아카데미) 『기독교 강화』 제4부에 수록된 두 번째 설교에서도 이와 유사한 구절을 찾아볼 수 있다.

19   Verdens Frelser: 이 칭호는 요한복음 4장 42절에서 예수에게 사용된다. 그곳에서 사마리아 사람들은 "이는 참으로 세상의 구주이신 줄 앎이라"라고 말한다(개역개정). 또한 요한복음 3장 17절도 함께 참조할 수 있다. "하나님이 그 아들을 세상에 보내신 것은 세상을 심판하려 하심이 아니요 세상으로 하여금 그로 말미암아 구원을 받게 하려 하심이라"(개역개정).

20   이는 마태복음 16장 13–17절을 가리킨다. 그 본문에서 예수는 가이사랴 빌립보 지방에서 제자들에게 "사람들이 인자를 누구라 하느냐"라고 물으시고, 이어 "그러면 너희는 나를 누구라 하느냐"라고 질문하신다. 이에 시몬 베드로가 "주는 그리스도시요 살아 계신 하나님의 아들이시니이다"라고 고백하자, 예수는 그에게 "바요나 시몬아 네가 복이 있도다 이를 네게 알게 한 이는 혈육이 아니요 하늘에 계신 내 아버지시

니라”라고 말씀하신다(개역개정).

21 　이는 마태복음 11장 6절과 요한복음 6장 61절을 가리킨다.

22 　이는 마태복음 9장 1–8절에 나오는, 가버나움에서 예수께서 중풍병자(1819년판에서 den Værkbrudne)를 고치신 사건을 가리킨다. 사람들이 중풍병자를 예수께 데려오자, 예수는 그에게 먼저 “아들아 안심하라 네 죄 사함을 받았느니라”(9:2)라고 말씀하신다. 이에 몇몇 서기관들은 그가 하나님을 모독한다고 생각하였다. 그러나 예수는 그들에게 “어찌하여 너희 마음에 악한 생각을 하느냐”(9:4)라고 말씀하시며, 이어 “네 죄 사함을 받았느니라 하는 말과 일어나 걸어가라 하는 말 중에서 어느 것이 쉽겠느냐”라고 하신다. 그리고 “인자가 땅에서 죄를 사하는 권세가 있는 줄을 너희로 알게 하려 하노라” 하신 후, 중풍병자에게 “일어나 네 침상을 가지고 집으로 가라”(9:6)고 말씀하신다. 그러자 중풍병자가 일어나 집으로 돌아갔다. 여기서 forladne는 “용서된, 사함받은”이라는 뜻으로, 누가복음 7장 47절과 비교할 수 있다.

23 　“예수께서 그들의 생각을 아시고”: 이는 마태복음 12장 25절 앞부분을 자유롭게 적용한 인용이다. 해당 구절에서 “예수께서 그들의 생각을 아시고 이르시되 ‘스스로 분쟁하는 나라마다 황폐하여질 것이요 스스로 분쟁하는 동네나 집은 서지 못하리라’”(마 12:25, 개역개정)라고 말한다.

24 　이는 마태복음 26장 64–65절의 내용을 인용을 섞어 요약한 것이다. 그 본문에서 예수는 공회 앞에서 “이후에 인자가 권능의 오른편에 앉아 있는 것과 하늘 구름을 타고 오는 것을 너희가 보리라”라고 말씀하시고(26:64), 이에 대제사장은 옷을 찢으며 말한다. “그가 신성모독을 하였으니 어찌 더 증인을 요구하리요 보라 너희가 이제 그의 신성모독을 들었도다”(26:65, 개역개정).

25 　이는 요한복음 8장 48–53절을 가리킨다. 그 본문에서 유대인들은 예수께 말하기를 “우리가 너를 사마리아 사람이라 또는 귀신 들렸다 하는 말이 옳지 아니하냐”(8:48)라고 한다. 이에 예수는 “나는 귀신 들린 것이 아니라 내 아버지를 공경함이거늘 너희는 나를 무시하는도다”(8:49)라고 답하시며, 이어 “진실로 진실로 너희에게 이르노니 사람이 내 말을 지키면 영원히 죽음을 보지 아니하리라”(8:51)라고 말씀하신다. 그러자 유대인들은 다시 말한다. “지금 네가 귀신 들린 줄을 아노니 아브라함과 선지자들도 죽었거늘 네 말은 사람이 내 말을 지키면 영원히 죽음을 맛보지 아니하리라 하니 네가 우리 조상 아브라함보다 크냐 그는 죽었고 선지자들도 죽었거늘 너는 너를 누구라 하느냐”(8:52–53, 개역개정).

26 　“날 때부터 맹인 된 사람에 대한 전체 이야기”: 이는 요한복음 9장 1–41절에 나오

는, 예수께서 나면서부터 맹인 된 사람을 고치신 사건에 대한 서술 전체를 가리킨다.

27   이는 요한복음 10장 20-33절을 가리킨다. 예수께서 자신의 생명을 버릴 권세와 다시 얻을 권세가 있으며, 그것이 아버지로부터 받은 명령이라고 말씀하신 뒤, 유대인들 사이에 분쟁이 일어났다. 그들 가운데 많은 이들이 말하기를 "그가 귀신 들려 미쳤거늘 어찌하여 그의 말을 듣느냐"(10:20)라고 하였다. 이어서 예수는 "나와 아버지는 하나이니라"(10:30)라고 말씀하신다. 그러자 "유대인들이 다시 돌을 들어 그를 치려 하니"(10:31) 예수께서 그들에게 "내가 아버지로 말미암아 여러 선한 일을 너희에게 보였거늘 그중에 어느 일로 나를 돌로 치려 하느냐"(10:32)라고 묻자, 유대인들은 대답한다. "선한 일로 말미암아 우리가 너를 돌로 치려는 것이 아니라 신성모독으로 인함이니 네가 사람이 되어 자칭 하나님이라 함이로라"(10:33).

28   『죽음에 이르는 병(Sygdommen til Døden, 1849)』제2부 A, 제1장에 대한 부록을 참조하라. 거기에서는 다음과 같이 말한다. "기독교적인 것의 결정적인 기준(det Christeliges afgjørende Criterium)은 곧 부조리(det Absurde), 역설(Paradoxet), 그리고 실족의 가능성(Forargelsens Mulighed)이다. 그리고 이러한 기준이 기독교적인 것의 모든 규정에서 드러난다는 사실은 지극히 중요하다. 왜냐하면 실족(Forargelsen)은 모든 사변(speculation)에 맞서는 기독교적인 것의 방패이기 때문이다."

― "사변적 파악(spekulative Begriben)": 이는 아마도 Hans Lassen Martensen의『기독교 교의학(Den christelige Dogmatik)』§33을 가리키는 것으로 보인다. 그는 다음과 같이 말한다(p. 79).

"따라서 교의학의 과제는 기독교적 직관(Anskuelse)을 그 자체로 일관된 교리적 개념 체계로 제시하는 데 있다. 교의적 파악(dogmatisk Begriben)은 우선적으로 설명적 파악(explicativ Begriben), 곧 주어진 직관 속에 내포된 것을 전개하고 그것의 내적 연관성을 발전시키는 것이다. 그러나 이러한 설명적 파악은 그 자체 안에 사변적 파악(spekulative Begriben)으로 나아가려는 충동을 포함한다. 사변적 파악은 단순히 주어진 것의 연관성을 제시하는 데 머물지 않고, 그 가능성(Mulighed)과 근거(Grund)를 묻는다. 단지 '이와 같다(Ita)'라고 말하는 데 그치지 않고, '왜 그러한가(Quare)'를 묻는다. 철저한 설명은 필연적으로 그러한 사유의 대립들, 곧 개념 안에서의 매개(Mediation)를 요구하는 반정립들(Antinomier)을 전개하게 된다. 왜냐하면 집회서(시락서) 33장 17절에서 말하듯, '지극히 높으신 분의 행위들은 언제나 둘이며 서로 대립된다'고 하기 때문이다. 그리고 사변적인 것은 바로 이러한 대립들을 이념(Ideen)의 통일성 안에서 파악하는 데 있다."

29   이는 요한복음 19장 5절을 인용한 것이다. 그 구절에서 빌라도는 예수를 가리켜 말
한다. "이에 예수께서 가시관을 쓰고 자색 옷을 입고 나오시니 빌라도가 그들에게 말
하되 '보라 이 사람이로다' 하매"(개역개정).

30   이는 요한복음 7장 25-27절과 48절을 가리킨다. 예수께서 성전에서 가르치심
을 시작하신 뒤, 어떤 이들이 말하기를 "이는 그들이 죽이려고 하는 그 사람이 아니
냐"(7:25)라고 하며, 또 "보라 드러내 놓고 말하되 그들이 아무 말도 아니하는도다 당
국자들이 참으로 이 사람을 그리스도인 줄 알았는가"(7:26)라고 묻는다. 그러나 곧이
어 이렇게 말한다. "그러나 우리는 이 사람이 어디서 왔는지 아노라 그리스도께서 오
실 때에는 어디서 오시는지 아는 자가 없으리라"(7:27).
또한 48절에서는 바리새인들이 예수에 대하여 이렇게 묻는다. "당국자들이나 바리
새인들 중에 그를 믿는 자가 있느냐"(7:48).
이 두 본문은 모두 예수를 너무 잘 알고 있다는 사실—그의 출신과 사회적 위치를 알
고 있다는 점—이 오히려 실족(Forargelse)의 계기가 되는 장면을 보여준다. 동시에,
지도자들 가운데 아무도 그를 믿지 않는다는 사실을 근거로 그를 부정하려는 태도 역
시, 하나님이 이런 인간일 수 없다는 전제에서 비롯된 또 하나의 실족의 형태를 드러
낸다.

31   마태복음 26장 31절과 33절, 그리고 그 병행 구절인 마가복음 14장 27절과 29절을
가리킨다. 앞선 구절들에서는 예수와 제자들이 마지막 유월절 식사 후 감람산으로 나
아간 일이 서술된다. 그때 예수께서 제자들에게 이렇게 말씀하신다.
"오늘 밤에 너희가 다 나로 말미암아 실족하리라 기록된 바 '내가 목자를 치리니 양
의 떼가 흩어지리라' 하였느니라"(마 26:31, 개역개정; 슥 13:7 인용).
이어 33절에서 베드로는 이렇게 대답한다.
"모두 주를 버릴지라도 나는 결코 버리지 않겠나이다"(마 26:33, 개역개정).
병행 본문인 마가복음에서도 예수는 동일하게 말씀하신다.
"오늘 밤에 너희가 다 나로 말미암아 실족하리라 기록된 바 '내가 목자를 치리니 양
들이 흩어지리라' 하였느니라"(막 14:27, 개역개정).
이에 베드로는 다시 말한다.
"다 버릴지라도 나는 그렇지 않겠나이다"(막 14:29, 개역개정).
이 본문들은 제자들, 특히 베드로의 확신과 맹세가 곧 닥칠 실족(Forargelse)과 어떻
게 대조되는지를 보여주는 핵심 장면이다.

32   이는 요한복음 3장 16절을 가리킨다. 그곳에서 "하나님이 세상을 이처럼 사랑하사
독생자를 주셨으니 이는 그를 믿는 자마다 멸망하지 않고 영생을 얻게 하려 하심이

라"(개역개정)라고 말한다. 또한 요한복음 1장 14절과 18절, 요한일서 4장 9절도 함께 참조할 수 있다.

아울러 Balles의 『교리서』(Balles Lærebog) 제4장 §2에서도 다음과 같이 설명된다. "구속자는 예수 그리스도이시며, 그는 하늘에 계신 아버지의 독생자로서, 영원으로부터 아버지와 함께 하나의 참된 신적 본질 안에 연합되어 계셨으나, 하나님께서 이전에 주신 약속들 가운데 정하신 그 때에 세상에 오셨다."

33   Peders Fornægtelse(베드로의 부인): 이는 대제사장의 뜰에서 진행된 예수의 재판 과정 중에 일어난 베드로의 예수 부인 사건을 가리킨다(마 26:69–75). 예수는 이 일을 미리 예고하시며 이렇게 말씀하셨다. "내가 진실로 네게 이르노니 오늘 밤 닭 울기 전에 네가 세 번 나를 부인하리라"(마 26:34, 개역개정). 이에 베드로는 이렇게 응답하였다. "내가 주와 함께 죽을지언정 주를 부인하지 않겠나이다"(마 26:35, 개역개정).

이 사건은 베드로가 예수를 배반했다는 도덕적 약함의 사례라기보다, 앞선 논의의 맥락에서는 지극히 높임을 받으신 분(Faderens Eenbaarne)이 무력하게 고난받는 인간으로 드러나는 장면 앞에서 발생한, 비천함의 방향(Retning af Ringheden)에서의 실족(Forargelse)의 전형적인 사례로 이해되어야 한다.

34   Anticlimax: 그리스어 klimax(사다리, 단계)에서 유래한 말이다. 수사학에서는 서로 관련된 요소들을 차례로 배열하되, 의미가 점점 더 약해지도록 전개하는 표현 기법을 가리킨다. 또한 극작술·극적 구성에서는 이미 고조된 긴장이 정점에 이르지 못한 채 해소되어 버리는 경우, 곧 기대된 절정이 발생하지 않는 상태를 의미한다.

35   이는 1847년 10월에 기록된 저널 단편 NB2:246(SKS 20, 232–233쪽)과 비교될 수 있는데, 그곳에는 이 단락에 대한 하나의 초안이 담겨 있다.

— apoplektisk Slag : '중풍', '뇌졸중'을 뜻하며, 갑작스럽고 강렬하거나 마비를 일으키는 타격을 가리킨다.

36   이는 복음서들에 따르면 예수께서 행하신 수많은 기적들을 가리킨다. 특히 각종 질병과 고통을 치유하신 사건들이 이에 포함되며, 예컨대 마태복음 4장 23–24절을 들 수 있다. 요한복음에서는 예수의 기적적 행위를 가리켜 특별히 '표적(σημεῖον)'이라는 용어가 자주 사용되는데, 이는 요한복음 2장 11절과 4장 48절 등에서 확인할 수 있다.

37   이는 마태복음 26장 31절과 33절을 인용한 것이다. 해당 본문에서 예수는 "오늘 밤에 너희가 다 나로 말미암아 실족하리라"라고 말씀하시고(26:31), 이에 베드로는 "모두 주를 버릴지라도 나는 결코 버리지 않겠나이다"라고 대답한다(26:33, 개역개정).

38 den hellige Fortælling: 곧 거룩한 이야기, 즉 예수의 생애와 고난, 죽음, 그리고 부활에 대한 서술을 가리키며, 특히 네 복음서에 전해지는 그 서사를 의미한다.

39 그가 배반당하던 밤에"(i den Nat, der han blev forraadt): 이는 고린도전서 11장 23절에서 나온 표현을 인용한 것이다. 해당 구절은 성찬 제정의 말씀 가운데서 사도 바울이 전하는 전승으로, "주 예수께서 잡히시던 밤에 떡을 가지사"(고전 11:23, 개역개정)라고 말한다. 이 표현은 또한 『포르오르드네트 제단서(Forordnet Alter-Bog)』(13,1) 253쪽에 수록된 성찬 예전문과도 연결된다. 여기서 der는 고어적 용법으로 "그때에, 곧"이라는 의미이다.

40 이는 예수께서 헤롯 왕과 그의 군사들로부터 조롱과 멸시를 받으신 사건을 가리킨다. 누가복음 23장 11절에서 "헤롯과 그의 군사들이 예수를 업신여기며 희롱하고 빛난 옷을 입혀 빌라도에게 돌려보내니라"(개역개정)라고 기록되어 있다. 여기서 '조롱하다'와 '멸시하다'는 의미가 함께 나타나며, 이는 예수의 수난 과정에서 겪으신 모욕을 강조한다.

41 bespottet(모욕당함, 조롱당함): 이는 공회에서 신문을 받기 전, 예수를 감시하던 사람들이 그를 조롱하고 모욕한 사건을 가리킨다(눅 22:63, 65). 또한 로마 총독의 군인들이 예수를 희롱하고 조롱한 사건도 포함한다(마 27:29, 31). 이 본문들은 예수가 공적·사적 권력 모두로부터 신성모독적 조롱과 폭력을 당했음을 증언한다.

42 bespyttet(침 뱉음을 당함): 이는 예수께서 대제사장들의 공회에서 신문을 받으실 때, 몇몇 사람들이 그에게 침을 뱉기 시작한 사건을 가리킨다(막 14:65). 또한 로마 총독의 군인들이 예수를 침 뱉고 조롱한 사건도 함께 염두에 둔다(막 15:19). 두 본문 모두 예수의 수난 과정에서 가해진 극도의 모욕과 멸시를 증언한다.

43 hudflettet: '채찍질당하다', '매질당하다'는 뜻이다. 이는 빌라도가 예수를 채찍질하게 한 사건을 가리키며, 마태복음 27장 26절에서 "이에 빌라도가 바라바는 놓아주고 예수는 채찍질하고 십자가에 못 박도록 넘겨 주니라"(개역개정)라고 기록되어 있다.

44 "범죄자처럼 십자가에 못 박히심"(naglet til Korset som en Forbryder): 이는 예수께서 두 행악자(강도 혹은 범죄자)와 함께 십자가에 못 박히신 사건을 가리킨다. 특히 누가복음 23장 32–33절에서 "또 다른 두 행악자도 사형을 받게 되어 예수와 함께 끌려 가니라 … 거기서 그들을 십자가에 못 박으니 예수는 가운데 있고 두 행악자는 좌우에 있더라"(개역개정)라고 서술된다. 이 표현은 예수가 의로운 자이심에도 불구하고 범죄자와 동일시되어 처형되었다는 점을 강조한다.

45 이는 『그리스도교의 훈련』 제1부에 해당하는 부분을 가리키며, SKS 12, 44–102쪽을 참조하라는 뜻이다.

46   이는 『죽음에 이르는 병』(1849) 제2부 보론(A), 제1장에서의 논의와 비교될 수 있다. 그곳에서 키르케고르는 "기독교적인 것의 결정적 기준: 곧 부조리(the Absurde), 역설(Paradoxet), 그리고 실족의 가능성(Forargelsens Mulighed)"을 말하며, 이어서 이렇게 덧붙인다.

"기독교적인 것의 모든 규정에서 이것이 지적되어야 한다는 점은 지극히 중요하다. 왜냐하면 실족은 모든 사변(Spekulation)에 맞서는 기독교적인 것의 수호자(Værge)이기 때문이다"(SKS 11, 196–197).

여기서 말하는 '사변적 파악(spekulativ Begriben)'은 아마도 H. L. 마르텐센의 『기독교 교의학』 §33과 연관된다. 마르텐센은 그곳에서 다음과 같이 말한다(61,9, p. 79).

"교의학의 과제는 기독교적 관점을 그 자체로 통일된 교리 개념으로 제시하는 데 있다. 교의학적 파악은 우선적으로 해명적 파악(explicativ Begriben), 곧 직관 속에 주어진 것을 풀어 설명하고 그 내적 연관을 전개하는 것이다. 그러나 이 해명적 파악은 그 자체 안에 사변적 파악으로 나아가려는 충동을 포함하고 있다. 사변적 파악은 주어진 것의 연관을 제시하는 데서 멈추지 않고, 가능성과 근거를 묻는다. 곧 단지 Ita(그렇다)라고 말하는 데서 그치지 않고, Quare(왜 그러한가, 어떤 근거에서인가)라고 묻는다. 철저한 해명은 필연적으로 개념적 매개를 요구하는 사유의 대립들, 곧 이율배반(antinomier)을 드러내게 된다. 이는 집회서 33장 17절이 말하듯이 '지극히 높으신 이의 행위들은 언제나 둘씩, 서로 대립하여 존재한다'는 사실과도 맞닿아 있다. 사변적 사유란 바로 이러한 대립들을 이념의 통일성 속에서 파악하려는 것이다."

키르케고르에게서 문제는 바로 여기에 있다. 실족의 가능성은 이러한 사변적 통일 시도를 좌절시키는 방파제이며, 기독교 신앙을 개념적 매개나 이념적 종합 속으로 흡수하려는 모든 시도에 맞서, 기독교를 기독교로 남게 하는 수호 장치로 기능한다.

47   Lidelseshistorien(수난사): 이는 아마도 네 복음서에 흩어져 전해지는 예수의 수난에 대한 여러 서술을 종합한 이야기를 가리킨다. 곧 예수께서 사도들과 함께 마지막 유월절 만찬을 드신 때부터, 그의 시신이 무덤에 안치되고 무덤이 봉인되기까지의 전 과정을 포괄한다. 이러한 종합적 수난 서술의 한 전형으로는 『Forordnet Alter-Bog』 263–288쪽에 수록된 〈우리 주 예수 그리스도의 수난사(Vor Herres Jesu Christi Lidelses Historie)〉를 참조할 수 있다.

48   제자가 스승보다 높지 않다"(Discipelen ikke er over Mesteren): 이는 마태복음 10장 24절을 가리킨다. 그곳에서 예수께서는 열두 제자에게 말씀하신다. "제자가 그

선생보다, 또는 종이 그 상전보다 높지 못하니"(개역개정).

49 Ne quid nimis: 라틴어로 "아무것도 지나치지 말라", 곧 "모든 것에 절도가 있어야 한다"는 뜻이다. 이 표현의 라틴어 형식은 델포이 신전에 새겨진 그리스어 격언의 번역이며, 로마 희극 작가 테렌티우스(Terentius)의 희곡 『안드로스의 여인(Andria)』 61행에서도 잘 알려져 있다. 그 대목에서 해방 노예 소시아는 다음과 같이 말한다.
"nam id arbitror / apprime in vita esse utile, ut ne quid nimis"
("나는 이것이야말로 삶에서 매우 중요한 일이라고 생각한다. 곧 어떤 것도 지나치지 않는 것이다.")
이에 대해서는 P. Terentii Afri comoediae sex, B. F. & F. Schmieder 편, 제2판, Halle 1819 [1794], ktl. 1291, 11쪽을 참조할 수 있다.

50 이는 중세 신비주의자 요한 타울러(Johann Tauler, c.1300–1361)의 저작 『가난한 그리스도의 삶을 따름(Nachfolgung des armen Lebens Christi)』과 비교될 수 있다. 이 책은 N. Casseder에 의해 재출판되었으며(Frankfurt a.M. 1821 [1621]), 키르케고르는 1848년 3월의 저널 기록 NB4:102에서 이 시기에 "건덕을 위해 읽고 있다"고 언급한다(SKS 20, 335).
해당 저작 제1부 §62(67–68쪽)에서 타울러는 다음과 같이 말한다. 요지는, 하나님과의 연합은 무엇보다 예수 그리스도의 삶을 따르는 것을 통해 이루어지며, 그리스도는 참된 의미에서 하나님과 하나이시지만, 인간이 그분과 하나가 되기 위해서는 그분의 '인간으로서의 삶과 행위'에 닮아가야 한다는 것이다. 타울러는 그리스도의 행위를 두 종류로 구분한다. 하나는 신적 행위(표적과 기사를 행하는 능력)로서 인간이 따를 수 없는 것이고, 다른 하나는 인간적 행위로서 제자에게 요구되는 것이다. 후자에는 가난함, 멸시와 조롱을 받음, 겸손한 마음, 굶주림과 목마름, 고통과 아픔을 견디는 것, 그리고 모든 이를 위한 사랑에서의 죽음이 포함된다. 이것이 곧 '인간 예수의 삶'이며, 하나님과 하나가 되기를 원한다면 인간은 자기 능력의 한계 안에서, 인간으로서 가능한 만큼 이 삶에 닮아가야 한다.
이 인용은, 키르케고르가 말하는 제자됨의 본질—곧 그리스도의 신적 권능을 모방하는 것이 아니라, 그분의 낮아진 인간적 삶을 따르는 것—을 역사적·신학적으로 뒷받침하는 전통을 보여준다.
요한 타울러(Johannes Tauler, ca. 1300–1361): 14세기 독일 라인란트(Rheinland) 지역의 도미니코회 신부이자 신비주의 설교가로, 마이스터 에크하르트(Meister Eckhart)와 하인리히 수조(Henrich Seuse)로 이어지는 이른바 라인란트 신비주의 전통에 속한다. 에크하르트가 형이상학적·사변적 신비주의를 전개한 데

비해, 타울러는 설교와 영성적 권면을 통해 그리스도의 삶을 따르는 실천적 제자도 (Nachfolge), 특히 겸손, 가난, 고난, 자기부정을 중심으로 한 존재 변형으로서의 신앙을 강조하였다. 그의 사상은 "그리스도의 신적 능력"을 모방하는 것이 아니라, 그리스도께서 인간으로서 사신 삶을 닮아 가는 것, 곧 "가능한 한 인간으로서 그와 닮아 가는 것"을 신앙의 핵심으로 이해한다. 이러한 관점은 후대의 경건주의와 제자도 전통에 깊은 영향을 미쳤으며, 특히 키르케고르가 강조한 그리스도 닮음, 고난을 통한 실존 형성, 제자도의 역설적 성격과 중요한 사상적 친연성을 지닌다.

51   Gud-Mennesket : 곧 그리스도를 가리킨다. 기독교의 그리스도의 두 본성 교리 (communicatio idiomatum)에 따르면, 그리스도는 참 하나님이면서 동시에 참 인간이다. 즉 그는 신적 본성과 인간적 본성을 혼합이나 분리 없이 한 위격 안에 지니고 있으며, 이 이중적 규정이 바로 그리스도론의 핵심을 이룬다.

52   at Christenheden er Christus: 이는 하나님이 한 개인으로서의 예수 그리스도 안에 성육신한 것이 아니라, 인류 전체 안에 집단적으로 성육신하였다는 사상과 연관될 가능성이 있다. 이러한 관점은 특히 다비트 프리드리히 슈트라우스(D. F. Strauss)가 『예수의 생애』에서 제시한 해석에서 전형적으로 나타나는데, 그는 전통적 그리스도론을 해체하면서, 성육신을 한 역사적 개인에게 귀속시키기보다 인류 일반, 곧 인간 종(Gattung)의 자기현현으로 이해하려 했다. 키르케고르는 이러한 사유가 그리스도를 구체적·실존적 인격으로부터 제거하고, 그 자리를 '크리스텐덤 (Christenheden)' 혹은 인류 일반으로 대체함으로써, 그리스도의 모범성과 실존적 요구를 소거한다고 비판한다. 이때 "기독교 세계가 곧 그리스도이다"라는 사고는, 그리스도를 따라야 할 모범(Paradigme)이 아니라 이미 집단적으로 소유된 성취로 전도시키는 신학적 왜곡을 낳는다고 이해된다.

53   다음 일기를 참고하라. 초안에서 삭제된 것;
"… 그리고 나서 크리스텐덤은 개선을 노래한다. 마치 존경받던 절약가가 죽고 나서 그가 남긴 재산을 친족들이 상속받는 경우와 같다. 그들은 그 재산을 차지하면서도, 그 죽은 이를 존경할 만한 절약의 모범으로 삼아 그로부터 유익을 얻기는커녕—그를 그저 죽은 채로 내버려 둔다. 바로 이런 방식으로 크리스텐덤은 그리스도를 대한다."— Pap. IX B 50:6 n.d., 1848년.

54   saa triumpheres der: 이는 교의학적 표현인 ecclesia triumphans(라틴어, "승리하는 교회")를 염두에 둔 표현으로 보인다. 이 개념은 고난과 투쟁의 상태에 있는 지상의 교회(ecclesia militans)와 구별되어, 이미 승리를 거두고 영광 가운데 있는 교회를 가리킨다. 키르케고르는 이러한 '승리의 언어'가 현세의 기독교 세계 안에서 무

비판적으로 사용될 때, 그리스도의 고난·모범·제자도가 제거되고, 기독교가 개선과 성공의 서사로 전락하는 위험을 내포한다고 비판한다.

55   at ride Herredage ind : 전통적으로 왕과 국왕회의(Rigsråd)의 회합을 알리기 위해 전령과 기마 근위대가 행렬을 이루어 입장하던 의식적·축제적 행진을 가리키는 관용구이다. 특히 덴마크에서는 1661년부터 1848년까지 매년 3월 첫째 목요일에 대법원(Højesteret) 개원을 알리는 상징적 행사로 사용되었다. 여기서는 승리와 권위를 과시하는 개선 행렬의 이미지로서, 키르케고르가 비판하는 기독교 세계의 자기 도취적 승리 의식을 풍자적으로 지시한다.

56   domus('집')와 mensa('식탁')는 서로 완전히 다른 방식으로 굴절되는 라틴어 명사이다. 야코프 바덴(Jacob Baden)의 라틴어 학교 문법서 Latinsk Skolegrammatik 제7판(코펜하겐, 1830, ktl. 996)에서는 제1변화의 '패러다임 또는 예시(Paradigma eller Exempel)'로 mensa를, 제2·제4변화의 혼합형에 해당하는 예로 domus를 사용하고 있다(§40, 14–15쪽; §43, 43쪽). 당시 널리 사용되던 또 다른 라틴어 문법서인 J. N. 마드비(J. N. Madvig)의 Latinsk Sproglære til Skolebrug(코펜하겐, 1841) 역시 동일한 예시를 사용한다(각각 61쪽 및 26–27쪽).
이 비유는, 서로 본질적으로 다른 형식을 동일한 모범(paradigme)에 따라 형성되었다고 주장하는 것이 얼마나 어처구니없는가를 드러내기 위한 것으로, 키르케고르는 이를 통해 기존 크리스텐덤에서 개별 그리스도인들이 그리스도의 모범(Paradigmet)에 따라 형성되었다고 말하는 주장이 지닌 불합리성을 풍자적으로 지적한다.

57   이는 한편으로는 마태복음 13장 18–23절에 대한 암시로, 예수께서 씨 뿌리는 자의 비유(마 13:1–9)를 해석하시며 씨를 하나님 나라의 말씀으로 이해하신 데서 비롯된다. 돌밭이나 바위 위에 뿌려진 씨에 대해 예수께서는, 그것이 말씀을 즉시 기쁨으로 받지만 뿌리가 없기 때문에 오래 견디지 못하고, "말씀으로 말미암아 환난이나 박해가 일어나면 곧 실족하는 자"(마 13:21, 개역개정)라고 설명하신다. 다른 한편으로는 마태복음 5장 10절을 가리키는데, 여기서 예수께서는 "의를 위하여 박해를 받은 자는 복이 있나니 천국이 그들의 것임이라"(개역개정)라고 말씀하신다.
이 두 본문은 키르케고르가 말하는 고유하게 기독교적인 고난, 곧 단순한 인간적 불행이나 일반적 삶의 고통이 아니라, 말씀과 의, 다시 말해 그리스도와의 관계 때문에 발생하는 고난을 가리키는 성서적 근거로 기능한다.

58   이는 창세기 22장 1–19절을 가리킨다. 이 본문에서 하나님은 아브라함에게 모리아 산으로 가서 그의 아들 이삭을 제물로 바치라고 명령하신다. 아브라함은 그 명령에

따라 제사를 준비하고, 사흘째 되는 날 목적지에 이르기까지도 이삭은 자신에게 닥칠 일을 알지 못한다. 아브라함이 제단을 쌓고 이삭을 결박하여 칼을 들어 그를 죽이려는 순간, 하늘로부터 천사의 음성이 들려 그를 멈추게 한다. 이로써 하나님은 아브라함이 하나님을 경외하여 자기 아들까지도 아끼지 않음을 확인하시고, 그를 축복하시며, 대신 근처에 나타난 숫양을 제물로 바치게 하신다.

59 "그리하여 목사는 설교한다"(Saa prædiker Præsten): 『Kirke-Ritualet』 제9장 「시신과 장례에 관하여(Om Liig og Begravelse)」에 따르면, 원칙적으로는 무덤가에서 별도의 설교가 행해지지 않았다. 그러나 키르케고르가 활동하던 시기에는, 이러한 규정과 달리 교회 묘지에서의 장례 설교 또는 조사(弔辭)가 관행으로 정착되어 있었다. 이는 1829년 3월 31일의 관청 문서(칸첼리 서한)에서도 확인되는데, 거기서는 "시신 안치소나 교회 묘지에서 설교가 행해지는 것에 대해 아무런 문제가 될 것이 없다"고 명시하고 있다. 이 문서는 『Samling af Forordninger, Rescripter, Resolutioner og Collegialbreve, som vedkommer Geistligheden』(J. L. A. Kolderup-Rosenvinge 편, 제1권, 1838–40), 356–357쪽에 수록되어 있다.

60 hans Velærværdighed: 곧 목사를 가리킨다. 덴마크의 관등 서열 규정(rangforordningen)에 따르면, 각 관등 등급에는 고유한 호칭 방식이 부여되어 있었는데, 그에 따라 성직자 가운데 가장 낮은 관등에 속하거나 아예 관등 체계에 포함되지 않은 인물을 지칭할 때는 직접 호칭으로 "Deres Velærværdighed"(각하), 간접 언급으로는 "hans Velærværdighed"라는 표현이 사용되었다. 이 관등 서열 규정은 (그리고 현재까지도) 정기적으로 간행되는 『Kongelig Dansk Hof- og Stats-Calender』에 공표되었으며, 이 책에는 모든 관등 인물들이 등재되어 있었다.

61 『Kirke-Ritualet』 제9장 「시신과 장례에 관하여(Om Liig og Begravelse)」에 따르면, 덴마크에서는 목사가 장례 설교나 조사(弔辭)에 대해 대가나 보수를 요구하는 것이 허용되지 않았다. 다만, 자발적으로 제안된 사례금을 받는 것은 가능했다. 이에 대해서는 『Samling af Forordninger, som vedkommer Geistligheden』 제1권, 356–357쪽을 참조할 수 있다.
여기서 10 Rbd.는 릭스방크달러(rigsbankdaler)를 의미한다. 당시의 경제적 맥락을 보면, 법원(Hof- og Stadsretten)의 판사는 연봉 1,200–1,800 리그스달러, 서기는 400–500 리그스달러를 받았고, 숙련공은 주당 약 5리그스달러를 벌었다. 한편, 키르케고르의 『그리스도교의 훈련(Indøvelse i Christendom)』은 1리그스달러 5마르크 4스킬링에 판매되었다.

62 이는 마가복음 10장 28절을 가리킨다. 그곳에서 베드로는 예수께 "보소서, 우리가

모든 것을 버리고 주를 따랐나이다"(개역개정)라고 말한다. 이 구절은 제자도의 본질을 자발적 포기와 선택으로 규정하며, 키르케고르가 말하는 기독교적 고난의 결정적 요소로서의 자발성(Frivilligheden)을 성서적으로 뒷받침한다. 또한, 다음을 참고하라. 마태복음 4:18-22, 마가복음 1:16-20, 누가복음 5:1-11, 요한복음 1:35-42

63   qvid nimis : 라틴어로 "지나친 것", "과도함"을 뜻한다. 곧 무엇이든 도를 넘는 상태, 또는 필요 이상으로 과장되거나 극단적인 것을 가리키는 표현이다. 키르케고르의 문맥에서는, 기독교적 자발성과 자기희생을 우스꽝스러운 과잉이나 불필요한 극단으로 치부하며 조롱하는 태도를 비판적으로 지시하는 용어로 사용된다.

64   Betragtning : J. P. 뮌스터(J. P. Mynster)가 즐겨 사용하던 표현으로, 단순한 교의적 설명이나 논증이 아니라 신앙적·윤리적 내용을 숙고하고 내면화하도록 이끄는 묵상적 성찰을 뜻한다. 그의 설교와 저술에서 Betragtning(묵상)은 청중이나 독자가 교리를 개념적으로 이해하는 데 그치지 않고, 삶의 태도와 자기 성찰로 이어지도록 하는 형식을 가리키는 핵심 용어로 사용된다.

65   "여러 사람의 요청으로 출판된 설교"(en Prædiken udgiven efter Opfordring af Flere) : 이는 특히 구문학에서 흔히 사용되던 서문상의 겸양 공식을 가리킨다. 저자가 자신의 저작을 자발적 저술이 아니라 독자나 청중의 반복된 요청에 대한 응답으로 제시함으로써, 개인적 야심이나 자기 과시의 인상을 피하려는 관례적 표현이다. 이러한 형식은 예컨대 J. P. Mynster에게서 전형적으로 확인된다.
그는 『Prædikener paa alle Søn- og Hellig-Dage』 제1권의 「서문(Fortale)」에서, "나의 독자들과 청중의 호의가 나로 하여금 더 많은 설교를 출판하도록 너무도 자주 요청해 왔기에, 나는 이를 거의 직무의 일부로 여겨 그 요청을 따르지 않을 수 없었다"고 말한다. 또한 『Taler ved Præste-Vielse』(1840–51) 제1집의 「머리말(Forerindring)」에서는, 자신이 성직 안수 설교들을 출판했을지 의문스럽지만 "여러 차례 요청을 받았기 때문"에 그렇게 했다고 밝힌다. 더 나아가 『Prædikener holdte i Kirkeaaret 1846–47』(1847년 11월자 「머리말」)에서도, 개별 설교나 새로운 설교집 전체를 출판해 달라는 요청이 끊이지 않았음을 언급한다.
키르케고르는 이러한 관행을 풍자적으로 끌어와, 이교적 내용조차 '그리스도의 이름'만 덧붙이면 곧바로 기독교 설교로 유통되는 기독교 세계의 자기기만적 상태를 비판한다.

66   이는 아마도 본문에서 제시된 1) 마태복음 13장 21절; 마가복음 4장 17절과 2) 요한복음 16장 1절을 가리키는 것으로 보인다. 이 두 항목은 원래의 필사본에서는 이 문단에 직접적으로 이어지는 부분을 이루고 있었으며, 그곳에서 그리스도 자신이 실

족의 가능성(Forargelsens Mulighed)을 명시적으로 제시하는 장면들이 다루어진다. 따라서 여기서 말하는 "그리스도 자신도 그렇게 제시하였다"는 표현은, 실족의 가능성이 후대의 해석이나 교리적 구성물이 아니라, 그리스도의 자기 제시와 말씀 속에 본래적으로 포함된 요소임을 강조하는 지시로 이해되어야 한다.

67 "다른 지점"은 종교성 A에서 내재성과의 단절 이후의 종교성 B를 가리킨다. 예를 들어, 다음을 참고하라. Postscript, KW XII (SV VII 485, 486, 488, 507); Pap VII2 B 235, p. 200.

68 Det naturlige Menneske(자연적인 인간): 곧 순전히 지상적인 인간, 즉 감각적이고 이성적이지만 영적이지 않은 인간을 뜻한다. 이는 고린도전서 2장 14절과 비교될 수 있는데, 그곳에서 바울은 다음과 같이 말한다.

"그러나 자연적 인간은 하나님의 성령의 일을 받지 아니하나니, 이는 그것들이 그에게는 어리석음이요, 또 그것을 알 수도 없음이니, 그러한 것들은 영적으로 분별되기 때문이다."(『Biblia, det er: den gandske Hellige Skriftes Bøger』, 곧 1699년 판 Huus- og Reyse-Bibel을 저본으로 한 1802년 코펜하겐 판)

이 번역은 루터의 독일어 성경을 따르고 있으며, 루터는 해당 표현을 "der natürliche Mensch"로 옮긴다(『Die Bibel nach der deutschen Uebersetzung D. Martin Luthers』). 반면 1819년 덴마크어 신약성경(NT-1819)은 이를 "det sandselige Menneske"(감각적 인간)로 번역하고 있다.

69 곧 자연적 인간이 '사랑(Kjerlighed)'이라 부르는 것은, 기독교적으로 이해할 때 '자기애(Selvkjerlighed)'에 해당한다는 뜻이다. 이 구분은 키르케고르 사상의 핵심적인 윤리적·신학적 대조를 이룬다. 이에 대해서는 예컨대 『사랑의 실천』(1847) 제1연작, 제II부 B장 〈너는 네 이웃을 사랑하라〉(SKS 9, 51–67), 특히 59쪽 이하를 비교할 수 있다. 여기서 키르케고르는 자연적 사랑이 본질적으로 선호, 기호, 상호성, 자기보존에 의해 규정된다는 점을 비판하며, 이를 이웃 사랑과 근본적으로 구별한다.

또한 『죽음에 이르는 병』(1849)에서도 동일한 통찰이 반복되는데(SKS 11, 160,16), 그곳에서 자기애는 단순한 도덕적 결함이 아니라, 자기가 자기 자신을 절대 기준으로 삼는 실존적 구조로 규정된다. 이 의미에서 자연적 인간의 '사랑'은 타자를 향하는 것처럼 보이지만, 실상은 언제나 자기 자신에게로 되돌아오는 관계이며, 따라서 기독교적 의미의 사랑과는 질적으로 다르다.

70 마태복음 19장 12절을 가리킨다. 그곳에서 예수는 제자들에게 다음과 같이 말한다. "어머니의 태로부터 된 고자도 있고 사람이 만든 고자도 있고 천국을 위하여 스스로 된 고자도 있도다 이 말을 받을 만한 자는 받을지어다."

여기서 "스스로 고자가 되다"라는 표현은 문자적 신체 훼손을 명령하는 말이 아니라, 천국을 위하여 자발적으로 자신의 자연적 가능성, 권리, 삶의 방향을 포기하는 결단을 가리키는 역설적 표현이다. 키르케고르는 이 구절을, 기독교적 실존이 요구하는 급진적 자발성(Frivillighed)과 자기 부정의 결단을 드러내는 본문으로 이해한다. 이 점에서 이 구절은, 자연적 인간에게는 광기·과도·비이성으로 보이지만, 바로 그 지점에서 Forargelsens Mulighed(실족의 가능성)이 발생하며, 동시에 신앙의 결단이 요구된다는 사실을 분명히 보여주는 대표적 본문으로 기능한다.

71   faaet sin Krig frem: 덴마크어 관용구로, 자기의 뜻을 관철하다, 끝내 자기 의지를 밀어붙여 이루다, 상대를 굴복시켜 원하는 바를 성취하다라는 뜻이다. 이 표현은 E. Mau, Dansk Ordsprogs-Skat 제1권, 566쪽에 수록되어 있다.

이 문맥에서 키르케고르는, 자연적 인간(det naturlige Menneske)이 크리스텐덤 안에서 더 이상 도전받지 않고, 오히려 기독교를 자기 기준과 편의에 맞게 완전히 길들여 버렸다는 상황을 가리키기 위해 이 표현을 사용하고 있다. 즉, 자연적 인간이 패배한 것이 아니라, 오히려 승리하여 자기 세계관을 기독교 안에 관철시킨 상태를 풍자적으로 말하는 것이다.

72   Potentsation: 수학적 용어에서 온 표현으로, 어떤 것을 더 높은 거듭제곱이나 단계로 끌어올리는 것, 곧 양적 차이를 유지한 채 강화·고급화하는 것을 뜻한다.

키르케고르의 문맥에서 이 말은, 기독교적인 것(det Christelige)이 세속적인 것(det Verdslige)과 본질적으로 단절되거나 질적으로 다른 것이 아니라, 단지 그것을 한 단계 더 세련되게 만들거나 고급화하는 정도로 이해되는 상황을 비판하기 위해 사용된다. 다시 말해, 크리스텐덤에서는 기독교가 세속성을 전복하거나 부정하지 않고, 오히려 세속적 삶을 약간 더 교양 있고 도덕적으로 꾸며주는 '강화판' 정도로 전락했다는 뜻이다. 따라서 여기서 Potentsation은, 기독교가 근본적 전환이나 실존적 결단이 아니라, 단순한 연속선상에서의 상승·개량으로 오해되고 있음을 드러내는 비판적 개념이다.

73   이는 아마도 데살로니가후서 1장 9절을 가리키는 것으로 보인다. 그 구절에서는 하나님을 알지 못하고 예수 그리스도의 복음에 순종하지 않는 자들에 대해, 그들이 "주님의 얼굴과 그 능력의 영광으로부터 떠나, 영원한 멸망의 형벌을 받게 될 것"이라고 말한다.

이 표현에서 강조점은, 구원이 단순히 여러 가능성 가운데 하나가 아니라, 그리스도 밖에서는 오직 영원한 멸망(den evige Fortabelse)만이 남아 있다는 급신석 내소에 있다. 이는 키르케고르가 반복해서 강조하듯, 신앙의 문제를 점진적·도덕적 개선의 문제로 완화시키지 않고, 절대적 결단의 문제로 제시하는 성서적 긴장을 그대로 보존하는 표현이다.

74   Prædikeforedraget: 키르케고르의 시대에 실제로 행해진 설교, 곧 강단에서 낭독하고 전달된 설교 행위 자체를 가리키는 일반적인 표현이다. 오늘날의 의미로 말하면, 설교문이라는 텍스트가 아니라 설교가 수행되는 사건, 즉 회중 앞에서 말해지는 설교를 뜻한다.

75   이 부분은 다음 일기를 참고하라.
변경된 것: 강조점은 물론 여기에 있지 않다. (무엇보다도 목회는 생업이라는 사실이 있기 때문에, 말씀을 위하여 고난받는다는 점을 지나치게 강조하는 것은 적절하지 않아 보이며, 오히려 그것은 가볍게 넘어가고, 반대로 말씀을 위하여 돈을 버는 일은 강하게 강조되는 경향이 있다. ― Pap. X⬚ B 33b:9 n.d., 1850

76   이는 사도행전 14장 22절을 가리킨다. 그곳에서 바울과 바나바에 대해, 그들이 제자들의 마음을 굳건하게 하며 믿음 안에 머물도록 권면하면서, "우리가 하나님의 나라에 들어가려면 많은 환난을 겪어야 한다"고 말한 것으로 전해진다.
키르케고르의 문맥에서 이 구절은 단순히 인간 일반이 겪는 불행이나 시련을 가리키는 말이 아니라, 복음과 그리스도를 따르는 일 때문에 발생하는 고난, 곧 "말씀을 위하여"(for Ordets Skyld) 겪는 환난을 의미한다. 그는 이 성경 구절이 세속적 불행이나 삶의 곤경을 신앙적으로 미화하는 근거로 오용되는 것을 비판하며, 사도행전의 이 말씀이 가리키는 고난은 기독교적 결단과 제자도의 필연적 결과로서의 고난임을 분명히 한다.

77   이는 1848년 5월 11일자로 목사 F. L. B. 제우텐(F. L. B. Zeuthen)이 키르케고르에게 보낸 편지를 암시하고, 그 표현을 느슨하게 인용한 것이다. 제우텐은 키르케고르의 『기독교 강화(Christelige Taler)』에 실린 첫 번째 강화 〈가난의 염려〉를 읽은 뒤, 가난의 염려에는 '내일'을 걱정하는 염려뿐 아니라 '어제'를 걱정하는 염려, 곧 무엇을 먹을지가 아니라 이미 먹고도 아직 갚지 못한 것에 대한 염려가 있다고 지적한다. 특히 그는, 채권자들 가운데서도 요구하지는 않지만 실제로 궁핍한 이들에게 진 빚에 대한 염려가 가장 고통스럽다고 말하며, 이러한 염려 역시 그리스도교적으로 다루어질 수 있는 주제임을 제안한다.
키르케고르는 이에 대해, 날짜를 바꿔 되받아치는 재치 있는 답장을 보내며 이 제안을 유머러스하게 받아들이는 동시에, 이 문제를 자신의 사유 속에 기억해 두겠다고 응답한다. 이후 그는 실제로 이 제우텐의 통찰을 발전시켜, 『들에 백합과 공중의 새』에서 '어제에 대한 염려'라는 주제를 다시 사용한다.

이 부분은, 키르케고르가 본문에서 예로 드는 질병, 경제적 곤궁, 생계와 채무에 대한 걱정 등이 그의 사유와 전혀 무관한 추상적 예시가 아니라, 당대 현실의 구체적인 경험과 서신 교류 속에서 형성된 문제의식임을 보여준다. 동시에 그는 이러한 인간 일반의 염려들을, 본문에서 비판하듯이, 곧바로 기독교적 고난('말씀을 위하여' 겪는 고난)과 동일시하는 설교 관행을 문제 삼고 있다.

다음을 참고하라. The Lily and the Bird, in Without Authority, KW XVIII (SV XI 41); Pap. VIII1 A 644.

78 이는 J. P. 뮌스터(J. P. Mynster)가 1848년 3월 13일, 사순절 첫째 주 월요일에 전한 겟세마네 설교를 염두에 둔 언급이다(1848년 3월 11일자 Adresseavisen 참조). 이 설교는 이후 〈겟세마네〉라는 제목으로 『1848년에 행해진 설교들』에 수록되었다. 뮌스터는 그 설교에서 "모든 사람에게는 저마다의 겟세마네가 있다"고 말하며, 모든 인간이 세상에서 고난을 겪는다는 점에서는 이 말이 어느 정도 옳다고 인정한다. 그러나 그는 곧바로 질문을 던진다. 인간이 떨며 불안해하는 장소, "내 영혼이 심히 고민하여 죽게 되었다"고 말할 수밖에 없는 지점이 있다고 해서, 그것이 곧 겟세마네인가? 그것이 곧 그 고난당하는 사람이 선한 싸움을 싸우고, 압박을 받되 낙심하지 않고, 의심하되 절망하지 않으며, 박해를 받되 버림받지 않고, 쓰러지되 멸망하지 않는 자리인가? 더 나아가, 그 자리가 구주처럼 전적으로 하늘 아버지의 뜻에 자신을 맡기며 "내 뜻대로 마시옵고 아버지의 뜻대로 하옵소서"라고 진심으로 고백하는 자리인가? 뮌스터는, 만일 우리가 우리의 고난의 장소를 이와 같은 의미에서의 겟세마네로 변화시키는 법을 배우지 못했다면, 이 거룩한 복음서 이야기가 가르치려는 바를 아직 배우지 못한 것이라고 말한다.

키르케고르는 바로 이러한 설교 방식, 즉 모든 인간적 고난을 곧바로 겟세마네와 연결시키는 경향을 염두에 두고 비판한다. 그의 문제의식은, 인간 일반이 겪는 고통과 그리스도 자신의 겟세마네의 고난, 곧 말씀과 순종 때문에 자발적으로 감당되는 고난이 구분 없이 동일시될 때, 기독교 고난의 고유성이 희석되고 만다는 데 있다.

— 여기에서 겟세마네(Gethsemane)는 예수께서 체포되시기 전, 겟세마네 동산에서 겪으신 깊은 슬픔과 두려움을 가리키며, 마태복음 26장 36–46절에 근거한다.

79 이는 마가복음 4장 18–19절을 가리킨다. 이 구절은 예수께서 씨 뿌리는 사람의 비유(막 4:1–9)를 제자들에게 해석해 주시는 대목(막 4:10–20)에 포함되어 있다. 예수는 가시떨기 가운데 뿌려진 씨를 가리켜, 그것이 말씀을 듣기는 하지만 이 세상의 염려와 재물의 유혹, 그리고 다른 것들에 대한 욕망이 밀려와 말씀을 질식시켜 열매를 맺지 못하게 하는 경우라고 설명하신다.

키르케고르는 이 대목을 인용함으로써, 모든 신앙의 실패가 곧바로 '실족(Forargelse)'에 해당하는 것은 아님을 분명히 한다. 말씀을 질식시키는 염려와 탐욕은 분명 신앙을 파괴하지만, 그것은 실족의 문제라기보다는 세속적 관심과 욕망에 사로잡힌 상태의 문제다. 실족은 그와 달리, 말씀 때문에("for Ordets Skyld") 고난과 박해가 닥칠 때 발생하는 자기모순적 긴장에서 생겨나는 보다 엄밀한 신학적 범주임을 드러내기 위해 이 구절이 언급된다.

80 독일어 aber에서 온 표현으로, '그러나', '하지만'이라는 뜻이다. 여기서는 앞서 말한 기대나 조건을 결정적으로 뒤집는 반전·유보의 접속어로 사용된다.

81 이는 요한 타울러(Johann Tauler, 약 1300–1361)의 저작 『가난한 그리스도의 삶의 모방(Nachfolgung des armen Lebens Christi)』과의 연관을 보여준다. 키르케고르는 1848년 3월의 일기(NB4:102)에서 이 저작을 "이 시기에 건덕을 위해 읽고 있다"고 기록하고 있다(SKS 20, 335).

타울러는 이 책에서, 하나님과의 참된 일치는 무엇보다도 예수 그리스도의 삶을 따르는 것, 곧 그분의 인간적 삶의 형식을 본받는 데서 이루어진다고 말한다. 그는 그리스도 안에서 신적 행위와 인간적 행위를 구별한다. 기적과 표적을 행하는 것은 신적 능력에 속하며, 인간은 그 점에서 그리스도를 따를 수 없다. 그러나 그리스도의 인간으로서의 삶과 행위—가난함, 멸시와 천대를 받음, 겸손한 마음, 굶주림과 목마름, 고통과 고난을 인내함, 그리고 모든 이를 위한 사랑 안에서의 죽음—은 인간이 따라야 할 영역이다.

키르케고르가 말하는 "인간이 닮을 수 있는 한 최대한으로 그 본을 닮는다"는 표현은, 바로 이러한 신적 권능의 모방이 아니라, 그리스도의 인간적 삶에 대한 실존적 유사성을 가리킨다. 이는 그리스도와의 일치를 내면적·실천적 제자도의 차원에서 이해하는 신비주의적·실존적 전통과 깊이 맞닿아 있으며, 키르케고르 자신의 '제자도(Efterfølgelse, 따름)' 사유의 중요한 배경을 이룬다.

82 이는 플라톤의 『국가』 제2권(361b)에서 글라우콘이 소크라테스와 나누는 대화를 가리킨다. 그 대목에서 글라우콘은, 정의로운 사람이 실제로 정의를 실천할 경우 오히려 채찍질과 학대, 투옥, 눈이 뽑히는 형벌을 당하고, 끝내는 십자가형에 처해질 것이라고 말하며, 결국 그는 정의롭게 '보이려는 것'이 아니라 실제로 정의롭고자 해서는 안 된다는 결론에 이르게 된다고 주장한다.

이 논지는, 참으로 선을 의지하는 것과 선을 행하는 것처럼 보이려는 것 사이의 급진적인 대조를 드러낸다. 즉, 진정으로 선을 의지하는 이는 세상의 인정과 보상을 포기해야 하며, 외적 성공이나 명성은 오히려 부정의한 자에게 돌아간다는 역설이 제시된다.

키르케고르는 이 소크라테스적 문제의식을 염두에 두고, 참된 선의 의지는 언제나 고 난과 박해의 가능성을 동반하며, 바로 그 지점에서 겉모양(외관, Skinnet)과의 결별 이 요구된다는 점을 강조한다. 이는 그가 기독교에서 말하는 실족의 가능성과도 깊이 상응하는 고대 윤리적 통찰로 기능한다.

이 부분은 다음 티스토리를 참고하라. https://truththeway.tistory.com/583

83 이 표현은 어원적 의미를 염두에 둔 것이다. 곧 '사도(apostel)'라는 말은 헬라어 apóstolos에서 왔으며, 이는 '보냄을 받은 자', '사자', '파견된 자'를 뜻한다. 여기서 말하는 '아버지의 독생자(Faderens Eenbaarne)'란 곧 예수 그리스도를 가리킨다.

84 예를 들어 마태복음 10장 17–20절, 24장 9절, 누가복음 21장 12–17절, 마가복음 13장 9–13절, 요한복음 16장 1–4절을 보라. 이 본문들은 모두 예수의 제자들이 그를 증언하는 일로 인해 박해를 받고, 공동체에서 배척당하며, 법정에 넘겨지고, 심지어 죽임을 당하게 될 것을 예고한다.

이는 사도들과 초기 그리스도인들의 운명이 단순한 불운이나 역사적 우연이 아니 라, 그리스도를 증언한다는 바로 그 이유 때문에(Ordets Skyld) 필연적으로 발생 하는 현실이었음을 분명히 한다. 이 구절은 키르케고르가 말하는 실족의 가능성 (Forargelsens Mulighed)이 제자들의 삶 속에서 어떻게 구체적·역사적으로 나타나 는지를 보여주는 성서적 근거다.

85 이 부분은 삭제된 초고를 참고하라. 초안의 여백에서 삭제된 것;
그들은 단지 "십자가에 못 박으라, 십자가에 못 박으라"고 외친 것이 아니라, "바라바 만세, 바라바 만세 삼창"을 외쳤다. 곧, 그리스도는 단순히 하나의 범죄자가 아니라, 바라바가 성인(聖人)처럼 보일 만큼의 범죄자가 된 것이다.— Pap. IX B 50:10 n.d., 1848년

86 이 표현은 아마도 고린도전서 1장 22–23절을 염두에 둔 것으로 보인다. 그 구절에 서 바울은 다음과 같이 말한다. 유대인은 표적을 요구하고, 헬라인은 지혜를 추구하 지만, 사도들은 십자가에 못 박힌 그리스도를 전한다. 이 그리스도는 유대인에게는 걸림돌($\sigma\kappa\acute{\alpha}\nu\delta\alpha\lambda o\nu$, 실족)이며, 헬라인에게는 어리석음($\mu\omega\rho\acute{\iota}\alpha$)이다.

키르케고르의 문맥에서 그리스도교의 절대적 요구와 십자가의 논리가 인간의 이성 (Forstanden)에게는 필연적으로 실족(Forargelse)이 된다는 점을 가리킨다. 즉, 그 리스도교는 이성을 통해 합리화되거나 계산될 수 있는 것이 아니라, 오히려 이성이 스스로 한계에 부딪혀 멈춰 서게 되는 지점에서 드러난다. 바로 이 점에서 십자가의 메시지는 지혜를 추구하는 이성에게는 어리석음으로, 계산을 요구하는 이해력에게

는 견딜 수 없는 모순으로 나타난다.

따라서 여기서 말하는 "이성에게 실족이 된다"는 표현은, 단순한 인지적 불쾌감이 아니라, 이성이 더 이상 자기 힘으로는 절대적인 것(Det Absolute)을 감당할 수 없음을 폭로당하는 결정적 순간을 의미한다. 이 지점에서 인간은 실족하거나, 혹은 믿음(Troen)으로 나아가야 한다.

87　라틴어로 '온 인류에 대한 증오', 곧 '인류 전체를 미워함'을 뜻한다. 이 표현의 출처는 교부 테르툴리아누스의 저작 Apologeticus adversus gentes pro christianis(이교도들을 상대로 한 그리스도인들의 변증) 37장 8절일 가능성이 있다. 여기서 그는 다음과 같이 말한다.

"Sed hostes maluistis vocare generis humani"(라틴어), 곧 "그러나 너희는 그들[그리스도인들]을 인류의 적이라 부르기를 택했다"는 뜻이다. 이 구절은 E. F. Leopold가 편집한 Quintus Septimius Florens Tertullianus, Opera 제1권(라이프치히, 1839–1841), 109쪽에 수록되어 있다.

또한 이 표현은 로마 역사가 타키투스의 Annales(연대기) 제15권 44장 4절에서도 확인된다. 타키투스는 네로 황제 치하에서 로마 대화재의 원인으로 의심받았던 그리스도인들이, 실제로는 방화 때문이 아니라 odio humani generis—즉 '인류에 대한 증오'라는 혐의로 처벌되었다고 전한다. J. Baden은 자신의 번역에서 이 표현을 "인류에 대한 증오(Had til det menneskelige Kiøn)"로 옮겼다.

다음을 참고하라. 타키투스, 『연대기』 XV, 44(totius는 후대에 덧붙여진 표현). Tacitus, Annals, XV, 44 (totius is an addition); Caius Cornelius Tacitus, I-III, tr. Jacob Baden (Copenhagen: 1773-97; ASKB 1286-88), II, pp. 281-82; Des C. Cornelius Tacitus Sämmtliche Werke, I-III, tr. Johann Samuel Müller (Hamburg: 1765-66; ASKB 1283-85), II, p. 509; Tacitus, I-IV, tr. Clifford H. Moore and John Jackson (Loeb, Cambridge: Harvard University Press, 1925-56), IV, pp. 282-85:

지금까지 취해진 대책들은 인간적 신중함에서 나온 것들이었다. 이제는 신들을 달래기 위한 수단들이 모색되었고, 시빌라 예언서가 참조되었다. 그 지시에 따라 불카누스, 케레스, 프로세르피나에게 공적인 기도가 바쳐졌으며, 유노는 먼저 카피톨리움에서, 이어 가장 가까운 해변에서 물을 길어 와 여신의 신전과 신상을 정결하게 하는 방식으로 기혼 여성들에 의해 달래졌다. 또한 결혼한 여성들에 의해 의례적 연회와 밤새 지키는 철야 의식이 거행되었다.

그러나 인간적인 도움도, 황제의 후의도, 하늘을 달래기 위한 모든 방식도, 그 화재—

곧 로마 대화재—가 황제의 명령에 의해 일어났다는 소문을 잠재우거나 의혹을 씻어 내지는 못했다. 그래서 이 소문을 잠재우기 위해 네로는 범인들을 바꾸어 세웠고, 군중이 '그리스도인'이라 부르던 자들, 곧 그 악덕으로 인해 혐오받던 한 부류의 사람들에게 가장 정교한 잔혹함으로 처벌을 가했다.

이 명칭의 창시자인 그리스도(Christus)는 티베리우스 황제 치하에서, 총독 본디오 빌라도의 판결로 사형을 당했으며, 이 해로운 미신은 잠시 억제되는 듯 보였으나 곧 다시 터져 나왔다. 그것은 이 병의 근원지인 유대에서만이 아니라, 세상에서 가장 끔찍하고 수치스러운 모든 것이 모여들고 유행하는 수도 로마에서까지 퍼져 나갔다.

먼저 이 종파의 신자임을 자백한 자들이 체포되었고, 이어 그들의 진술에 근거하여 막대한 수의 사람들이 유죄 판결을 받았다. 그들이 유죄로 선고된 이유는 방화의 죄 때문이라기보다는 오히려 '인류에 대한 증오'(odio humani generis) 때문이었다.

그들의 죽음에는 조롱이 동반되었다. 어떤 이들은 짐승의 가죽을 뒤집어쓴 채 개들에게 찢겨 죽었고, 어떤 이들은 십자가에 묶였으며, 날이 저물면 밤을 밝히는 횃불처럼 불태워졌다. 네로는 자신의 정원을 이 구경거리로 내주었고, 서커스에서 경기를 열어 자신은 마부의 복장을 하고 군중 속을 거닐거나, 전차에 올라타기도 했다.

그 결과, 비록 그들이 가장 본보기적인 처벌을 받아 마땅한 죄를 지었다고 여겨졌음에도 불구하고, 국가의 안녕을 위해서가 아니라 한 개인의 잔혹함을 충족시키기 위해 희생되고 있다는 인상이 퍼지면서, 그들에 대한 동정심이 일어나게 되었다.

88 det Qvindagtige: 여성적인 것, 즉 여성적 성향을 지닌 것을 뜻한다. 여기에는 부차적으로 비남성적인 것, 연약한 것, 지나치게 세련된 것, 안일하고 편안함을 추구하는 성향이라는 의미가 함께 담겨 있다.

89 이는 아마도 고린도전서 7장에서 바울이 결혼과 독신에 대해 말한 내용을 가리킨다. 예컨대 1–2절에서 바울은 이렇게 말한다. "너희가 써 보낸 일에 대하여 말하노니, 남자가 여자를 가까이하지 아니하는 것이 좋으나, 음행을 피하기 위하여 남자마다 자기 아내를 두고 여자마다 자기 남편을 두라." 또한 7절에서는 "나는 모든 사람이 나와 같기를 원하노라"고 말하는데, 여기서 바울 자신은 결혼하지 않은 상태를 염두에 두고 있다. 더 나아가 32–34절에서는 "장가가지 않은 자는 주의 일을 염려하여 어떻게 주를 기쁘시게 할까 하나, 장가간 자는 세상 일을 염려하여 어떻게 아내를 기쁘게 할까 하여 마음이 나뉘느니라"고 말한다. 이 모든 대목은 기독교가 결혼 자체를 부정한다기보다는, 결혼이 신앙인의 전적 헌신을 분산시킬 수 있다는 점에 대해 일정한 경계와 긴장을 지니고 있음을 보여준다.

90 이는 결혼예식의 전례문을 염두에 둔 표현이다. 덴마크 교회의 혼인예식서에는 다

음과 같은 문구가 나온다. "그러므로 이것이 너희의 위로이다. 곧 너희가 너희의 신분(곧 결혼의 신분, den ægteskabelige stand)이 하나님께서 기뻐하시고 그분으로부터 복을 받은 상태임을 알고 믿는 것이다. (…) 그러므로 또한 솔로몬은 말한다. '아내를 얻는 자는 좋은 것을 얻고 여호와께로부터 은총을 받는다'(잠언 18:22)."

키르케고르는 이 전례적·공식적 언어를 인용하면서, 결혼이 "하나님께서 기뻐하시는 신분"이라는 교회적 상식을 문제 삼는다. 그의 비판의 요지는 결혼 자체를 부정하는 데 있지 않다. 오히려 그는, 이러한 전례 문구가 기독교적 실존의 급진성과 긴장을 완화시키는 방식으로 사용될 때를 겨냥한다. 곧 "결혼했으니 이미 충분히 하나님을 기쁘시게 했다", "이제 더 이상 위험한 헌신이나 자기부정은 필요 없다"는 식의 자기만족적 종교 태도를 폭로하려는 것이다. 이 문맥에서 결혼은, 참된 제자도와 실존적 희생을 회피하게 만드는 안전장치로 기능할 위험을 지닌 것으로 드러난다.

91   이는 사도 바울이 재혼을 단지 허용했을 뿐 아니라, 경우에 따라서는 권면하기까지 했다는 점을 가리킨다. 바울은 로마서 7장 2절에서, 아내는 남편이 살아 있는 동안 법으로 매여 있으나 남편이 죽으면 그 법에서 풀려나 다른 사람과 결혼할 수 있다고 말함으로써 재혼을 허용한다. 더 나아가 디모데전서 5장 14절에서는 젊은 과부들에게 다시 결혼하여 자녀를 낳고 가정을 다스리라고 권면한다.

키르케고르가 여기서 "심지어 두 번째 결혼까지"라고 비꼬아 말하는 것은, 바울의 가르침 자체를 문제 삼기 위함이 아니다. 오히려 그는, 이러한 성경적 허용과 권면이 크리스텐덤(Christenheden) 안에서 너무 손쉽게 일반화되어, 결혼이라는 제도가 실존적 결단과 희생을 요구하는 기독교적 삶을 대체하는 안전하고 안락한 종교적 정당화 장치로 사용되는 현실을 비판하고 있다. 즉 "결혼했고, 다시 결혼까지 했으니 나는 충분히 정당하다"는 태도가, 참된 제자도의 긴장과 위험을 무력화시키는 방식으로 작동하는 점이 그의 문제의식이다.

92   "믿음은 새로운 삶이다(Troen er et nyt Liv)": 이는 아마도 로마서 6장 4절을 염두에 둔 표현으로 보인다. 바울은 그곳에서 다음과 같이 말한다. "그러므로 우리가 그의 죽으심과 합하여 세례를 받음으로 그와 함께 장사되었나니, 이는 아버지의 영광으로 말미암아 그리스도께서 죽은 자 가운데서 살아나심과 같이 우리도 또한 새 생명 가운데서 행하게 하려 함이라." (NT-1819에서는 이를 "새로운 생활[nyt Levnet] 가운데 행하다"라고 번역함.)

아울러 고린도후서 5장 17절도 함께 참조할 수 있다. 그곳에서 바울은 "누구든지 그리스도 안에 있으면 새로운 피조물이라"고 말하며, 믿음을 단순한 인식이나 교리의 수용이 아니라 존재 전체의 전환, 곧 삶 자체의 새로움으로 이해하고 있다.

93　“세상의 찌꺼기(et Udskud i Verden)”: 이는 고린도전서 4장 13절을 암시하는 표현이다. 그 구절에서 바울은 자기 자신과 다른 사도들을 가리켜 이렇게 말한다. “우리는 세상의 찌꺼기와 만물의 찌꺼기 같이 되었도다.”

이 표현은 단순히 사회적으로 천대받는 처지를 말하는 것이 아니라, 그리스도를 따르는 삶이 필연적으로 감수해야 하는 극단적 비천함과 배제의 상태를 가리킨다. 바울에게서 사도직은 명예나 권위를 보장하는 지위가 아니라, 오히려 세상으로부터 버려진 존재가 되는 길이었다. 키르케고르는 이 표현을 통해, 그리스도인을 고상한 시민적 종교인의 모습으로 이해하려는 크리스텐덤의 자기기만을 정면으로 비판하고 있다.

94　직역하면 ‘밀어내는 것’, ‘반발하게 만드는 것’을 뜻한다. 곧 어떤 대상이 사람을 끌어당기기보다 거부감·반감·저항을 일으켜 뒤로 물러서게 만드는 작용을 가리킨다. 이 문맥에서 Frastød는 믿음이 발생할 수 있는 바로 그 지점에서 동시에 작동하는 거부의 계기, 다시 말해 실족(Forargelse)의 가능성을 촉발하는 반발력을 의미한다.

'실족', 즉 본질적 실족의 사상적 규정

크리스텐덤(Christenheden)의 초기 시대에는, 심지어 이단들(Vildfarelserne) 조차도 사람들이 적어도 무엇이 문제인지 알고 있었다는 사실을 분명히 드러내는 표지를 지니고 있었습니다. 그 당시 하나님-인간(Gud-Mennesket)과 관련된 이단은 둘 중 하나였습니다. 곧 어떤 방식으로든 '하나님'이라는 규정(Bestemmelsen "Gud")을 제거해 버리는 경우(에비온주의,[1] 그와 유사한 것들)거나, 혹은 '인간'이라는 규정(Bestemmelsen "Menneske")을 제거해 버리는 경우(영지주의[2])였습니다.

그러나 무엇에 대해 말하고 있는지도 알지 못한다는 표지를 분명하게 지니고 있는 현대(Moderne) 전체에서는, 혼란이 전혀 다른 양상을 띠며, 훨씬 더 위험합니다. 사람들은 강단에서 가르친다는 명목 아래, 하나님-인간을 **영원의 관점**[sub specie æterni][3]에서 파악된 하나님과 인간의 사변적 통일(speculative Eenhed)로 만들어 버렸거나,[4] 혹은 **순수 존재**(Væren, pure being)[5]의 어디에도 속하지 않는 매개 속에서 겉으로만 나타나는(apparent)[6] 어떤 것으로 만들어 버렸습니다. 그러나 하나님-인간이란, 하나님이시며 동시에 하나의 단일한 인간으로서 역사적으로 실제적인 상황(i historisk virkelig Situation) 속에 존재하시는 그 통일이어야 합니다.

혹은 또 다른 방식으로, 사람들은 그리스도를 철저히 폐기해 버리고 그를 내던진 채, 그의 가르침(Lære)만을 취하였으며, 마침내 그를 마치 익명자(Anonym)를 대하듯 취급하기에 이르렀습니다. 가르침이 핵심이며, 가르침이 전부라는 것입니다. 이로부터, 기독교 전체가 그저 완전히 **직접 전달**(direct communication),[7] 심지어 **교수의 심오한 강의록**(Professorens dybsindige Dictata[8])보다도 더 직접 전달이라고 상상하게 되었습니다.

그러나 여기서 완전히 망각된 것은, 이 경우에는 가르침보다 가르치는 스승(Læreren)이 더 중요하다는 사실입니다. 가르치는 스승이 본질적으로 함께 속해 있는 모든 경우에는 **중복**(Redupplikation)[9]이 존재합니다. 중복이란 바로, 가르치는 스승이 함께 존재한다는 데에 있습니다. 그리고 중복이 존재하는 곳에서는, 전달 역시 문장 전달이나 교수식 강의 전달처럼 완전히 직접적일 수 없습니다. 가르치는 이가 자신이 가르치는 바 안에서 실존한다(existerer)는 점에서, 이 전달은 여러 방식으로 차이를 만들어 내는 하나의 기술(Kunst, 예술)이 됩니다.

129 그런데 이제, 가르침과 분리될 수 없으며 가르침보다 더 본질적인 그 가르치는 이(Læreren)가 **하나의 역설**(Paradox)이라면, 완전히 직접적인 전달(ligefrem Meddelelse)은 불가능합니다. 그럼에도 불구하고 우리 시대에는 모든 것을 추상화(abstract)하고 모든 인격적인 것(Personligt)을 폐기해 버립니다. 곧 그리스도의 가르침을 취하면서, 그리스도 자신은 폐기해 버립니다.

이것이야말로 기독교를 폐기하는 것입니다. 왜냐하면 그리스도는 하나의 **인격**(Person)이며,[10] 바로 그 가르치는 이로서 가르침보다 더 중요하기 때문입니다. 제가 다른 한 저작에서[11] 그리스도의 삶(Liv), 곧 **그가 실제로 살았다는 사실**(det at han har levet)이 그의 삶의 모든 결과들보다 무한히 더 중요하다는 점을 밝히고자 했던 것처럼, 이와 마찬가지로 그리스도는 그의 가르침보다 무한히 더 중요합니다.

오직 한 인간에 대해서만, 그의 가르침이 그 자신보다 더 중요하다고 말할 수 있습니다. 이것을 그리스도에게 적용하는 것은 신성모독(Blasphemi)입니다. 왜냐하면 그것은 그를 단지 하나의 인간으로 만들어 버리는 일이기 때문입니다.

§ 1
하나님-인간은 하나의 「표적(Tegn)」이다

「**표적**(Tegn)」이란 무엇을 의미합니까?

표적이란 **부정된 직접성**(nægtede Umiddelbarhed),[12] 곧 **첫 번째 존재**(Væren)와는 다른 **두 번째 존재**를 뜻합니다. 그렇다고 해서 표적이 즉각적으로 아무것도 아니라는 말은 아닙니다. 다만 그것이 표적이라는 사실, 그리고 표적으로서 무엇인지는 직접적으로 주어지지 않으며, 표적으로서의 그것은 곧바로 주어진 **직접적인 것**(Umiddelbare)이 아니라는 뜻입니다.

예컨대 항로 **표식**(Sømærke)은 하나의 표적입니다. 직접적으로 보자면 그것은 분명 어떤 것입니다. 막대이거나, 등불이거나, 혹은 그와 유사한 사물입니다. 그러나 그것이 표적이라는 사실은 직접적으로 주어지지 않습니다. 표적이라는 점은 그것이 즉각적으로 있는 그대로인 것과는 다른 무엇이기 때문입니다.

이 점이 바로 표적을 통한 모든 **신비화**(Mystifikation)의 기초를 이룹니다. 표적은 그것이 표적이라는 사실을 아는 사람에게만 표적이며, 엄밀한 의미에서는 그것이 무엇을 의미하는지 아는 사람에게만 표적입니다. 그 밖의 모든 사람에게 표적은 그저 그것이 즉각적으로 보이는 그대로의 것일 뿐입니다.

설령 누군가가 어떤 것을 의도적으로 표적으로 만들어 놓지 않았고, 그것이 표적이라는 데 대해 누구와도 아무 합의가 이루어지지 않았나 하너라도, 내가 어떤 눈에 띄는 것(Paafaldende)을 보고 그것을 표적이라고 부른다면, 그 순간 이미 **반성의 규정**(Reflexions-Bestemmelsen)이 개입합니다. 눈에 띄는 그 자체는 직접적인 것이지만, 내가 그것을 표적으로 간주한다는 사실은 (이는 일종의 반성이며, 어떤 의미에서는 나 자신으로부터 끌어내는 것입니다) 그것이 무언가를 의미해야 한다고 내가 생각한다는 것을 표현합니다. 그러나 무언가를 의미해야 한다는 것은, 곧 그것이 즉각적으로 있는 그대로의 것과는 다른 무엇이라는 뜻입니다.

그러므로 나는 그것을 표적으로 간주함으로써 그 직접성을 부정하는 것이 아닙니다. 비록 내가 그것이 실제로 표적인지, 또 무엇을 의미하는지 확정적으로 알지 못한다 하더라도, 나는 여전히 그것을 표적으로 이해하는 것입니다.

모순의 표적(Modsigelsens Tegn)[13]이란, 그 자체 안에 모순(Modsigelse)을 포함하고 있는 표적을 말합니다. 직접적으로 어떤 것인 것이 동시에 표적이라는 데에는 아무런 모순이 없습니다. 왜냐하면 표적이 되기 위해서는 반드시 어떤 직접적인 존재(umiddelbar Væren)가 필요하기 때문입니다. 문자 그대로의 무(無)는 표적일 수 없습니다.

그러나 모순의 표적이란, 그 구성 자체(Sammensætning) 안에 모순을 포함하고 있는 표적입니다. '표적'이라는 명칭이 정당화되기 위해서는, 주의를 끌어당길 수 있는 어떤 무엇(Noget)이 반드시 요구됩니다. 그것은 표적 그 자체이든, 혹은 그 안에 포함된 모순이든 간에, 어쨌든 주의를 환기시키는 어떤 것이 있어야 합니다. 그러나 이 모순들은 서로를 소거하여 무(無)가 되어서는 안 되며, 또한 그 반대로 표적의 반대, 곧 **무조건적인 은폐**(ubetinget Skjulthed)가 되어서도 안 됩니다.

예컨대 **농담과 진지함**(Spøg og Alvor)의 통일로 이루어진 하나의 전달은

바로 이러한 모순의 표적입니다. 이것은 결코 직접 전달(ligefrem Meddelelse)
이 아닙니다. 수용자는 무엇이 농담이고 무엇이 진지함인지 곧바로 말할 수
없습니다. 왜냐하면 전달자가 농담이든 진지함이든 어느 하나를 직접적으
로 전달하지 않기 때문입니다.

따라서 이 전달에서의 진지함(Alvor)은 다른 곳에 놓여 있습니다. 다시 말
해, 그것은 수용자를 스스로 활동하게 만드는 데에 있습니다. 순수하게 변
증법적으로 이해하자면, 이것이야말로 전달과 관련하여 가능한 **최고의 진
지함**입니다. 그럼에도 불구하고 이러한 전달은, 수용자의 주의를 끌고, 전
달에 주목하도록 야기하고 초대하는 어떤 무엇을 반드시 확보해야 합니다.
동시에 농담과 진지함의 통일은 **광기**(Galskab)가 되어서는 안 됩니다. 만일
그것이 광기가 된다면, 그곳에는 더 이상 전달 자체가 존재하지 않기 때문
입니다. 반대로 농담이나 진지함 중 어느 한쪽이 절대적으로 우세해진다면,
그것은 다시 직접 전달이 되고 맙니다.[14]

표적(Tegn)은 그것이 직접적으로 있는 그대로의 것이 아닙니다. 왜냐하
면 직접적으로는 아무것도 표적이 아니기 때문입니다. '표적'이란 반성의 규
정(Reflexions-Bestemmelse)이기 때문입니다. 모순의 표적(Modsigelsens-Tegn)이
란, 어떤 것이 주의를 끌어당기고, 그리고 그 주의가 그 대상에 향해질 때,
그 안에 모순이 포함되어 있음이 드러나는 것을 말합니다.[15]

그런데 성경에서는 하나님-인간(Gud-Mennesket)을 모순의 표적이라고 부
릅니다. 그렇다면 도대체 하나님과 인간의 사변적 통일(speculative Eenhed) 속
에 무슨 모순이 있겠습니까? 아닙니다. 그 안에는 아무런 모순도 없습니다.
모순은—그리고 가능한 한 가장 큰 모순, 곧 질적인 모순(qvalitativ Modsigelse)
은—하나님으로 존재하는 것과 하나의 단일한 인간으로 존재하는 것 사이

에 놓여 있습니다.

표적이란, 자신이 직접적으로 무엇인 동시에 또 다른 무엇이 되는 것입니다. 그리고 모순의 표적이란, 그 '다른 무엇'이 자신이 직접적으로 무엇인 것과 서로 대립 관계에 놓여 있는 경우를 말합니다. 바로 하나님-인간이 그러합니다. 직접적으로 보자면, 그는 다른 사람들과 다를 바 없는 하나의 단일한 인간, 곧 비천하고 눈에 띄지 않는 인간입니다. 그러나 바로 여기에 모순이 있습니다. 그가 하나님이라는 사실 말입니다.

131

그러나 이 모순이 누구에게도 해당되지 않는 모순, 곧 아무에게도 의미하지 않는 모순이 되지 않으려면—마치 어떤 신비화가 너무나 완벽하게 성공하여 그 효과가 영(零)이 되어 버리는 경우와 같지 않으려면—그 모순에 주의를 환기시키는 어떤 것이 반드시 필요합니다. 이를 위해 본질적으로 사용되는 것이 **기적**(Mirakel)이며, 또한 자신이 하나님임을 말하는 하나의 직접적인 진술입니다. 그러나 기적도, 그러한 단 하나의 직접적인 진술도 절대적으로 직접 전달은 아닙니다. 만일 그것이 절대적으로 직접 전달이라면, 바로 그 순간 모순은 그 자체로 해소되어 버리기 때문입니다. 기적이 믿음의 대상이라는 점에 대해서는 이것이 쉽게 이해될 것입니다. 그리고 후자의 경우, 곧 그 단 하나의 직접적인 진술 역시 직접 전달이 아니라는 점은, 뒤에서 다시 밝혀질 것입니다.

하나님-인간(Gud-Mennesket)이 모순의 표적(Modsigelsens Tegn)인 이유는 무엇입니까? 성경은 그 이유를 이렇게 답합니다. 곧 사람들의 마음속 생각들을 드러내기 위함이라는 것입니다.[16] 그렇다면 하나님과 인간의 사변적 통일(speculative Eenhed)에 대한 현대의 모든 논의, 혹은 기독교를 단지 하나의 교리(Lære)로만 취급하는 모든 관점이 과연 기독교적인 것과 조금이라도 닮아 있습니까? 아닙니다. 현대에서는 모든 것이 양말 속의 발처럼(Fod i Hose)[17] 너무나도 매끄럽고 직접적으로 만들어져 있습니다. 그러나 기독교적인 것이란 바로, 마음의 생각들을 드러내는 모순의 표적입니다.

하나님-인간은 하나의 개별적 인간입니다. 그는 영원의 관점[sub specie æterni]에서만 존재하는 어떤 환상적인 통일이 아닙니다. 또한 그는 결코 강단에서 직접적으로 가르치는 교사, 곧 암송자들을 위해 내용을 풀어 설명하거나, 속기자들을 위해 조항을 받아 적게 하는 교수(docerende)가 아닙니다. 오히려 그는 그와 정반대의 일을 하십니다. 곧 사람들의 마음속 생각들을 드러내는 일을 하십니다.

아, 모든 것이 그렇게 완전히 직접적으로 흘러갈 때, 청중으로 남아 있거나 받아 적는 사람으로 머무르는 것은 얼마나 편안한 일입니까. 그러나 청중 여러분과 기록자 여러분, 조심해야 합니다. 드러나게 될 것은 바로 여러분 자신의 마음속 생각들이기 때문입니다.

그리고 이것을 가능하게 하는 것은 오직 모순의 표적(Modsigelsens Tegn)뿐입니다. 모순의 표적은 먼저 주의를 끌어당기고, 그 다음 그 앞에 하나의 모순을 제시합니다. 곧 사람으로 하여금 보지 않을 수 없게 만드는 어떤 무엇이 있으며, 그리고 보게 될 때—바로 그 보면서—사람은 마치 거울을 보듯 보게 됩니다. 다시 말해, 자기 자신을 보게 되거나, 혹은 모순의 표적이신 그분이, 사람이 모순을 뚫어지게 바라보는 동안, 사람의 마음 깊숙이 곧바로 시선을 던지시는 것입니다.

한 인간 앞에 하나의 모순이 정면으로 놓이고—그리고 그 사람이 그 모순을 바라보도록 할 수만 있다면—그 모순은 곧 거울이 됩니다. 그 사람이 판단하는 순간, 그의 내면에 무엇이 자리하고 있는지가 드러나게 됩니다. 이것은 하나의 수수께끼(Gåde)입니다. 그러나 그 사람이 그 수수께끼를 추측하는 바로 그 행위 속에서, 그가 어떻게 추측하는지에 따라, 그의 내면에 무엇이 있는지가 드러납니다. 모순은 그에게 선택(Valg)을 제시합니다. 그리고 그가 선택하는 바로 그 순간에, 또한 그가 선택한 그 선택 안에서, 그는 자기 자신을 드러내게 됩니다.

주석(Anm.)

132

여기서 분명히 알 수 있는 것은, 하나님-인간(Gud-Mennesket)에게 직접 전달(ligefrem Meddelelse)은 불가능하다는 점이다. 왜냐하면 그가 모순의 표적(Modsigelsens Tegn)이기 때문이다. 그는 직접적으로 자신을 전달할 수 없다. 이미 표적이라는 것 자체가 반성의 규정(Reflexions-Bestemmelse)이기 때문이며, 더구나 모순의 표적이기 때문이다.

또한 여기서 알 수 있는 것은, 현대의 혼란이 어떻게 해서 기독교 전체를 직접 전달로 만들어 버릴 수 있었는가 하는 점이다. 그것은 바로 전달자(Meddeleren)인 '하나님-인간'을 배제함으로써 가능해졌다. 사람들은 아무 생각 없이 전달자를 제거하거나, 혹은 전달 내용만 취한 채 전달자를 배제해 왔다. 그러나 전달자를 제거하지 않고, 전달자를 함께 취하는 순간—그리고 그 전달자가 하나님-인간, 곧 표적, 모순의 표적인 한—직접 전달은, 그리스도와의 동시대성의 상황에서와 마찬가지로, 불가능해진다. 그럼에도 불구하고 오늘날 사람들은 사태를 전혀 다르게 만들어 버렸다. 그리스도가 살아 계셨던 때로부터 1800년이 지났고, 그는 이미 잊혀졌다. 이제는 그의 가르침만이 남아 있다. 그러나 이것은 곧, 기독교 자체를 폐기해 버린 것에 다름 아니다.

§ 2

종의 형상[18]은 익명성(Ukjendeligheden), 즉 잠행(Incognito)이다[19]

익명성(Ukjendelighed)[20]이란 무엇입니까? 익명성이란, 본질적으로 자신이 지니고 있는 성격(Charakteer)으로 드러나 있지 않은 상태를 말합니다. 예컨대 경찰 공무원이 사복을 입고 있는 경우가 그러합니다.

이와 마찬가지로, 그리고 더 나아가 절대적 익명성, 곧 완전한 익명성이란 다음과 같은 경우입니다. 즉, 하나님이시면서 동시에 하나의 단일한 인간으로 존재하시는 것입니다. 하나의 단일한 인간으로 존재하는 것, 다시 말해 어떤 하나의 인간(그가 고귀한 사람이든 비천한 사람이든, 이 점은 어떤 의미에서는 중요하지 않습니다)으로 존재하는 것은, 하나님으로 존재하는 것과의 사이에 놓인 가장 크고 **무한한 질적 거리**(qvalitative Afstand)이며, 바로 그 점에서 **가장 깊은 잠행**(Incognito)입니다.

그러나 현대(Moderne)는 그리스도(Christus)를 폐기해 버렸습니다. 어떤 경우에는 그를 아예 내던져 버리고 그의 가르침(Lære)만을 취하였고, 또 다른 경우에는 그를 환상적으로(phatastisk) 만들어 놓은 채, 그에게 직접 전달(ligefrem Meddelelse)을 환상적으로 덧붙여 주었습니다. 그러나 **동시대성의 상황**(Samtidighedens Situation)에서는 사정이 전혀 달랐습니다. 더구나 기억해야 할 것은, 그리스도 자신의 의지가 바로 **잠행**(Incognito)으로 존재하는 것에 있었다는 사실입니다. 왜냐하면 그는 모순의 표적(Modsigelsens Tegn)이기를 원하셨기 때문입니다.

그러나 지난 18세기 동안, 사람들이 그에 대해 안다고 여겨 온 모든 것,

그리고 다른 한편으로는 잠행(Incognito)으로 존재하고자 한다는 것이 무엇을 의미하는지에 대해 대다수 사람들이 지닌 완전한 무지와 경험의 결여—이러한 무지와 경험 부족은 점점 만연해진 강의식 전달(Doceren)에서 비롯된 것이며, 그 결과 **실존한다**(existere)는 것이 무엇인지는 거의 완전히 잊혀졌습니다—이 모든 것이 하나님-인간(Gud-Mennesket)에 대한 이해를 혼란에 빠뜨려 왔습니다.

오늘날 크리스텐덤(Christenheden) 안에 살아가는 대부분의 사람들은, 만일 자신들이 그리스도와 동시대에 살았더라면, 그의 익명성(Ukjendelighed)에도 불구하고 곧바로 그를 알아보았을 것이라는 착각 속에서 살아가고 있습니다. 그러나 그들은, 바로 이 생각을 통해 자기 자신을 알지 못하고 있음을 스스로 드러내고 있다는 사실을 전혀 깨닫지 못합니다. 더 나아가, 그들은 이와 같은 생각이—자신들로서는 그리스도를 찬미한다고 여길지 모르지만—실은 신성모독(Blasphemi)임을 전혀 인식하지 못합니다. 이 생각은 곧, 목사들 수다의 비변증법적 궤변이 낳은 극점(climax)에 포함되어 있기 때문입니다. 곧 "그리스도는 그만큼 하나님이셨기에, 사람들이 즉각적이고 직접적으로 그 사실을 알아볼 수 있었다"는 주장입니다. 그러나 참된 진술은 이와 정반대입니다. 그는 참 하나님이셨고, 바로 그렇기 때문에 그만큼 하나님으로서 익명성 속에 계셨던 것입니다. 그래서 베드로가 그를 알아본 것은 혈육[21]이 아니라, 오히려 혈육과는 정반대의 것에 의해서였습니다.

사람들은 사실상 그리스도를 꾸며냅니다. 그를, 자신이 비범한 존재라는 사실을 스스로 의식하고 있었으나, 동시대 사람들은 그것을 알아차리지 못했던 어떤 인간으로 만들어 버립니다. 이 정도까지는 아직 사실일 수 있습니다. 그러나 사람들은 거기서 멈추지 않습니다. 그들은 더 나아가 이렇게 꾸며냅니다. 곧, 그리스도는 본래 자신이 지닌 비범함을 **직접적으로**(directly) 알아보게 되기를 원했으나, 동시대 사람들의 완고한 눈멀음 때문에 부당하게 이해받지 못했다는 것입니다. 이것은 곧, 사람들이 잠행(Incognito)이 무엇을 의미하는지를 전혀 이해하지 못하고 있음을 드러냅니다.

<u>그리스도께서 잠행 속에 계시기를 원하셨던 것은, 영원으로부터 내려진 그의 자유로운 결단이었습니다.</u>[22] 그런데도 사람들이 "만일 내가 그와 동시대에 살았더라면, 나는 분명 그를 즉각적으로 알아보았을 것이다"라고 말하거나 생각함으로써 그를 공경한다고 여긴다면, 그것은 실상 그를 모욕하는 일입니다. 그리고 그 모욕의 대상이 그리스도이기 때문에, 이는 곧 신성모독을 의미합니다.

그러나 대부분의 사람들은 더 깊은 의미에서 보면 전혀 **실존하지**(existere) 않습니다. 그들은 결코 자신을 실존적으로 친숙하게 만들어 본 적이 없으며, 다시 말해 잠행(Incognito)으로 존재하고자 한다는 생각을 실행적으로(executivt)[23] 시도해 본 적이 없습니다. 이제 간단한 인간적 관계를 예로 들어 보겠습니다.

내가 익명으로 있고자 할 때(그 경우 이유가 무엇인지, 또 그럴 권리가 있는지는 여기서 논외로 하겠습니다), 누군가 와서 "나는 당신을 곧바로 알아보았습니다"라고 말한다면, 그것이 과연 칭찬이겠습니까? 오히려 정반대입니다. 그것은 나에 대한 풍자입니다. 물론 어쩌면 그 풍자는 정당할지도 모릅니다. 내 잠행이 애초에 제대로 된 것이 아니었기 때문일 수 있습니다.

그러나 이제 잠행을 끝까지 유지할 수 있는 사람을 상상해 봅시다. 그는 익명으로 있고자 하며, 알려지기를 원하지만 **직접적으로** 알려지기를 원하지는 않습니다. 그렇다면 그가 곧바로 알아보이지 않는 것은 그에게 우연히 일어난 일이 아닙니다. 그것은 그 자신의 **자유로운 결단**(frie Beslutning)이기 때문입니다.

바로 여기에 진정한 비밀이 놓여 있습니다. 대부분의 사람들은 자기 자신에 대한 이러한 우월성, 곧 자기 자신을 지배하는 능력에 대해 전혀 짐작조차 하지 못합니다. 더 나아가, 자신이 실제보다 훨씬 더 하찮은 사람으로 보이도록 잠행을 유지하고자 하는 이러한 자기 지배에 대해서는 전혀 이해하지 못합니다.

혹여 이 점을 어렴풋이 깨닫게 된다 해도, 그들은 아마 이렇게 생각할 것입니다. "이것은 광기다. 만일 그 잠행이 너무나 잘 성공해서, 사람들이 정말로 그가 스스로 내세운 그대로의 사람으로 믿게 된다면 어떡하겠는가!" 사람들은 아마 이 정도 생각에 이르기도 쉽지 않을 것입니다. 그러나 바로 여기에는, 선(善)을 섬기는 영역 안에서의 참된 **자기모순**(Selvmodsigelse), 곧 **진정한 자기부정**(Selvfornægtelse)이 놓여 있습니다. 선한 사람은 자신의 잠행을 끝까지 유지하기 위해 모든 힘을 다해 노력하며, 그의 잠행이란 곧 자신이 실제보다 훨씬 더 하찮은 존재로 보이게 되는 것입니다.

즉, 한 사람이 자신이 실제보다 훨씬 더 하찮아 보이도록 하는 잠행을 자유롭게 선택합니다. 그는 아마도 **소크라테스적인 사유**를 떠올릴 것입니다.[24] 곧, 진정으로 선을 원한다면, 선을 행하는 것처럼 보이는 외양조차 피해야 한다는 생각입니다. 이 잠행은 그의 자유로운 결단입니다. 그는 이제 모든 지혜와 담대함을 총동원하여, 잠행을 유지하기 위해 최대한의 노력을 기울입니다.

그 결과는 둘 중 하나입니다. 잠행이 성공하거나, 실패하거나. 만일 성공한다면—그렇다면 그는 인간적으로 말해, 스스로에게 해를 끼친 셈이 됩니다. 그는 모든 사람으로 하여금 자신을 가장 하찮게 여기도록 만들었기 때문입니다. 아, 이것이 자기부정(Selvfornægtelse)입니다. 동시에, 아, 이것이 얼마나 엄청난 노력입니까. 그는 언제든지 자신의 참된 모습을 드러낼 수 있는 능력을 지니고 있었기 때문입니다.

아, 자기부정이여. 자유가 없는 자기부정이란 무엇이겠습니까? 그리고 자기부정의 최고 형태는, 그의 잠행이 너무나 완벽하게 성공하여, 설령 이제 그가 직접적으로 말하고자 해도 아무도 그를 믿지 않게 되는 경우입니다.

그러나 그러한 우월성(Overlegenhed)이 실제로 존재한다는 것, 혹은 존재할 수 있다는 것에 대해서는, 사람들은 전혀 상상조차 하지 못합니다. 사람들이 그로부터 얼마나 멀리 떨어져 있는지는, 만일 누군가가 그러한 우월자에게서 직접 전달(ligefrem Meddelelse)을 얻으려 하거나, 혹은 그 우월자가 스스로 그것을 시작하여 직접적 전달을 베풀었다가, 다시 잠행(Incognito)을 취하는 경우를 상상해 본다면 곧 알게 될 것입니다.

이제 하나의 예를 들어 봅시다. 이를테면, 어떤 고귀한 인간적 공감(Sympathi)이 신중함을 위해서, 혹은 어떤 다른 이유로 인해 잠행(Incognito)을 필요로 했다고 가정해 봅시다. 이를 위해 그는, 예컨대 이기적인 사람(Egoist)처럼 보이기를 선택합니다. 이제 그는 어떤 한 사람에게 자신을 열어 보이며, 자신의 참된 모습(Skikkelse)을 드러냅니다. 그 상대방은 이를 믿고, 감동을 받습니다. 이렇게 해서 두 사람은 서로를 이해하게 됩니다.

그 상대방은 아마도 자신이 잠행(Incognito)까지도 이해했다고 생각할 것입니다. 그러나 그는 알아차리지 못합니다. 사실상 그 잠행은 그 순간 제거되어 있었고, 그는 직접 전달(ligefrem Meddelelse)의 도움을 받아 이해했을 뿐이라는 사실을 말입니다. 곧, 그가 이해한 것은 잠행이 아니라, 잠행이 더 이상 작동하지 않는 상태에서 주어진 설명이었습니다.

이제 다시 상상해 봅시다. 그 우월자가 어떤 이유에서든, 혹은 필요하다고 판단하여, 이미 서로를 이해한다고 여겨졌던 그 둘 사이에 다시 잠행(Incognito)을 세운다면, 그때는 어떻게 되겠습니까? 그 순간에 다음이 판가름 날 것입니다. 즉, 그 상대방이 첫 번째 사람만큼이나 변증법가(Dialektiker)인지, 혹은 그러한 자기부정(Selvfornægtelse)의 가능성을 믿을 만한 신앙(Tro)을 지니고 있는지가 판가름 날 것입니다. 다시 말해, 그 상대방 안에 잠행(Incognito)을 스스로 풀어낼 힘이 있는지, 혹은 그 앞에서도 이해를 끝까지 붙들 수 있는지, 혹은 스스로 이해할 수 있는지가 결정될 것입니다.

우월자가 다시 잠행을 걸치는 순간, 그는 당연히 그것을 유지하기 위해 모든 노력을 다할 것입니다. 그는 상대방을 전혀 도와주지 않으며, 오히려 그 상대방에게 가장 잘 작동할 방식으로 기만(Bedrag)—곧 자신의 잠행을 유지하기 위한 방식—을 고안할 것입니다. 만일 그가 본질적으로 우월자라면, 이는 성공할 것입니다.

그러면 상대방은 처음에는 직접 전달(ligefrem Meddelelse)의 방향에서 약간의 저항을 보일 것입니다. "이것은 속임수입니다. 당신은 그런 사람이 아닙니다." 그러나 잠행은 유지되고, 더 이상의 직접 전달은 없으며, 결국 상대방은 다시 이렇게 생각하게 될 것입니다. "이 사람은 이기주의자(Egoist)입니다." 그는 어쩌면 이렇게 말할지도 모릅니다. "나는 한때 그를 믿었던 적이 있었지만, 이제는 나 역시 그가 이기주의자임을 알겠습니다."

문제는 이것입니다. 그는, 그 익명의 인물이 여전히 선한 존재로 간주되어야 한다는 생각을 끝까지 붙들지 못합니다. 그는 오직, 그 익명의 인물이 직접 전달(ligefrem Meddelelse)을 통해 어떻게 그리고 왜 그런 존재인지를 보여 줄 때에만 잠행을 이해할 수 있습니다. 다시 말해, 실제로는 잠행이 존재하지 않을 때, 혹은 적어도 그 익명의 인물이 자신의 본래 성격, 곧 **알려지지 않으려는 존재**(Ukjendelighed, 익명성)로서의 성격을 전적으로 행사하지 않을 때에만 이해가 가능합니다. 그러나 그가 자신의 모든 정신적 힘을 모아 익명성을 유지하고, 상대방을 전적으로 자기 자신에게 맡겨 두는 순간, 상대방은 더 이상 이해하지 못합니다.

첫 번째 사람이 익명성에 대해 직접 전달(ligefrem Meddelelse)로 도와주고 있을 때에는, 상대방은 그것을 이해할 수 있으며, 심지어 자기부정(Selvfornægtelse)도 이해할 수 있습니다. 그러나 그 경우에는 사실상 자기부정이 실제로 존재하지 않습니다. 그러나 자기부정이 실제로 존재하는 순간, 그는 더 이상 이해하지 못합니다. 이는 곧, <u>그 상대방이 그러한 자기부정의 가능성을 진정으로 믿지 않기 때문입니다.</u>

한 인간이 이러한 방식으로 신비화(mystificere)할 권리가 있는지, 실제로 그렇게 할 수 있는지, 혹은 만일 가능하다면 그것이 산파술적(maieutisk)[25]으로 상대방을 형성했다는 점만으로 정당화될 수 있는지, 혹은 다른 한편으로—그것이 교만(Stolthed)이 아니라 자기부정(Selvfornægtelse)라면—오히려 의무가 되는 것은 아닌지에 대해서는, 저는 여기서 판단하지 않겠습니다. 이것은 다만 하나의 **사고 실험**(Tanke-Experiment)으로 받아들여 주시기 바랍니다. 그러나 이 사고 실험은 익명성(Ukjendelighed)에 관하여 적지 않은 것을 밝혀 줍니다.

그리고 이제 하나님-인간(Gud-Mennesket)을 보아야 합니다. 그는 하나
님이시지만, 하나의 개별적 인간(det enkelte Menneske)이 되기를 선택하셨습니다. 이것은 앞서 말한 바와 같이, 가능한 것 가운데 가장 깊은 잠행(Incognito), 혹은 가장 뚫을 수 없는 익명성(Ukjendelighed)입니다. 왜냐하면 하나님으로 존재하는 것과 하나의 개별적 인간으로 존재하는 것 사이의 모순(Modsigelse)은 가능한 모순 가운데 가장 큰 것, 곧 무한한 질적 모순(den uendelig qvalitative)이기 때문입니다.

그러나 이것은 그분의 의지(Villie, 뜻)**이며, 그의 자유로운 결단**(frí Beslutning)**입니다.** 바로 그렇기 때문에 이 잠행은 **전능하게 유지된**(almægtigt fastholdt) **잠행**(Incognito)입니다. 더 나아가, 그는 어떤 의미에서는 탄생함으로써, 단 한 번의 행위로 자기 자신을 스스로 묶어 버리셨습니다. 그의 익명성(Ukjendelighed)은 그렇게 전능하게 유지되었기에, 그는 어떤 의미에서는 자신의 잠행의 권능 아래에 놓이게 되셨습니다. 바로 여기에 그의 순수하게 인간적인 고난의 **문자적 현실성**(actuality)이 놓여 있습니다. 이 고난은 단순한 겉모습이나 **가상**(Tilsyneladelse)[26]이 아니라, 어떤 의미에서는 그가 스스로 떠맡은 잠행의 압도적 힘이 그 자신에게 작용한 결과입니다.

오직 이러한 방식으로만, 그가 참으로 인간이 되셨다(han blev sandt Menneske)[27]는 사실이 **가장 깊은 의미에서 진지함**(Alvor)을 가질 수 있습니다. 그렇기 때문에 그는 고난의 극점에서 하나님께 버림받았다고 느끼는 것까지도 겪으셨습니다.[28] 다시 말해, 그는 매 순간 고난 위에 서 계셨던 것이 아니라, 실제로 고난 안에 계셨으며, 바로 이 순수하게 인간적인 경험이 그에게 임했습니다. 현실(Virkelighed)은 가능성(Mulighed)보다 더 두렵게 드러났고, 그는 자유롭게 익명성을 입으셨음에도 불구하고, 마치 포로가 된 것처럼,

혹은 스스로를 익명성 안에 가두어 버린 사람처럼 실제로 고난을 당하셨습니다.

여기에는 참으로 기묘한 종류의 변증법(Dialektik)이 있습니다. 그는 전능하신 분으로서 자기 자신을 묶으셨고, 그것을 너무나 전능하게 행하셨기에, 실제로 자신이 묶여 있다고 느끼며, 자신이 사랑으로, 그리고 하나의 개별적 인간이 되기로 한 자유로운 결단의 결과로 고통을 겪으셨습니다. 이처럼 그는 실제적인 인간이 되려는 진지함이 있었으며, 그것은 결코 형식적인 일이 아니었습니다. 그러나 그가 모순의 표적(Modsigelsens Tegn)이 되어 사람들의 마음의 생각(Hjerternes Tanker)을 드러내기 위해서는, 바로 이렇게 될 수밖에 없었습니다.

모든 인간의 익명성(Ukjendelighed)에서의 불완전한 점은 바로, 인간은 언제든지 자의적으로(Vilkaarlighed) 자신의 익명성을 파괴할 수 있다는 데 있습니다. 익명성은, 사람이 스스로 그것을 무너뜨리지 못하도록 자신을 제한할 줄 알 때에야 비로소 **더 깊은 진지함**(Alvor)을 갖게 됩니다. 그러나 하나님-인간(Gud-Mennesket)의 익명성은 **전능하게 유지된 잠행**(almægtigt fastholdt Incognito)이며, 바로 그 점에서 드러나는 신적 진지함(guddommelig Alvor)은, 그 익명성이 그 정도로까지 유지되었기에, 그가 순수하게 인간적으로 그 익명성 아래에서 고난을 겪으셨다는 사실에 있습니다.

주석(Anm.)
전달자를 함께 고려하기만 한다면, 다시 말해 기독교를 말하면서 그리스도를 잊어버리는 산만함에 빠지지 않기만 한다면, 직접 전달(ligefrem Meddelelse)이 불가능하다는 사실은 쉽게 드러난다. 익명성(Ukjendelighed)의 관계에서, 혹은 익명성 속에 있는 존재에게 직접 전달은 불가능하다. 왜냐하면 직접 전달이란, 사람이 자기가 본질적으로 무엇인지를 곧

바로 말하는 것이기 때문이다. 그러나 익명성이란, 자기가 본질적으로 그러한 존재임에도 불구하고, 바로 그 성격으로 존재하지 않는 것을 뜻한다. 그러므로 여기에는 하나의 모순(Modsigelse)이 존재하며, 이 모순 때문에 직접 전달은 결국 직접적이지 않게 된다. 다시 말해, 직접 전달은 불가능해진다.

만일 직접 전달이 실제로 직접 전달로서 성립하려면, 사람은 잠행(Incognito)에서 벗어나야 한다. 그렇지 않다면, 어떤 진술이 그 자체로는 직접 전달—곧 직접적 진술—처럼 보일지라도, 전달자가 잠행 속에 있다는 사실 때문에 그것은 여전히 직접 전달이 아니다. 즉, 전달의 내용이 아무리 직접적이라 해도, 전달자의 잠행이 그것을 직접적이지 않게 만든다.

137

§3
직접 전달의 불가능성

직접 전달(ligefremme Meddelelse)의 반대는 간접 전달(indirecte Meddelelse)[29] 입니다. 이 간접 전달은 두 가지 방식으로 이루어질 수 있습니다.

간접 전달은 전달을 이중화하는(fordoble, 중복하는) 하나의 기술일 수 있습니다. 이 기술의 핵심은 바로 전달자인 자기 자신을 무(無)로 만들고, 곧 철저히 객관적인 존재가 되며, 질적으로 상반된 것들을 하나의 통일 속에 끊임없이 결합시키는 데 있습니다. 이것이 일부 가명 저자들이 전달의 이중 반성(Meddelelsens Dobbelt-Reflexion)이라 부르는 것입니다.[30]

예컨대 간접 전달이란, 농담(Spøg)과 진지함(Alvor)을 서로 결합하여 그 결합 자체가 하나의 **변증법적 매듭**(dialektisk Knude)이 되게 하면서, 정작 자신은 아무것도 아닌 존재로 남아 있는 방식입니다. 이러한 방식의 전달에 관여하고자 하는 사람이라면, 그 매듭을 스스로 자신 안에서 풀어야만 합니다.

또 다른 예로는, **방어**(Forsvar)와 **공격**(Angreb)을 하나로 결합하여, 누구도 그것이 공격인지 방어인지 직접적으로 말할 수 없게 만드는 방식이 있습니다. 그 결과 어떤 사안(명분)의 가장 열성적인 지지자와 가장 격렬한 반대자 모두가, 그 안에서 자기 편 동맹을 발견했다고 느끼게 됩니다. 그러나 전달자 자신은 여전히 아무도 아니며, 부재하는 자, 객관적인 어떤 것, 인격적인 인간이 아닌 존재로 남아 있습니다.

이와 같이 어떤 시대에 **믿음**(Troen)이 세상에서 사라진 것처럼 보이고,

마치 분실물 목록에서 찾아야 할 무엇이 된 경우라면, 변증법적으로 믿음을 유인해 내는 일이 어쩌면 유익할 수도 있을 것입니다. 물론 그것이 실제로 유익한지에 대해서는 여기서 단정하지 않겠습니다. 다만 이것이 바로 간접 전달, 곧 **이중 반성 속에서의 전달**(Meddelelse i Dobbelt-Reflexionen)의 한 예입니다.

이 경우 전달자는 믿음을 탁월한 방식으로 제시합니다. 그 제시는 가장 정통적인 신자가 보기에는 믿음에 대한 옹호처럼 보이고, **자유사상가**(Fritænker, 무신론자)[31]에게는 공격처럼 보이도록 구성됩니다. 그러나 전달자 **자신은 영**(零, zero), **곧 아무 인간도 아니며**, 객관적인 어떤 것일 뿐입니다. 다만—아마도—그 전달을 통해 누가 누구인지를 알아내는 데 능숙한 한 **스파이**일 수는 있겠습니다. 즉 누가 믿는 자이며 누가 자유사상가(무신론자)인지는, 그들이 이 제시된 것을 어떻게 판단하는지에서 분명히 드러나기 때문입니다. 이 제시된 것은 그 자체로는 공격도 아니고 방어도 아니기 때문입니다.

그러나 간접 전달(indirecte Meddelelse)은 또 다른 방식으로도 나타날 수 있습니다. 그것은 **전달**(Meddelelsen)과 **전달자**(Meddeleren) 사이의 관계를 통해서입니다. 이 경우에는 전달자 자신이 전적으로 포함되어 있으며, 앞선 경우에서처럼 배제되어 있지 않습니다. 다만 그때의 배제는 **부정적 반성**(negativ Reflexion)의 방식이었습니다. 그러나 오늘날의 시대는 사실상 이 방식 외의 다른 전달 방식을 거의 알지 못합니다. 곧 **가르치는 것**(docere)뿐입니다. 사람들은 무엇이 '실존한다(existere)'는 것인지 완전히 잊어버렸습니다. '실존한다'는 것에 관한 모든 전달은 반드시 하나의 전달자를 요구합니다. 왜냐하면 전달자란 곧 **전달의 중복**(redupplication)이기 때문입니다. 이해하는 바 안에서 실존한다는 것은, 곧 그것을 중복하여 살아내는 것이기 때문입니다.

그러나 전달자가 자신이 전달하는 바 안에서 실제로 실존한다고 해서, 그 전달을 곧바로 간접 전달이라 부를 수는 없습니다. 오히려 전달자 자신이 변증법적으로 규정되어 있고, **그의 존재 자체**(egen Væren)가 하나의 반성 규정(Reflexions-Bestemmelse)일 때, 그때에는 모든 직접 전달(ligefrem Meddelelse)이 불가능해집니다.

바로 하나님-인간(Gud-Mennesket)의 경우가 그러합니다. 그분은 하나의 표적(Tegn)이며, 곧 모순의 표적(Modsigelsens Tegn)이십니다. 그분은 익명성(Ukjendelighed) 안에 계시므로, 모든 직접 전달은 불가능합니다. 왜냐하면 어떤 전달이 전달자에 의해 직접적이기 위해서는, 전달 내용만이 아니라 전달자 자신도 직접적으로 규정되어 있어야 하기 때문입니다. 그렇지 않다면, 그러한 전달자가 아무리 직접적인 진술을 하더라도, 그것은 전달자 자신, 곧 전달자가 '무엇인가'라는 점에 의해 가로막혀, 결코 직접 전달이 되지 못합니다.

어떤 사람이 직접적으로 말하기를, "나는 하나님이다, 아버지와 나는 하나다"[32]라고 한다면, 그것은 직접 전달(ligefrem Meddelelse)입니다. 그러나 이제 그 말을 하는 사람, 곧 전달자(Meddeleren)가 다른 사람들과 다를 바 없는 하나의 개별적 인간(det enkelte Menneske)이라면, 이 전달은 결코 완전히 직접적이라고 할 수 없습니다. 왜냐하면 개별적 인간이 하나님일 수 있다는 것은 결코 직접적인 일이 아니기 때문입니다. 그가 말하는 내용은 직접적이지만, 전달자 자신 때문에 그 전달은 모순(Modsigelse)을 내포하게 됩니다. 따라서 이 전달은 간접 전달(indirecte Meddelelse)이 되며, **당신 앞에 하나의 선택**

(Valg)을 놓습니다. 곧 그를 믿을 것인지, 믿지 않을 것인지의 선택입니다.

오늘날 크리스텐덤(Christenheden) 안에서 기독교의 상태를 생각하게 되면, 설교 강단에서 되풀이되어 사용되는 어떤 표현들 때문에 차라리 눈물을 흘리고 싶어질 때가 있습니다. 그것들은 가장 큰 **자족감**(Suffisance)[33]을 가지고 마치 매우 정확하고 결정적으로 설득력 있는 말을 하고 있는 것처럼 사용됩니다. 사람들은 말합니다. "그리스도는 분명히 스스로 자신이 하나님, 아버지의 독생자[34]라고 말씀하셨다." 그리고 그리스도에게 **어떤 숨김**(Skjulthed)이 있었다는 생각을, 이토록 엄중한 사안, 곧 인류의 구원이라는 가장 심각한 문제에 비추어 볼 때, 그리스도에게 어울리지 않는 **하찮은 장난이나 허영**(Tant og Forfængelighed)으로 거부해[35] 버립니다. 또 사람들은 그리스도께서 직접적인 질문에 직접적인 대답을 주셨다고 단언합니다.

아, 그러나 그런 설교자들은 자신들이 무엇을 말하고 있는지 전혀 알지 못합니다. 그들의 눈에는 자신들이 바로 기독교를 폐기하고 있다는 사실이 가려져 있습니다. 유대인들에게는 실족(Forargelse)이었고, 헬라인들에게는 어리석음(Daarskab)이었으며,[36] 모든 것이 그분 안에서 드러났으되 오직 **신비**(Mysteriet) **안에서만 드러났던 그분**[37]—그분을 사람들은 인간적으로 변형하여, 일종의 대중적인 엄숙한 인물, 거의 설교자만큼이나 점잖고 상식적인 인물로 만들어 버립니다.

사람들은 단지 그분에게 다소 무기력하고 안일한 친근함(dvask Gemytlighed)으로 이렇게 말하기만 하면 된다고 여깁니다. "자, 이제 진지하게 말씀해 보십시오." 그러면 하나님의 신성 앞에서의 두려움과 떨림(Frygt og Bæven)도 없이, 믿음이 탄생할 때 겪게 되는 그 죽음의 투쟁(Dødskamp)도 없이, 예배의 시작을 이루는 그 전율(Gysen)도 없이, 실족의 가능성

(Forargelsens Mulighed)이 주는 공포도 없이, 곧바로 직접적으로 알 수 있다고 여깁니다—결코 직접적으로 알 수 없는 것을 말입니다.

그렇습니다. 그리스도께서는 분명히 자신을 아버지의 독생자(Faderens Eenbaarne)라고 아주 직접적으로 말씀하셨습니다. 그러나 바로 여기서 다시 문제가 제기됩니다. 모순의 표적(Modsigelsens Tegn)이―아주 직접적으로―말했다는 것은 도대체 무엇을 의미합니까? 보십시오, 우리는 다시 이 지점에서 있습니다. 그분이 모순의 표적(Modsigelsens Tegn)이시라면, 그분은 직접 전달(ligefrem Meddelelse)을 하실 수 없습니다. 다시 말해, 그분의 발언(Udsagnet)은 문장 자체로는 매우 직접적일 수 있으나, 그분이 거기에 함께 계시다는 사실, 곧 <u>모순의 표적이 바로 그 말을 한다는 사실이 그것을 간접 전달(indirecte Meddelelse)로 만들어 버립니다.</u>

그렇습니다. 그리스도께서는 "나를 믿으라"고 말씀하셨고,[38] 이는 분명히 아주 직접적인 진술입니다. 그러나 그 말을 하시는 분이 모순의 표적(Modsigelsens Tegn)이라면 어떻게 됩니까? 그렇다면 그분의 입에서 나온 이 직접적 진술은, 오히려 믿는다는 것이 결코 그렇게 직접적인 일이 아님을 표현하는 말이 됩니다. 다시 말해, 그분의 이 믿음에 대한 요청조차도 간접 전달(indirecte Meddelelse)이라는 뜻입니다.

이제 **진지함**(Alvor)의 문제로 돌아가 보겠습니다. 그러한 설교자들은 기독교 전체에 대해 이해하지 못하는 것과 마찬가지로, 진지함에 대해서도 전혀 이해하지 못하고 있습니다. 참된 진지함이란 바로 이것입니다. 곧 그리스도께서는 직접 전달(ligefrem Meddelelse)을 하실 수 없다는 점입니다. 각각의 직접적 진술은 기적(Miraklet)과 마찬가지로, 다만 주의를 환기시키는 역할만을 할 수 있을 뿐입니다. 그리하여 주의를 기울이게 된 자가, 그 모순

(Modsigelsen)에 부딪혀서, **믿을 것인지 믿지 않을 것인지 선택**(Valg)**하도록** 만드는 것입니다.

그러나 사람들은 본질적으로 기독교적인 것(det Christelige)을 온갖 방식으로 혼동시켜 버립니다. 어떤 이들은 그리스도를 하나님과 인간의 사변적 통일(speculative Eenhed)로 만들어 버리고,[39] 또 어떤 이들은 그리스도를 아예 내던져 버린 채 그의 가르침(Lære)만을 취합니다. 혹은 '진지함(Alvor)'이라는 명목 아래, **그리스도를 하나의 우상**(Afgud)으로 만들어 버리기도 합니다.

영(Aand)**이란 곧 직접적 즉자성**(ligefrem Umiddelbarhed)**의 부정**(Nægtelse)**입니다.**[40] 그리스도가 참 하나님(sand Gud)이시라면,[41] 그분은 또한 **익명성**(Ukjendelighed, 인식 불가능성) 안에 계셔야 하며, 바로 그 **익명성**(인식 불가능성)을 입고 계셔야 합니다. 이 익명성(인식 불가능성)은 모든 직접성(al Ligefremhed)에 대한 부정이기 때문입니다. 반대로, 직접적 인식 가능성(ligefrem Kjendelighed)은 오히려 우상(Afguden)의 전형적인 특징입니다.

그런데 사람들은 이제 그리스도를 바로 그런 우상으로 만들어 버리고, 그것을 진지함이라 부릅니다. 그들은 어떤 직접적인 진술(ligefremt Udsagn)을 취한 다음, 그것에 상응하는 형상을 공상적으로 만들어 냅니다. 대개는 감상적으로—부드러운 시선, 온화한 눈빛, 혹은 그런 유치한 설교자가 생각해 낼 수 있는 온갖 것들로 말입니다. 그리고 나서는 그것이야말로 그리스도가 하나님이라는 명백한 증거라고 단언합니다.

오, 역겨운 감상적 경박함(sentimental Letfærdighed)이여! 아닙니다. 그렇게 값싸게는 결코 그리스도인이 될 수 없습니다. 그분은 모순의 표적(Modsigelsens Tegn)이시며, 그 직접적 진술을 통해 당신을 다만 자기에게 붙들어 매실 뿐입니다. 이제 당신은 반드시 그 모순(Modsigelsen)에 부딪혀야 하며, 당신이 믿을 것인지 믿지 않을 것인지를 선택하는 가운데, 당신의 마음의 생각(Hjertets Tanke)이 드러나게 됩니다.

§ 4
그리스도 안에서 직접 전달의 불가능성이 고난의 비밀이다

특히 이전 시대들에서는 **그리스도의 고난**(Christi Lidelser)에 대하여 많이 그리고 자주 말해 왔습니다. 곧 그분이 조롱을 당하시고, 채찍질을 당하시며, 십자가에 못 박히셨다는 것 말입니다. 그러나 이 모든 것에 대해 말하는 동안, 사람들은 전혀 다른 한 종류의 고난을 잊어버리는 듯합니다. 곧 **내면성의 고난**(Inderlighedens Lidelse), **영혼의 고난**(Sjels-Lidelse),[42] 혹은 마땅히 **고난의 비밀**(Lidelsernes Hemmelighed)이라 불러야 할 것 말입니다. 이 고난은 그분이 익명성(Ukjendeligheden) 속에서 사신 삶과 떼어 놓을 수 없이 결합되어 있었으며, 그분이 공적으로 나타나신 순간부터 마지막까지 계속되었습니다.[43]

내면성을 숨겨야 하고, 다른 사람인 것처럼 보일 수밖에 없는 것은 언제나 고통스러운 일입니다. 이는 단지 인간적인 관계들 안에서도 그러합니다. 이것은 가장 무거운 인간적 고난이며, 그렇게 고난을 겪는 이는—아, 그는 종종 단 하루 동안에 모든 육체적 고문을 합친 것보다 더 큰 고통을 겪습니다. 나는 이러한 충돌(Collisioner)이 실제로 존재하는지, 또 한 사람이 그러한 충돌 속에 머무르는 매 순간마다 동시에 죄를 짓는 것인지에 대해 판단하려 들지 않습니다. 나는 오직 고난 자체에 대해서만 말하고 있습니다.

그 충돌이란 이것입니다. 다른 한 사람을 사랑하기 때문에, 한 내면성을 숨기고 다른 사람인 것처럼 보여야만 하는 상황입니다. 이 고통은 오로지 영혼의 고통이며, 가능한 한 가장 복합적인 고통입니다. 그러나 고통이 복합적이라는 것은 결코 좋은 일이 아닙니다. 매번 새로운 결합이 이루어질 때마다, 고통은 하나의 **날카로운 가시**(Braad)를 더 얻게 됩니다.

먼저 고통스러운 것은 **자기 자신의 고난**입니다. 사랑과 우정의 이해 속에서 다른 한 사람에게 속한다는 것이 복된 일이라면, 이 내면성을 자기 혼자만 간직해야 한다는 것은 고통스러운 일입니다. 다음으로는 **상대방을 위한 고난**이 있습니다. 사랑의 배려, 곧 상대를 위해서라면 모든 것을 행하고 생명까지도 바치려는 그 사랑이, 여기에서는 **가장 극단적인 잔혹함**(Grusomhed)과 무섭도록 닮은 어떤 것으로 표현되기 때문입니다—아, 그럼에도 불구하고 그것은 사랑입니다. 마지막으로는 **책임의 고난**(Ansvarets Lidelse)이 있습니다.

그러므로 이 고난은 다음과 같습니다. 사랑 때문에 즉각적으로 자기 자신의 사랑을 파괴하되, 그러나 그것을 보존하는 것, 사랑 때문에 사랑하는 이를 향해 잔혹해지는 것, 사랑 때문에 이처럼 가공할 책임을 자기 자신에게 떠맡는 것입니다.

141 아, 이제 하나님-인간(Gud-Mennesket)이십니다! 참 하나님(sand Gud)은 결코 직접적으로 인식 가능(ligefrem kjendelig)해질 수 없으십니다. 그러나 바로 이 직접적 인식 가능성은, 그분이 오신 대상인 인간들(Menneskene)—곧 그분께 간청하고 애원했을 인간들이—말로 다할 수 없는 위안으로서 요구했을 것이었습니다. 그런데 사랑(Kjerlighed) 때문에 그분은 인간이 되십니다![44] 그분은 사랑이십니다.[45] 그럼에도 불구하고, 그분은 존재하시는(er til) 매 순간마다 마치 모든 인간적 연민(Medlidenhed)과 배려(Omsorg)를 십자가에 못 박듯이 부정해야 합니다—왜냐하면 그분은 오직 믿음(Troen)의 대상이 될 수밖에 없기 때문입니다. 그러나 이른바 인간적 연민이라는 것은 언제나 직접적 인식 가능성(ligefrem Kjendelighed)과 관계되어 있습니다. 그럼에도 그

분이 참 하나님(sand Gud)이 아니시라면, 그분은 결코 '**믿음의 대상**(Troens Gjenstand)'이 되실 수 없고, 참 하나님이 아니시라면 인간을 구원하지도 못하십니다.

그러므로 그분은 사랑으로 내딛는 바로 그 한 걸음으로, 동시에 인간—곧 인류 전체(Menneskeheden)—를 가장 끔찍한 결단(Afgjørelse)의 한복판으로 몰아넣으십니다. 마치 인간적 연민(긍휼)이 비명을 지르는 듯합니다. "오, 어찌하여 그렇게 하십니까!" 그러나 <u>그분은 사랑 때문에 그것을 행하시며, 인간을 구원하기 위하여 그렇게 하십니다.</u>

하지만 이 **결단의 공포**(Rædsel) 한가운데서, 그분은—만일 그들이 믿음으로 구원받아 그분께 속하게 되려면—오히려 그들을 자신에게서 떼어 놓으셔야 합니다. 그리고 그분은 사랑이십니다. 사랑 때문에 그분은 인간을 위하여 모든 것을 행하시며, 그들을 위하여 자기 생명을 내어 주시고, 그들을 위하여 그 치욕스러운 죽음을 겪으십니다—그리고 또한 그분은 인간을 위하여 이 삶 자체를 고난으로 겪으십니다. 곧 신적 사랑과 연민과 긍휼—그에 비하면 모든 인간적 연민은 아무것도 아닌—가운데서, 인간적으로 말하자면, 그렇게까지 냉혹해야만 하는 삶을 사시는 것입니다.

<u>그분의 전 생애는 내면성의 고난(Inderlighedens Lidelse)입니다.</u> 그리고 마침내 그분의 생애의 마지막 국면이 밤중의 배반으로 시작될 때,[46] 그분은 육체적 고통과 학대를 당하시고, 친구에게 배반당하는 고난을 겪으시며,[47] 홀로 서서 조롱과 멸시와 침 뱉음을 당하시고, 가시관을 쓰고 자주색 옷을 입은 채[48]—인간적으로 말하자면—이미 패배한 자신의 사건과 함께 홀로 서십니다. 보십시오, 어떤 인간이십니까![49] 분노에 찬 원수들 한가운데 홀로—끔찍한 환경 속에서—모든 친구들에게 버림받아[50]—무서운 고독 속에 계십

니다!

그러나 이 정도의 고난은 인간도 겪을 수 있습니다. 인간 역시 같은 학대를 당할 수 있고, 가장 친한 친구에게 버림받는 고난을 겪을 수 있습니다. 그러나 거기까지입니다. 그것이 지나가면, 인간에게 있어서는 **고난의 잔**(Lidelsens Kalk)[51]이 비워집니다. 그런데 여기서는 그렇지 않습니다. 그 잔이 다시 한 번, 그것도 가장 쓴 잔으로 채워집니다. 그분은 자신의 이 고난이 소수의 믿는 자들에게조차 실족(Forargelse)이 될 수 있고, 실제로 그렇게 된다는 사실로 인해 고난을 겪으십니다.

물론 그분은 고난을 단 한 번 겪으십니다. 그러나 인간처럼 첫 번째 고난으로 끝내지 않으십니다. 그분은 가장 무거운 고난을 두 번째로 다시 겪으십니다—곧 자신의 고난이 실족이 된다는 사실에 대한 염려와 슬픔 속에서 말입니다.

이 고난을 이해(begribe)할 수 있는 인간은 아무도 없습니다. 이 고난을 이해하려고 드는 것 자체가 참람(Formastelse)[52]입니다.

*   *

*

저 자신에 관하여 말하자면, 곧 이 모든 것을 서술하려고 애쓰는 저로서는, 여기에서 아마도 짧은 해명(Forklaring) 하나를 덧붙여야 할 것 같습니다. 저는 때때로 **숨겨진 내면성**(den skjulte Inderlighed), 곧 **자기부정의 참된 고난**(den egentlige Selvfornægtelses Lidelse)에 대해 마치 잘 알고 있는 듯한 인상을 드릴지도 모릅니다. 그래서 혹 어떤 이는, 비록 자연적인 의미에서의 인간으로서일지라도, 제가 저 희귀한 고귀한 인간들 가운데 하나가 아닐까 하고 생각할지도 모르겠습니다. 그러나 그것은 전혀 사실이 아닙니다.

저는 어떤 기이한 방식으로—그리고 결코 저의 덕(Dyd) 때문이 아니라, 오히려 저의 죄(Synder) 때문에—**실존의 비밀들**(Existents-Hemmeligheder)과 **실존의 신비성**(Existents-Hemmelighedsfuldhed)에 대해, 마치 형식적으로(reent formelt) 알게 되었습니다. 이러한 것들과 이러한 지식은 분명히 많은 이들에게 주어져 있는 것이 아닙니다. 그러나 저는 이것을 자랑하지 않습니다. 왜냐하면 그것은 제 덕 때문이 아니기 때문입니다.

다만 저는 이 지식을 정직하게(redeligt) 사용하여, 인간적으로 **참된 것**(det menneskelig Sande)과 인간적으로 **참된 선**(sande Gode)을 비추어 보이려고 애쓸 뿐입니다. 그리고 저는 이 모든 것을 다시 사용하여, 가능하다면 **거룩한 것**(det Hellige)에 주의를 환기시키고자 합니다—그러나 저는 이에 대해 언제나 덧붙입니다. 곧 거룩한 것은 어떤 인간도 이해(begribe)할 수 없으며, 이에 관해서는 처음부터 끝까지 오직 경배(Tilbedelse)로 시작하고 경배로 끝나야 한다는 점입니다. 비록 어떤 사람이 순전히 인간적인 것을 이해하고, 또 완전히 이해했다고 할지라도, 그러한 이해는 하나님-인간(Gud-Mennesket)과의 관계에서는 결국 오해(Misforstaaelse)일 뿐입니다.

제가 지고 있는 책임(Ansvar)이 무엇인지에 대해서는, 저 자신만큼 이해하는 사람은 아무도 없습니다. 그러므로 누구도 저를 겁주려 애쓸 필요는 없습니다. 왜냐하면 저는 훨씬 더 다른 방식으로 두렵게 하실 수 있는 분과 **두려움과 떨림**(Frygt og Bæven) 가운데 관계하고 있기 때문입니다. 그러나 동시에, 크리스텐덤 안에서 이미 기독교가 폐기되었다는 사실을, 저만큼 이해하는 이들 또한 그리 많지 않습니다.

§ 5
실족의 가능성은 직접적 전달을 부정하는 것이다

우리가 지금까지 애써 보여 드리고자 했듯이, 실족의 가능성(Forargelsens Mulighed)은 매 순간 현존하며, 매 순간 단독자(Den Enkelte)와 하나님-인간(Gud-Mennesket) 사이에 가로놓인 **아득한 심연**(svælgende Dyb)[53]을 더욱 분명히 합니다. 이 심연 위로 닿을 수 있는 것은 **오직 믿음**(Troen)뿐입니다. 그러므로 다시 말해 강조하건대, 이것은 우연적인 관계가 아니며, 어떤 이들은 실족의 가능성을 느끼고 다른 이들은 느끼지 않는 식의 문제가 아닙니다. 아니요, 실족의 가능성은 모든 이에게 주어지는 **걸림돌**(Anstødet)입니다. 다만 어떤 이는 믿음을 선택하고, 어떤 이는 실족을 선택할 뿐입니다.

그러므로 전달(Meddelelsen)은 곧바로 **반감**(Tilbagestød, repulsion)으로 시작됩니다. 그러나 반감으로 시작한다는 것은 곧 직접 전달(ligefrem Meddelelse)을 부정한다는 뜻입니다. 이는 이해하기에 매우 쉽고, 거의 감각적으로까지 파악될 수 있습니다. 곧, 직접적으로 제시되는 것은 처음부터 반감을 갖지 않습니다. 반대로, 먼저 반감을 갖는 방식으로 제시되는 것은 결코 직접적으로 제시된다고 말할 수 없습니다. 그러나 그렇다고 해서 그것이 단지 반감을 갖기만 한다고도 말할 수는 없습니다. 왜냐하면 그것은 제시되기는 하지만, 먼저 반감을 갖는 방식으로 제시되기 때문입니다.

그런데 크리스텐덤(Christenheden)이 실제로 그렇게 해 버렸듯이, 실족의 가능성을 제거해 보십시오. 그러면 기독교 전체는 곧바로 직접 전달이 되고 맙니다. 그리고 그 순간, 기독교(Christendommen)는 폐기됩니다. 그것은 가볍고 피상적인 무엇이 되어, 깊이 상처 주지도 못하고 깊이 치유하지도 못하는 것이 됩니다. 그것은 순전히 **인간적 연민**(blot menneskelig Medlidenhed)이 만들어 낸 거짓된 발명품이 되며, 하나님과 인간 사이의 **무한한 질적 차이**(den uendelige qvalitative Forskjel)를 망각한 것이 됩니다.

§6
직접 전달을 부정한다는 것은 '믿음'을 요구하는 것이다

실족의 가능성(Forargelsens Mulighed), 곧 처음부터 맺어지는 그 관계는, 가장 깊은 의미에서 보자면 주의를 환기시키는 것(at gjøre opmærksom)의 표현입니다. 다시 말해, 어떤 인간에게 최대의 주의(Opmærksomhed)가 요구된다는 뜻입니다. 더구나 이것은 단지 인간적인 척도에 따른 주의가 아니라, 신적인 척도(den guddommelige Maalestok)에 따른 주의입니다. 왜냐하면 여기서 문제가 되는 것은 믿는 자가 되는 결단(Afgjørelse at blive troende)이기 때문입니다.

물론 직접 전달(ligefrem Meddelelse) 또한, 가능한 한 수용자의 주의를 끌고자 애씁니다. 그것은 간청하고, 애원하며, 사안의 중요성을 마음에 깊이 새기게 하고, 권면하며, 위협하기도 합니다. 그러나 이 모든 것 역시 여전히 직접 전달입니다. 그렇기 때문에 최고의 결단과 관련해서는 충분한 진지함(Alvor)이 없고, 또한 요구되는 만큼의 주의도 결코 확보되지 않습니다.

144 아니요, 여기서는 처음부터 직접 전달을 부정하는 것으로 시작됩니다. 바로 이것이 진지함입니다. 실족의 가능성은 두렵습니다. 그러나 그것은 마치 율법(Loven)이 복음(Evangeliet)과의 관계에서 그러하듯이, 이 진지함에 반드시 수반되어야 할 엄격함(Strengheden)입니다.[54] 여기에는 직접 전달도 없고, 직접 수용도 없습니다. 오직 선택(Valg, choice)만이 있을 뿐입니다.

여기서는 직접 전달에서처럼 유혹하거나, 위협하거나, 권면하는 방식으로 일이 진행되지 않습니다. 그리고 그렇게 해서 어느새, 거의 눈치채지 못한 사이에, 조금씩 조금씩 넘어가서 받아들이게 되고, 확신하게 되고, 하나의 의견을 갖게 되는 그런 일이 일어나지도 않습니다. 아닙니다. 여기서는 전혀 다른 방식의 수용이 요구됩니다. 곧 믿음의 수용(Troens Modtagelse)입니다. 그리고 믿음(Tro) 자체가 이미 변증법적 규정(dialektisk Bestemmelse)입니다. 믿음은 하나의 선택이지, 결코 직접적인 수용이 아닙니다. 그리고 이 선택 안에서, 수용자 자신이 드러나게 됩니다(aabenbar). 그가 믿을 것인지, 아니면 실족할 것인지가 바로 여기서 밝혀집니다.

그러나 근대 철학(den moderne Philosophi) 전체는, 믿음(Tro)이 곧 **직접적 규정**(en umiddelbar Bestemmelse)이며,[55] 곧 **직접적인 것**(Det Umiddelbare)[56]이라고 우리로 하여금 믿게 만들기 위해 모든 노력을 다해 왔습니다. 이는 다시, 실족의 가능성(Forargelsens Mulighed)을 제거하고, 기독교(Christendommen)를 하나의 교리(Lære)로 만들어 버렸으며, 하나님-인간(Gud-Mennesket)과 동시대성의 상황(Samtidighedens Situation)을 폐기해 버린 것과 맞물려 있습니다.

근대 철학이 믿음이라 부르는 것은, 사실상 의견(Mening)이거나, 우리가 일상어에서 말하는 바의 "믿는다"고 하는 것에 지나지 않습니다. 곧 기독교는 하나의 교리가 되고, 이 교리가 어떤 인간에게 선포되며, 그는 이제 이 교리가 말하는 바가 그러하다고 믿게 됩니다. 그리고 다음 단계는 이 교리를 이해하고 파악하는 것(begribe)이 됩니다. 바로 이 일을 철학이 수행합니다.

이 모든 것은, 만일 기독교가 정말로 하나의 교리였다면 전적으로 옳을 것입니다. 그러나 기독교가 교리가 아니기 때문에, 이 모든 것은 또한 전적으로 잘못된 것입니다. 엄밀한 의미에서의 믿음(Tro i prægnant Forstand)은 하나님-인간(Gud-Mennesket)과의 관계에 속합니다. 그런데 하나님-인간, 곧 모순의 표징(Modsigelsens Tegn)은 직접 전달(ligefrem Meddelelse)을 부정하며—그 대신 믿음(Troen)을 요구하십니다.

직접 전달(ligefrem Meddelelse)을 부정하는 것이 곧 믿음(Tro)을 요구하는 일임은, 비록 엄밀한 의미에서의 믿음(Tro i eminenteste Forstand)이 하나님-인간(Gud-Mennesket)과의 관계에 속한다는 사실을 잊지 않는다면, 순수한 인간적 관계에서도 간단히 입증할 수 있습니다. 이를 살펴보기 위해, 사랑하는 두 사람의 관계를 예로 들어 보겠습니다.

먼저 이런 경우를 가정해 보겠습니다. 사랑하는 사람이 가장 불타는 표현으로 사랑받는 이에게 자신의 사랑(Kjerlighed)을 확언하고, 그의 전 존재가 그 확언에 걸맞아 거의 **경배**(Tilbedelse)에 가까운 태도로 일관합니다. 그런 다음 그는 사랑받는 이에게 이렇게 묻습니다. "당신은 제가 당신을 사랑한다고 믿으십니까(troer Du)?" 사랑받는 이는 이렇게 대답합니다. "네, 믿습니다." 우리는 실제로 이런 방식으로 말하곤 합니다.

이제 반대로, 사랑하는 사람이 사랑받는 이가 자신을 믿는지 시험해 보려는 생각을 품었다고 가정해 보겠습니다. 그는 무엇을 하겠습니까? 그는 모든 직접 전달을 끊어 버리고, 자기 자신을 하나의 **이중성**(Dobbelthed)으로 만듭니다. 겉으로 보기에는, 그가 진실로 신실한 연인일 수도 있고, 동시에 **속이는 자**(Bedrager)일 수도 있는 것처럼 보이게 됩니다. 이것이 바로 자기 자신을 **수수께끼**(Gaade)로 만드는 일입니다.

그렇다면 수수께끼란 무엇입니까? 수수께끼는 하나의 질문입니다. 그리고 이 질문은 무엇을 묻고 있습니까? 그것은 바로, 그녀가 그를 믿는지를 묻고 있습니다. 저는 여기서 그가 그러한 행동을 할 권리가 있는지를 판단하려는 것이 아닙니다. 저는 오직 사상적 규정(Tankebestemmelser)만을 추적하고 있을 뿐입니다.

더 나아가, 산파술적 인도자(Maieutiker) 역시 일정한 지점까지는 동일한 일을 한다는 점을 기억해야 합니다. 그는 변증법적 이중성을 설정하지만, 그 의도는 정반대입니다. 곧 상대를 자기에게 끌어들이기 위함이 아니라, 오히려 그를 자기로부터 돌이켜 내면으로 향하게 하고, 그를 자유롭게 만들기 위함입니다.

사랑하는 사람의 태도에서 나타나는 차이는 쉽게 알아볼 수 있습니다. 첫 번째 경우에는 그는 직접적으로 묻습니다. "당신은 나를 믿습니까?" 그러나 두 번째 경우에는 그는 자기 자신을 하나의 질문으로 만듭니다. 곧 "그녀는 나를 믿는가?"라는 질문이 됩니다. 아마도 그는 그러한 시도를 허락한 것을 쓰라리게 후회하게 될지도 모릅니다. 그러나 저는 그 문제를 다루지 않습니다. 저는 오직 사유의 규정만을 따를 뿐입니다.

변증법적으로 보자면, 두 번째 방법이 믿음을 요구하는 데 있어 훨씬 더 철저한 방식임은 분명합니다. 이 방법의 의도는, 사랑받는 이를 선택(Valg) 안에서 드러나게(aabenbar) 만드는 데 있습니다. 이제 그녀는 이중성 속에서, 어떤 형상이 참된 것인지를 선택해야만 합니다. 만일 그녀가 선한 것(det Gode)을 선택한다면, 그녀가 그를 믿고 있다는 사실은 분명해집니다.

이것이 분명한 이유는, 그가 그녀를 전혀 도와주지 않기 때문입니다. 오히려 그는 이중성을 통해 그녀를 어떠한 지지나 보조도 없이 완전히 홀로 세워 두었습니다. 그는 이중성으로 남아 있고, 이제 문제는 그녀가 그에 대해 어떻게 판단하는가입니다. 그러나 그는 이 사태를 다르게 이해합니다. 왜냐하면 여기서 심판받는 것은 그가 아니라, 그녀가 어떻게 판단하는지를 통해 그녀 자신이 드러나고 있음을 보기 때문입니다.

그가 그러한 행동을 할 권리가 있는지는 여기서 판단하지 않겠습니다. 저는 여전히 사유의 규정만을 따르고 있습니다. 그의 이러한 행위는, 지속되는 동안 그에게 불안과 염려 속에서 말로 다할 수 없는 고통(Lidelse)을 안겨 줄지도 모릅니다. 그것은 한편으로는 거의 얼어붙을 듯한 비인간적 무관심처럼 보이면서도, 다른 한편으로는 **가장 극대화된 열정**(Lidenskab)입니다. 그러나 그는 믿음을 요구합니다. 그리고 변증법적으로 보자면, 그는 옳습니다. 왜냐하면 직접적 전달을 받을 때 믿는다는 것은 너무나도 직접적이기 때문입니다.

이와 같은 것을 기독교는 결코 믿음(Troen)으로 이해한 적이 없습니다. 하나님-인간(Gud-Mennesket)께서는 반드시 믿음(Troen)을 요구해야 하며, 또한 바로 그 믿음을 요구하시기 위하여 직접 전달(ligefremme Meddelelse)을 거부해야 합니다. 어떤 의미에서는 그렇게 하실 수밖에 없으며, 또한 달리 하기를 원하지 않습니다. 하나님-인간(Gud-Mennesket)으로서 그는 모든 인간과 질적으로 다르기(qvalitativ forskjellig) 때문에, 반드시 직접 전달을 거부하시고, 믿음을 요구하시며, 동시에 자신이 **믿음의 대상**(Troens Gjenstand)이 되기를 요구해야 합니다.

146　　　인간과 인간 사이의 관계에서는, 한 인간은 다른 인간이 "그를 믿는다"고 말하는 그 확언으로 만족해야 하며, 어떤 인간도 다른 인간에게 자신을 믿음의 대상(Troens Gjenstand)으로 만들 권리를 갖지 않습니다. 만일 한 인간이 다른 인간과의 관계에서 **변증법적 중복**[Fordoblelse]을 사용한다면, 그는 오히려 그것을 산파술적(maieutisk) 방식으로 사용해야 합니다. 곧, 다른 인간에게 자신이 믿음의 대상이 되거나, 혹은 그에 가까운 어떤 것이라도 되는 일을 피하기 위함입니다. 이 **변증법적 이중성**[Dobbelthed]은 어디까

지나 잠정적인 것(det Foreløbige)입니다. 그러나 한 인간이 바로 그 변증법적 이중성을 방어적으로 사용하기는커녕, 오히려 무례하게도 자신이 다른 인간의 믿음의 대상이 되도록 허용한다면, 그 다음 단계에서야말로 비진리(Usandheden)가 절대적으로 등장하게 됩니다. 다만 이 산파술적(maieutisk) 방식 자체에 관해서는, 그것이 기독교적으로 정당한지 여부를 나는 여기서 단정하지 않겠습니다.

그러나 오직 하나님-인간(Gud-Mennesket)만은 다릅니다. 그는 인간과 질적으로 다른 존재(qvalitativ forskjellig)로서, 반드시 자신이 믿음의 대상(Troens Gjenstand)이 되기를 요구해야 합니다. 만일 그가 믿음의 대상이 되지 않는다면, 그는 곧 우상(Afgud)이 되고 말 것입니다. 그러므로 그는 반드시 직 전달(den ligefremme Meddelelse)을 거부해야 합니다. 왜냐하면 그는 반드시 믿음(Troen)을 요구해야 하기 때문입니다.

§ 7
믿음의 대상은 하나님-인간(Gud-Mennesket)이다.
바로 하나님-인간이 실족의 가능성이기 때문이다.

이 실족의 가능성(Forargelsens Mulighed)은 믿음과 너무나도 분리될 수 없어서, 만일 하나님-인간(Gud-Mennesket)께서 실족의 가능성이 아니시라면, 그분은 결코 믿음의 대상이 되실 수도 없을 것입니다. 따라서 실족의 가능성(Forargelsens Mulighed)은 믿음 안으로 받아들여져, 믿음에 의해 동화되며, 하나님-인간(Gud-Mennesket)을 드러내는 **부정적 표지**(det negative Kjende)가 됩니다. 왜냐하면 만일 실족의 가능성이 없다면, 곧 직접적 인식 가능성(ligefremme Kjendelighed)이 있게 될 것이고, 그렇게 된다면 하나님-인간(Gud-Mennesket)은 하나의 우상(Afgud)이 되고 말 것이기 때문입니다. 이 직접적 인식 가능성은 곧 **이교성**(Hedenskab)입니다.[57]

이로써 우리는, 사람들이 실족의 가능성(Forargelsens Mulighed)을 제거해버림으로써 기독교에 얼마나 무익하게 처신해왔는지를 알 수 있습니다. 그렇게 함으로써 그들은 기독교를 하나의 사랑스럽고 감상적인 이교성, 곧 감상적 이교주의(sentimentalt Hedenskab)로 만들어버린 것입니다.

147 이것이 바로 법칙입니다: <u>믿음(Troen)을 폐기하는 자는 곧 실족의 가능성(Forargelsens Mulighed)도 폐기합니다.</u> 이는 사변(Speculation)[58]이 믿는 것 대신 이해하는 것(at begribe)을 세울 때 일어납니다. 반대로 실족의 가능성(Forargelsens Mulighed)을 폐기하는 자는 곧 믿음(Troen)도 폐기합니다. 이는 감

상적인 설교(smægtende Prædikeforedrag)가 그리스도에게 직접적 인식 가능성 (den ligefremme Kjendelighed)을 거짓으로 부여할 때 일어납니다. 그러나 믿음을 폐기하든, 실족의 가능성을 폐기하든, 그와 동시에 또 하나를 폐기하게 됩니다. 곧 하나님-인간(Gud-Mennesket)입니다. 그리고 하나님-인간을 폐기하면 곧 기독교(Christendommen)도 폐기하는 것입니다.

참으로 지난 18세기는 기독교의 진리를 증명하는 데 아무런 기여도 하지 못했습니다. 오히려 점점 더 큰 힘으로 기독교를 폐기하는 데 기여해 왔습니다. 또한, 사람들이 흔히 주장하듯이—이 18세기의 **'증명'**을 찬양하는 논리에 따르면—19세기에 이르러서는 기독교의 진리에 대해 초대 교회 시대보다 훨씬 더 확신하게 되었다고 말할 수 있는 것도 아닙니다. 오히려 (이 '증명'을 숭배하는 자들에게는 다소 풍자적으로 들릴지 모르나) 그 '증명'이 강력해질수록 확신하는 사람은 점점 더 줄어들었습니다.

이 모든 것은, 어떤 문제에서 한 번이라도 결정적 핵심(point, det afgjørende Point)을 놓쳐버릴 때 일어나는 일입니다. 그렇게 되면 세대에서 세대로 갈수록 끔찍한 **혼란**(confusioner)이 발생하고 더욱 증대됩니다. 이제—그리고 엄청난 척도로—기독교가 진리임이 '증명되었다고' 말해지는 지금, 기독교를 위해 어떤 희생도 기꺼이 감수하려는 사람은 거의 존재하지 않습니다. 그러나—제가 이렇게 말해도 된다면—사람들이 단지 그 진리를 믿었을 때 (kun troede)에는, 그들은 생명과 피를 바쳤습니다.

오, 끔찍한 기만(Bedaarelse)이여! 옛 이교도처럼 도서관들을 불태웠듯이,[59] 이 18세기를 한쪽으로 치워버릴 수만 있다면! 그렇게 할 수 없다면, 기독교는 이미 폐기된 것입니다. 또한 이 수많은 연설가들—18세기를 근거로 기독교의 진리를 증명하며 사람들을 설득하려는 자들—에게, 그들이 얼마나 두려운 방식으로 기독교를 배반하고, 부정하며, 폐기하고 있는지를 분명히 깨닫게 할 수만 있다면! 그렇게 할 수 없다면, 기독교는 이미 폐기된 것입니다.

참고자료

1 이는 고대 교회의 유대-기독교 분파인 에비온파(Ebionitterne)의 교리를 가리킨다. 이들은 예수의 신적 본성을 부정하고, 그를 단지 한 예언자로 간주하였다. 이에 대해서는 이어지는 주석을 보라.

2 이는 서기 초기 수세기 동안 존재했던 다수의 절충적이며 흔히 이원론적 성격을 띤 기독교 및 유대-기독교 분파들을 포괄적으로 가리키는 명칭이다. 예를 들어 Karl Hase, Hutterus redivivus oder Dogmatik §94(17,17), 222쪽 이하를 보라. (Hutterus redivivus oder Dogmatik, 231쪽: "그리스도 안에 있는 신적 본성은 유대적 메시아 기대를 고수하던 에비온파에 의해 크든 작든 부정되었고, 인간적 본성은 물질에 대한 혐오로 인해 정도의 차이는 있으나 모두 가현설자(Doketer)였던 영지주의자들에 의해 부정되었다.")

고대 교회의 분파인 가현설자들(Doketerne)은 그리스도의 인간적 본성을 부정하고, 그의 인간적 육체를 단지 겉모습에 불과한 육체로 간주하였다. 또한 1833–34년 H. N. Clausen의 기독교 교의학 강의 §46에 대한 키르케고르의 주석(Not1:7, SKS 19, 43,10–28)도 참조하라.

이는 본문에서 말하는 '인간 규정(Bestemmelsen "Menneske")의 제거'가 역사적으로 어떻게 구체화되었는지를 명확히 보여주는 자료다. 즉, 에비온주의가 '하나님 규정'을 제거한 오류라면, 영지주의·가현설은 정반대로 그리스도의 역사적·구체적 인간 실존을 제거한 오류에 해당한다.

3 sub specie æterni: 라틴어 표현으로, 본래는 sub specie aeternitatis이며, '영원의 관점 아래에서', '영원의 시각에서'라는 뜻이다. 이 표현은 네덜란드의 유대계 철학자 바뤼흐 데 스피노자의 철학에서 유래한 것으로, 예컨대 그의 주저인 Ethica(1677) 제5부, 정리 29를 참조할 수 있다. 키르케고르는 이 표현을 종종 사변적 관념론(speculativ idealisme)을 가리키는 말로 사용한다.

여기에서 중요한 점은, sub specie æterni가 단순히 '영원성에 대한 경건한 관점'을 의미하는 것이 아니라, 역사적·실존적 단일성을 영원의 범주 속으로 흡수하여 소거해 버리는 사변적 사고 방식을 비판적으로 지칭하는 용어로 사용된다는 점이다. 즉, 키르케고르에게서 이 표현은 곧 하나님-인간(Gud-Mennesket)을 역사 속의 한 인간으로서가 아니라, 영원의 개념 속에서 파악하려는 오류를 드러내는 표지다.

4　이는 사변 신학(speculativ teologi)이 하나님-인간(Gud-Mennesket)을 스스로 '파악할 수 있다(begribe)'고 여겨 온 태도를 가리킨다. 곧 예수 그리스도를 하나님의 인간 안에서의 성육신으로 이해하되, 한편으로는 이것이 역사적·논리적 필연성에 따라 일어난 사건이라고 파악하는 입장, 예컨대 헤겔의 경우가 그러하며, 다른 한편으로는 하나님이 하나의 개별적 인간 안에 성육신한 것이 아니라 전 인류 전체 안에 성육신했다고 이해하는 입장, 곧 D. F. 슈트라우스의 경우가 그러하다.

H. L. 마르텐센은 1837–38년 겨울 학기에 「Prolegomena ad dogmaticam speculativam」(「사변적 교의학 서론」)이라는 강의 연속을 통해 사변적 신학을 코펜하겐 대학교에 도입하였으며, 1840년에 이곳에서 부교수(extraordinær professor)로 임명되었다.

이는 본문에서 비판되는 문제가 단순히 특정 교리의 오류가 아니라, 그리스도를 '역사 속의 단일한 인간'으로서가 아니라 사변적 필연성이나 보편적 인류 개념 속에 해소해 버리는 사고방식 자체임을 분명히 드러낸다. 즉, 여기서 문제의 핵심은 성육신의 부정이 아니라, 성육신의 실존적·역사적 단일성을 철학적 개념 속에서 소거해 버리는 데 있다.

5　헤겔에게서 '순수 존재(der reine Sein)'란 모든 규정성(Bestimmtheit), 모든 질적·양적 차이가 완전히 제거된 가장 추상적인 존재 개념을 가리킨다. 이는 감각적·경험적 존재가 아니라, 사유가 도달할 수 있는 최초의 논리적 출발점으로서 설정된다. 『논리학(Wissenschaft der Logik)』의 서두에서 헤겔은 순수 존재를 "어떠한 규정도 없는 즉자적 직접성"으로 규정하며, 바로 이 점에서 순수 존재는 곧 순수 무(Nichts)와 구별될 수 없다고 주장한다. 그 결과 순수 존재와 순수 무의 변증법적 통일로서 생성(Werden)이 도출된다. 키르케고르가 비판하는 것은 바로 이러한 출발점이다. 즉, 순수 존재는 역사성·개별성·실존적 구체성을 철저히 제거한 개념으로서, 그리스도의 성육신과 같은 역사적·단일한 실존 사건을 이해하기 위한 범주가 될 수 없다는 점에서 문제다. 이러한 맥락에서 det rene Skin(순수한 겉모습)이라는 표현은, 헤겔적 '순수 존재'처럼 모든 내용을 상실한 추상적 외양으로 전락한 그리스도 이해를 비판적으로 지칭한다. (참조: 게오르크 빌헬름 프리드리히 헤겔, Wissenschaft der Logik, Bd. I)

6 apparent: 라틴어 parere('드러나다', '보이다')에서 유래한 말로, '자기를 드러내는 것', '나타난 것', '현현된 것', '계시된 것'이라는 뜻이다. 이는 1838년 여름 학기에 이루어진 H. L. 마르텐센의 「사변적 교의학(Speculativ Dogmatik)」 강의 가운데 처음 23개 조항에 대한 키르케고르의 요약에서도 확인할 수 있다. 특히 §15에서는 그리스도 안에서의 하나님의 나타남 혹은 계시를 가리켜 "Apparents"라는 표현이 사용된다. 마르텐센의 해당 진술은 다음과 같다.

"하나님의 나타남(Apparents)에 대한 기독교적 이념은 성육신의 교리, 곧 하나님의 실제적이며 역사적인 인간 되심에 관한 교리 안에 포함되어 있다. 이 인간 되심 안에서 하나님과 피조물 사이의 이원성은 실제로 폐기된다. 왜냐하면 신적 본성이 인간적 본성과 결합되되, 하나님이 단지 어떤 매개를 통해서 혹은 어떤 매개 안에서 계시된 것이 아니라, 이 역사적 인격 자체로서 계시되었기 때문이다."(KK:11, SKS 18, 382,26–32)

이 진술이 중요한 이유는, apparent가 단순히 '겉으로 보이는 현상'이나 '표상'을 뜻하지 않기 때문이다. 여기서 문제 되는 것은, 하나님이 그리스도 안에서 단지 나타난 것처럼 보였다는 것이 아니라, 역사적·구체적 인격으로서 실제로 자신을 드러내셨다는 주장이다. 키르케고르가 비판하는 것은 바로, 이러한 Apparents 개념을 다시 사변적으로 환원하여, 하나님의 계시를 역사적 단일성 속에서가 아니라 추상적 매개나 보편적 원리 속에서 이해하려는 시도다.

7 이 부분은 다음을 참고하라. 초안에서;

『그리스도교의 훈련』 133쪽에 대한 주석.

만일 이 장면이 기성의 크리스텐덤의 혼란이 아니라 영원성의 자리에 놓여 있었다면, H. L. 마르텐센 교수는 그가 『Dogmatiske Oplysninger』에서 거의 믿기 어려울 정도의 확신으로 툭 던진 짤막한 한마디 때문에, 조건 없이, 오직 그 이유 하나만으로 즉각 해임되었을 것이다. 곧 "다행히도 기독교는 직접 전달이다"라는 말이다. 그러나 실상 이 말은, 불행하게도, 마르텐센 교수가 기독교의 핵심을 전적으로 놓치고 있음을 의심의 여지 없이 증명한다. 다만 한 사람이 두 가지를 동시에 할 수는 없다. 세상에서 출세하는 데 눈과 시선을 두고 있다면(이 점에 대해서는 나는 마르텐센 교수에게 기꺼이 양보한다), 기독교가 무엇인지를 볼 눈과 시선을 갖지 못하는 것은 놀랄 일이 아니다.

편집자[원래 표기: S. 키르케고르]
— Pap. X5 B 54, n. d., 1849–50

8   Dictata: 라틴어로, '받아 적힌 것', 혹은 '구술되어 받아쓴 내용'을 뜻한다. 다시 말해, 말로 불러 주는 대로 그대로 기록한 것이나, 받아쓰기(diktat)에 따라 작성된 문서를 가리킨다. 이 표현은 본문에서, 살아 있는 인격적 전달과 대비되는 기계적·비인격적 지식 전달 방식을 풍자적으로 지칭하는 데 사용된다. 즉, 교수의 Dictata는 내용 전달 자체는 가능할지라도, 존재로서의 교사(Læreren)가 함께 포함된 전달, 곧 실존적으로 '중복(Redupplikation)'된 전달과는 본질적으로 구별된다.

9   Redupplikation: 곧 레두플리카시온, 즉 문자 그대로는 '다시-이중화함', '재-배가'를 뜻한다. 의미상으로는 반복(gentagelse), 이중화/중복(fordoblelse)을 가리킨다. 이 표현은 키르케고르가 자주 사용하는 개념어로, 어떤 추상적인 것 혹은 어떤 내용이 단순히 사유 속에 머무는 것이 아니라, 구체적인 실천이나 실존 속에서 다시 반복되고 실현되는(reflekteret virkeliggørelse) 반성적 관계를 가리킨다.

이 개념에서 중요한 점은, Redupplikation이 단순한 반복이나 복제가 아니라는 것이다. 그것은 내용이 동일하게 재현되면서도, 존재 방식에서는 전혀 다른 차원으로 옮겨지는 사건을 뜻한다. 키르케고르에게서 레두플리카시온은 곧, 가르침이 삶이 되고, 사유가 실존이 되며, 추상이 역사적·개인적 현실로 옮겨지는 운동을 가리키는 핵심 범주다.

10   이는 예컨대 Confessio Augustana 제3조를 참조할 수 있다. 그 조항은 다음과 같이 말한다.

"하나님의 아들은 순결하신 동정녀 마리아의 태에서 인간적 본성을 취하셨으며, 그리하여 신적 본성과 인간적 본성, 이 두 본성이 한 인격 안에서 분리될 수 없게 결합되어 한 그리스도가 되셨다. 그는 참 하나님이시며 참 인간이시고, 동정녀 마리아에게서 나셨다." (『정본·무변경 아우크스부르크 신앙고백 및 필립 멜란히톤이 저술한 그 변증서』, A. G. 루델바흐 번역, 코펜하겐 1825, ktl. 386. 통상 『아우크스부르크 신앙고백』으로 약칭, 47쪽)

이 조항은 본문에서 말하는 "그는 참된 인간이 되셨다"는 표현이 단순한 도덕적·상징적 진술이 아니라, 교회가 고백해 온 그리스도의 실제적 성육신, 곧 신성과 인성이 한 인격 안에서 참되게 결합되었다는 신조적 진술에 근거하고 있음을 분명히 한다. 이는 키르케고르가 강조하는 역사적·개별적·실존적 그리스도 이해의 교의사적 배경을 이룬다.

11   이는 곧 『그리스도교의 훈련』(Indøvelse i Christendom) 제1편에 수록된 글, 「"수고하고 무거운 짐 진 자들아 다 내게로 오라 내가 너희를 쉬게 하리라" ― 각성과 내면화를 위하여」를 가리킨다. 이 글은 본래 하나의 독립된 저작으로 집필되었던 것이

다. 이에 대해서는 텍스트 해제(textredegørelse) 66–93쪽을 보라.

12　　이는 예컨대 게오르크 빌헬름 프리드리히 헤겔의 『Vorlesungen über die Philosophie der Religion』(Ph. Marheineke 편집, 베를린 1840) 제1–2권(ktl. 564–565), 특히 제1권, 『헤겔 전집(Hegel's Werke)』 제11권(96,19), 74쪽(기념판 제15권, 90쪽)에 근거한다. 그곳에서 헤겔은 다음과 같이 말한다. "정신(Geist)은 본래부터 즉각적인 것이 아니다. 즉각적인 것은 자연적 사물들이며, 그것들은 이러한 존재 방식에 머문다. 정신의 존재는 이러한 의미에서 즉각적인 것이 아니라, 오직 자기 자신을 산출하고, 부정을 통해 주체로서 자기 자신을 위하여 존재하게 됨으로써만 성립한다. 그렇지 않다면 정신은 단지 하나의 실체에 불과할 것이다. 그리고 정신이 자기 자신에게로 오는 이 운동이 곧 운동, 활동, 그리고 자기 자신과의 매개이다."
이 설명에서 중요한 점은, 정신(Aand, Geist)이 즉각적 실재가 아니라는 이해가 헤겔 철학의 핵심 출발점이라는 사실이다. 자연적 사물은 즉각적으로 '있는 그대로' 존재하지만, 정신은 그러한 즉각성에 머물지 않는다. 정신은 부정(Negation)을 통해 자신을 대상화하고, 다시 그 부정을 매개로 자기 자신에게로 돌아오는 운동 속에서만 존재한다. 다시 말해, 정신의 존재 방식은 자기산출, 자기매개, 자기운동이다.
키르케고르가 "정신은 직접적인 즉각성의 부정이다(Aand er Nægtelse af den ligefremme Umiddelbarhed)"라고 말할 때, 그는 이러한 헤겔적 규정을 전제하면서도 동시에 그것을 비판적으로 전유한다. 곧 정신이 즉각적인 것일 수 없다는 점에는 동의하지만, 그 부정과 매개가 보편적 사변 논리 속에서 완결되는 운동이 아니라, 단일한 인간의 실존 안에서 긴장과 결단으로 반복되어야 할 사건이라는 점에서 헤겔과 갈라선다.

13　　[눅2:34] 시므온이 그들에게 축복하고 그의 어머니 마리아에게 말하여 이르되 보라 이는 이스라엘 중 많은 사람을 패하거나 흥하게 하며 비방을 받는 표적이 되기 위하여 세움을 받았고

14　　초안에서 삭제된 것;
나는 이것에 관해서는 경험으로 말할 수 있다. 설령 다른 모든 것을 박탈당한다 해도, 이것만큼은 내가 철저히 이해하고 있다고 말할 수 있기 때문이다. 그리고 나는 여러 해 동안 나의 자연적 자질, 곧 변증법적 능력을 이 점에 관해서는 기교의 경지에 이르기까지 발전시켜 왔다. 나는 어느 순간에든 그 묘기를 실행해 보일 수 있다.— Pap. IX B 50:12, n. d., 1848
이 문장은 키르케고르가 자신을 사변적 체계의 소유자로 과시하는 것이 아니라, 오히려 변증법을 언제든 수행할 수 있음에도 불구하고 그것을 궁극적인 것으로 삼지 않는

태도를 드러내는 대목으로 읽히는 것이 적절하다. 즉, 그는 변증법의 능숙함을 부인하지 않으면서도, 그것이 기독교의 진리와 동일시되는 것을 단호히 거부한다.

15 이는 아마도 누가복음 2장 34절을 가리키는 것으로 보인다. 그곳에서 시므온은 예수에 대하여 다음과 같이 말한다. "보라, 이 아이는 이스라엘 중 많은 사람을 패하게도 하며 흥하게도 하며, 또 비방을 받는 표적으로 세움을 받았고 …"
이 말씀이 가리키는 요지는, 성경 자체가 이미 하나님-인간을 화해와 조화의 표지가 아니라, 대립과 분열을 불러일으키는 표적, 곧 모순의 표적(Modsigelsens Tegn)으로 증언하고 있다는 점이다. 시므온의 말에서 '표적'은 단순한 계시의 표시가 아니라, 사람들로 하여금 넘어지거나 일어서게 만드는 결정의 계기, 다시 말해 실족과 믿음이 갈라지는 자리를 의미한다. 이는 키르케고르가 하나님-인간을 이해함에 있어 강조하는 질적인 모순과 정확히 호응한다.

16 [눅2:35] 또 칼이 네 마음을 찌르듯 하리니 이는 여러 사람의 마음의 생각을 드러내려 함이니라 하더라

17 som Fod i Hose: 덴마크어 관용구로, '아무것도 아닌 것처럼 아주 쉽게', '조금도 거슬림 없이 술술'이라는 뜻이다. 이 표현은 E. Mau의 『Dansk Ordsprogs-Skat』(24,30) 제1권, 233쪽에도 수록되어 있다. 이 표현은 본문에서, 현대의 기독교 이해가 아무런 저항이나 실존적 긴장 없이 지나치게 매끄럽고 손쉬운 것으로 만들어졌음을 비판적으로 드러내는 데 사용된다. 다시 말해, 'som Fod i Hose'는 모순·실족·결단을 제거한 기독교, 곧 표적이 더 이상 표적이 되지 않는 상태를 풍자하는 표현이다.

18 Tjenerens Skikkelse: 이는 빌립보서 2장 6–11절에 나오는 이른바 그리스도 찬가(Kristushymnen) 가운데 7절을 가리킨다. 그곳에서 바울은 예수 그리스도에 대하여 다음과 같이 말한다. "오히려 자기를 비워 종의 형체를 가지사, 사람들과 같이 되셨고 …"(빌 2:7, 개역개정)
이 본문이 가리키는 핵심은, '종의 형상(Tjenerens Skikkelse)'이 단순한 윤리적 겸손이나 역할적 낮아짐을 뜻하지 않는다는 점이다. 그것은 하나님-인간이 자신의 신적 위엄과 권위를 드러내지 않은 채, 인간 가운데서 익명성(Ukjendelighed), 잠행(Incognito)으로 현존하시기를 선택한 존재 방식을 의미한다. 따라서 '종의 형상'은 키르케고르가 말하는 모순의 표적(Modsigelsens Tegn)과 직접적으로 연결되며, 실족과 선택을 가능하게 하는 의도된 자기 은폐의 성서적 근거를 이룬다.

19 본 역주에서는 덴마크어 Incognito를 '잠행', Ukjendelighed를 '익명성'으로 옮긴다. 이는 두 개념을 상호 대립시키기 위함이 아니라, 동일한 실존적 구조를 서로 다른 방향에서 규정하기 위한 번역상의 구분이다. Incognito는 하나님-인간이

자유롭게 선택한 자기 은폐의 존재 방식, 곧 의지적·실존적 결단을 가리키는 반면, Ukjendelighed는 그러한 잠행이 타자와의 관계 속에서 산출하는 상태, 즉 알아볼 수 없게 현존하는 관계적 결과를 가리킨다.

키르케고르가 이후의 본문에서 "det dybeste Incognito eller den uigjennemtrængeligste Ukjendelighed(가장 깊은 잠행, 혹은 가장 뚫을 수 없는 익명성)"라고 병기하여 말할 때, 이는 '잠행'과 '익명성'을 구분·대조하려는 의도가 아니라, 잠행이 전능하게 유지될 때 나타나는 익명성의 철저함을 두 개의 언어로 겹쳐 규정하려는 표현이다. 여기서 uigjennemtrængelig는 인식론적 의미에서의 '알 수 없음'을 뜻하지 않으며, 자유롭게 선택된 잠행이 어떤 직접적 침투나 폭로로도 깨지지 않도록 유지되는 상태를 가리킨다.

따라서 Ukjendelighed를 '인식불가능성'으로 옮기는 것은, 문제의 초점을 인식의 한계로 전도시킬 위험이 있다. 키르케고르가 강조하는 것은 인식론적 불가지가 아니라, 전능하신 분이 자유로이 자신을 묶음으로써 감당한 실존적 자기 제한, 곧 잠행의 결과로서의 익명성이다. 이러한 이유에서 본 역주에서는 Incognito를 '잠행', Ukjendelighed를 '익명성'으로 구분하여 번역하되, 두 개념이 분리된 것이 아니라 잠행이 익명성을 산출하는 단일한 실존 구조를 이룬다는 점을 전제한다.

20   덴마크어 Ukjendelighed는 영어 번역에서 unrecognizability로 옮겨져 왔다(프린스턴판). 이 번역은 unknowability(불가지성)보다는 낫다는 점에서 일정 부분 정당화될 수 있으나, 키르케고르의 개념을 충분히 포착하지는 못한다. Ukjendelighed는 인식론적 한계나 원리적 인식 불가능성을 뜻하지 않으며, 오히려 자신의 본질적 정체를 드러내지 않기로 한 의도적·자유로운 존재 방식, 곧 Incognito를 의미한다. 키르케고르는 이 용어를 직접 Incognito와 병기하며, 사복을 입은 경찰관의 예를 들어 설명하는데, 이는 대상이 인식될 수 없기 때문이 아니라 알아볼 수 없게 현존하도록 선택되었기 때문이다.

Unrecognizability라는 번역은 결과적으로 "알아볼 수 없음"이라는 상태를 표현할 수는 있으나, 의도된 자기 은폐, 자기 제한의 자유, 그리고 그로부터 발생하는 실족과 선택의 가능성이라는 핵심 구조를 충분히 드러내지 못한다. 특히 영어권 철학·신학 맥락에서는 이 표현이 쉽게 인식론적 불가능성으로 오해될 위험이 있다. 그러나 키르케고르에게서 하나님-인간은 원리적으로 인식 불가능한 존재가 아니라, 익명성 속에 현존함으로써 오직 믿음 안에서만 인식되도록 자신을 제한한 존재이다. 따라서 Ukjendelighed는 '인식불가능성'보다는 '익명성' 혹은 '의도된 자기 은폐의 존재 방식'으로 이해되어야 하며, 영어 번역에서는 incognito(mode of existence/

presence) 혹은 self-concealing presence와 같은 보완적 표현이나 설명적 각주가
요구된다.

21 이는 마태복음 16장 17절을 가리킨다. 그곳에서 예수는 베드로에게 이렇게 말한다.
"이를 네게 알게 한 이는 혈육이 아니요, 하늘에 계신 내 아버지시니라."(마 16:17, 개
역개정)
이 본문이 강조하는 바는, 베드로의 인식이 자연적 판단이나 인간적 통찰('혈육')의
결과가 아니라는 점이다. 다시 말해, 하나님-인간을 알아보는 인식은 즉각적 인상이
나 역사적 근접성에서 나오는 것이 아니라, 계시적 사건으로 주어진다. 이는 키르케
고르가 말하는 익명성(Ukjendelighed), 잠행(Incognito)과 정확히 부합한다. 그리
스도는 즉각적으로 인식되도록 오신 분이 아니며, 오히려 익명성 속에서 실족과 선택
을 가능하게 하는 표적으로 현존하신다.

22 이는 그리스도의 선재(Præeksistens) 교리를 가리킨다. 예컨대 요한복음 1장 1–2
절과 요한일서 1장 1–3절을 참조할 수 있다. 또한 Balles의 교리서『Lærebog』제4
장 §2(59,35), 36쪽에는 다음과 같이 서술되어 있다. "구속자는 예수 그리스도이시
며, 하늘 아버지의 독생자이시다. 그는 영원으로부터 아버지와 함께 하나의 참된 신
적 본질 안에서 연합되어 계셨으나, 하나님께서 이전에 주신 약속들 안에서 정하신
그 때에 세상에 오셨다."
이 본문의 요지는, 하나님-인간의 익명성(Ukjendelighed), 잠행(Incognito)이 그의
신적 기원이나 본질의 결여에서 비롯된 것이 아니라는 점이다. 오히려 그리스도는 아
버지와 함께 영원으로부터 계신 분이기에, 그리고 그 선재적 신성이 보존된 채로 역
사 속에 오셨기에, 의도적으로 자신을 숨기는 존재 방식—곧 종의 형상과 익명성—
을 취하실 수 있었다. 이는 키르케고르가 말하는 모순의 표적이 단순한 역사적 오해
가 아니라, 영원에 근거한 자유로운 자기 제한임을 분명히 한다.

23 executivt: 곧 집행하는, 수행하는, 실천하는이라는 뜻이다. 즉, 어떤 생각이나 의도
를 단지 관념적으로 이해하는 데 그치지 않고, 실제 행위와 실천의 차원에서 실행하
는 것, 다시 말해 이론이 아니라 실천 속에서 이루어지는 것을 가리킨다.

24 이는 플라톤의 국가 제2권(361b)에서, 소크라테스와의 대화 가운데 글라우콘
(Glaukon)이 발언한 대목을 가리킨다. 그곳에서 글라우콘은 다음과 같이 말한다.
"그들[정의를 희생시키면서 불의를 찬양하는 자들]은 이렇게 말할 것이다. 만일 정의
로운 사람이 그러한 사람이라면, 그는 채찍질을 당하고, 학대를 받고, 감금되며, 눈이
뽑히고, 마침내 온갖 고통을 겪은 뒤 십자가에 달릴 것이다. 그리고 그제서야 그는,
정의로운 사람이 되기를 바랄 것이 아니라, 정의로운 것처럼 보이기를 바랐어야 했다

는 사실을 깨닫게 될 것이다.” (『플라톤 전집』 2권, 360e-362a 참고)

또한 1846년 3월의 일기 기록 NB:13(SKS 20, 24 및 주석)을 참조하라.

이 인용에서 중요한 점은, 이른바 '소크라테스적인 것'이 단순히 윤리적 금욕이나 도덕적 겸손을 뜻하지 않는다는 사실이다. 여기서 문제 되는 핵심은 선(善)을 실제로 의지하는 것과 선해 보이는 것 사이의 급진적 구분이다. 키르케고르는 이 소크라테스적 통찰을 전유하여, 참으로 선을 원한다면 선을 행하는 외양조차 피하려는 태도, 곧 잠행(Incognito) 속에서 선을 실천하려는 결단을 가리킨다. 이는 앞서 논의된 자기부정, 자유, 그리고 의도된 자기 은폐라는 주제와 직접적으로 연결된다.

25   maieutisk: 그리스어 $\mu\alpha\acute{\iota}\varepsilon\upsilon\sigma\theta\alpha\iota$(maieúesthai)에서 온 말로, 본래 해산을 돕다, 분만하다라는 뜻이다. 이는 소크라테스의 이른바 산파술을 가리키며, 대화를 통해 이미 어떤 앎을 품고 있으나 그것을 잊고 있는 상대를 스스로 기억해 내도록 돕는 방식을 의미한다. 다시 말해, 지식을 외부에서 주입하는 것이 아니라, 질문과 대화를 통해 상대 안에 잠재된 인식을 스스로 출산하도록 돕는 방법이다. 예컨대 테아이테토스 148e–151d를 참조하라.

이 개념은 키르케고르에게서 직접 전달(ligefrem Meddelelse)과 대조되는 방식으로 사용되며, 이해를 강요하거나 설명으로 완결하는 대신, 상대를 자기 자신에게 맡겨 두는 형성 방식을 가리킨다.

26   Tilsyneladelse: 곧 겉으로만 그렇게 보이는 것, 외양, 가상, 혹은 기만을 뜻한다. 다시 말해 실제의 진실이나 실재가 아니라, 겉모습에 불과한 현상, 또는 참된 존재를 가장한 허상을 가리킨다. 이 표현은 본문에서, 그리스도의 고난이나 인간적 경험이 단순한 연출이나 가현(假現)이 아니라 실제로 감당된 현실임을 강조하기 위해 사용된다.

27   이는 예컨대 아우크스부르크 신앙고백 제3조를 가리킨다. 그곳에서는 다음과 같이 진술된다.

"하나님의 아들은 순결하신 동정녀 마리아의 태에서 인간적 본성을 취하셨으며, 그리하여 신적 본성과 인간적 본성, 이 두 본성이 한 인격 안에서 분리될 수 없이 결합되어 한 그리스도, 곧 참 하나님이시며 참 인간이 되셨고, 동정녀 마리아에게서 태어나셨다."

이 인용이 강조하는 바는, 그리스도의 인간성이 단순한 겉모습이나 가상(Tilsyneladelse)이 아니라, 교회 신앙의 정식 고백에 따라 실제적이고 완전한 인간성이라는 점이다. 이는 앞서 논의된 잠행(Incognito)과 익명성(Ukjendelighed)이 고난의 현실성을 약화시키지 않으며, 오히려 그가 참으로 인간이 되셨다는 사실을 가장 급진적인 방식으로 보증한다는 논지와 직접적으로 연결된다.

28   이는 마태복음 27장 46절을 가리킨다. 그곳에서 예수는 십자가 위에서 이렇게 외치신다. "나의 하나님, 나의 하나님, 어찌하여 나를 버리셨나이까?"
이 표현이 가리키는 핵심은, 그리스도의 고난이 단순한 육체적 고통이나 외적 박해에 그치지 않고, 하나님께 버림받았다고 느끼는 실존적 고통의 극점에까지 이르렀다는 점이다. 이는 앞서 말한 잠행(Incognito)과 익명성(Ukjendelighed)이 단순한 외양이나 연출이 아니라, 하나님-인간이 실제로 감당한 인간적 조건임을 가장 분명하게 드러내는 지점이다. 다시 말해, 그는 언제나 고난 위에 서 계신 분이 아니라, 참으로 고난 안에 계셨던 분이며, 바로 이 점에서 "그가 참으로 인간이 되셨다(han blev sandt Menneske)"는 고백이 가장 급진적인 의미를 갖는다.

29   간접 전달(indirecte Meddelelse): 1847년 4–5월에 계획되었던 강의 연속의 서문을 참조하라. 이 강의의 제목은 「윤리적 전달과 윤리-종교적 전달의 변증법」(Den ethiske og den ethisk-religieuse Meddelelses Dialektik)이며, Pap. VIII 2 B 79–89에 수록되어 있다. 이곳에서 키르케고르는, 전달의 형식(form)이 그 내용(indhold)과 서로 모순될 때에는 간접 전달이 필연적으로 요구된다는 점을, 무엇보다도 발전시킨다.
또한 1846년에 출간된 Afsluttende uvidenskabelig Efterskrift 제2부 제1편 제2장, 「1. 주관적으로 실존하는 사유자는 전달의 변증법에 주의를 기울인다」(Den subjektive existerende Tænker er opmærksom paa Meddelelsens Dialektik)를 참조하라(SKS 7, 73–80).

해설: 이 주석은 간접 전달(indirecte Meddelelse)이 단순한 문학적 기법이나 수사학이 아니라, 전달의 진리 조건 자체에서 요청되는 형식임을 분명히 한다. 특히 윤리적·윤리-종교적 내용은, 그것이 객관적 명제로 직접 제시되는 순간 이미 자기 자신을 배반하게 된다. 따라서 전달의 형식이 내용과 충돌하는 상황에서는, 전달은 필연적으로 우회적·간접적일 수밖에 없다.
이 점에서 키르케고르에게 간접적 전달은 선택 가능한 하나의 방법이 아니라, 실존적 진리가 스스로를 보존하기 위해 요구하는 변증법적 필연성이다. 이는 곧 『그리스도교의 훈련』 전체에서 반복되는, '전달자는 사라지고 독자가 스스로 드러나게 된다'는 구조의 이론적 근거를 제공한다.

30   이는 특히 가명 저자 요하네스 클리마쿠스(Johannes Climacus)의 저작 『결론의 비학문적 후서』(Afsluttende uvidenskabelig Efterskrift, 1846)을 가리킨다.

그중에서도 제2부 제1편 제2장, 「1. 주관적으로 실존하는 사유자는 전달의 변증법에 주의를 기울인다」(Den subjektive existerende Tænker er opmærksom paa Meddelelsens Dialektik)가 핵심적이며, 이는 SKS 7, 73–80에 수록되어 있다. 또한 SKS 7, 71쪽 이하와 227쪽도 함께 참조할 수 있다.

해설: 여기서 말하는 이중 반성(Dobbelt-Reflexion)은 단순히 '두 번 생각한다'는 의미가 아니다. 그것은 전달 내용에 대한 반성과 더불어, 그 내용이 어떻게 전달되어야 하는가에 대한 반성이 동시에 작동하는 구조를 가리킨다. 요하네스 클리마쿠스는 주관적으로 실존하는 사유자가, 자신이 말하는 바의 진리성뿐 아니라 그 전달 방식 자체가 수용자의 실존에 어떤 작용을 일으키는지를 끊임없이 고려해야 한다고 본다.
따라서 이중 반성은 객관적 교의 전달을 해체하고, 독자를 판단의 주체이자 실존적 결단의 장으로 밀어 넣는 변증법적 장치다. 『그리스도교의 훈련』에서 이 개념이 호출되는 이유는, 기독교 진리가 결코 직접적으로 '가르쳐질 수 있는 것'이 아니라, 오직 실존 속에서 드러나야 하는 것임을 분명히 하기 위함이다.

31　 Dansk Ordbog 1–2권, 코펜하겐 1833, 표제어 번호 1032를 참조하라. 제1권 319쪽, 제2단에는 다음과 같이 정의되어 있다. "자유롭게 사유하는 사람(특히 종교 문제에 있어서 교회의 교리를 받아들이지 않는 사람)."
여기서 Fritænker는 단순히 비판적 사고를 하는 사람 일반을 뜻하지 않는다. 특히 종교적 맥락에서 교회의 교리적 권위를 거부하거나 상대화하는 인물 유형을 가리킨다. 키르케고르가 이 용어를 사용할 때, 그것은 곧 '정통 신자'와 대비되는 한 극단의 실존적 태도를 지시하며, 간접 전달(indirecte Meddelelse)이 왜 양쪽 모두에게 서로 다른 방식으로 읽히는지를 설명하는 핵심 표지로 기능한다.
따라서 자유사상가는 단순한 철학적 입장이 아니라, 전달을 판별하는 실존적 거울이다. 동일한 텍스트가 신자에게는 옹호로, 자유사상가에게는 공격으로 보이게 되는 지점에서, 전달자의 무화(無化)와 이중 반성(Dobbelt-Reflexion)의 구조가 드러난다.

32　 이는 요한복음 10장 30절을 가리킨다. 이 말씀은 본문에서 말하는 직접 전달(ligefrem Meddelelse)의 예시가 단순한 신학 명제가 아니라, 성서적 발화의 구체적 장면에 근거하고 있음을 분명히 한다. 요한복음 10장 30절의 선언은 문장 자체만 놓고 보면 가장 직접적인 자기 규정처럼 보이지만, 그 발화를 하는 전달자(Meddeleren)가 '개별적 인간(det enkelte Menneske)'으로 나타난다는 점에서, 그 즉시 모순(Modsigelse)과 실족의 가능성(Forargelsens Mulighed)을 발생시킨다.
따라서 이 구절은 기독론의 명확성을 제공하는 교리적 증거가 아니라, 오히려 간접 전달(indirecte Meddelelse)의 구조를 가장 첨예하게 드러내는 성서 본문으로 기능한다. 여기서 신성은 설명되거나 증명되지 않고, 오직 선택(Valg)—믿을 것인가, 실족할 것인가—을 요구하는 방식으로 제시된다. 이는『그리스도교의 훈련』전체에서 반복되는 핵심 논지와 정확히 맞물린다.

33 프랑스어에서 온 말로, 자기충족성, 자기만족, 스스로 충분하다고 여기는 태도를 뜻한다.

34 이는 요한복음 3장 16절을 가리킨다. 그곳에는 다음과 같이 기록되어 있다. "하나님이 세상을 이처럼 사랑하사 독생자를 주셨으니, 이는 그를 믿는 자마다 멸망하지 않고 영생을 얻게 하려 하심이라."

또한 요한복음 1장 14절과 18절, 요한일서 4장 9절도 함께 참조하라. 아울러 발레의 교리서(Balles Lærebog) 제4장 §2(59,35), 36쪽에서는 다음과 같이 말한다. "구속자는 예수 그리스도이시며, 하늘의 아버지의 독생자이시다. 그는 영원으로부터 아버지와 더불어 하나의 참된 신적 본질 안에서 연합되어 계셨으나, 하나님께서 이전에 주신 약속들 가운데서 정하신 그 때에 세상에 오셨다."

이 주석은 아버지의 독생자(Faderens Eenbaarne)라는 표현이 단순한 경건한 호칭이나 형이상학적 정의가 아니라, 계시의 역설적 형식을 내포한 성서적·교리적 언어임을 보여준다. 요한복음의 본문들은 모두 그리스도의 신적 기원을 증언하지만, 그 증언은 언제나 육화된 인간으로서의 현존과 분리되지 않는다.

키르케고르가 문제 삼는 것은 바로 이 지점이다. 독생자라는 규정이 교리적으로 명확해질수록, 그것이 직접 전달(ligefrem Meddelelse)처럼 취급될 위험이 커진다. 그러나 그리스도는 결코 '설명 가능한 신적 존재'로 주어지지 않는다. 그는 언제나 실족의 가능성(Forargelsens Mulighed)을 동반한 방식으로, 곧 개별적 인간 앞에 서는 하나님으로 주어진다.

따라서 아버지의 독생자라는 고백은 이해의 완성이 아니라, 오히려 선택(Valg)과 믿음의 탄생을 요구하는 지점이며,『그리스도교의 훈련』이 일관되게 지키고자 하는 간접적 전달(indirecte Meddelelse)의 구조 안에서만 올바르게 보존될 수 있다.

35 perhorrescerer: 버리다, 혐오하다, 배척하다라는 뜻이다. 이 표현은 본래 법률적 용어에서 유래한 것으로, 증인이나 판사를 기각하다, 배제하다는 의미로 사용되었다. 라틴어 perhorreo—'몸서리치다', '전율하다', '두려워 떨다'—에서 비롯되었다.

여기서 perhorrescerer는 단순한 감정적 거부를 뜻하지 않는다. 그것은 어떤 가능성을 원천적으로 받아들일 수 없는 것으로 선언하는 태도를 가리킨다. 본문에서 키르케고르는, 그리스도에게 숨김(Skjulthed)이 있었다는 생각 자체를 perhorrescerer

하는 설교자들을 비판한다. 이는 단지 신학적 견해 차이가 아니라, 실족의 가능성 (Forargelsens Mulighed)과 신비(Mysteriet)를 아예 법정 밖으로 추방해 버리는 행위다. 이처럼 perhorrescerer는 신앙을 보호하는 것처럼 보이지만, 실제로는 신앙이 태어나는 자리—두려움, 전율, 선택—를 제거함으로써, 기독교를 안전하고 무해한 교양 종교로 변형시키는 핵심적 언어 행위로 기능한다.

36   이는 고린도전서 1장 22–23절을 가리킨다. 그곳에는 다음과 같이 기록되어 있다. "유대인은 표적을 구하고 헬라인은 지혜를 찾으나 우리는 십자가에 못 박힌 그리스도를 전하니 유대인에게는 실족이요 이방인에게는 미련함이라."

이 구절은 키르케고르가 『그리스도교의 훈련』에서 반복적으로 호소하는 실족 (Forargelse)의 구조를 성서적으로 응축해 보여준다. 그리스도는 어떤 집단에게도 자연스럽게 받아들여지는 존재가 아니다. 유대인에게는 표적(Tegn)을 충족하지 못하는 자로서 실족의 원인이 되고, 헬라인에게는 지혜(Viisdom)의 기준에 부합하지 않는 어리석음으로 나타난다.

중요한 점은, 이 실족과 어리석음이 우연적 오해가 아니라 그리스도 계시의 본질적 형식이라는 사실이다. 바울이 말하듯, 십자가에 못 박힌 그리스도는 모든 종교적·철학적 기대를 정면으로 거스르는 방식으로 나타난다. 따라서 그리스도는 언제나 직접 전달(ligefrem Meddelelse)의 대상이 아니라, 선택(Valg)을 강제하는 존재로 서신다.

키르케고르는 바로 이 지점을 지키고자 한다. 크리스텐덤(Christenheden)이 그리스도를 표적과 지혜의 요구에 맞게 '설명 가능한 인물'로 만들 때, 십자가의 실족은 제거되고, 그리스도는 더 이상 믿음의 대상이 아니라 이해의 대상이 된다. 이때 기독교는 유지되는 듯 보이지만, 실상은 그 핵심을 상실하게 된다.

37   이는 골로새서 1장 26–27절을 참조한다. 그곳에서 바울은 다음과 같이 말한다. "이 비밀은 만세와 만대로부터 옴으로 감추어졌던 것인데 이제는 그의 성도들에게 나타났고, 하나님이 그들로 하여금 이 비밀의 영광이 이방인 가운데 얼마나 풍성한지를 알게 하려 하심이라. 이 비밀은 너희 안에 계신 그리스도시니 곧 영광의 소망이니라." 또한 골로새서 2장 2–3절에서는 바울이 "하나님의 비밀"에 이르도록 말하면서, 그 비밀을 곧 그리스도라 규정한다. "그 안에는 지혜와 지식의 모든 보화가 감추어져 있느니라."

여기서 말하는 비밀은 헬라어 μυστήριον(mystērion)이다. 아울러 1837년 6월의 저널 기록 DD:6(SKS 17, 216 및 주석)도 비교해 볼 수 있다.

이 말씀은 키르케고르가 사용하는 신비(Mysteriet) 개념이 단순히 '아직 설명되지 않은 것'이 아님을 분명히 한다. 바울에게서 μυστήριον은 감추어져 있다가 이제 드러난 어떤 정보가 아니라, 드러남 자체가 여전히 신비의 형식을 유지하는 계시를 가리킨다. 모든 것이 그리스도를 통해 드러났지만, 그 드러남은 결코 신비를 해소하지 않는다.

바로 이 점에서 키르케고르의 논의가 결정적이다. 그리스도는 "모든 것을 밝히는 자"이지만, 그 밝힘은 객관적 투명성의 방식이 아니라, 실존적 긴장의 방식으로 이루어진다. 신비는 제거되지 않고, 오히려 실족의 가능성(Forargelsens Mulighed)과 함께 보존된다. 따라서 그리스도를 '설명 가능한 원리'나 '교리적 총합'으로 환원하는 순간, 신비는 사라지고 계시 또한 왜곡된다.

이러한 이유로 『그리스도교의 훈련』에서 신비는 신앙의 미성숙을 의미하지 않는다. 오히려 신비는 믿음이 탄생하는 유일한 자리, 곧 이해를 넘어서는 선택과 헌신이 요구되는 자리다. 키르케고르는 바로 이 신비의 보존을 통해, 기독교가 지식이나 세계관으로 전락하는 것을 끝까지 저지하고자 한다.

38   이는 요한복음 14장 1절을 가리킨다. 이 구절에서 예수는 다음과 같이 말씀하신다. "너희는 하나님을 믿으니 또 나를 믿으라."

이 말씀은 "나를 믿으라"는 예수의 말씀이 문장 자체로는 매우 직접적인 요청처럼 보이지만, 그 말을 하시는 분이 모순의 표적(Modsigelsens Tegn)이라는 점에서 결코 단순한 명령이나 정보 전달이 아님을 드러낸다. 즉, 이 요청은 즉각적 동의나 이해를 요구하는 말이 아니라, 실존적 선택(Valg)을 촉발하는 말이다.

따라서 요한복음 14장 1절은 믿음이 어떤 교리의 수용이나 심리적 확신이 아니라, 그 말씀을 하시는 분 앞에서 자신을 내어놓는 결단임을 보여준다. 바로 이 점에서, "나를 믿으라"는 가장 직접적인 표현이 오히려 간접 전달(indirecte Meddelelse)의 성격을 띠게 된다. 이는 『그리스도교의 훈련』에서 반복되는 핵심 논지—믿음은 설명될 수 없고 오직 선택될 수만 있다는 논지—와 정확히 맞물린다.

39   이는 사변 신학(spekulativ teologi)이 예수 그리스도를 하나님의 인간 안에서의 성육신으로 이해해 온 방식을 가리킨다. 한편으로는, 이것이 역사적·논리적 필연성을 가지고 발생한 사건이라고 이해하는 입장이 있는데, 그 대표적 예가 Georg Wilhelm Friedrich Hegel이다. 다른 한편으로는, 하나님이 단일한 한 인간 안에 성육신한 것이 아니라 인류 전체 안에 성육신했다고 이해하는 입장이 있으며, 이는 David Friedrich Strauss에게서 나타난다. 또한 Hans Lassen Martensen은 1837–38년 겨울 학기에 「사변적 교의학 서론(Prolegomena ad dogmaticam speculativam)」이라는 강의 연속을 통해, 코펜하겐 대학교에 사변적 신학을 도입하였다. 그는 이후

1840년에 동 대학교의 특별 교수(extraordinær professor)로 임명되었다.

이는 키르케고르가 비판하는 사변(speculation)의 정확한 표적을 분명히 한다. 문제는 단지 철학적 사유를 사용했다는 데 있지 않고, 하나님-인간(Gud-Mennesket)을 begribe—즉 개념적으로 포섭하고 필연성의 체계 안에 배치할 수 있다고 믿는 태도에 있다.

헤겔의 경우, 성육신은 절대정신의 자기전개 과정 속에서 논리적으로 요청되는 순간이 되며, 스트라우스의 경우에는 성육신이 역사적 개인의 사건성을 상실하고 인류 일반의 자기의식으로 확장된다. 이 두 경우 모두에서 공통적으로 사라지는 것은, 단 하나의 개별적 인간 앞에 서는 하나님이라는 스캔들이다.

키르케고르에게서 하나님-인간은 결코 '이해될 수 있는 것'이 아니라, 언제나 실족의 가능성(Forargelsens Mulighed)과 선택(Valg)을 동반하는 사건이다. 따라서 이 주석은 『그리스도교의 훈련』 전체에서 반복되는 핵심 명제—사변은 기독교를 설명하지만, 그 순간 기독교를 파괴한다—를 역사적·신학적 맥락 속에서 분명히 해 준다.

40   이는 예컨대 Georg Wilhelm Friedrich Hegel의 『Vorlesungen über die Philosophie der Religion』(필립 마르하이네케 편, 1–2권, 베를린 1840; ktl. 564–565), 특히 『헤겔 전집』 제11권(주빌리움판 제15권) 74쪽(주빌리움판 90쪽)에 나타난 진술과 비교될 수 있다. 그곳에서 헤겔은 다음과 같이 말한다. "영은 본래 직접적인 것이 아니다. 직접적인 것은 자연적 사물들이며, 그것들은 그러한 존재 방식에 머문다. 그러나 영의 존재는 그러한 의미에서 직접적이지 않다. 영은 오직 자기 자신을 산출함으로써, 곧 부정을 통해 자신을 주체로 만들어 스스로를 자기 자신에게로 이끌어 옴으로써 존재한다. 그렇지 않다면 영은 단지 하나의 실체에 불과할 것이다. 그리고 이처럼 영이 자기 자신에게로 오는 것은 곧 운동, 작용, 그리고 자기 자신과의 매개이다."

이는 키르케고르가 말하는 "영은 직접성이 아니다"라는 명제가, 단순히 반지성주의적 선언이 아니라 당대 사변철학(특히 헤겔)과의 긴밀한 대화 속에서 제시된 것임을 보여준다. 헤겔에게서 영(Geist)은 자연적 즉자성(Umiddelbarhed)에 머무르지 않고, 부정(Negation)과 매개(Vermittlung)를 통해 스스로를 산출하는 자기 운동이다. 그러나 키르케고르가 이 명제를 사용할 때, 그 강조점은 헤겔과 결정적으로 갈라진다. 헤겔에게서 부정과 매개는 논리적·변증법적 자기전개의 계기인 반면, 키르케고르에게서 직접성의 부정은 실존적 형식을 가리킨다. 곧 영은 개념적으로 매개되는 대상이 아니라, 직접적으로 파악·소유될 수 없는 방식으로 현존함으로써 인간을 선택 앞에 세우는 힘이다.

따라서 『그리스도교의 훈련』에서 "영은 직접성이 아니다"라는 말은, 하나님-인간을 투명한 인식의 대상으로 만드는 모든 시도—우상화, 감상화, 사변화—를 거부하는 결정적 기준으로 기능한다. 이는 영이 불명료하다는 뜻이 아니라, 영이 언제나 인간의 태도와 결단을 문제 삼는 방식으로만 주어진다는 뜻이다.

41 이는 예컨대 Confessio Augustana 제3조를 참조한다. 그곳에는 다음과 같이 말한다. "하나님의 아들은 순결한 동정녀 마리아의 태에서 인간의 본성을 취하셨으며, 그리하여 신적 본성과 인간적 본성, 이 두 본성이 한 인격 안에서 분리될 수 없게 결합되어, 한 분 그리스도—참 하나님이시며 참 인간—가 되셨다. 그분은 동정녀 마리아에게서 나셨다."

이 인용은 필리프 멜란히톤이 저술한 변증서와 함께 수록된 『아우크스부르크 신앙고백』의 정본에서 가져온 것으로, A. G. 루델바흐가 번역하여 1825년 코펜하겐에서 출판한 판본(ktl. 386), 47쪽에 실려 있다.

이 고백서는 키르케고르가 말하는 "그는 참으로 인간이 되었다"는 진술이 결코 이단적이거나 비정통적인 표현이 아니라, 루터교 정통 교리의 정확한 중심에 놓여 있음을 분명히 한다. 아우크스부르크 신앙고백 제3조는, 그리스도가 단지 신성을 인간에게 겉으로 덧입은 존재가 아니라, 실제로 인간의 본성을 취하셨다는 점을 강하게 천명한다.

그러나 키르케고르에게서 이 교리는 단순한 형이상학적 명제가 아니다. "참 인간"이라는 고백은 곧, 하나님이 익명성과 잠행(Ukjendelighed) 속에서, 다른 사람들과 다를 바 없는 개별적 인간(det enkelte Menneske)으로 나타나셨다는 뜻이다. 바로 이 점 때문에 하나님-인간은 모순의 표적(Modsigelsens Tegn)이 되며, 모든 인간을 이해의 자리로가 아니라 선택(Valg)의 자리로 몰아넣는다.

따라서 "그는 참으로 인간이 되었다"는 신앙고백은, 신성과 인성의 조화로운 설명이 아니라, 오히려 기독교가 끝까지 보존해야 할 실존적 위험성—실족의 가능성—을 선언하는 문장으로 읽혀야 한다.

42 그리스도의 '영혼의 고난'에 대해서는 마태복음 26장 36–46절에 나오는 겟세마네 동산의 이야기를 참조하라. 이 본문에서 예수는 "근심하며 괴로워하기 시작하사" 베드로와 자신과 함께 데려간 세베대의 두 아들에게 말씀하시기를, "내 마음이 심히 고민하여 죽게 되었으니"라고 하신다.

또한 누가복음 22장 39–46절의 병행 본문도 참조할 수 있다. 그곳에서는 예수에 대해 더 나아가 다음과 같이 전한다. "예수께서 힘쓰고 애써 더욱 간절히 기도하시니

땀이 땅에 떨어지는 핏방울 같이 되더라.”

여기서 말하는 영혼의 고난(Sjels-Lidelse)은 육체적 고통에 앞선, 그리고 그것과는 질적으로 다른 고난을 가리킨다. 이는 단순한 심리적 불안이나 공포가 아니라, 자기 자신을 숨긴 채 살아가야 하는 존재의 고통, 곧 잠행(Ukjendelighed) 속에서 하나님-인간으로 존재해야 하는 데서 발생하는 실존적 고난이다.

겟세마네에서 드러나는 그리스도의 고뇌는, 십자가의 물리적 고통을 예비하는 장면이기 이전에, 이미 오래전부터 지속되어 온 ‘고난의 비밀(Lidelsernes Hemmelighed)’이 극점에 이르는 순간이다. 따라서 이 영혼의 고난은 단지 구속사의 한 장면이 아니라, 『그리스도교의 훈련』에서 말하는 직접 전달의 불가능성이 그리스도의 삶 전체 속에서 어떤 대가를 요구했는지를 가장 응축된 형태로 보여주는 증거라 할 수 있다.

43 이는 빌립보서 2장 6–11절에 나오는 이른바 그리스도 찬가(Kristushymnen)를 암시한다. 그곳에서 바울은 예수 그리스도에 대하여 다음과 같이 기록한다. “그는 근본 하나님의 본체시나 하나님과 동등됨을 취할 것으로 여기지 아니하시고 오히려 자기를 비워 종의 형체를 가지사 사람들과 같이 되셨고 사람의 모양으로 나타나사 자기를 낮추시고 죽기까지 복종하셨으니 곧 십자가에 죽으심이라.”

이 말씀에서 Ukjendelighed는 결코 형이상학적 의미의 ‘알 수 없음’을 뜻하지 않는다. 그것은 그리스도가 자기 비움(κένωσις)을 통해 선택하신 잠행과 익명성의 삶의 형식을 가리킨다. 바울이 말하는 “자기를 비워 종의 형체를 취하셨다”는 표현은, 신적 본질의 포기가 아니라, 신적 위엄을 직접적으로 드러내지 않는 방식의 현존을 뜻한다.

따라서 “그의 익명성 속에서의 삶 … 마지막까지”란, 그리스도의 고난이 단지 십자가 사건에 국한되지 않고, 처음 공적 등장부터 죽음에 이르기까지 지속된 실존적 자기 은폐의 역사였음을 말한다. 이 잠행은 우연적 상황이 아니라, 직접적 전달을 거부하는 계시의 형식이며, 바로 그 때문에 그리스도의 삶 전체는 고난의 비밀(Lidelsernes Hemmelighed)로 관통되어 있다. 이 점에서 빌립보서의 찬가는, 『그리스도교의 훈련』 §4가 말하는 고난을 단순한 수난사적 사건이 아니라, 계시와 실존이 하나로 겹쳐지는 삶의 방식으로 이해하도록 결정적으로 이끈다.

44 이 부분은 요한복음 3장 16절을 암시한다.

45 이는 한편으로 요한일서 4장 8절을 가리킨다. 그곳에는 다음과 같이 기록되어 있다. “사랑하지 아니하는 자는 하나님을 알지 못하나니 이는 하나님은 사랑이심이라.”

또한 요한일서 4장 16절도 함께 가리킨다. “하나님이 우리를 사랑하시는 사랑을 우리가 알고 믿었노니 하나님은 사랑이시라 사랑 안에 거하는 자는 하나님 안에 거하고 하나님도 그의 안에 거하시느니라."

이 말씀에서 "하나님은 사랑이시다"라는 선언은, 하나님의 본질을 감정적이거나 도덕적인 속성으로 환원하는 말이 아니다. 오히려 이는 하나님이 어떠한 방식으로 존재하시고 관계하시는가를 규정하는 근본 명제다. 『그리스도교의 훈련』의 문맥에서 이 사랑은 언제나 직접적 위안이나 즉각적 위로의 형태로 나타나지 않는다.

그리스도가 "사랑이시다"는 것은, 인간이 기대하는 방식의 연민이나 동정으로 즉시 다가오신다는 뜻이 아니라, 오히려 인간을 가장 급진적인 결단(Afgjørelse) 앞에 세우는 방식으로 자신을 내어주신다는 뜻이다. 바로 이 때문에, 본문에서 말하듯 그리스도는 사랑이시면서도 인간적으로 보자면 "냉혹하게" 보일 수밖에 없다.

따라서 요한일서의 "하나님은 사랑이시다"라는 고백은, 『그리스도교의 훈련』에서 말하는 내면성의 고난(Inderlighedens Lidelse)과 정면으로 연결된다. 사랑은 여기서 감상적 동일시가 아니라, 믿음의 가능성을 보존하기 위해 자신을 숨기고 물러서는 신적 자기 희생의 이름이다.

46 밤중의 배반(det natlige Forræderi): 이는 성목요일과 성금요일 사이의 밤을 가리킨다. 이 밤에 예수는 마태복음 26장 45–50절에 따르면 가룟 유다에게 배반당하셨다. 이에 대해서는 다음 주석을 참조하라. '밤중'이라는 시간적 표지는 단순한 연대기적 정보가 아니라, 그리스도의 고난이 완전한 고립과 은폐의 상태로 진입했음을 상징한다. 이 밤은 그리스도의 삶 전체를 관통해 온 잠행이 가장 극단적으로 농축되는 순간이며, 인간적 도움과 이해가 완전히 사라진 자리에서 고난의 비밀(Lidelsernes Hemmelighed)이 결정적으로 드러나는 시점이다.

47 친구에게 배반당하는 것(at forraades af en Ven): 이는 제자 가룟 유다를 가리킨다. 이에 대해서는 마태복음 26장 48–50절에 다음과 같이 전해진다. "예수를 파는 자가 그들과 짜고 이르되 내가 입 맞추는 자가 그이니 그를 잡으라 하고 곧 예수께 나아와 '랍비여 안녕하시옵니까' 하고 입을 맞추니 예수께서 이르시되 '친구여 네가 무엇을 하려고 왔는지 행하라' 하시매 이에 그들이 나아와 예수께 손을 대어 잡으니라."

여기서 '친구에게 배반당함'은 단순한 인간적 배신의 사건이 아니다. 키르케고르의 문맥에서 이것은 그리스도의 내면성의 고난(Inderlighedens Lidelse)이 가장 구체적으로 드러나는 장면이다. 가장 가까운 자, 사랑으로 받아들였던 자에게서 당하는 배반은, 그리스도의 고난을 단지 외적 폭력의 차원에 머물지 않게 한다. 특히 예수가 유다에게 "친구여"라고 부르는 장면은, 그리스도가 끝까지 인간적 연민과 사랑을 십자가에 못 박은 채—그러나 사랑을 버리지 않고—잠행 속에서 고난을 감내하고 있음을 보여준다. 이 배반은 단지 사건의 한 국면이 아니라, 그리스도의 삶 전체를 관통하는 사랑으로 인한 고난의 구조를 응축한 상징이라 할 수 있다.

48 이는 요한복음 19장 5절을 가리킨다. 그곳에는 다음과 같이 기록되어 있다. "이에 예수께서 가시관을 쓰고 자주색 옷을 입고 나오시니."

그에 앞서 요한복음 19장 1–3절에서는, 빌라도가 예수를 채찍질하게 하였고, 그의 군인들이 가시로 관을 엮어 예수의 머리에 씌우며, 자주색 옷을 입혀 조롱하고 얼굴을 때렸다는 사실이 전해진다. 또한 마태복음 27장 28–31절도 함께 참조할 수 있다. 가시관과 자주색 옷은 단순한 조롱의 도구가 아니라, 왕권의 패러디이자 신적 위엄에 대한 인간적 전복 시도를 상징한다. 그러나 『그리스도교의 훈련』의 관점에서 이 장면은, 그리스도의 참된 왕권이 직접적 인식 가능성(ligefrem Kjendelighed) 속에 있지 않고, 오히려 잠행과 내면성의 고난(Inderlighedens Lidelse) 속에서 드러난다는 점을 극적으로 드러낸다. 사람들은 눈에 보이는 왕의 표지를 통해 이해하려 하지만, 바로 그 이해 가능성은 우상의 특징이다. 가시관을 쓰고 조롱당하는 그리스도는, 이해를 통해 소유될 수 없는 왕, 오직 믿음의 선택(Valg) 안에서만 따를 수 있는 왕으로서 계신다.

49 요한복음 19장 5절 참고.

50 이는 겟세마네 동산에서 예수가 체포되는 장면을 전하는 마태복음 26장 47–56절을 가리킨다. 그곳에는 다음과 같이 기록되어 있다. "이에 제자들이 다 예수를 버리고 도망하니라."

여기서 '모든 친구들에게 버림받음'은 단순한 인간관계의 붕괴를 뜻하지 않는다. 이는 그리스도의 고난이 완전한 고립의 지점으로 들어섰음을 표시하는 결정적 순간이다. 인간적 지지, 이해, 연대가 전부 사라진 이 자리에서, 그리스도는 오직 믿음의 가능성만을 남긴 채 홀로 서 계신다. 『그리스도교의 훈련』의 문맥에서 이 고독은 우연한 배경이 아니라, 잠행 속에서 오직 믿음의 대상으로만 존재하시려는 그리스도의 길이 요구하는 필연적 결과다. 제자들의 도주는 배신의 도덕적 평가를 넘어, 인간적 친밀함이 더 이상 그리스도를 붙들 수 없는 지점을 드러내며, 이로써 고난의 비밀은 더욱 깊어지고 날카로워진다.

51 이는 성목요일 저녁 겟세마네 동산에서 드린 예수의 기도를 암시한다. 누가복음 22장 42절에서 예수는 이렇게 기도하신다. "아버지여 만일 아버지의 뜻이거든 이 잔을 내게서 옮기시옵소서 그러나 내 원대로 마시옵고 아버지의 원대로 되기를 원하나이다."

52 무모함, 경솔한 대담함(dumdristighed), 교만함(hovmodighed을 뜻하며, 나아가

신성한 것을 함부로 다루는 태도, 곧 모독(bespottelse)의 의미를 포함한다. 여기서 Formastelse는 단순한 지적 오류를 가리키지 않는다. 그것은 인간이 자기 이해의 범위를 넘어 신적 고난을 '이해하려 든다'는 태도 자체를 겨냥한다. 곧 그리스도의 고난의 비밀(Lidelsernes Hemmelighed)을 개념적으로 파악하고 설명해 낼 수 있다고 믿는 순간, 인간은 겸손을 잃고 사변(speculation)의 자리로 미끄러진다.

따라서 "이 고난을 이해하려 드는 것 자체가 참람함이다"라는 말은, 이해를 금지하는 교조적 선언이 아니라, 믿음이 서야 할 자리—선택과 경외—를 보존하기 위한 경계선이다. 여기서 Formastelse는 신앙의 적이 아니라, 신앙을 가장 그럴듯하게 위장한 교만을 지칭한다.

53　이는 누가복음 16장 19–31절에 나오는 부자와 나사로의 비유를 암시한다. 이 비유에서 부자는 음부에서 깨어나 불꽃 가운데서 고통을 받으며, 아브라함에게 나사로를 보내어 자기 혀를 물로 적셔 달라고 간청한다. 그러나 아브라함은 이를 거절하며 다음과 같이 말한다.

"이뿐 아니라 너희와 우리 사이에 큰 구렁이 놓여 있어 여기서 너희에게 건너가고자 하되 갈 수 없고 거기서 우리에게 건너올 수도 없게 하였느니라." (눅 16:26, 한글 개역개정)

여기서 '삼켜 버릴 듯한(svælgende)'이라는 표현은 'svælg'—깊은 심연, 깊은 구렁 또는 협곡—에서 파생된 말이다. 이 구절에서 말하는 '큰 구렁'은 단순한 사후 세계의 공간적 거리나 형벌의 비유가 아니다. 『그리스도교의 훈련』§5의 문맥에서 이 심연은, 단독자(Den Enkelte)와 하나님-인간(Gud-Mennesket) 사이에 놓인 질적으로 건널 수 없는 간극을 상징한다. 이 간극은 인간의 노력, 이해, 동정, 혹은 종교적 감정으로는 결코 메워질 수 없다.

바로 이 때문에, 이 심연 위로 닿을 수 있는 것은 오직 믿음(Troen)뿐이다. 실족의 가능성(Forargelsens Mulighed)은 이 심연을 제거하지 않고 오히려 굳게 세운다(befæstende). 그 결과, 인간은 안전한 중간 지대에 머무를 수 없게 되며, 믿음으로 건너가든지, 실족으로 머무르든지의 선택 앞에 서게 된다. 이 심연이 제거되는 순간, 기독교는 더 이상 신앙의 사건이 아니라, 이해와 연민으로 관리 가능한 하나의 종교적 제도로 전락하고 만다.

54　율법은 복음과의 관계에서 '엄격함'이다: 이는 바울–루터 전통에서 말하는 율법과 복음의 관계를 가리킨다. 이 전통에 따르면, 율법은 인간을 정죄하는 기능을 하며(롬 7장 참조), 또한 그리스도께로 인도하는 몽학선생이다(갈 3:23–24). 반면 복음은 "그리스도는 믿는 자에게 의를 이루기 위하여 율법의 마침이 되셨다"(롬 10:4)는 기쁜

소식이다. 이런 의미에서 율법과 복음은 각각 엄격함(Strengheden)과 온유함(또는 자비)으로 말해질 수 있다.

해설: 이 주석이 §6의 문맥에서 중요한 이유는, 실족의 가능성(Forargelsens Mulighed)이 복음의 반대가 아니라, 오히려 복음이 복음으로 기능하기 위한 전제로 이해되기 때문이다. 키르케고르는 율법이 복음 이전에 인간을 몰아붙이듯이, 실족의 가능성 역시 인간을 직접적 수용의 안일함에서 떼어내어 선택(Valg) 앞에 세우는 엄격함으로 기능한다고 본다. 이 엄격함이 제거되는 순간, 복음은 더 이상 복음이 아니라 인간적 위로의 메시지로 전락한다.

55　이는『두려움과 떨림』(1843)「문제 II(Problema II)」에서 가명 저자 요하네스 데 실렌티오(Johannes de silentio)가 전개한 논의를 참조한다. 그는 다음과 같이 말한다.

"근대 철학은 아무런 설명도 없이 '믿음(Tro)' 대신 '직접적인 것(Det Umiddelbare)'을 대입하는 일을 허락해 왔다. 이렇게 해버리면, 믿음이 모든 시대에 존재해 왔다는 사실을 부정하는 것은 우스운 일이 된다. 그 결과 믿음은 감정, 기분, 체질(Idiosynkrasi), 신경성 증상(vapeurs) 등과 꽤 단순한 동료 관계에 놓이게 된다. 이 점에서 철학은, 그런 데에 머물러서는 안 된다는 점에서는 옳을 수 있다. 그러나 그러한 언어 사용을 정당화할 아무런 근거는 없다. 믿음 앞에는 무한성의 운동(en Uendelighedens Bevægelse)이 선행하기 때문이다."

해설: 이 설명의 요지는, 믿음을 직접성(Umiddelbarhed)으로 환원하는 근대 철학의 언어가 믿음의 본질을 탈변증법화한다는 비판이다. 키르케고르에게서 믿음은 감정이나 기질의 차원이 아니라, 무한성의 운동—곧 자기 자신을 포기하는 결단—을 통과한 이후에만 가능하다. 따라서 믿음을 즉각적 상태로 규정하는 순간, 믿음은 선택과 책임의 사건이 아니라 심리적 현상으로 전락한다. 이는『그리스도교의 훈련』§6에서 말하는, 믿음이 직접적 수용이 아니라 선택(Valg)이라는 주장과 정확히 맞물린다.

56　다음을 보라: Georg Wilhelm Friedrich Hegel,『철학적 학문들의 백과전서(Encyclopädie der philosophischen Wissenschaften)』제1부「논리학(Die Logik)」§63 (Werke VI, 128–131쪽; J.A. VIII, 166–169쪽). 또한 William Wallace가 번역한『헤겔의 논리학(Hegel's Logic)』(1830년 제3판 번역, 옥스퍼드: Oxford University Press, 1975), 97–99쪽, 특히 99쪽을 보라. 거기서 헤겔은 다음과 같이

말한다: "여기서 '믿음(faith)' 혹은 '직접적 인식(immediate knowledge)'이라 불리는 것은, 영감(inspiration), 마음의 계시(the heart's revelations), 인간에게 본성적으로 주어진 진리들(the truths implanted in man by nature), 그리고 특히 건전한 이성, 곧 상식(Common Sense)과 동일한 것으로 이해되어야 한다. 이 모든 형태는 의식 안에 어떤 사실이나 진리의 내용이 제시되는 방식으로서의 직접성(immediacy), 즉 자명성(self-evidence)을 그 기본 원리로 삼는다는 점에서 일치한다."

또한 같은 저자의『철학 입문(Philosophische Propädeutik)』I, §72 (Werke XVIII, 75쪽; J.A. III, 97쪽)을 참조하라. 아울러 키르케고르의『일기』, JP I 49; II 1096(Pap. V A 28; I A 273)도 참고하라. 후자의 경우에는 헤겔에 대한 직접적인 언급이 포함되어 있다. 또한『두려움과 떨림(Fear and Trembling)』69쪽(KW VI; SV III, 118)도 함께 참조할 수 있다.

57 직접적 인식 가능성(den ligefremme Kjendelighed)은 이교성(Hedenskab)이다 :『결론의 비학문적 후서(Afsluttende uvidenskabelig Efterskrift, 1846)』의「결론(Slutning)」부분을 참조하라(SKS 7, 544 이하).

58 이는 사변적 신학이 예수 그리스도를 하나님의 성육신으로 이해하는 방식을 가리킨다. 첫째, 이 성육신이 역사적이고 논리적 필연성 속에서 발생했다고 보는 입장이 있는데, 이는 예컨대 Georg Wilhelm Friedrich Hegel에게서 나타난다. 둘째, 하나님이 하나의 개별 인간 안에 성육신한 것이 아니라, 인류 전체 안에 성육신했다고 보는 입장이 있으며, 이는 David Friedrich Strauss에게서 찾아볼 수 있다. 또한 Hans Lassen Martensen은 1837-38년 겨울학기 코펜하겐 대학교에서「사변적 교의학 입문(Prolegomena ad dogmaticam speculativam)」이라는 강의 시리즈를 통해 사변적 신학을 도입하였고, 1840년에는 정교수로 임명되었다.

59 이는 Gaius Julius Caesar가 기원전 47년 알렉산드리아에서의 전투 중, 궁전의 대규모 도서관과 세라피스 신전 근처의 소규모 도서관이 우연한 화재로 불타버린 사건을 가리킨다. 참고로 Lucius Annaeus Seneca의『마음의 평정에 관하여(De tranquillitate animi)』9장 4절 이하를 보라.